建筑设备自动化工程

JIANZHU SHEBEI ZIDONGHUA GONGCHENG

主编 曹晴峰

参编 吴桂峰 薛丰进

中国电力出版社

CHINA ELECTRIC POWER PRESS

内 容 提 要

全书共七章，内容包括自动化控制基础知识，建筑自动化工程中的传感器、执行器与控制器，中央空调系统的监测与控制，锅炉系统的控制及工程设计，给排水自动控制技术，电梯自动控制技术，其他建筑自动化技术。本书理论联系实际，具有先进和系统的特点，既注重基本原理和必要的理论分析，又突出工程上的实践性，力求向读者全面展现建筑设备自动化的基本知识和实用技术。

本书适用对象为高等院校电气工程与自动化、信息工程专业、智能建筑、建筑电气等本科专业的师生，也可供从事建筑、计算机、通信和自动控制等领域的技术人员和管理人员参考，并可作为与建筑设备自动化工程相关的技术人员的培训教材。

图书在版编目（CIP）数据

建筑设备自动化工程 / 曹晴峰主编. —北京：中国电力出版社，2013.1（2017.2重印）
ISBN 978-7-5123-3492-2

Ⅰ. ①建… Ⅱ. ①曹… Ⅲ. ①房屋建筑设备—自动化系统 Ⅳ. ①TU855

中国版本图书馆 CIP 数据核字（2012）第 218527 号

中国电力出版社出版发行

北京市东城区北京站西街 19 号　100005　http://www.cepp.sgcc.com.cn
责任编辑：杨淑玲　　责任印制：蔺义舟　　责任校对：闫秀英
北京传奇佳彩数码印刷有限公司印刷·各地新华书店经售
2013 年 1 月第 1 版·2017 年 2 月第 2 次印刷
787mm×1092mm　1/16·20.5 印张·500 千字
定价：46.00 元

前　言

　　建筑设备自动化，也称为建筑自动化系统（BAS），是对建筑物机电系统进行自动监测、自动控制、自动调节和自动管理的系统。通过建筑自动化系统实现建筑机电系统的安全、高效、可靠、节能的运行，实现对建筑物的科学化管理。

　　本书基于各种电子技术、计算机网络技术、自动控制技术、系统工程技术在建筑设备控制技术中的综合应用，并以此研发和整合成智能装备，图文并茂地阐述建筑设备自动化系统的组成、监控设备与控制原理，并引入新技术、新标准。全书结构合理，系统性强，反映了建筑自动化的科技水平。各章末附有思考题，便于读者理解书中阐述的基本理论与方法。

　　全书共分七章。第一章介绍了电气控制技术、自动控制技术、计算机控制系统以及网络控制技术；第二章阐述了传感器与变送器、执行器及其工作特性、控制器和变频器；第三章讲述了中央空调的基本结构、控制系统与控制方案以及中央空调监控系统的设计；第四章介绍了锅炉系统的控制及工程设计；第五章介绍了供水自动控制系统、采暖系统的水、气控制排水监控原理；第六章着重介绍了电梯的结构、功能及控制方案、电梯的电力拖动系统、电梯信号控制系统；第七章介绍其他建筑自动化技术。本书目的是让读者通过阅读和学习能全面了解到建筑设备控制研究的主要内容和发展方向。

　　本书参考学时数为 48 学时（不包括 * 部分）。其中第一、第二章为预备知识，分别占 8 和 4 学时；专业知识第三至七章分别占 8、8、6、8、6 学时。每章前均附有知识点，便于读者学习和掌握。

　　本书第一、第六、第七章由曹晴峰编写，第二、第三章由吴桂峰编写，第四、第五章由薛丰进编写，于照为第三、第五章的编写提供了资料。曹晴峰任本书的主编，吴桂峰任副主编。

　　本书由北京建筑工程学院陈志新教授主审，并提出了许多宝贵的意见和建议。在编写过程中还得到了扬州大学陈虹教授、束长宝老师的大力支持和关心，对此均表示衷心的谢意。本书引用了大量的参考文献和网上资料，附录中不能一一举例，在此一并对这些书刊资料的作者表示感谢。

　　建筑设备控制是一门涉及知识面广、技术性强、实用性强的学科，其中许多技术随着社会的进步在发展，因此希望本书能起到抛砖引玉的作用。限于作者水平有限，书中不妥之处恳请读者和同行给予批评指正。

编　者

目　　录

第一章　自动化控制基础知识

知识点

本章按照控制工程的发展过程，结合建筑设备的典型控制实例，着重阐述了建筑设备的基本控制知识。主要内容如下：

(1) 掌握几种电机的控制方式以及行程控制和定时控制等。

(2) 掌握自动控制的概念、串级控制技术，熟悉前馈-反馈控制技术、解耦控制技术，了解自适应控制、模糊控制、神经网络控制系统。

(3) 了解计算机控制系统组成，熟悉计算机控制抗干扰技术，掌握可编程控制系统。

(4) 了解网络控制技术。

第一节　电气控制技术

随着电子技术、自控技术和计算机应用的迅猛发展，电器对电能的生产、输送、应用等起着控制、调节、检测和保护作用。根据电路中通过电流的大小，可把控制电路分为主电路和低压控制电路。主电路一般为执行元件所在的电路，电流较大；控制电路由控制元件和信号元件组成，电流较小，用来控制主电路的工作。

一、常用低压控制电器

按钮、继电器、接触器等低压元件组成的控制电路具有线路简单、维护方便、便于掌握、价格低廉等优点。控制电路都是由一些基本控制器组成，这些控制器按照一定的顺序接通与断开实现生产机械动作的自动控制。

1. 接触器　用来频繁地接通和分断交直流主回路和大容量控制电路，主要用于电机控制。其结构为线圈、主触头、辅助触头。当线圈通电后，衔铁被吸合，主触头自动闭合，使电机通电，如图 1-1 所示。

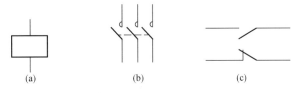

(a)　(b)　(c)

图 1-1　接触器结构

(a) 线圈；(b) 主触头；(c) 辅助触头

2. 继电器　主要用于控制和保护电路或作信号转换用。

(1) 热继电器。用于过载保护，靠电流热效应产生动作。其发热元件串联在主电路中，常闭触头串联在控制电路中。当发热元件达到一定温度时，热继电器辅助触点动作，其结构如图 1-2 所示。

（2）时间继电器。从得到输入信号开始，经过一定的延时后才输出信号的继电器称为时间继电器，主要作用是通电延时或断电延时，如图 1-3 所示。

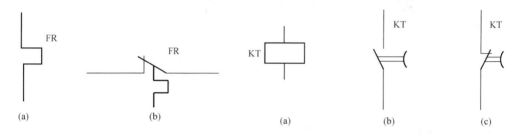

图 1-2　热继电器结构   图 1-3　时间继电器结构

（a）发热元件；（b）常闭触头   （a）线圈；（b）延时闭合触头；（c）延时断开触头

3. 熔断器　主要由熔体和安装熔体的绝缘管组成，使用时串联于被保护电路中，当发生短路故障时，熔体被瞬时熔断而分断电路，起到保护作用，其文字及图形符号如图 1-4 所示。

4. 低压断路器　多用于不频繁的转换及起动电动机，对线路、电器设备及电动机实行保护，当发生严重过载、短路等故障时能自动切断电路，文字及图形符号如图 1-5 所示。

5. 刀开关　用作电路的电源开关和小容量电动机非频繁动作的控制，控制对象为 380V、5.5kW 以下小电动机。其中单刀用于一相线上，双刀用于两相上，三刀用于三相上。使用时还应考虑到电动机的起动电流，如图 1-6 所示。

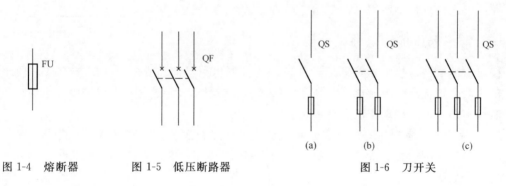

图 1-4　熔断器   图 1-5　低压断路器   图 1-6　刀开关

6. 控制按钮

（1）常开（动合）按钮。按下按钮后，开关闭合。

（2）常闭（动断）按钮。按下按钮后，开关断开。

（3）复合按钮。将常开和常闭按钮结合起来，使得它们成为一个联动装置。其电气图形符号如图 1-7 所示。

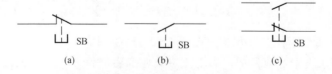

图 1-7　按钮电气图形符号

（a）常开按钮；（b）常闭按钮；（c）复合按钮

二、单方向起停电动机控制

如图 1-8 所示，这是一个带有过载保护环节单方向起停电动机控制电路。当按下 SB_{st} 时，线圈 KM 通电，接触器闭合，电动机运行；按下 SB_{stp} 时，线圈断电，电动机停止运行。当电路中发生过载情况时，FR 断开，使整个控制电路停止运行，起到保护作用。

三、正反转电动机控制

在实际应用中，往往要求生产机械改变运动方向，如工作台前进、后退，电梯的上升、下降等，这就要求电动机能实现正、反转。对于三相异步电动机来说，可以通过两个接触器来改变电动机定子绕组的电源相序来实现。

如图 1-9 所示，该控制电路采用了互锁形式来控制电动机的正反转。按下按钮 SB_{stF} 时，KM_F 线圈通电，正转支路中的接触器 KM_F 闭合，反转支路中的 KM_F 断开，此时电动机正转；相反，如按下 SB_{stR}，KM_R 线圈通电，反转支路中的接触器 KM_R 闭合，正转支路中的接触器 KM_R 断开，电动机反转。其中两个接触器的交叉使用就形成了一个互锁装置。

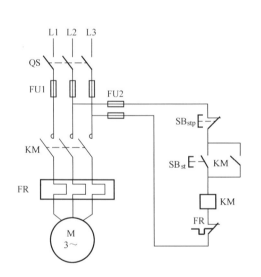

图 1-8　电动机单方向起停控制

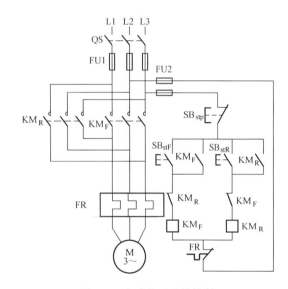

图 1-9　电动机正反转控制

四、顺序控制

在生产实践中，有时候要求一个拖动系统中多台电动机实现先后顺序工作。例如机床中要求润滑电动机先起动后，主轴电动机才能起动，图 1-10 为两台电动机顺序起动控制线路。

在此控制电路中，两台电动机分别由两套按钮控制起停，要求 M1 先动，M2 后动，M2 先停，M1 后停。为了实现先后顺序，在 KM2 线圈中串联了一个 KM1 辅助触头。按下 SBT1，接触器 KM1 线圈通电，M1 起动，同时两个辅助触头闭合，一个实现自锁，一个实现 KM2 通电，再按下 SBT2，M2 才能起动；同样，利用相同的互锁原理可实现 M2 先停，M1 后停。

五、行程控制

利用行程开关进行的控制称为行程控制。在需要工作部件作往复运动时，行程控制电路可以实现该功能。

如图 1-11 所示，按下 SB1 时，接触器 KM1 线圈通电，电动机正转。设工作台向右为正方向，当工作台移动到预定位置时，撞击行程开关 ST1，使它的动断触点断开，而动合触点闭合，接触器 KM1 线圈断电，KM2 线圈通电，电动机实现正—停—反的转换。工作台开始向左移动，行程开关 ST1 复位，当工作台向左移动到预定位置时，撞击 ST2，动断触点断开，动合触点闭合，使电动机实现反—停—正的转换。

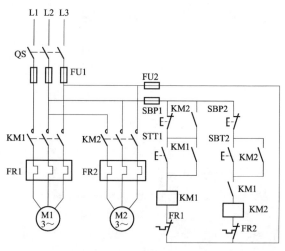

图 1-10　顺序控制电路

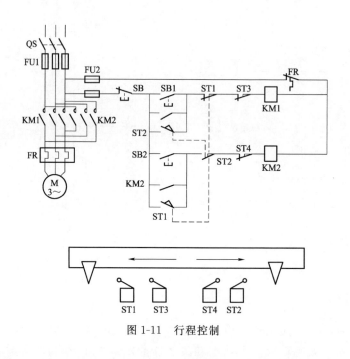

图 1-11　行程控制

六、定时控制

定时控制是一种利用时间继电器来完成设计任务的电路，主要依靠时间继电器通电延时或断电延时的特点实现部件动作的时间顺序。

如图 1-12 所示，这是一个电动机顺序控制电路，同样可以用定时控制来完成。按下 SB2，KM1 线圈通电，KM1 主触头闭合，第一个电动机起动；此时时间继电器线圈 KT 通

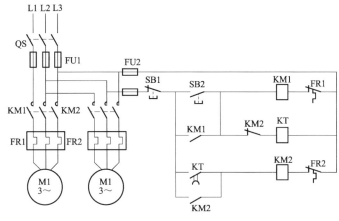

图 1-12　定时控制

电，经过预定时间后，时间继电器的动合触头闭合，此时 KM2 线圈通电，即第二个电动机起动。

第二节　自 动 控 制 技 术

一、自动控制的概念

（一）自动控制的概念简介

所谓自动控制，是指没有人直接参与的情况下，利用外加的设备或装置（称控制装置或控制器），使机器、设备或生产过程（统称被控量）的某个工作状态或参数（即被控量）自动地按照预定的规律运行。

（二）自动控制系统的组成

一个自动化系统无论结构多么复杂都是由下面几部分组成：

第一，检测比较装置。相当于人眼的作用，主要是获得反馈信息，并且计算要达到的目的与实际情况之间的差值。

第二，控制器。相当于大脑的作用，主要是用来决定应该怎样做。

第三，执行机构。相当于人手的作用，完成控制器下达的决定。

第四，控制量。相当于手和被控对象之间的距离，控制量是控制系统所要控制的变量。

（三）自动控制系统的分类

自动控制系统应用范围很广，种类繁多，名称上也很不一致，下面介绍两种常用的分类方法。

1. 按信号的传递路径来分

（1）开环控制系统。指控制装置与被控对象之间只有顺向作用而没有反向联系的控制过程，即系统的输出端与输入端不存在反馈回路，输出量对系统的控制作用不发生影响的系统，如图 1-13 和图 1-14 所示。

（2）闭环控制系统。凡是系统输出信号与输入端之间存在反馈回路的系统，叫闭环控制系统。闭环控制系统也叫反馈控制系统。"闭环"这个术语的含义，就是应用反馈作用来减

图 1-13　按给定量控制的开环控制方式　　　　　图 1-14　按扰动控制的开环控制方式

小系统误差。该类系统按偏差进行控制，具有抑制扰动对被控量产生影响的能力，如图 1-15 所示。

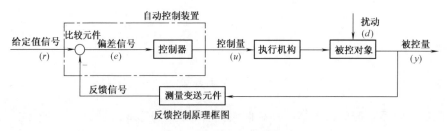

反馈控制原理框图

图 1-15　闭环控制原理框图

（3）复合控制系统。复合控制是闭环控制和开环控制相结合的一种方式。它是在闭环控制等基础上增加一个干扰信号的补偿控制，以提高控制系统的抗干扰能力。该类系统按偏差控制和按扰动控制相结合的控制方式，称为复合控制方式，如图 1-16 所示。

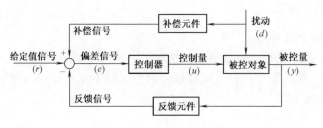

图 1-16　复合控制方式

2. 按系统输入信号的变化规律不同来分

（1）恒值控制系统（或称自动调节系统）。这类系统的特点是输入信号是一个恒定的数值。工业生产中的恒温、恒速等自动控制系统都属于这一类型。

恒值控制系统主要研究各种干扰对系统输出的影响以及如何克服这些干扰，把输入、输出量尽量保持在希望数值上。

（2）过程控制。工业生产过程的自动控制，如石油、化工、冶金、电力、轻工、纺织等连续生产过程的自动控制，称为过程控制系统，其被控量主要是温度、压力、流量、料位和成分等。

过程控制是控制理论、工艺知识、计算机技术和仪器仪表等知识相结合而构成的一门应用科学。利用常规模拟仪表实现自动控制功能，称为常规过程控制系统。随着计算机技术的发展，将计算机用于过程控制系统，称为计算机过程控制系统。

恒值控制系统也认为是过程控制系统的特例。

1）过程控制的特点。①连续生产过程的自动控制；②过程控制系统由过程检测、控制仪表组成；③被控过程是多种多样的、非电量的；④过程控制的控制过程多属慢过程，而且多半为参量控制；⑤过程控制方案十分丰富；⑥定值控制是过程控制的一种常用形式。

　　2）过程控制系统的组成。过程控制系统由被控对象、传感器、变送器、控制器和执行机构组成。被控制对象是生产过程中被控制的工艺设备或装置，如锅炉、反应釜、储料罐或槽等。被控制对象的被控制量通过传感器、变送器转换成对应的电信号。控制器将测量值与设定值进行比较，若满足设定要求，即偏差值为零，则控制器输出不变。否则，由于存在偏差，使控制器输出发生变化。执行机构根据控制器输出信号的变化对被控对象施加控制作用，以使被控量趋向设定值。

　　过程控制系统中传感器、变送器、执行器均为自动化仪表装置。常规过程控制系统中的控制器为模拟调节器。计算机过程控制系统的控制器，其核心是微处理器、单片计算机或微型计算机，它们不是用模拟器件实现控制规律，而是由计算机的软件实现。改变系统控制方案不必更换硬件，只是对软件进行选择、组合或补充即可。

　　下面以典型工业控制系统为例介绍过程控制系统的组成。

　　① 锅炉过热蒸汽温度控制系统，如图1-17所示。

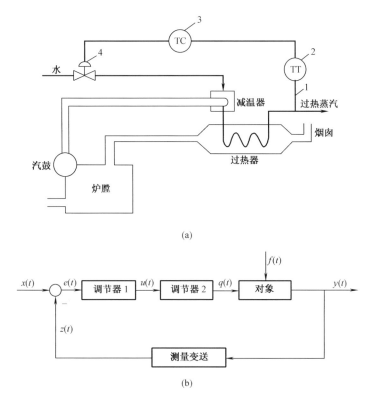

(a)

(b)

图1-17　锅炉过热蒸汽温度控制系统

(a) 控制流程图；(b) 框图

1—热电阻；2—温度变送器；3—温度调节器；4—调节阀

　　② pH 控制系统，如图1-18所示。

　　③ 液位控制系统，如图1-19所示。

　　④ 计算机过程控制系统，如图1-20所示。

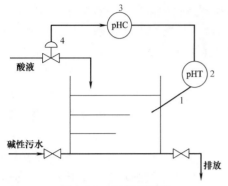

图 1-18　pH 控制系统

1—酸碱度检测；2—pH 变送器；
3—pH 调节器；4—调节阀

3）过程控制系统的分类。过程控制系统可按不同方式进行分类。按设定值的形式分类，要求被控制参量保持在规定小范围不变，取设定值为固定值，称为定值控制系统。要求被控参数跟随某一无规律变化的参量而变化，设定值为无规律变化值，称为随动控制系统。若要求被控参数依照工艺需要按一定规律变化，则设定值应是有规律变化的，称为程序控制系统。

按被控参数分类，有温度控制系统、压力控制系统、流量控制系统、液位控制系统等。

如按照被控对象的特点和工艺过程的要求对控制系统分类，常见的控制系统有单回路控制、串级控制、大纯滞后补偿控制、前馈控制、选择性控制、解耦控制、比值控制等。

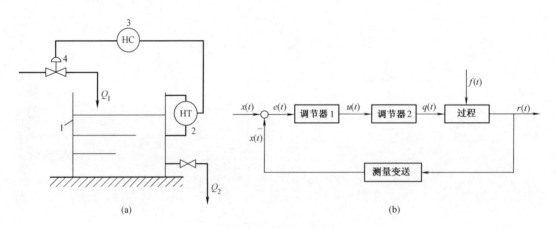

图 1-19　液位控制系统

1—储藏；2—差压变送器；3—液位调节器；4—调节阀

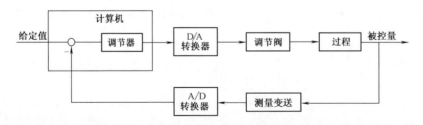

图 1-20　计算机过程控制系统框图

若按控制功能类型对控制系统分类，主要有 PID 控制、基于状态空间模型的最优控制、自适应控制、智能控制等。

下面介绍两种常用的控制系统：集散控制型控制系统 DCS 和单回路控制系统。

集散控制型控制系统 DCS，如图 1-21 所示。

① 过程输入－输出接口。

② 过程控制单元（基本控制器，控制站）。

③ 数据高速通路。

④ CRT 操作站。

⑤ 管理计算机（上位机）。

单回路控制系统又称简单控制系统，它由被控对象、传感器、变送器、控制器和执行器组成一个闭合回路，也称闭环（反馈）控制系统。如图 1-15 所示。如果把执行器、被控对象、传感器、变送器归并在一起，称为"广义被控对象"或"广义对象"则单回路控制系统可简化为由广义对象和控制器两部分组成。单回路控制系统上最简单、最基本的一种控制系统，

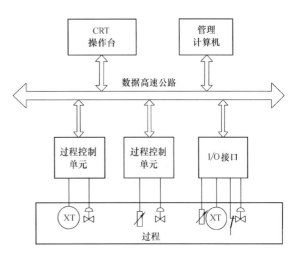

图 1-21　集散控制系统基本组成框图

它适用于被控对象滞后时间较小、负荷和干扰变化不大、控制质量要求不很高的场合。单回路控制系统的设计和参数整定方法却是各类复杂控制系统设计和整定的基础。

控制系统设计工作主要任务包括：确定控制目标与被控制量，选择操作量，分析对象特性并确定控制方案，选择控制器与执行器，设计报警和连锁保护系统等。

① 确定控制目标。所谓确定控制目标是指对控制系统总的要求。控制目标与工艺要求密切相关，应根据具体情况提出不同的控制目标。图 1-17 所示加热炉，可以有以下几种不同的控制目标：保证汽包水位稳定和保证过热蒸汽流量稳定；或保证炉膛负压稳定和最佳燃烧。为实现不同的控制目标应有不同的控制方案，不同的被控量与操作量。

② 被控制量的选择。被控制量的选择是控制系统工作的核心。影响生产过程正常运行的因素很多，但并非都要加以控制，设计人员必须熟悉和掌握工艺要求，找出对产品的产量和质量，以及安全生产都具有决定意义的参数作为被控制量。

③ 操作量的选择。能控制被控量变化的因素往往很多，应选择使控制系统具有良好可控性的因素作为操作量。干扰信号经干扰通道影响被控量，偏离设定值。操作量的作用经控制通道，使被控量回复设定值，起校正作用。为此，设计人员应分析干扰因素的来源和大小，以被控对象特性参数对控制质量的影响为依据进行操作量的选择。

（3）运动控制。直流电动机具有良好的起、制动性能，宜于在大范围内平滑调速，在许多需要调速和快速正反向的电力拖动领域中得到了广泛的应用。

由于直流拖动控制系统在理论上和实践上都比较成熟，而且从控制的角度来看，它又是交流拖动控制系统的基础。因此，为了保持由浅入深的教学顺序，应该首先很好地掌握直流拖动控制系统。

直流调速方法

根据直流电动机转速方程

$$n = \frac{U - IR}{K_e \Phi} \tag{1-1}$$

式中　n——转速（r/min）；

　　　Φ——励磁磁通（Wb）；

K_e——由电动机结构决定的电动势常数。

由式可以看出，有三种方法调节电动机的转速：

① 调节电枢供电电压 U。

② 减弱励磁磁通 F。

③ 改变电枢回路电阻 R。

1）调压调速，如图 1-22 所示。

工作条件：保持励磁 $\Phi=\Phi_n$；保持电阻 $R=R_a$。

调节过程：改变电压 $U_N \rightarrow U\downarrow$，$U\downarrow \rightarrow n\downarrow$，$n_0\downarrow$

调速特性：转速下降，机械特性曲线平行下移。

2）调阻调速，如图 1-23 所示。

工作条件：保持励磁 $\Phi=\Phi_n$；保持电压 $U=U_N$。

调节过程：增加电阻 $R_a\uparrow \rightarrow R\uparrow$，$R\uparrow \rightarrow n\downarrow$，$n_0$ 不变；

调速特性：转速下降，机械特性曲线变软。

3）调磁调速，如图 1-24 所示。

工作条件：保持电压 $U=U_N$；保持电阻 $R=R_a$。

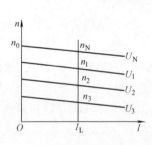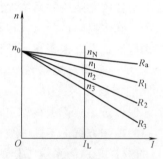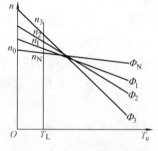

图 1-22　调压调速特性曲线　　　　图 1-23　调阻调速特性曲线　　　　图 1-24　调磁调速特性曲线

调节过程：减小励磁 $\Phi_N\downarrow \rightarrow \Phi\downarrow$，$\Phi\downarrow \rightarrow n\uparrow$，$n_0\uparrow$。

调速特性：转速上升，机械特性曲线变软。

三种调速方法的性能与比较。对于要求在一定范围内无级平滑调速的系统来说，以调节电枢供电电压的方式为最好。改变电阻只能有级调速；减弱磁通虽然能够平滑调速，但调速范围不大，往往只是配合调压方案，在基速（额定转速）以上作小范围的弱磁升速。

自动控制的直流调速系统往往以调压调速为主。

常用的可控直流电源有以下三种：

旋转变流机组——用交流电动机和直流发电机组成机组，获得可调的直流电压。

静止式可控整流器——用静止式的可控整流器获得可调的直流电压。

直流斩波器或脉宽调制变换器——用恒定直流电源或不控整流电源供电，利用电力电子开关器件斩波或进行脉宽调制，产生可变的平均电压。

二、常用的经典控制技术

（一）串级控制技术

1. 概述　串级控制是在单回路 PID 控制的基础上发展起来的一种控制技术。当 PID 控制应用于单回路控制一个被控量时，其控制结构简单，控制参数易于整定。但是，当系统中同时有几个因素影响同一个被控量时，如果只控制其中一个因素，将难以满足系统的控制性能。串级控制针对上述情况，在原控制回路中，增加一个或几个控制内回路，用以控制可能引起被控量变化的其他因素，从而有效地抑制了被控对象的时滞特性，提高了系统动态响应的快速性。

下面以图 1-25 所示的精馏塔塔釜温度控制系统为例，进一步说明串级控制系统的结构与工作原理。

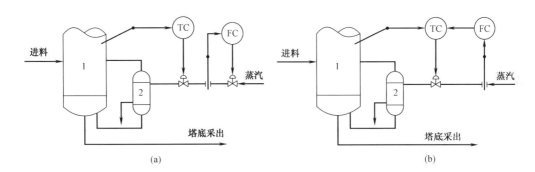

图 1-25　精馏塔塔釜温度控制系统
（a）单回路控制系统；（b）串级控制系统
1—精馏塔；2—再沸器

精馏塔塔釜温度是保证产品分离纯度的重要指标，一般要求将它恒定在一定的数值。为此，通常采用图 1-25（a）中的第一个方案，即以改变加热蒸汽流量来克服干扰对温度的影响，从而达到稳定温度的目的。这个控制系统的特点是所有对温度的干扰都概括在控制回路中，且都能用控制作用来予以克服。但问题是当蒸汽压力波动比较厉害时，由于温度对象滞后较大，控制质量不够理想，对某些精馏过程来说是不符合要求的。

有时也采用间接的办法来使蒸汽流量保持恒定，即图 1-25（a）中的第二个方案。这个方案的优点是能及时克服蒸汽压力这一干扰对温度的影响，即在蒸汽压力影响蒸汽流量之前就被控制作用所克服。但缺点是它不能解决进料流量、物料初温等其他因素对塔釜温度带来的影响。因此，它仍然不能满足某些精馏过程的要求。

综合以上两种方案的优点，是否能同时采用两套单回路控制系统呢？即由流量控制器来控制蒸汽流量，同时又以改变蒸汽阀门来控制塔釜温度。显然，这样两个系统对蒸汽流量的要求是矛盾的，因此它们是不能协调工作的。人们希望的是在塔釜温度不变时蒸汽流量能保持设定值，而当塔釜温度在外来干扰的作用下偏离给定值时，又要求蒸汽流量能作相应的变化，使塔釜温度保持在设定值上。也就是说，流量控制器的设定值应该由温度控制的需要来决定它“变”还是“不变”，以及变化的“大”和“小”。因此有必要将两个控制器串接起来，并使温度控制器的输出作为流量控制器的设定值，从而构成串级控制系统，如图 1-25（b）所示。其方块图如图 1-26 所示。根据信号传递的关系，图中将被控对象精馏过程分为两部分。一部分为蒸汽管道，图上标为流量对象，它的输出变量为蒸汽流量。另一部分为精馏塔装置，图上标为温度对象，它的输出变量为塔釜温度。干扰 f_2 表示蒸汽压力的变化，它通过流量对象首先影响蒸汽流量，然后再影响塔釜温度。干扰 f_1 表示进料流量、进料温度、进料成分等的变化，它通过温度对象直接影响塔釜温度。

从图 1-26 可以看出，在串级控制系统中，有两个控制器 TC1 和 TC2，分别接收来自对象不同部位的测量信号 y_1 和 y_2，其中一个控制器 TC1 的输出作为另一个控制器 TC2 的给定值，而后者的输出去控制执行器以改变控制变量。从系统的结构来看，这两个控制器是串接工作的，所以，这样的系统称为串级控制系统。

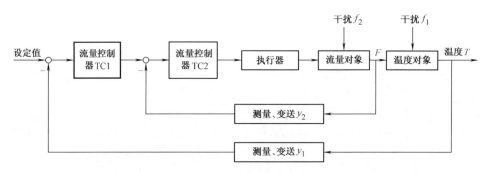

图 1-26　精馏塔控制系统框图

2. **串级控制系统的工作过程**　下面以图 1-26 所示的精馏塔流量-温度串级控制系统为例，进一步说明串级控制系统是如何有效地克服滞后、提高控制质量的。下面针对不同情况来分析该系统的工作过程，为分析问题方便，假定从工艺安全出发，选择调节阀为气开阀，流量控制器、温度控制器都是反作用。

（1）干扰进入副回路。当系统的干扰只是蒸汽压力波动时，即在图所示的框图中，干扰 f_1 不存在，只有 f_2 作用在流量对象上，这时干扰进入副回路。若采用简单控制系统［见图 1-25（a）］干扰 f_2 先引起蒸汽流量变化，然后通过再沸器传热才能引起塔釜温度 T 的变化。只有当塔釜温度变化以后，控制作用才能开始，因此控制迟缓、滞后大。设置了副回路后，干扰 f_2 引起流量变化，流量控制器 TC2 及时进行控制，使蒸汽流量很快稳定下来，如果干扰量小，经过副回路控制后，此干扰一般影响不到塔釜温度；在大幅度的干扰下，其大部分影响为副回路所克服，波及塔釜温度已影响不大，再由主回路进一步克服，彻底消除干扰的影响，使被控变量回复到给定值。

由于副回路控制通道短，时间常数小，所以当干扰进入副回路时，可以获得比单回路控制系统超前的控制作用，有效地克服蒸汽压力变化对塔釜温度的影响，从而大大提高了控制质量。

（2）干扰作用于主对象。假如某一时刻，由于进料量或进料温度、成分的变化，即在图 1-26 所示的框图中，f_2 不存在，只有 f_1 作用于温度对象上。若 f_1 的作用结果使塔釜温度 T 升高。这时温度控制器 TC1 的测量值增加，那么 TC1 的输出降低，即 TC2 的给定值降低。流量控制器跟踪这一变化的给定值动作，发出相应信号去关小调节阀，以减少加热蒸汽的进入，达到恢复釜温的目的。

在串级控制系统中，如果干扰作用于主对象，由于副回路的存在，可以及时改变副变量的数值，以达到稳定主变量的目的。

（3）干扰同时作用于副对象和主对象。如果除了进入副回路的干扰外，还有其他干扰作用在主对象上，即在图 1-26 所示的框图中，f_1、f_2 同时存在，分别作用在主、副对象上，这时可以根据干扰作用下主、副变量变化的方向，分下列两种情况进行讨论。

一种是在干扰作用下，主、副变量的变化方向相同，即同时增加或同时减小。在如图 1-28 所示的流量-温度串级控制系统中，一方面由于蒸汽压力增加使塔釜温度增加，同时，由于进料温度增加（或流量减少）而使塔釜温度增加。这时主控制器的输出由于塔釜温度的增加而减小。副控制器的输出由于测量值增加、给定值（TC1 的输出）减小而大大减小，使调节阀关得更小些，更多地减少了蒸汽供给量，直至主变量回复到给定值为止。由于此时主、副控制器的工作都是使阀门关小，所以加强了控制作用，加快了控制过程。

另一种情况是主、副变量的变化方向相反，一个增加，另一个减小。如在上例中，假定一方面由于蒸汽压力升高而使蒸汽流量增加，另一方面由于进料温度降低（或流量增加）而使塔釜温度降低。这时主控制器的测量值降低，其输出增大，这使得副控制器的给定值也随之增大，而这时副控制器的测量值也在增大，如果两者增加量恰好相等，则偏差为零，这时副控制器输出不变，阀门不需动作；如果两者增加量虽不相等，由于能互相抵消掉一部分，因而偏差也不大，只要控制阀稍稍动作一点，即可使系统达到稳定。

通过以上分析可以看出，在串级控制系统中，由于引入一个闭合的副回路，不仅能迅速克服作用于副回路的干扰，而且对作用于主对象上的干扰也能加速克服。副回路具有先调、粗调、快调的特点；主回路具有后调、细调、慢调的特点，并对于副回路没有完全克服掉的干扰影响能彻底加以克服。因此，在串级控制系统中，由于主、副回路相互配合、相互补充，充分发挥了控制作用，大大提高了控制质量。

3. 串级控制系统的特点及应用范围　由上所述可知串级控制系统有以下几个特点：

（1）从在系统结构来看，串级控制系统有主、副两个闭合回路；有主、副两个控制器；有分别测量主变量和副变量的两个测量变送器。

串级控制系统中，主、副控制器是串联工作的。主控制器的输出作为副控制器的给定值，系统通过副控制器的输出去控制执行器，实现对主变量的定值控制。所以，在串级控制系统中，主回路是定值控制系统，而副回路是随动控制系统。

（2）在串级控制系统中，有主、副两个变量。一般来说，主变量是反映产品质量或生产过程运行情况的主要工艺变量。控制的目的在于使这一变量等于工艺规定的给定值。所以，主变量的选择原则与简单控制系统中介绍的被控变量选择原则是一样的。关于副变量的选择原则后面再详细讨论。

（3）从系统特性来看，串级控制系统由于副回路的引入，改善了对象的特性，使控制过程加快，具有超前控制的作用，从而有效地克服滞后，提高了控制质量。

（4）串级控制系统由于增加了副回路，因此具有一定的自适应能力，可用于负荷和操作条件有较大变化的场合。

对于一个控制系统来说，控制器参数是在一定的负荷，一定的操作条件下，按一定的质量指标整定得到的。因此，一组控制器参数只能适应一定的负荷和操作条件。如果对象具有非线性，那么，随着负荷和操作条件的改变，对象特性就会发生变化。这样，原先的控制器参数就不再适应了，需要重新整定。如果仍用原先的参数，控制质量就会下降。这一问题，在单回路控制系统中是难以解决的，在串级控制系统中，主回路是一个定值系统，副回路却是一个随动系统。当负荷或操作条件发生变化时，主控制器能够适应这一变化及时地改变副控制器的给定值，使系统运行在新的工作点上，从而保证在新的负荷和操作条件下，控制系统仍然具有较好的控制质量。

由于串级控制系统具有上述特点，所以当对象的滞后和时间常数很大，干扰作用强而且频繁、负荷变化大，简单控制系统满足不了控制质量的要求时，可采用串级控制系统。但也不能盲目地套用串级控制系统，否则，不仅造成设备的浪费，而且用得不对还会引起系统的失控。

4. 串级控制系统主、副回路的选择　由于串级控制系统比单回路系统多了一个副回路，因此与单回路系统相比，串级系统具有一些单回路系统所没有的优点。然而，要发挥串级系统的优势，副回路的设计是一个关键问题。副回路设计得合理，串级系统的优势会得到充分发挥，串级系统的控制质量比单回路控制系统的有明显的提高；副回路设计不合适，串级系统的优势将得不到发挥，控制质量的提高将不明显，甚至导致串级控制系统无法工作。

一般情况下，主变量的选择与单回路控制时被控变量的选择原则是一样的，能直接或间接地表征生产过程质量的参数都可以作为控制系统的被控变量。

副回路的选择，实际上就是根据生产工艺的具体情况，选择一个合适的副变量，构成一个以副变量为被控变量的副回路。

为了使串级系统充分发挥优势，副回路的选择应考虑如下几个原则：

（1）主、副变量间应有一定的内在联系。

（2）副回路应将生产过程中的主要干扰包围在内。

（3）在可能的情况下，应使副环包围更多的次要干扰。

（4）当对象具有较大的纯滞后而影响控制质量时，在选择副变量时应使副环尽量少包含纯滞后或不包含纯滞后。

（二）前馈-反馈控制技术

1. 前馈-反馈复合控制系统　为了克服前馈控制的局限性，工程上将前馈、反馈两者结合起来。这样，既发挥了前馈作用可及时克服主要扰动对被控量影响的优点，又保持了反馈控制能克服多个扰动影响的特点，同时也降低系统对前馈补偿器的要求，使其在工程上易于实现。这种前馈-反馈复合系统在过程控制中已被广泛地应用。

图 1-27 所示为炼油装置上加热炉的前馈-反馈控制系统。加热炉出口温度 θ 为被控量，燃料油流量 q_B 为控制量。由于进料流量 q_F 经常发生变化。因而对此主要扰动进行前馈控制。前馈控制器（FFC）将在 q_F 变化时及时产生控制作用。通过改变燃料油来消除进料

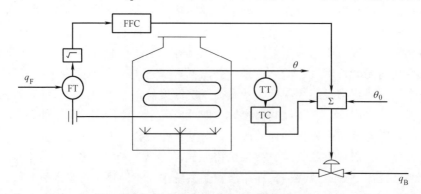

图 1-27　加热炉的前馈-反馈控制系统

流量对加热炉出口温度 θ 的影响。同时反馈控制温度调节器（TC）获得温度 θ 变化的信息后，将按照一定的控制规律对燃料油 q_{B} 产生控制作用。两个通道作用叠加的结果将使 θ 尽快回到给定值。在系统出现其他扰动时，如进料的温度、燃料油压力等变化时，由于这些信息未被引入前馈补偿器，故只能依靠反馈调节器产生的控制作用克服它们对被控温度的影响。

典型的前馈-反馈控制系统框图，如图 1-28 所示。它是由一个反馈回路和一个开环补偿回路叠加而成的复合系统。

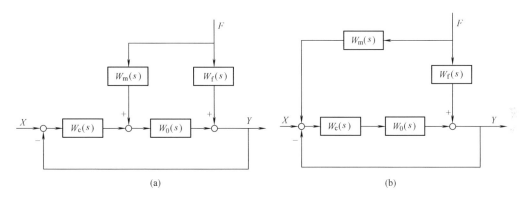

图 1-28　单回路前馈-反馈复合控制系统

(a) 前馈信号接在反馈控制器之后；(b) 前馈信号接在反馈控制器之前

由图 1-28（a）可知，在扰动 $F(s)$ 作用下，系统输出为

$$Y(s)=W_{\mathrm{f}}(s)F(s)+W_{\mathrm{m}}(s)W_0(s)F(s)-W_{\mathrm{c}}(s)W_0(s)Y(s) \tag{1-2}$$

上式右方第一项是扰动量 $F(s)$ 对被控量 $Y(s)$ 的影响；第二项是前馈控制作用；第三项是反馈控制作用。

对图 1-28（a）所示前馈-反馈控制系统，输出对扰动 $F(s)$ 的传递函数为

$$\frac{Y(s)}{F(s)}=\frac{W_{\mathrm{f}}(s)+W_{\mathrm{m}}(s)W_0(s)}{1+W_{\mathrm{c}}(s)W_0(s)} \tag{1-3}$$

注意到在单纯前馈控制下，扰动对被控量的影响为：

$$\frac{Y(s)}{F(s)}=W_{\mathrm{f}}(s)+W_{\mathrm{m}}(s)W_0(s) \tag{1-4}$$

可见，采用了前馈-反馈控制后，扰动对被控量的影响为原来的 $[1/W_{\mathrm{c}}(s)W_0(s)]$。这就证明了由于反馈回路的存在，不仅可以降低对前馈补偿器精度的要求，同时对于工况变动时所引起对象非线性特性的大多数变化也具有一定的自适应能力。

在前馈-反馈复合控制系统中，实现前馈作用的完全补偿的条件不变，即对图 1-28（a）结构，为

$$W_{\mathrm{m}}(s)=-\frac{W_{\mathrm{f}}(s)}{W_0(s)} \tag{1-5}$$

对于图 1-28（b）所示系统结构的情况，由于输出 $Y(s)$ 对扰动 $F(s)$ 传递函数成为

$$\frac{Y(s)}{F(s)} = \frac{W_f(s) + W_c(s)W_m(s)W_0(s)}{1 + W_c(s)W_0(s)} \tag{1-6}$$

要实现完全补偿 [即 $Y(s)/F(s)=0$]，前馈模型为

$$W_m(s) = -\frac{W_f(s)}{W_0(s)W_c(s)} \tag{1-7}$$

此时前馈控制器的特性不但取决于过程扰动通道及控制通道特性，还与反馈控制器 $W_c(s)$ 的控制规律有关。

2. **前馈-反馈控制系统优点**　①由于增加了反馈回路，大大简化了原有前馈控制系统，只需对主要的干扰进行前馈补偿，其他干扰可由反馈控制予以校正；②反馈回路的存在，降低了前馈控制模型的精度要求，为工程上实现比较简单的通用模型创造了条件；③负荷变化时，模型特性也要变化，可由反馈控制加以补偿，因此具有一定自适应能力。

前馈-反馈控制系统的工业应用。前馈控制系统可以用来补充单回路反馈控制及串级控制所不易解决的某些控制问题，因而在石油、化工、冶金、发电厂等过程控制中取得了广泛的应用。随着目前微型计算机的发展，动态前馈控制已不难实现。目前，前馈-反馈等复合控制已成为改善控制品质的重要方案。下面介绍一个较成熟的工业应用示例。

冷凝器温度前馈-反馈复合控制系统。许多生产过程中都有冷凝设备，它的作用是把中间产品冷凝成液体，再送往下一个工段继续加工。这种冷凝设备的主要被控量是冷凝液的温度，控制量则为冷却水的流量，如图 1-29 所示。其工作原理是：从低压汽轮机出来的乏蒸汽经冷凝器以后，变成温水，再由循环泵送至除氧器，经除氧处理后的温水，可继续作为发电锅炉的给水。本系统采用前馈-反馈复合控制方式，利用乏蒸汽被冷凝后的温水温度信号控制冷却水的阀门开度，即由温度变送器（TT）、PI调节器（TC）、冷却水阀门及过程控制通道构成反馈控制系统。乏蒸汽流量是个可测不可控且经常变化的扰动因素，故对乏蒸汽流量进行前馈控制，使冷却水流量跟随乏蒸汽流量的变化而提前变化，以维持温水的水温达到指定范围。

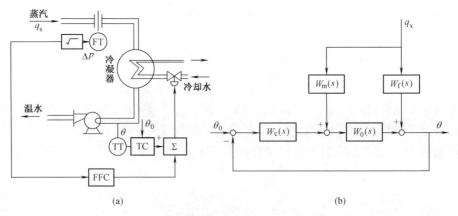

图 1-29　冷凝器温度的前馈-反馈复合控制方案

(a) 系统原理图；(b) 系统框图

三、常用现代控制技术

（一）解耦控制技术

1. 解耦控制原理　解耦控制的主要目标是通过设计解耦补偿装置，使各控制器只对各自相应的被控量施加控制作用，从而消除回路间的相互影响。

对于一个多变量控制系统，如果系统的闭环传递函数矩阵 $\boldsymbol{\Phi}(s)$ 为一个对角线矩阵，即

$$\boldsymbol{\Phi}(s) = \begin{bmatrix} \Phi_{11}(s) & 0 & \cdots & 0 \\ 0 & \Phi_{22}(s) & \cdots & 0 \\ \vdots & \vdots & & \vdots \\ 0 & 0 & \cdots & \Phi_{nn}(s) \end{bmatrix} \tag{1-8}$$

那么，这个多 Z 变量控制系统各控制回路之间是相互独立的。因此，多变量控制系统解耦的条件是系统的闭环传递函数矩阵 $\boldsymbol{\Phi}(s)$ 为对角线矩阵，如式（1-8）所示。

为了达到解耦的目的，必须在多变量控制系统中引入解耦补偿装置 $\boldsymbol{F}(s)$，如图 1-30 所示。

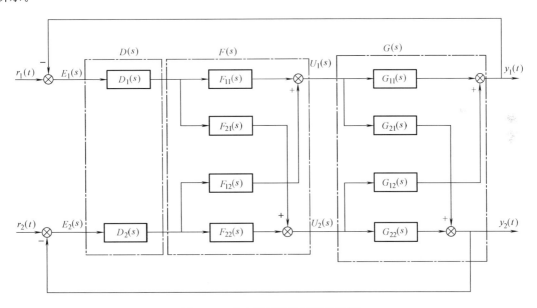

图 1-30　多变量解耦控制系统框图

为了使系统的闭环传递函数矩阵 $\boldsymbol{\Phi}(s)$ 为对角线矩阵，必须使系统的开环传递函数矩阵 $\boldsymbol{G_k}(s)$ 为对角线矩阵。因为 $\boldsymbol{G_k}(s)$ 为对角线矩阵时，$[\boldsymbol{I}+\boldsymbol{G_k}(s)]^{-1}$ 也必为对角线矩阵，那么 $\boldsymbol{\Phi}(s)$ 必为对角线矩阵。

引入解耦补偿装置后，系统的开环传递函数矩阵变为

$$\boldsymbol{G_k F}(s) = \boldsymbol{G}(s)\boldsymbol{F}(s)\boldsymbol{D}(s) \tag{1-9}$$

式中　$\boldsymbol{F}(s) = \begin{bmatrix} F_{11}(s) & F_{12}(s) \\ F_{21}(s) & F_{22}(s) \end{bmatrix}$ 为解耦补偿矩阵。

由于各控制回路的控制器一般是相互独立的，控制矩阵 $\boldsymbol{D}(s)$ 本身已为对角线矩阵，

因此，在设计时，只要使 $G(s)$ 与 $F(s)$ 的乘积为对角线矩阵，就可使 $G_kF(s)$ 为对角线矩阵，即

$$\begin{bmatrix} G_{11}(s) & G_{12}(s) \\ G_{21}(s) & G_{22}(s) \end{bmatrix}\begin{bmatrix} F_{11}(s) & F_{12}(s) \\ F_{21}(s) & F_{22}(s) \end{bmatrix}=\begin{bmatrix} G_{11}(s) & 0 \\ 0 & G_{22}(s) \end{bmatrix} \tag{1-10}$$

因而，解耦补偿矩阵 $F(s)$ 为

$$\begin{bmatrix} F_{11}(s) & F_{12}(s) \\ F_{21}(s) & F_{22}(s) \end{bmatrix}=\begin{bmatrix} G_{11}(s) & G_{12}(s) \\ G_{21}(s) & G_{22}(s) \end{bmatrix}^{-1}\begin{bmatrix} G_{11}(s) & 0 \\ 0 & G_{22}(s) \end{bmatrix} \tag{1-11}$$

根据上述分析，采用对角线矩阵综合方法，解耦之后的两个控制回路相互独立，其等效框图如图 1-31 所示。

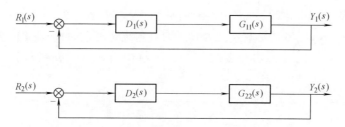

图 1-31　多变量解耦后的等效框图

常用的解除或减少系统间相互关联的解耦控制方法有下面几种。

（1）正确匹配被控变量与控制变量。对有些系统来说，减少与解除耦合的途径可通过被控变量与控制变量间的正确匹配来解决，这是最简单的有效手段。

如图 1-32 所示的冷热物料混合系统，混合物料流量 F 及温度 T 都要求控制在设定值。经实验及分析计算得到，以温度 T 为被控变量，热物料流量 q_h 为控制变量所组成的温度控制系统，及以混合物料流量 F 为被控变量，冷物料流量 q_c 为控制变量所组成的流量控制系统的匹配关系为

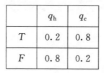

	q_h	q_c
T	0.2	0.8
F	0.8	0.2

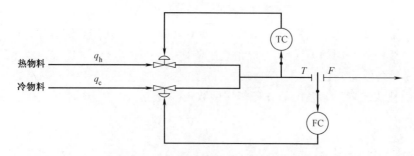

图 1-32　混合物料温度和流量控制系统

根据上述理论分析，由相对增益阵列可知，图 1-33 所示控制系统的被控变量与控制变量的匹配是不合理的，应重新匹配，组成以温度 T 为被控变量，冷物料流量 q_c 为控制变量的温度控制系统，及以混合物料流量 F 为被控变量，热物料流量 q_h 为控制变量的流量控制系统。

（2）整定控制器参数，减小系统间的关联程度。图 1-34 所示的压力及流量控制系统，对象特性都很灵敏，动态联系密切，相关性质又是相加的，对于这样的系统如果能把两者之间的动态联系减弱，使两个控制回路的工作频率错开，就可使两个系统的控制正常运行。

其实现方法为，整定控制器的参数，把其中一个系统的比例度积分时间放大，使它受到干扰作用后，反应适当缓慢一些，调节过程长一些，这样就能达到目的。

在图 1-34 所示的压力和流量控制系统中，如果把流量作为主要被控变量，那么流量控制回路像通常一样整定，要求响应灵敏；而把压力作为从属的被控变量，压力控制回路整定得"松"一些，即比例度大一些，积分时间长一些。这样，对流量控制系统来说，控制器输出对被控流量变量的作用是显著的，而该输出引起的压力变化，经压力控制器输出后对流量的效应将是相当微弱的。这样就减少了关联作用。当然，在采用这种方法时，次要被控变量的控制品质往往较差，这一点在工艺允许的情况下是值得牺牲的，但在另外一些情况下却可能是个严重的缺点。

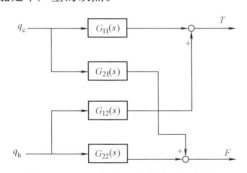

图 1-33　2×2 多输入-多输出系统框图

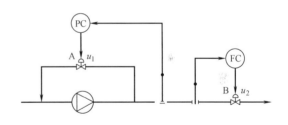

图 1-34　相互关联的压力及流量控制系统

（3）减少控制回路。把上述方法推到极限，次要控制回路的控制器取无穷大的比例度，此时这个控制回路不再存在，它对主要控制回路的关联作用也就消失。例如，在精馏塔的控制系统设计中，工艺对塔顶和塔底的组分均有一定要求时，若塔顶和塔底的组分均设有控制系统，这两个控制系统是相关的，在扰动较大时无法投运。为此，目前一般采用减少控制回路的方法来解决。如塔顶重要，则塔顶设置控制回路，塔底不设置质量控制回路而往往设置加热蒸汽流量控制回路。

（4）串接解耦控制。在控制器输出端与执行器输入端之间，可以串接入解耦装置 $D(s)$，双输入双输出串接解耦框图如图 1-35 所示。

由图可得

$$Y(s)=D(s)G(s)P(s) \tag{1-12}$$

即

$$\begin{bmatrix} Y_1(s) \\ Y_2(s) \end{bmatrix}=\begin{bmatrix} D_{11}(s) & D_{12}(s) \\ D_{21}(s) & D_{22}(s) \end{bmatrix}\begin{bmatrix} G_{11}(s) & G_{12}(s) \\ G_{21}(s) & G_{22}(g) \end{bmatrix}\begin{bmatrix} P_1(s) \\ P_2(s) \end{bmatrix} \tag{1-13}$$

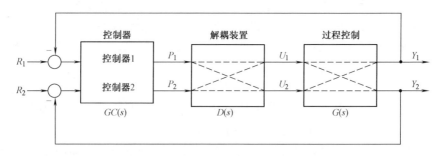

图 1-35　双输入双输出串接解耦框图

找到合适的 $D(s)$ 使 $D(s)$ $G(s)$ 为对角矩阵，就解除了系统之间的耦合，两个控制系统不再关联。

（二）自适应控制

1. 什么是自适应控制　在日常生活中，所谓自适应是指生物能改变自己的习性以适应新的环境的一种特性。因此，直观的讲，自适应控制器应当是这样一种控制器，它能修正自己的特性以适应对象和扰动特性的变化。

自适应控制的研究对象是具有一定程度不确定性的系统，这里所谓"不确定性"是指描述被控对象及其环境的数学模型不是完全确定的，其中包含一些未知的因素和随机因素。

任何一个实际系统都具有不同程度的不确定性，这些不确定性有时表现在系统内部，有时表现在系统外部。从系统内部来讲，描述被控对象的数学模型的结构和参数，设计者事先并不一定能确切知道。作为外部环境对系统的影响，可以等效地用许多扰动来表示。这些扰动通常是不可预测的，它们可能是确定性的，如常值负载扰动，其幅值和出现的时间是不可预知的；也可能是随机性的，如海浪和阵风的扰动。此外，还有一些量测噪声从不同的测量反馈回路进入系统。这些随机扰动和噪声的统计特性常常是未知的，面对这些客观存在的各式各样的不确定性，如何设计适当的控制作用，使得某一指定的性能指标达到并保持最优或近似最优，这就是自适应控制所要研究解决的问题。

2. 两类重要的自适应控制系统　自从 20 世纪 50 年代末期由美国麻省理工学院提出第一个自适应控制系统以来，先后出现过许多不同形式的自适应控制系统。发展到现阶段，无论是从理论研究还是从实际应用的角度来看，比较成熟的自适应控制系统有下述两大类。

（1）模型参考自适应控制系统（Model Reference Adaptive System，MRAS）。由以下几部分组成，即参考模型、被控对象、反馈控制器和调整控制器参数的自适应机构等部分，如图 1-36 所示。

从图 1-36 可以看出，这类控制系统包含两个环路：内环和外环。内环是由被控对象和控制器组成的普通反馈回路，而控制器的参数则由外环调整。

参考模型的输出 y_m 直接表示了对象输出应当怎样理想地响应参考输入信号 r。这种用模型输出来直接表达对系统动态性能的要求的作法，对于一些运动控制系统往往是很直观和方便的。

控制器参数的自适应调整过程是这样的：当参考输入 $r(t)$ 同时加到系统和参考模型的入口时，由于对象的初始参数未知，控制器的初始参数不可能调整得很好。因此，一开始运行系统的输出响应 $y(t)$ 与模型的输出响应 $y_m(t)$ 是不可能完全一致的，结果产生偏差信号

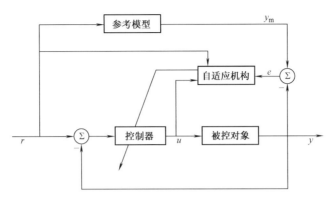

图 1-36 模型参考自适应控制系统

$e(t)$，由 $e(t)$ 驱动自适应机构，产生适当的调节作用，直接改变控制器的参数，从而使系统的输出 $y(t)$ 逐步地与模型输出 $y_m(t)$ 接近，直到 $y(t) = y_m(t)$，$e(t) = 0$ 为止。当 $e(t) = 0$ 后，自适应参数调整过程也就自动中止。

（2）自校正调节器（Self-tuning Regulator，STR）。这类自适应控制系统的一个主要特点是具有一个被控对象数学模型的在线辨识环节，具体地说是加入了一个对象参数的递推估计器。

由于估计的是对象参数，而调节器参数还要求解一个设计问题方能得出，所以这种自适应控制系统可用图 1-37 的结构来描述。这种自适应调节器也可设想成由内环和外环两个环路组成，内环包括被控对象和一个普通的线性反馈调节器，这个调节器的参数由外环调节，外环则由一个递推参数估计器和一个设计机构所组成。这种系统的过程建模和控制的设计都是自动进行，每个采样周期都要更新一次。这种结构的自适应控制器称为自校正调节器，采用这个名称为的是强调控制器能自动校正自己的参数，以得到希望的闭环性能。

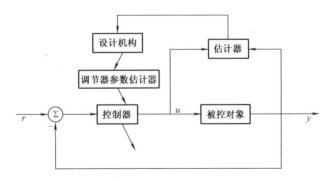

图 1-37 自校正调节器（STR）的结构图

图 1-37 中的设计机构表示当对象参数已知时，对调节器的参数进行在线求解。由于调节器的控制律是多样的，如 PID 调节、最小方差调节等，而且参数估计的方法也是多样的，如最小二乘法，极大似然法等，因此自校正调节器 STR 方案也非常灵活，可以采用各种不同控制方法和估计方法来搭配，以满足不同的性能要求。

3. 自适应控制的理论 自适应控制系统是一种本质非线性的系统，所以分析这种系统相当困难。自适应系统的理论进展比较缓慢，许多研究工作在理论上仍未达到合理和完整的程度。由于自适应系统的特性复杂，所以必须从几种不同的角度来考察它们。非线性系统理论、稳定性理论、系统辨识、递推参数估计、最优控制理论和随机控制理论等都有助于理解自适应控制系统的特性。但是，对自适应控制系统本身来说，最重要的理论研究课题还是集中在以下三个方面：

（1）稳定性。自适应控制系统的稳定性是指系统的状态、输入、输出和参数等变量，在干扰的影响下，应当总是有界的。稳定性是对所有控制系统的基本要求，自适应控制系统当然也不能例外。在分析自适应控制系统动态性能方面，人们已花费了大量的精力，目前，稳定性理论已成为研究模型参考自适应控制系统的主要理论基础。大多数模型参考自适应控制系统，在分析其稳定性时，都可以归结为研究一个误差模型，这个误差模型由一个线性控制系统和一个非线性反馈环节所组成。关于系统稳定性的一个主要结果是：如果误差模型的线性部分的传递函数 G 是严格证实的（Strict Positive Real，SPR），而非线性部分是无源的，则闭环系统是稳定的。如果线性系统的传递函数 G 不是严格证实的，我们就用一个线性滤波器 G_c 对误差进行滤波，使组合传递函数 GG_c 是严格证实的。模型参考自适应控制系统的许多自适应律都是由此导出，而且它还可以保证在任意大的自适应增益下系统稳定，即自适应的速度可以任意快。

然而，为了使上述结果成立，需要附加很强的假设条件，而这些条件在实践中往往难于满足，以致按稳定性理论设计的某些自适应控制系统在一定条件下仍会丧失稳定性。因此，建立新的理论体系，逐步放宽对被控对象及其环境的限制条件是当前迫切需要解决的理论问题。

（2）收敛性。一个自适应控制算法具有收敛性是指在给定的初始条件下，算法能渐近地达到其预期目标，并在收敛过程中，保持系统的所有变量有界。

在许多自适应控制系统中，特别是在自校正控制中，人们要采用各种形式的递推算法。当一个自适应控制算法被证明是收敛时，它可以提高这个算法在实际中应用的可信度。另外，收敛性的理论还有助于区分各种算法的优劣，指明改进算法的正确途径。因此，收敛性的研究对自适应控制系统具有重要的理论和实际意义。

由于自适应算法的非线性特性对建立收敛性理论带来很大的困难，目前只有在有限的几类简单的自适应控制算法中取得了一定的结果。而且现有收敛性结果的局限性太大，假设条件限制太严，不便于实际应用，即使是保证参数估计收敛的最基本的要求，即希望系统的输入信号能持续激励或足够丰富，对于实际系统也不一定总能满足。

（3）鲁棒性。自适应控制系统的鲁棒性主要是指：在存在扰动和未建模动态特性的条件下，系统能保持其稳定性和一定动态性能的能力。这个问题直到 20 世纪 80 年代初期才被 Rohrs 所发现，而后，引起了自适应控制理论的高度重视。现在已经查明，扰动能使系统参数产生严重的漂移，导致系统的不稳定，特别是在存在未建模的高频动态特性的条件下，如果指令信号过大或含有高频成分，或存在高频噪声，或者自适应增益过大，都可能使自适应控制系统丧失稳定性。基于对各种不稳定的机制的理解，目前，已提出了若干个不同方案来克服上述原因导致的不稳定性，但远未达到令人满意的程度。因此，如何设计一个鲁棒性很强的自适应控制系统，至今仍是一个重要的理论研究课题。

（三）模糊控制

1. 模糊控制概况　近半个世纪以来，经典控制和现代控制理论、方法和技术（简称传统控制），取得了令人瞩目的成就，在国民经济各个领域发挥巨大的作用。随着工业生产过程的发展，现代工业自动控制系统对控制精度、响应速度、系统稳定性与适应能力的要求越来越高。由于传统控制是建立在精确的系统数学模型基础上，而实际系统常常存在复杂性、非线性、时变性、不确定性等问题，难以获得精确的数学模型，传统控制在工业生产的许多场合难以奏效。

1965 年，美国伯克利加州大学（University of California at Berkeley）电气工程系的 Lotfi Asker Zadeh 教授创立了模糊集合理论，突破了 19 世纪末笛卡儿的经典集合理论。1974 年，英国伦敦大学的 E. H. Mamdani 教授首先把模糊集合理论用于锅炉和蒸汽机控制，开创了模糊控制的先河，并取得了比传统的直接数字控制算法更好的控制效果，从而宣告模糊控制的诞生。

2. 模糊控制的特点　模糊控制的基本思想是把人类专家对特定的被控对象或过程的控制策略总结成一系列以："IF（条件）THEN（作用）"产生式形式表示的控制规则，通过模糊推理得到控制作用集，作用于被控对象或过程。控制作用集为一组条件语句，状态条件和控制作用均为一组被量化了的模糊语言集，如："正大"、"负大"、"高"、"低"等。

模糊控制与传统控制方法相比有以下优点：

（1）模糊控制是一种基于规则的控制。它直接采用语言型控制规则，出发点是现场操作人员的控制经验或相关专家的知识，在设计中不需要建立被控对象的精确数学模型，因而使得控制机理和策略易于接受与理解，设计简单，便于应用。

（2）由工业过程的定性认识出发，比较容易建立语言控制规则，因而模糊控制对那些数学模型难以获取、动态特性不易掌握或变化非常显著的对象非常适用。

（3）基于模型的控制算法及系统设计方法，由于出发点和性能指标的不同，容易导致较大差异；但一个系统的语言控制规则却具有相对的独立性，利用这些控制规律间的模糊连接，容易找到折中的选择，使控制效果优于常规控制器。

（4）模糊控制算法是基于启发性的知识及语言决策规则设计的，这有利于模拟人工控制的过程和方法，增强控制系统的适应能力，使之具有一定的智能水平。

（5）模糊控制系统的鲁棒性强，干扰和参数变化对控制效果的影响被大大减弱，尤其适合于非线性、时变及纯滞后系统的控制。

模糊控制的这些优点，使得它成为智能控制的一个亮点。随着计算机技术的飞速发展，模糊集合理论和模糊控制技术的研究也取得可丰硕的成果，模糊控制技术已经渗透到经济社会和科学技术的各个领域。在新的 21 世纪，模糊控制技术将得到更加广泛的应用。

3. 模糊控制应用研究现状　模糊控制具有良好控制效果的关键是要有一个完善的控制规则。但由于模糊规则是人们对过程或对象模糊信息的归纳，对高阶、非线性、大时滞、时变参数以及随机干扰严重的复杂控制过程，人们的认识往往比较贫乏或难以总结完整的经验，这就使得单纯的模糊控制在某些情况下很粗糙，难以适应不同的运行状态，影响了控制效果。

常规模糊控制的两个主要问题在于：改进稳态控制精度和提高智能水平与适应能力。在实际应用中，往往是将模糊控制或模糊推理的思想，与其他相对成熟的控制理论或方法结合起来，发挥各自的长处，从而获得理想的控制效果。由于模糊规则和语言很容易被人们广泛接受，加上模糊化技术在微处理器和计算机中能很方便地实现，所以这种结合展现出强大的生命力和良好的效果。对模糊控制的改进方法可大致的分为模糊复合控制，自适应和自学习模糊控制，以及模糊控制与智能化方法的结合等三个方面。

4. 模糊控制研究方向展望　模糊控制仍然是一个充满争议的领域。由于它的发展历史还不长，理论上的系统性和完善性，技术上的成熟性和规范性都还是不够的，有待人们的进一步提高。

模糊系统理论还有一些重要的理论课题没有解决。其中两个重要的问题是：如何获得模糊规则及隶属函数，这在目前完全凭经验来进行；如何保证模糊系统的稳定性。

大体说来，在模糊控制理论和应用方面应加强研究的主要课题为：

（1）适合于解决工程上普遍问题的稳定性分析方法，稳定性评价理论体系；控制器的鲁棒性分析，系统的可控性和可观测性判定方法等。

（2）模糊控制规则设计方法的研究，包括模糊集合隶属函数的设定方法，量化水平，采样周期的最优选择，规则的系数，最小实现以及规则和隶属函数参数自动生成等问题；进一步则要求我们给出模糊控制器的系统化设计方法。

（3）模糊控制器参数最优调整理论的确定，以及修正推理规则的学习方式和算法等。

（4）模糊动态模型的辨识方法。

（5）模糊预测系统的设计方法和提高计算速度的方法。

（6）神经网络与模糊控制相结合，有望发展一套新的智能控制理论。

（7）模糊控制算法改进的研究：由于模糊逻辑的范畴很广，包含大量的概念和原则；然而这些概念和原则能真正的在模糊逻辑系统中得到应用的却为数不多。这方面的尝试有待深入。

（8）最优模糊控制器设计的研究：依据恰当提出的性能指标，规范控制规则的设计依据，并在某种意义上达到最优。

5. 模糊逻辑控制技术在变频调速恒压供水系统中的应用　在变频调速恒压供水系统中，利用模糊逻辑控制的相关理论，把系统输入的压力、流量等传感器信号以及系统的输出变量进行了模糊化处理，然后结合根据操作经验等制成的控制规则表，经过模糊推理，得到了系统控制的模糊逻辑控制表。在实时控制过程中，系统通过查找模糊逻辑控制表把实时采集的压力、流量等输入信号转化成输出，然后通过模糊决策得到输出的清晰量，最后系统根据该清晰量进行电机变频控制，完成了恒压控制的模糊逻辑控制过程。

（四）神经网络控制系统

神经网络控制的基本思想是从仿生学的角度，模拟人脑神经系统的运作方式，使机器具有人脑那样的感知、学习和推理能力。它将控制系统看成是由输入到输出的一个映射，利用神经网络的学习能力和适应能力实现系统的映射特性，从而完成对系统的建模和控制。它使模型和控制的概念更加一般化。从理论上讲，基于神经网络的控制系统具有一定的学习能力，能够更好的适应环境和系统特性的变化，非常适合于复杂系统的建模和控制。特别是当系统存在不确定性因素时，更体现了神经网络方法的优越性。对控制科学而言，神经网络有如下一些特点：

（1）神经网络是本质的非线性系统，能够充分逼近任意复杂的非线性关系。

（2）具有高度的自适应和自组织能性，能够学习和适应严重不确定性系统的动态特性。

（3）系统信息等势分布存贮在网络的各神经元及其连接权中，故有很强的鲁棒性和容错能力。

（4）信息的并行处理方式使得快速进行大量运算成为可能。

因此，神经网络在解决高度非线性和严重不确定性系统的控制方面具有巨大潜力。目前，在神经网络控制领域已有成功的应用实例，它也成为智能控制发展的重要方向之一。

神经元是以生物神经系统的神经细胞为基础的生物模型。图 1-38 给出了一个简单的人工神经元的模型。

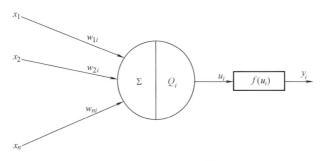

图 1-38　人工神经元模型

可以看出，神经元是一个多输入单输出的非线性处理单元，其中 x_1，x_2，$\cdots$，x_n 为神经元 i 的输入；w_{1i}，w_{2i}，$\cdots$，w_{ni} 为神经元对应于 x_1，x_2，$\cdots$，x_n 的权系数（称突触权重值），它的大小反映了连接强度；Q_i 为神经元的阈值；y_i 是神经元的输出；$f(u_i)$ 为激发函数，它决定神经元 i 在有输入且输入的强度达到阈值时以何种方式输出。若不考虑输入输出之间的滞后，则输入输出关系可描述成

$$y_i = f\Big(\sum_{j=1}^{n} w_{ji}x_j - Q_i\Big) \tag{1-14}$$

设
$$u_i = \sum_{j=1}^{n} w_{ji}x_j - Q_i \tag{1-15}$$

则神经元 i 的输出为 $y_i = f(u_i)$。

有时为了方便，可以把阈值 Q_i 也看成是一个其输入为负 1 的连接权值，则表达式（1-15）可写成

$$y_i = f(u_i) = f\Big(\sum_{j=0}^{n} w_{ji}x_j\Big)$$
$$u_i = \sum_{j=0}^{n} w_{ji}x_j \tag{1-16}$$

式中，$w_{0i} = Q_i$，$x_0 = -1$。

传统的基于模型的控制方式，是根据被控对象的数学模型及对控制系统要求的性能指标来设计控制器，并对控制规律加以数学解析描述；模糊控制是基于专家经验和领域知识总结出若干条模糊控制规则，构成描述具有不确定性复杂对象的模糊关系，通过被控系统输出误差及误差变化和模糊关系的推理合成获得控制量，从而对系统进行控制。这两种控制方式都具有显示表达知识的特点，而神经网络不善于显示表达知识，但是它具有很强的逼近非线性

函数的能力，即非线性映射能力。把神经网络用于控制正是利用它的这个独特优点。

图 1-39（a）给出了一般反馈控制系统的原理图，图 1-39（b）采用神经网络代替图 1-39（a）中的控制器，为完成同一控制任务，现分析神经网络是如何工作的。

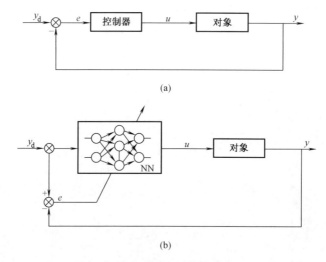

图 1-39　反馈控制与神经网络控制

(a) 反馈控制系统框图；(b) 神经网络控制系统框图

设被控对象的输入 u 和系统输出 y 之间满足如下非线性函数关系

$$y = g(u) \tag{1-17}$$

控制的目的是确定最佳的控制量输入 u，使系统的实际输出 y 等于期望的输出 y_d。在该系统中，可把神经网络的功能看作输入输出的某种映射，或称函数变换，并设它的函数关系为

$$u = f(y_d) \tag{1-18}$$

为了满足系统输出 y 等于期望的输出 y_d，将式（1-18）代入式（1-17），可得

$$y = g[f(y_d)] \tag{1-19}$$

显然，当 $f(v_i) = g^{-1}(v_i)$ 时，满足 $y = y_d$ 的要求。

由于要采用神经网络控制的被控对象一般是复杂的且多具有不确定性，因此非线性函数 $g(v_i)$ 是难以建立的，可以利用神经网络具有逼近非线性函数的能力来模拟 $g^{-1}(v_i)$。尽管 $g(v_i)$ 的形式未知，但通过系统的实际输出 y 与期望输出 y_d 之间的误差来调整神经网络中的连接权值，即让神经网络学习，直至误差趋于零的过程，就是神经网络模拟 $g^{-1}(v_i)$ 的过程，它实际上是对被控对象的一种求逆过程，由神经网络的学习算法实现这一求逆过程，这就是神经网络实现直接控制的基本思想。这里，$e = (y_d - y)$ 趋向于零。

第三节　计算机控制系统

随着科学技术的进步，人们越来越多地用计算机来实现系统控制，即用计算机的硬件和软件来实现控制器的功能。这是计算机取代模拟控制器的初衷。

计算机控制的特点：

（1）用软件可以实现复杂的控制规律。

（2）可以显示、存储、打印系统的运行状态，具有报警功能，人机接口功能。

（3）控制规律可以很方便的改变。

（4）通信组网功能。

计算机控制＝计算机技术＋自动控制理论＋通信技术＋网络技术

近几年来，计算机技术、自动控制技术、检测与传感技术、CRT 显示技术、通信与网络技术、微电子技术的高速发展，给计算机控制技术带来了巨大的变革。人们利用这种技术可以完成常规控制技术无法完成的任务，达到常规控制技术无法达到的性能指标。随着计算机技术、高级控制策略、现场总线智能仪表和网络技术的发展，计算机控制技术水平必将大大提高。

一、计算机控制系统组成

计算机控制系统的组成及原理如图 1-40 所示。

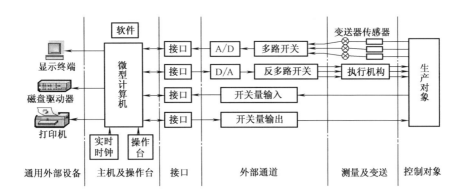

图 1-40　计算机控制系统的组成及原理图

计算机控制系统可以分为两大组成部分：控制计算机和生产过程。生产过程包括被控对象、测量变送、执行机构、电气开关等装置；生产过程中的测量变送装置、执行机构、电气开关都有各种类型的标准产品，在设计计算机控制系统时，根据需要合理地选型即可。控制计算机是指按生产过程控制的特点和要求而设计的计算机，它包括硬件和软件两部分。控制计算机的组成如图 1-41 所示。

（一）硬件组成

计算机控制系统的硬件一般是由微型计算机、外部设备、输入输出通道和操作台等组成。

（二）软件组成

软件是指能完成各种功能的计算机程序的总和。它是微型计算机控制系统的神经中枢，整个系统的工作都是在程序的指挥下进行协调工作的。软件通常分为两大类：一类是系统软件；另一类是应用软件。

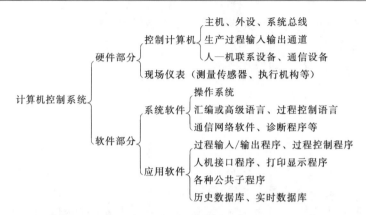

图 1-41　控制计算机的组成

二、计算机控制系统分类

（一）计算机监测系统

计算机监测系统的组成如图 1-42 所示。

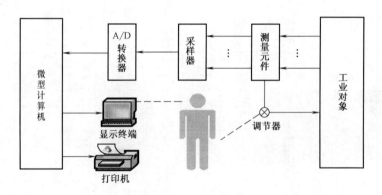

图 1-42　计算机监测系统组成框图

计算机根据一定的控制算法，依赖测量元件测得的信号数据，计算出供操作人员选择的最优操作条件及操作方案。

计算机监测系统属于开环控制结构。计算机根据一定的控制算法（数学模型），依赖测量元件测得的信号数据，计算出供操作人员选择的最优操作条件及操作方案。操作人员根据计算机的输出信息，如 CRT 显示图形或数据、打印机输出等去改变调节器的给定值或直接操作执行机构。

计算机监测系统的特点：

（1）结构简单，控制灵活和安全。

（2）可减少大量常规显示、记录仪表。

（3）无输出过程通道。

（4）人工操作，速度受到限制，不易控制多个对象。

计算机巡回检测系统主要用于记录生产过程的运行信息，输入通道较多，如图 1-43 所示。

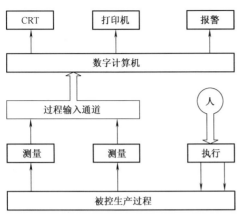
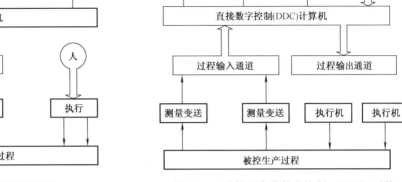

图 1-43　计算机巡回检测系统　　　　　图 1-44　计算机直接数字控制（DDC）系统

（二）计算机直接数字控制（DDC）系统

计算机首先通过模拟量输入通道、开关量输入通道实时采集数据，然后按照一定的控制规律进行计算，最后发出控制信息，并通过模拟量输出通道、开关量输出通道直接控制生产过程。DDC 系统属于闭环控制系统，是计算机在工业生产过程中最普遍的一种应用方式。计算机取代了模拟调节器，如图 1-44、图 1-45 所示。

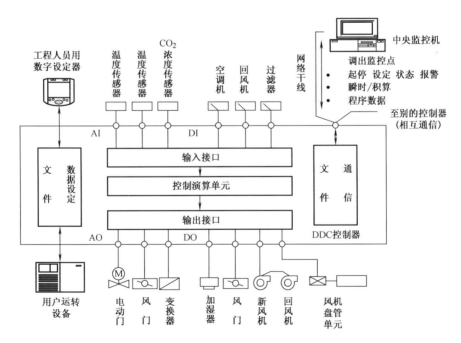

图 1-45　DDC 系统实例框图

DDC 控制的特点：

（1）系统直接控制生产过程，属闭环控制。

（2）可控制多个回路。

（3）可实现灵活的控制算法，改变软件即可。

（4）对计算机要求实时性好、可靠性高。

（三）计算机监督控制（SCC）系统

计算机监督控制 SCC（Supervisory Computer Control）中，计算机根据原始工艺信息和采集的过程参数，按照描述生产过程的数学模型，自动地改变模拟调节器或以直接数字控制方式工作的微型机中的给定值，从而使生产过程始终处于最优工况（如保持高质量、高效率、低消耗、低成本等）。

从这个角度上说，它的作用是改变控制器的给定值，所以又称设定值控制 SPC（Set Point Control）。SCC 系统有两种结构形式：①SCC＋模拟调节器；②SCC＋DDC 控制系统。

1. SCC＋模拟调节器　SCC 计算机对各物理量进行巡回采集，按一定的数学模型对生产工况进行分析、计算出生产过程各参数最优给定值送给模拟调节器，使工况保持在最优状态。当 SCC 微型机出现故障时，可由模拟调节器独立完成操作。适用已有模拟调节器的企业技术改造，如图 1-46 所示。

2. SCC＋DDC 控制系统　这实际上是一个二级控制系统。SCC 计算机可采用高档微型机，它与 DDC 计算机之间通过接口进行信息联系。SCC 计算机可完成工段、车间高一级的最优化分析和计算，并给出最优给定值，送给 DDC 级执行过程控制。当 DDC 级微型机出现故障时，可由 SCC 微型机完成 DDC 的控制功能，这种系统提高了可靠性，如图 1-47 所示。

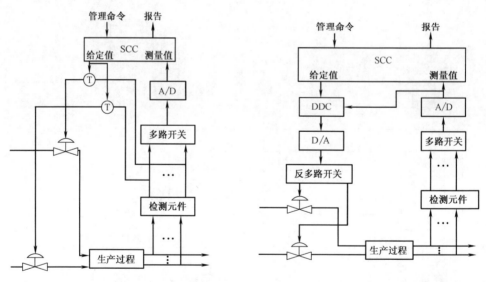

图 1-46　SCC＋模拟调节器控制系统原理图　　　　图 1-47　SCC＋DDC 控制系统原理图

（1）SCC 控制的特点：①一般 SCC 计算机不直接参加控制，而是仅给出设定值；②可使生产过程处于最优工况；③最优工况的实现取决于生产过程的数学模型。

（2）分级计算机控制思想。计算机控制发展初期，控制计算机采用的是中、小型计算机，价格昂贵。为充分发挥计算机的功能，对复杂的生产对象的控制都是采用集中控制方式，如图 1-48 所示。

一台计算机控制多个设备，多条回路。计算机的可靠性对整个生产过程的影响举足轻重，一旦计算机出现故障，生产过程陷于瘫痪。采用冗余技术，另外增加备用计算机，投资太大。

（3）分级计算机系统的实现。微型计算机的出现提供了分级控制的物质基础。在 SCC 系统的基础上，用多台计算机组成的分级控制可以有效地解决一台计算机出故障、影响整个系统的弊端，提高了可靠性。

（4）分级计算机控制系统层次结构。图 1-48 所示分级计算机控制系统是一个四级系统：装置控制级（DDC 级）；车间监督级（SCC 级）；工厂集中控制级（MIS）；企业管理级（MIS）。

（四）计算机集散控制系统（DCS）

集散控制系统是分散型综合控制系统（Total Distributed Control Systems）或分散型微处理器控制系统（Distributed Microprocessor Control Systems）的简称。

它以微型计算机为核心，把微型机、工业控制计算机、数据通信系统、显示操作装置、输入/输出通道、模拟仪表等有机地结合起来，采用组合组装式结构组成系统，为实现工程大系统的综合自动化创造了条件，如图 1-49 所示。

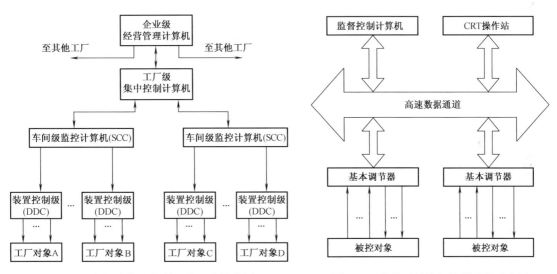

图 1-48　分级计算机控制系统层次结构图　　　　图 1-49　集散型计算机控制系统示意图

DCS 定义：采用分散控制、集中操作、分级管理、分而自治和综合协调的设计原则，把系统从上到下分为分散过程控制级、集中操作监控级、综合信息管理级，形成分级分布式控制。

特点：① 控制分散，显示操作集中；② 系统可靠性高。

（五）PLC 可编程序控制系统

1. 可编程序控制器的产生　随着社会的发展，科技的进步，新的控制器件及其控制系统不断涌现。1968 年美国通用汽车公司（GM）公开招标研制功能更强，使用更方便，价格更便宜，可靠性更高的新型控制器。一年后美国数字公司（DEC）根据 GM 公司的招标要求，研制成功世界上第一台可编程序控制器，型号为 PDP-14，并在 GM 公司汽车生产线上首次应用成功。这就较好地把继电接触控制简单易懂，使用方便、价格低等优点与计算机功能完善、灵活性强、通用性好的优点结合起来，并将继电接触控制的硬连线逻辑转变为计算机的软件逻辑编程的设想逐步变成为现实。当时人们把这一台可编程控制器叫做可编程序逻辑控制器 PLC，只是用来取代继电接触控制，仅有执行继电器逻辑、定时、计数等较少的功能。

20 世纪 70 年代中期出现了微处理器和微型计算机，人们把微机技术应用到可编程序控制器中，使得它兼有计算机的一些功能，不但用逻辑编程取代了硬连线逻辑，还增加了运算、数据传送与处理及对模拟量进行控制等功能，使之真正成为一种电子计算机工业控制设备。

1980 年美国电气制造协会（National Electrical Manufactorers Association，简称 NEMA）把这种新的控制设备正式命名为可编程序控制器（Programmable Controller，简称 PC）。但为了与个人计算机的专称 PC 相区别，故常常把可编程序控制器简称为 PLC，而本书均用 PLC 表示可编程序控制器，1987 年美国电气制造协会给出的可编程序控制器的定义为：可编程序控制器是一种带有指令存储器和数字或模拟 I/O 接口，以位算为主，能完成逻辑、顺序、定时、计数和算术运算功能，用于控制机器或生产过程的自动控制装置。随着科学技术的进步和可编程序控制器的不断发展，功能不断增强，其定义也会发生变化。

2. 可编程序控制器的主要功能　近年来 PLC 把自动化技术、计算机技术和通信技术融为一体。它可完成以下主要功能：

（1）逻辑控制。PLC 具有逻辑运算功能，它设置有"与"、"或"、"非"等逻辑指令，能够描述继电器触点的串联、并联、串并联、并串联等各种连接。因此它可以代替继电器进行组合逻辑与顺序逻辑控制。

（2）定时控制。PLC 具有定时控制功能。它为用户提供了若干个定时器并设置了定时指令。定时值可由用户在编程时设定，并能在运行中被读出与修改，使用灵活，操作方便。

（3）计数控制。PLC 还具有计数功能。它为用户提供了若干个计数器并设置了计数指令。计数值可由用户在编程时设定，并可在运行中被读出或修改，使用与操作都很灵活方便。

（4）步进控制。PLC 能完成步进控制功能。步进控制是指在完成一道工序以后，再进行下一步工序，也就是顺序控制。PLC 为用户提供了若干个移位寄存器，或者直接有步进指令，可用于步进控制，编程与使用很方便。

（5）A/D、D/A 转换。有些 PLC 还具有"模数"（A/D）转换和"数模"（D/A）转换功能，能完成对模拟量的控制与调节。

（6）数据处理。有的 PLC 还具有数据处理能力，并具有并行运算指令，能进行数据并行传送、比较和逻辑运算，BCD 码的加、减、乘、除等运算，还能进行字"与"、字"或"、字"异或"、求反、逻辑移位、算术移位、数据检查、比较、数制转换等操作，并可对数据存储器进行间接寻址，与打印机相连而打印出程序和有关数据及梯形图。

（7）通信与联网。有些 PLC 采用了通信技术，可以进行远程 I/O 控制，多台 PLC 之间可以进行同位链接，还可以与计算机进行上位链接，接受计算机的命令，并将执行结果告诉计算机。由一台计算机和若干台 PLC 可以组成"集中管理、分散控制"的分布式控制网络，以完成较大规模的复杂的控制。

（8）对控制系统监护。PLC 配置有较强的监控功能，它能记忆某些异常情况，或当发生异常情况时自动终止运行。在控制系统中，操作人员通过监控命令可以监视有关部分的运行状态，可以调整定时或计数等设定值，因而调试、使用和维护方便。

可以预料，随着科学技术的不断发展，PLC 的功能也会不断拓宽和增强。

由此可见，可编程控制器的应用场合是很广泛的。可用于开关逻辑控制、定时和计数控制、闭环控制、机械加工数字控制、机器人控制、多极网络控制等。

3. PLC 的主要优点　PLC 有如下一些主要优点：

（1）编程简单。PLC 的设计者在设计 PLC 时已充分考虑到使用者的习惯和技术水平及用户的方便，构成一个实际的 PLC 控制系统一般不需要很多配套的外围设备；PLC 的基本指令不多；常用于编程的梯形图与传统的继电接触控制线路图有许多相似之处；编程器的使用简便；对程序进行增减、修改和运行监视很方便。因此对编制程序的步骤和方法，容易理解和掌握，只要具有一定文化水平和电气知识，都可以在较短的时间内学会。

（2）可靠性高。PLC 是专门为工业控制而设计的，在设计与制造过程中均采用了诸如屏蔽、滤波、隔离、无触点、精选元器件等多层次有效的抗干扰措施，因此可靠性很高，其平均故障时间间隔为 2 万小时以上。此外，PLC 还具有很强的自诊断功能，可以迅速方便地检查判断出故障，缩短检修时间。

（3）通用性好。PLC 品种多，档次也多，可由各种组件灵活组成不同的控制系统，以满足不同的控制要求。同一台 PLC 只要改变软件则可实现控制不同的对象或不同的控制要求。在构成不同的 PLC 的控制系统时，只需在 PLC 的输入输出端子上接上不同的相应的输入输出信号，PLC 就能接收输入信号和输出控制信号。可见，PLC 通用性好。

（4）功能强。在前面已介绍过，PLC 具有很强的功能，能进行逻辑、定时、计数和步进等控制，能完成 A/D 与 D/A 转换、数据处理和通信联网等功能。而且 PLC 技术发展很快，功能会不断增强，应用领域会更广。

（5）使用方便。PLC 体积小，重量轻，便于安装。PLC 编程简单，编程器使用简便。PLC 自诊断能力强，能判断和显示出自身故障，使操作人员检查判断故障方便迅速，而且接线少，维修时只需更换插入式模块，维护方便。修改程序和监视运行状态也容易。

（6）设计、施工和调试周期短。PLC 在许多方面是以软件编程来取代硬件接线，用 PLC 构成的控制系统比较简单，编程容易，安装使用方便，目前的 PLC 已商品化，硬件软件较齐全，采用模块化积木式结构，不需要很多配套的和大量的复杂的接线，程序调试修改也很方便。因此可大大缩短 PLC 控制系统的设计、施工和投产周期。

4. PLC 的基本结构　传统的继电接触控制系统通常由输入设备、控制线路和输出设备三大部分组成，如图 1-50 所示，显然这是一种由许多"硬"的元器件连接起来组成的控制系统。PLC 及其控制系统是从继电接触系统和计算机控制系统发展而来的，因此 PLC 与这两种控制系统有许多相同或相似之处，PLC 的输入输出部分与继电接触控制系统的大致相同，PLC 的控制部分用微处理器和存储器取代了继电器控制线路，其控制作用是通过用户软件来实现的。PLC 的基本结构如图 1-51 所示。

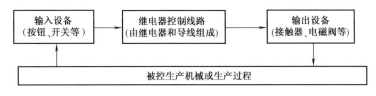

图 1-50　继电接触控制系统

5. PLC 的工作过程　PLC 的工作过程一般可分为三个主要阶段：输入采样（输入扫描）阶段、程序执行（执行扫描）阶段和输出刷新（输出扫描）阶段，如图 1-52 所示。

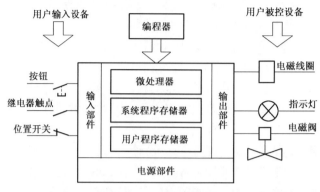

图 1-51　PLC 的基本结构

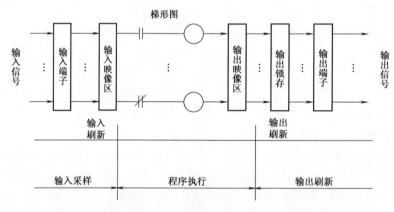

图 1-52　PLC 的工作过程

（1）输入采样阶段。PLC 以扫描工作方式按顺序将所有输入信号，读入到寄存输入状态的输入映像寄存器中存储，这一过程称为采样。在本工作周期内这个采样结果的内容不会改变，而且这个采样结果将在 PLC 执行程序时被使用。

（2）程序执行阶段。PLC 按顺序对程序进行扫描，即从上到下、从左到右地扫描每条指令，并分别从输入映像寄存器和输出映像寄存器中获得所需的数据进行计算、"处理"，再将程序执行的结果写入寄存执行结果的输出映像寄存器中保存。但这个结果在全部程序未执行完毕之前不会送到输出端口上。

（3）输出刷新阶段。在执行完用户所有程序后，PLC 将输出映像寄存器中的内容（存放执行的结果）送入到寄存输出状态的输出锁存器中，再去驱动用户设备，这就是输出刷新。

PLC 重复执行上述三个阶段，每重复一次的时间称为一个扫描周期。PLC 在一个工作周期中，输入扫描和输出刷新的时间一般为 4ms 左右，而程序执行时间可因程序的长度不同而不同。PLC 一个扫描周期一般为 40～100ms 之间。

三、计算机控制抗干扰技术

所谓干扰，就是有用信号以外的噪声或造成计算机设备不能正常工作的破坏因素。过程控制计算机的工作环境恶劣，干扰频繁。干扰将影响过程计算机控制系统的可靠性和稳定性，给系统调试增加了难度。干扰是客观存在的，研究干扰的目的是抑制干扰进入计算机。为此，必须分析干扰的来源，研究对于不同的干扰源采用哪些相应的行之有效的抑制或消除干扰的措施；另外，为了提高系统的抗干扰能力，应当重视接地技术和供电技术。

（一）干扰的来源和传播途径

1. 干扰的来源　干扰的来源是多方面的，有时甚至是错综复杂的。对于过程计算机控制系统来说，干扰既可能来源于外部，也可能来源于内部。外部干扰指那些与系统结构无关，而是由外界环境因素决定的；而内部干扰则是由系统结构、制造工艺等所决定的。

外部干扰主要是空间电或磁的影响。例如，输电线和电气设备发出的电磁场，通信广播发射的无线电波，太阳或其他天体辐射出的电磁波，空中雷电，火花放电、弧光放电、辉光放电等放电现象，甚至气温、湿度等气象条件也是外来干扰。

内部干扰主要是分布电容、分布电感引起的耦合感应，电磁场辐射感应，长线传输的波反射，多点接地造成电位差引起的干扰，寄生振荡引起的干扰，甚至元器件产生的噪声也属于干扰。

从机理上看，外部干扰和内部干扰的物理性质相同，因而消除或抑制它们的方法没有本质上的区别。

2. 干扰传播途径　在过程计算机控制系统的现场，往往有许多强电设备，它们的起动和工作过程将产生干扰电磁场，另外还有来自空间传播的电磁波和雷电的干扰，以及高压输电线周围交变磁场的影响等。典型的过程计算机控制系统的干扰环境可以用图 1-53 来表示。干扰传播的途径主要有以下几种：静电耦合、磁场耦合、公共阻抗耦合。

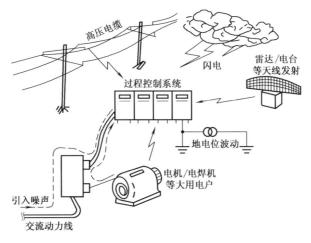

图 1-53　干扰控制

（二）三类常见的干扰

1. 串模干扰　所谓串模干扰，就是串联于信号源回路之中的干扰，也称横向干扰或正态干扰。其表现形式如图 1-54（a）所示，其中 V_s 为信号源，V_n 为叠加在 V_s 上的串模干扰。在图 1-54（b）中，如果邻近的导线（干扰线）中有交变电流 I_a 流过，那么由 I_a 产生的电磁干扰信号就会通过分布电容 C_1 和 C_2 的耦合，引入放大器的输入端。

产生串模干扰的原因有分布电容的静电耦合，长线传输的互感，空间电磁场引起的磁场

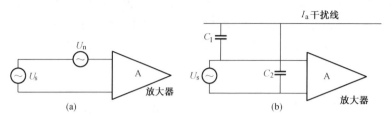

图 1-54　串模干扰

耦合，以及 50Hz 的工频干扰等。

2. 共模干扰　用于过程控制的计算机的地、信号放大器的地以及现场信号源的地之间，通常要相隔一段距离，长达几十米以至几百米，在两地之间往往存在着一个电位差 U_c，如图 1-55（a）所示。这个 U_c 对放大器产生的干扰，称为共模干扰，也称纵向干扰或共态干扰。其一般表现形式如图 1-55（b）所示，其中 U_s 为信号源，U_c 为共模电压。这种干扰可以是直流电压，也可以是交流电压，其幅值可达几伏甚至更高，取决于现场产生干扰的环境条件和计算机等设备的接地情况。

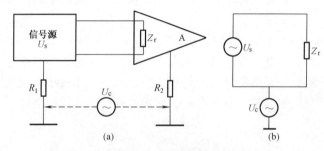

图 1-55　共模干扰

3. 长线传输干扰　过程计算机控制系统是几个从生产现场的传感器到计算机，再到生产现场执行机构的庞大系统。由生产现场到计算机的连线往往长达几十米，甚至数百米。即使在中央控制室内，各种连线也有几米到十几米。由于计算机采用高速集成电路，致使长线的"长"是相对的。这里所谓的"长线"其长度并不长，而且取决于集成电路的运算速度。例如，对于毫微秒级的数字电路来说，1m 左右的连线就应当作长线来看待；而对于十毫秒级的电路，几米长的连线才需要当作长线处理。

信号在长线中传输会遇到三个问题：一是长线传输易受到外界干扰，二是具有信号延时，三是高速度变化的信号在长线中传输时，还会出现波反射现象。

当信号在长线中传输时，由于传输线的分布电容和分布电感的影响，信号会在传输线内部产生正向前进的电压波和电流波，称为入射波；另外，如果传输线的终端阻抗与传输线的波阻抗不匹配，那么当入射波到达终端时，便会引起反射；同样，反射波到达传输线始端时，如果始端阻抗也不匹配，也会引起新的反射。这种信号的多次反射现象，使信号波形严重地畸变，并且引起干扰脉冲。关于波反射的理论分析请参考有关资料。

（三）各类干扰的解决办法

1. 供电系统的抗干扰　数据采集系统的供电系统，与其他系统一样，是非常重要的一环。数据采集系统中的设备大多数使用 220V，50Hz 的市电，由于我国电网的频率与电压波动较大，都会直接对数据采集系统产生干扰，因此，必须对数据采集系统的供电采取一些抗干扰措施。为了消除和抑制电网传递给数据采集系统的干扰，可以采取如下一些措施。

（1）采用隔离变压器。数据采集系统须与电网隔离，通常采用隔离变压器进行隔离。数据采集系统与电网的隔离如图 1-56 所示。数据采集系统的地接入标准地线后，由于采用了隔离变压器，使电网地线的干扰不能进入系统，从而保证数据采集系统可靠地工作。

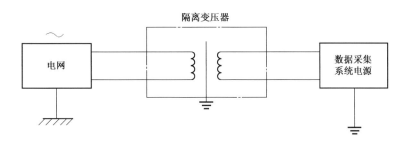

图 1-56　数据采集系统的电源隔离

（2）采用电源低通滤波器。由于电网的干扰大部分是高次谐波，故采用低通滤波器来滤除大于 50Hz 的高次谐波，以改善电源的波形。电源低通滤波器的线路如图 1-57 所示。

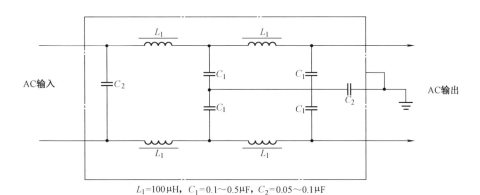

$L_1=100\mu H$，$C_1=0.1\sim0.5\mu F$，$C_2=0.05\sim0.1\mu F$

图 1-57　电源低通滤波器

（3）采用交流稳压器。用来保证交流供电的稳定性，防止交流电源的过电压或欠电压。对于数据采集系统来说，这是目前最普遍采用的抑制电网电压波动的方法，在具体使用时，应保证有一定的功率储备。

（4）系统分别供电。为了阻止从供电系统窜入的干扰，一般采用如图 1-58 所示的供电线路，即交流稳压电源串接隔离变压器、分布参数噪声衰减器和低通滤波器，以便获得较好的抗干扰效果。

图 1-58　数据采集系统的一般供电线路

当系统中使用继电器、磁带机等电感设备时，向采集系统电路供电的线路应与向继电器等供电的线路分开，以避免在供电线路之间出现相互干扰。供电线路如图 1-59 所示。

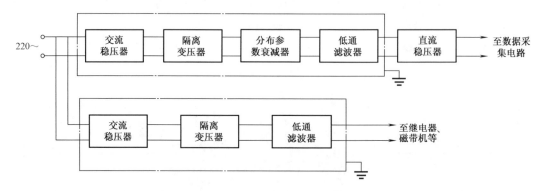

图 1-59　系统分别供电的线路

（5）采用电源模块单独供电。采用单独供电方式，与集中供电相比，具有以下一些优点：

1）每个电源模块单独对相应板卡进行电压过载保护，不会因某个稳压器的故障而使全系统瘫痪。

2）有利于减小公共阻抗的相互耦合及公共电源的相互耦合，大大提高供电系统的可靠性，也有利于电源的散热。

3）总线上电压的变化，不会影响板卡上的电压，有利于提高板卡的工作可靠性。

（6）供电系统馈线要合理布线。在数据采集系统中，电源的引入线和输出线以及公共线在布线时，均需采取以下抗干扰措施：

1）电源前面的一段布线。从电源引入口，经开关器件至低通滤波器之间的馈线，尽量用粗导线。

2）电源后面的一段布线：①均应采用扭绞线，扭绞的螺距要小。如果导线较粗，无法扭绞时，应把馈线之间的距离缩到最短。②交流线、直流稳压电源线、逻辑信号线和模拟信号线、继电器等感性负载驱动线、非稳压的直流线均应分开布线。

3）电路的公共线。电路中应尽量避免出现公共线，因为在公共线上，某一负载的变化引起的压降，都会影响其他负载。若公共线不能避免，则必须把公共线加粗，以降低阻抗。

2. 模拟信号输入通道的抗干扰　模拟信号输入通道是数据采集板卡和微型计算机、传感器之间进行信息交换的渠道。对这一信息渠道侵入的干扰主要是因公共地线所引起。其次，当传输线路较长时，还会受到静电和电磁波噪声的干扰。这些干扰将严重影响采样信号的准确性和可靠性，因此，必须予以消除或抑制。常用的抗干扰措施有如下几种：

（1）采用隔离技术隔离干扰。所谓隔离干扰，就是从电路上把干扰源与敏感电路部分隔离开来，使它们之间不存在电的联系，或者削弱它们之间电的联系。

隔离技术从原理上可分为光电隔离和电磁隔离。

1）光电隔离。光电隔离是利用光电耦合器件实现电路上的隔离。

2）电磁隔离。这种方法是在传感器与采集电路之间加入一个隔离放大器，利用隔离放大器的电磁耦合，将外界的模拟信号与系统进行隔离传送。

（2）采用滤波器滤除干扰。滤波是一种只允许某一频带信号通过的抑制干扰措施之一，特别适用于抑制经导线传导耦合到电路中的噪声干扰。

（3）采用浮置措施抑制干扰。浮置又称浮空、浮接，它是指数据采集电路的模拟信号地不接机壳或大地。对于被浮置的数据采集系统，数据采集电路与机壳或大地之间无直流联系。

注意：浮置的目的是阻断干扰电流的通路。

数据采集系统被浮置后，明显地加大了系统的信号放大器公共线与地（或机壳）之间的阻抗。因此，浮置能大大地减少共模干扰电流。但是，浮置不是绝对的，不可能做到"完全浮置"。其原因是信号放大器公共线与地（或机壳）之间，虽然电阻值很大（是绝缘电阻级），可以大大减少电阻性漏电流干扰，但是，它们之间仍然存在着寄生电容，即容性漏电流干扰仍然存在。

数据采集系统被浮置后，由于共模干扰电流大大减少，因此，其共模抑制能力大大提高。

这里需要指出的是，只有在对电路要求高，并采用多层屏蔽的条件下，才采用浮置技术。采集电路的浮置应该包括该电路的供电电源，即这种浮置采集电路的供电系统应该是单独的浮置供电系统，否则浮置将无效。

3. 长线传输信号的抗干扰措施　由前面的叙述可知，长线传输中，抗干扰的技术问题主要有两个：阻抗匹配和长线驱动。其中阻抗匹配的好坏，直接影响长线上信号的反射强弱。因此，下面重点讨论这两个问题的解决方法。

（1）阻抗匹配。阻抗匹配可以从以下两方面解决。

1）始端匹配。始端匹配的方法有两种：①始端串联电阻匹配；②始端上拉电阻或阻容匹配。

2）终端匹配。终端匹配的方法有三种：①终端并联阻抗匹配；②终端阻容匹配；③终端接钳位二极管匹配。

（2）长线驱动。长线如果用 TTL 电路直接驱动，有可能使电信号幅值不断减小，抗干扰能力下降及存在串扰和噪声，结果使电路传错信号。因此，在长线传输中，需采用驱动电路和接收电路。

图 1-60 为驱动电路和接收电路组成的信号传输线路的原理图。

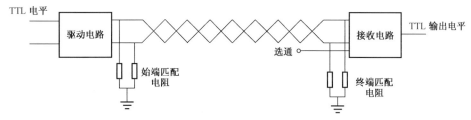

图 1-60　长线驱动示意图

驱动电路：它将 TTL 信号转为差分信号，再经长线传至接收电路。为了使多个驱动电路能共用一条传输线，一般驱动电路都附有禁止电路，以便在该驱动电路不工作时，禁止其输出。

接收电路：它具有差分输入端，把接收到的信号放大后，再转换成 TTL 信号输出。由于差动放大器有很强的共模抑制能力，而且工作在线性区，所以容易做到阻抗匹配。

（3）用光耦合器隔离、浮置传输线。当传输线很长或数据采集现场干扰十分强烈时，为了进一步提高信号传输的可靠性，可以通过光耦合器将传输线隔离和完全"浮置"起来。

驱动传输长线的射极跟随器的电源电压视传输距离和干扰场强而定。距离很远时，为了补偿传输中的衰减，增大传输线上的信噪比，可将电源电压设计得高一些；干扰场强很高时，也需将电压设计得高一些。

4. **接地问题** 接地问题的处理。实践证明，数据采集系统受到的干扰与系统的接地有很大关系，接地往往是抑制干扰的重要手段之一。良好的接地可以在很大程度上抑制内部噪声的耦合，防止外部干扰的侵入，提高系统的抗干扰能力。反之，如果接地处理不当，将会导致噪声耦合，产生干扰。因此，应该重视接地问题。

通常在考虑数据采集系统接地时，应遵循以下接地原则：

（1）一点接地原则。如果在信号输入端一点接地，就可以有效地避免共模干扰。在低频情况下，由于信号线上分布电感不是大问题，故往往要求一点接地。一点接地从形式上可以分为以下两种：

1）串联一点接地。串联一点接地如图 1-61 所示。其中 R_1、R_2、R_3 分别表示各地线段的等效电阻。显然，A、B、C 各点的电位不为零，而是

$$U_A = (I_1 + I_2 + I_3)R_1$$

$$U_B = (I_2 + I_3)R_2 + U_A$$

$$U_C = U_A + U_B + I_3 R_3$$

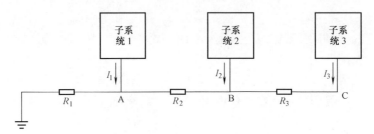

图 1-61　串联一点接地

由此可见，串联一点接地存在着各接地点电位不同的问题，将造成子系统之间的相互干扰。但是，由于这种接地方式布线比较简单，现在仍然使用，不过应满足下述条件：

① 各子系统的对地电位应相差不大。当各子系统对地电位相差很大时不能使用，因为高地电位子系统将会产生很大的地电流，经共接地线阻抗对低地电位子系统产生很大的干扰。

② 应把低地电位的子系统放在距离接地点最近的地方。

2）并联一点接地，如图 1-62 所示。各子系统建立一个独立的接地线路，然后各子系统并联一点接地，各子系统的地电位仅与本子系统的地电流和地电阻（如 R_1、R_2、R_3、R_4）有关，即

$$U_A = I_1 R_1$$

$$U_B = I_2 R_2$$

$$U_C = I_3 R_3$$

$$U_D = I_4 R_4$$

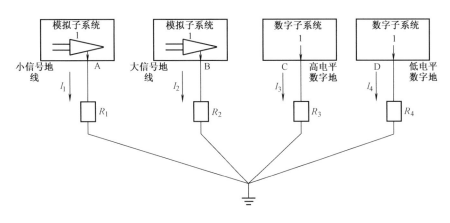

图 1-62 并联一点接地

各子系统的地电流之间不会形成耦合，因此，没有共接地线阻抗噪声影响。这种接地方式对低频电路最为适用，共接地线噪声得以有效抑制。

并联一点接地方式仅适用于低频电路，不能用于高频电路，这是因为许多根相互靠近又很长的地线，对于高频信号会呈现出电感而使地线阻抗增大；也会造成各地线之间的磁场耦合，寄生电容造成各地线间电场耦合。因此，在高频电路中不能采用一点接地，应该采用多点接地方式。

（2）多点接地原则，多点接地方式如图 1-63 所示。每个电路的接地线要尽可能降低其阻抗，即接地线越短越好，因而每个电路应就近接地。这样，由于地线很短，阻抗又低，可以防止高频时地线向外辐射噪声；由于地线阻抗低且互相远离，大大减小了噪声的磁场耦合和电场耦合。

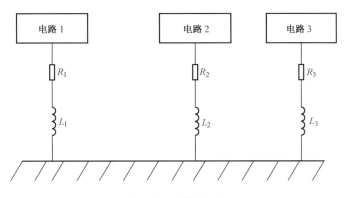

图 1-63 多点接地

一般来说，频率低于 1MHz 时，可以使用一点接地方式；当频率高于 10MHz 时，应采用多点接地方式；频率在 1～10MHz 之间，如用一点接地时，地线长度不得超过波长的 1/20，否则应采用多点接地。

（3）不同性质接地线的连接原则。在采用一点接地的数据采集系统中，不同性质的接地线应采取以下原则连接：

在弱信号模拟电路、数字电路和大功率驱动电路混杂的场合，强信号地线与弱信号地线应分开；模拟地与数字地应分开；高电平数字地与低电平信号地应分开；各个子系统的地只在电源供电处才相接一点入地。

只有这样才能既保证几个地线系统有统一的地电位，又避免形成公共阻抗。

（4）接地线应尽量加粗的原则。因为接地线越细，其阻抗越高，接地电位随电流的变化就越大，致使系统的基准电平信号不稳定，导致抗干扰能力下降，所以接地线应尽量加粗，使它能通过三倍于印刷电路板上的允许电流。如有可能，接地线应在 $2\sim3\text{mm}^2$ 以上。

第四节　网络控制技术*

一、RS-485 总线

在实际的测量和控制过程中，经常需要进行信息的传输和交换。数据传送的方式可分为并行传输和串行传输，相应的通信总线被称为并行总线和串行总线。串行传输比并行传输多用的导线数少，传输距离比并行总线要远得多。而且近年来，由于新型串行总线标准如 USB、IEE1394 的出现，使串行总线的传输速度有了很大的提高，因此串行总线的应用越来越广。

串行通信是指数据一位一位地按顺序传送的通信方式。串行通信有两种基本工作方式：异步传送和同步传送。为保证可靠性高的通信要求，在选择接口标准时，须注意两点：首先是通信速度和通信距离，标准串行接口的电气特征性都有满足可靠传输时的最大通信速度和传送距离指标，但在这两个指标间具有相关性，适当地降低通信速度，可以提高通信距离，反之亦然。其次是抗干扰能力。

（一）RS-232 总线标准及应用

串行通信接口标准经过使用和发展，目前已经有几种。但都是在 RS-232 标准的基础上经过改进而形成的。所以，以 RS-232C 为主来讨论。RS-323C 标准是美国 EIA（电子工业联合会）与 BELL 等公司一起开发的 1969 年公布的通信协议。它适合于数据传输速率在0～20000bit/s 范围内的通信。这个标准对串行通信接口的有关问题，如信号线功能、电器特性都作了明确规定。由于通行设备厂商都生产与 RS-232C 制式兼容的通信设备，因此，它作为一种标准，目前已在微机通信接口中广泛采用。

1. RS-232 总线标准接口　RS-232C 标准（协议）的全称是 EIA-RS-232C 标准，其中 EIA（Electronic Industry Association）代表美国电子工业协会，RS（recommend standard）代表推荐标准，232 是标识号，C 代表 RS232 的最新一次修改（1969 年），在这之前，有 RS232B、RS232A。它规定连接电缆和机械、电气特性、信号功能及传送过程。常用物理标准还有 EIA&＃0；RS-232-C、EIA&＃0；RS-422-A、EIA&＃0；RS-423A、EIA&＃0；RS-485。目前在 IBM PC 机上的 COM1、COM2 接口，就是 RS-232C 接口。

2. RS-232C 电气特性　RS-232C 对电器特性、逻辑电平和各种信号线功能都作了规定。

在 TXD 和 RXD 上：逻辑 1（MARK）＝－5V～－15V，逻辑 0（SPACE）＝＋5V～＋15V。

在 RTS、CTS、DSR、DTR 和 DCD 等控制线上：信号有效（接通，ON 状态，正电压）＝＋5V～＋15V，信号无效（断开，OFF 状态，负电压）＝－5V～－15V。

以上规定说明了 RS-232C 标准对逻辑电平的定义。对于数据（信息码）：逻辑"1"（传号）的电平低于－5V，逻辑"0"（空号）的电平高于＋5V；对于控制信号；接通状态（ON）即信号有效的电平高于＋5V，断开状态（OFF）即信号无效的电平低于－5V，也就是当传输电平的绝对值大于 5V 时，电路可以有效地检查出来，介于－5V～＋5V 之间的电压无意义，低于－15V 或高于＋15V 的电压也认为无意义，因此实际工作时，应保证电平在±（5～15）V 之间。

另外，为了使 RS-232C 能够同计算机接口或终端的 TTL 器件连接，必须在 RS-232C 与 TTL 电路之间进行电平和逻辑关系的变换。

（二）RS-422/485 标准总线及应用

RS-232、RS-422 与 RS-485 都是串行数据接口标准，最初都是由电子工业协会（EIA）制订并发布的，RS-232 在 1962 年发布，命名为 EIA-232-E，作为工业标准，以保证不同厂家产品之间的兼容。RS-422 由 RS-232 发展而来，它是为弥补 RS-232 之不足而提出的。为改进 RS-232 通信距离短、速率低的缺点，RS-422 定义了一种平衡通信接口，将传输速率提高到 10Mbit/s，传输距离延长到 1220m（速率低于 100kbit/s 时），并允许在一条平衡总线上连接最多 10 个接收器。RS-422 是一种单机发送、多机接收的单向、平衡传输规范，被命名为 TIA/EIA-422-A 标准。为扩展应用范围，EIA 又于 1983 年在 RS-422 基础上制定了 RS-485 标准，增加了多点、双向通信能力，即允许多个发送器连接到同一条总线上，同时增加了发送器的驱动能力和冲突保护特性，扩展了总线共模范围，后命名为 TIA/EIA-485-A 标准。由于 EIA 提出的建议标准都是以"RS"作为前缀，所以在通信工业领域，仍然习惯将上述标准以 RS 作前缀称谓。

1. RS-422 串行总线标准　RS-422 标准是 EIA 公布的"平衡电压数字接口电路的电气特性"标准。RS-422A 与 RS-232C 的关键不同在于把单端输入改为双端差分输入，信号地不再公用，双方的信号地也不再接在一起。

RS-422A 给出了电缆、驱动器的要求，规定了双端电气接口形式，其标准是双绞线传送信号。它通过传输线驱动器，把逻辑电平变换成电位差；通过传输线接收器，由电位差转变成逻辑电平，实现信号接收。

RS-422A 的传输速率最大为 10Mbit/s，在此速率下，电缆允许长度为 120m。如果采用较低传输速率，如 90kbit/s，最大距离可达 1200m。

RS-422A 每个通道要用两条信号线，如果其中一条为逻辑"1"，另一条就为逻辑"0"。RS-422A 线路一般都需要两个通道，由发送器、平衡连接电缆、电缆终端负载、接收器几部分组成。在电路中规定只许有一个发送器，可有多个接收器，因此通常采用点对点通信方式。该标准允许驱动器输出为－6V～6V，接收器可以检测到的输入信号电平可低到 200mV。

图 1-64 所示为平衡驱动差分接收电路。平衡驱动器的两个输出端分别为 $+U_T$ 和 $-U_T$，故差分接收器的输入信号电压 $U_R ＝＋U_T－（－U_T）＝2U_T$，两者之间不共地。这样既可削弱干扰的影响，又可获得更长的传输距离及允许更大的信号衰减。

2. RS-485 标准　　RS-485 是 RS-422A 的变形。RS-422A 为全双工，可同时发送和接收；RS-485 则为半双工，在某一时刻，一个发送另一个接收，如图 1-65 所示。

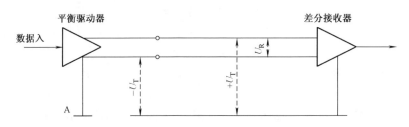

图 1-64　平衡驱动差分接收电路

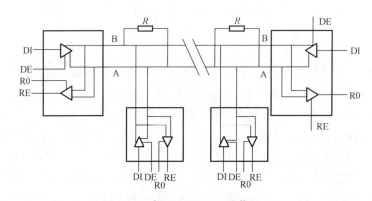

图 1-65　半双工 RS-485 通信网

　　真正的多点总线应由连接至总线的多个驱动器和接收器构成，并且其中任何一个均可发送或接收数据，也就是说两条信号线组成的单通道即可完成收发功能。RS-485 是一种多发送器的电路标准，它扩展了 RS-422A 的性能，允许双线总线上一个发送器驱动 32 个负载设备。负载设备可以是被动发送器、接收器或收发器。当用于多站互联时，可节省信号线，便于高速远距离传送。许多智能仪器设备配有 RS-485 总线接口，便于它们进行联网，构成分布式系统。

　　与 RS-422 标准相似，RS-485 标准的基础仍然是系统中的串行通信接口芯片，并且无论是发送还是接收，都需要采用电平转换芯片。RS-485 接口芯片较多，这里仅以 MAXIM 公司的芯片为例介绍。

　　MAX481/MAX483/MAX485/MAX487 管脚图及工作电路如图 1-66 所示，适用于双工通信。图中传输线为双绞线，R 为匹配电阻。

　　R0：接收器输出。

　　RE：接收器输出使能。RE＝0 时，允许输出；RE＝1 时，禁止输出；RE 为高阻。

　　DE：驱动器输出使能。DE＝1，允许驱动器工作；DE＝0 时，禁止驱动器工作。

　　DI：驱动器输入。DI＝1，输出 Y 为高阻；DI＝0，Z 为高阻。

　　A：接收器同向输入/驱动器同向输出。

　　B：接收器反向输入/驱动器反向输出。

　　V_{cc}：电源。

　　GND：接地。

3. 应用电路　　由 MAX48X/49X 系列收发器组成的差分平衡系统，抗干扰能力强，接收

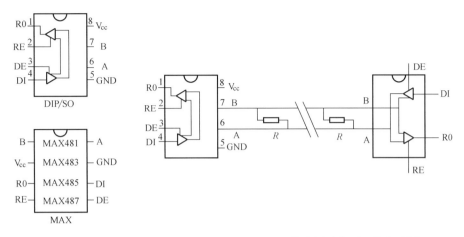

图 1-66 MAX481/MAX483/MAX485/MAX487 管脚图及典型工作电路图

器可检测低达 200mV 的信号，传输数据可以从千米以外得到恢复，因此特别适用于远距离通信，可组成满足 RS-485 标准的通信网络。

二、现场总线

现场总线（Fieldbus）是用于过程自动化和制造自动化最底层的现场设备或现场仪表互联的通信网络，是现场通信网络与控制系统的集成。

现场总线的节点是现场设备或现场仪表，如传感器、变送器、执行器和编程器等。但不是传统的单功能的现场仪表，而是具有综合功能的智能仪表，例如，温度变送器不仅具有温度信号变换和补偿功能，而且具有 PID 控制和运算功能；调节阀的基本功能是信号驱动和执行，另外还有输出特性补偿、自校验和自诊断功能。现场设备具有互换性和互操作性，采用总线供电，具有本质安全性。

现场总线不单单是一种通信技术，也不仅仅是用数字仪表代替模拟仪表，关键是用新一代的现场总线控制系统 FCS（Fieldbus Control System）代替传统的集散控制系统 DCS（Distributed Control System），实现现场通信网络与控制系统的集成。

现场总线的本质含义表现在以下 6 个方面：①现场通信网络。②现场设备互联。③互操作性。④分散功能块。⑤通信线供电。⑥开放式互联网络。

（一）基金会现场总线（FF）

现场总线基金会（FF），由 WorldFIP（World Factory Instrumentation Protocol）的北美部分和 ISP（Interoperable System Protocol）合并而成。基金会的成员是约 120 个世界最重要的过程控制和生产自动化供应商和最终用户。FF 现场总线是一种全数字、串行、双向通信网络，用于现场设备如变送器、控制阀和控制器等互联，实现网内过程控制的分散化。作为一种低带宽的通信网络，由具备通信能力、同时能完成控制、测量等功能的现场自控设备作为网络节点，通过现场总线把它们互联为网络。

1. 适用范围   低速、小型控制系统。

2. 特点

（1）传输速率。H1：31.25kbit/s；HSE：1Mbit/s。

（2）节点数。

（3）网络拓扑结构。FF 现场总线包括低速现场总线 H1 和高速现场总线 HSE。低速现场总线 H1 支持点对点连接、总线型、菊花链型、树型拓扑结构等。而高速现场总线 H2 只支持总线型拓扑结构，如图 1-67 所示。

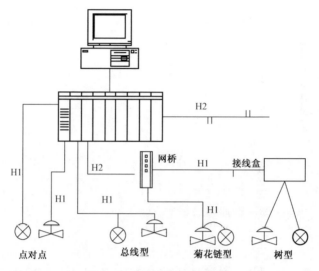

图 1-67　总线网络拓扑结构

（4）传输介质。屏蔽的双绞线、光纤、同轴电缆等。

（5）其他。现场总线信号采用熟知的曼彻斯特双相-(MANCEESTER-BIPHASE-L) 技术进行编码。

现场总线服务规范（FMS）为用户应用服务，它以标志的报文格式集，在现场总线上相互发送报文。

通过现场总线通信的数据，以一个"对象描述"来描述，对象描述集合在一个叫做"对象字典"（OD）的结构中。

现场总线基金会定义了标准功能模块集。

现场总线基金会（FF）为所有标准功能块和转换模块提供 DD。设备供应商一般可参考标准 DD 制定扩充的 DD。

（二）CAN 总线

CAN 是控制局域网络（Control Area Network）的简称，属于现场总线的范畴。是一种具有很高保密性、有效支持分布式控制系统或实时控制的串行通信网络，具有突出的可靠性、实时性和灵活性。CAN 总线是 80 年代初德国 Bosch 公司为解决现代汽车中众多的控制与测试仪器之间的数据交换而开发的一种串行数据通信协议，它是一种多主总线，通信介质可以是双绞线、同轴电缆或光导纤维。它的应用范围遍及从高速网到低成本的多线路网络。应用在自动化领域的汽车发动机控制部件、传感器、抗滑系统等。

1. 适用范围　高、中速、中型控制系统。

2. 特点

（1）传输速率：1Mbit/s。

（2）节点数：CAN 网络由多达 100 个网络节点和 6 个转发器构成。CAN 协议的一个最大特点是废除了传统的站地址编码，而代之以对通信数据块进行编码。采用这种方法的优点是使网络内的节点个数在理论上不受限制。

（3）网络拓扑结构，如图 1-68 所示。

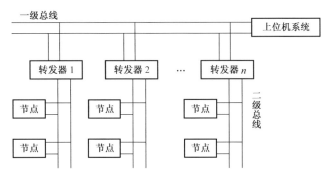

图 1-68　CAN 总线网络拓扑结构

（4）传输介质：屏蔽的双绞线，光纤。

（5）其他：CAN 总线采用非归零（NRZ）编码，所有节点以"线与"方式连接至总线。CAN 是一种共享的广播总线（即所有的节点都能够接收传输信息）。可实现多种工作方式，数据收发方式灵活，可实现点对点、一点对多点及全局广播等多种传输方式。

（三）Profibus

Profibus（Process FieldBus）是一种不依赖于厂家设备的开放式现场总线标准，它符合 EN50170 欧洲标准，世界各主要的自动化技术生产厂家均为其生产的设备提供 Profibus 接口，它的应用领域包括加工制造、过程和建筑自动化等行业，应用范围包括从设备级的自动控制到系统级的自动化。Profibus 现场总线包括三种类型的总线形式：通用自动化 Profibus-FMS 总线、工业自动化 Profibus-DP 总线和过程自动化 Profibus-PA 总线，以适应于高速和时间苛求的数据传输或大范围的复杂通信场合。

1. 适用范围　中速、中型控制系统。

2. 特点

（1）传输速率：用于 DP 和 FMS 的 RS485 传输技术，最大传输距离 1200m，数据传输率可选用 9.6kbit/s 和 12Mbit/s 之间的范围等。用于 PA 的 IEC-1158.2 传输技术，又称为 H1，可保持其本征安全性并使现场设备通过总线供电。

（2）节点数：每段 32 个站，带中继器可增至 127 个站。

（3）网络拓扑结构：线性总线，两端有源的总线终端电阻，如图 1-69 所示。

（4）传输介质：屏蔽的双绞线，光纤，插头连接：最好使用 9 针 D 型插头。

（5）其他：Profibus-DP（分散化外围设备）用于设备级自动控制系统与分散的外围设备之间的通信连接。它是专门为自动控制系统与分散的 I/O 设备之间进行通信而设计的，使用 Profibus-DP 可取代 24V 或 4～20mA 的并行信号传输。适用于对时间要求苛刻的场合，在自动控制系统和外围设备之间通信。

Profibus-PA（过程自动化）可以用在本征安全领域，并通过总线向现场设备供电。它可使传感器和执行器接在 1 根共用的总线上，用双绞线进行供电和数据通信，可用在本征安

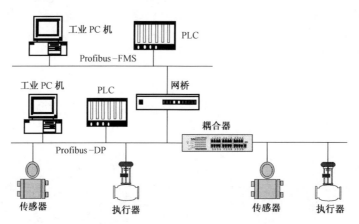

图 1-69　Profibus 总线网络拓扑结构

全领域。设备行规定义了设备各自的功能，设备描述语言（DDL）及功能块允许对设备进行完全的内部操作。

Profibus-FMS（现场总线报文规范）用于系统级监控网络及大范围复杂的通信系统。FMS 提供大量的通信服务，用以完成以中等传输速度进行的循环和非循环的通信任务。

（四）局部操作网络（LonWorks）

1993 年美国 Echelon 公司发明了 LonWorks 这项新技术，LonWorks 是一具有强劲实力的全新现场总线技术，它采用了 ISO/OSI 模型的全部 7 层通信协议，采用了面向对象的设计方法，通过网络变量把网络通信设计简化为参数设置。其通信速率从 300bit/s 到 1.5Mbit/s 不等，直接通信距离可达 2700m（78kbit/s，双绞线），支持双绞线、同轴电缆、光纤等多种通信介质。

1. 适用范围　低速、中速；大中型控制系统。

2. 特点

（1）传输速率：通信带宽不高（几千位每秒到 2Mbit/s）。

（2）节点数：一个典型的现场控制节点主要包含以下几部分功能块：应用 CPU、I/O 处理单元、通信处理器、收发器和电源。

第一层结构是域。域的结构可以保证在不同的域中通信是彼此独立的。

第二层结构是子网。每一个域最多有 255 个子网。

第三层结构是节点。每个子网最多有 127 个节点。

（3）网络拓扑结构，如图 1-70 所示。

（4）传输介质：节点之间可以通过任何媒体（双绞线、电源线、无线射频、同轴电缆、光纤等）通信。

（5）其他。LonWorks 技术主要包括以下几个组成部分：LonWorks 节点和路由器；LonWorks internet 连接设备；LonTalk 协议；LonWorks 收发器；LonWorks 网络和节点开发工具；LNS 网络工具；LonWorks 网络管理工具；专用开发语言 Neuron C。

路由器在 Lonworks 技术中是一个主要的部分，它使 LON 总线突破传统的现场总线的限制——不受通信介质、通信距离、通信速率的限制。在 LON 总线中，需要一个网络管理工具。

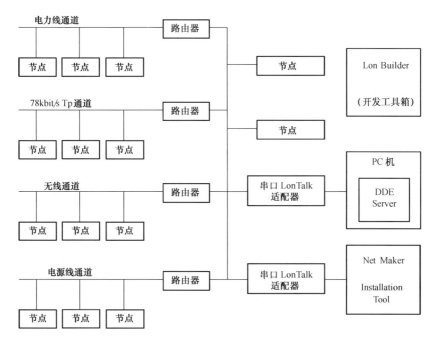

图 1-70　Lon Works 总线网络拓扑结构

Lon Works 技术的核心是神经元芯片（Neuron Chip）。一个神经元芯片加上收发器便可构成一个典型的现场控制节点。神经元芯片控制节点是 8 位总线，目前支持的最高主频是 10MHz，因此它所能完成的功能也十分有限。对于一些复杂的控制，如带有 PID 算法的单回路、多回路的控制就显得力不从心。

采用宿主结构是解决这一矛盾的很好方法，将神经元芯片作为通信协议处理器，用高性能主机的资源来完成复杂的测控功能。

LON 总线的一个非常重要的特点是它对多通信介质的支持。由于突破了通信介质的限制，LON 总线可以根据不同的现场环境选择不同的收发器和介质。

双绞线是使用最广泛的一种介质，对双绞线的支持主要有三类收发器：直接驱动、RS-485 和变压器耦合。另外，还有电源线收发器、电力线收发器、无线收发器、光纤收发器。

三、现场总线控制系统

计算机与通信的结合，产生了计算机网络。计算机网络与控制设备的结合孕育了现场总线控制系统。网络技术是现场总线控制系统的重要基础，网络化是自动化系统结构发展的方向。

1. **现场总线的网络拓扑结构**　现场总线的网络拓扑结构有环型、总线型、树型以及几种类型的混合。

环型拓扑结构中令牌环形网最为典型，其优点是延时性较好，缺点是成本较高。

总线型拓扑结构的优点是站点接入方便，可扩性较好，成本较低，在轻负载的网络基本上没有时延，但在站点多、通信任务重时，延时明显加大。缺点是时延的不确定性，对某些实时应用不利。

树型拓扑结构是总线型拓扑结构的一种变型，其优点是可扩性好，有较宽的频带，缺点是站点间通信不方便。总线型拓扑结构的争用使它不适于实时处理某些突发事件，令牌环形网中的令牌绕环一周的时间虽然有一个上限，但在轻负载时性能不太好，可靠性比总线网差些，综合这两种网的优点，在现场总线中采用了令牌总线网，即在物理上是一个总线网，在逻辑上是一个令牌网。令牌总线网具有总线网接入方便、可靠性较好的优点，也具有令牌环形网"无冲突"和时延性好的优点。

2. 现场总线的数据操作方式　从现场总线的数据存取、传送、操作方法来分有三种工作模式：对等（Peerto Peer）、主从（Client/Server，C/S）及网络计算机结构（Network Computing Archnitecture NCA）。

在 Slient/Server 工作模式中，由 Client 发出一个请求，按请求进程的要求，作出响应，执行服务。C/S 工作模式的优点是 Client/Server 可处在同一个网络节点中，一个 Server 可以同时又是另一个 Server 的 Client，并向它请求服务；Client/Server 模式将处理功能分为两部分，一部分由 Client 处理，另一部分由 Server 处理，Slient 承担应用方面的专门任务，Server 主要用于数据处理，C/S 模式提供一个较理想的分布环境，消除了不必要的网络传输负担，这样有利于全面发挥各自的计算能力，提高工作效率。

NCA 是基于网络计算机一种体系结构，即网络计算结构。NCA 的核心是有效的，可集成多种相互竞争的世界标准所形成的应用，如站点可采用任意编程语言而不必担心集成问题；NCA 引入构件概念，插入一个构件，就可扩展一种功能，NCA 中有类似硬件总线的软件总线，把构件插接在应用系统中，就可完成应用功能的集成；NCA 全面引入面向对象技术，可以把已有的、不同部分独立开发的，遵循不同标准的对象组装在一起，从而实现整体应用。

3. 网络扩展与网络互联　网络互联既是扩展现场总线地域、规模、功能的需要，也是不同结构、不同操作系统结构网互联的需要。网络扩展与网络互联需要一个中间设备（或中间系统）ISO 的术语称为中继（Relay）系统。根据中继系统所在的不同网络层次，有 4 种中继系统。物理层中继系统，即中继器（Repeater）；数据链路层中继系统，即网桥或桥接器（Bridge）；网络层中继系统，即路由器（Router）；网络层以上中继系统，即网关（Gateway）。高层的中继系统比低层中继系统复杂，网关连接两个不同的异构网，不但要连接网络间数据传送的通道，而且还需要进行协议的转换，是最复杂的一种中继设备。

（1）开放系统互联模型和通信协议。1978 年，ISO 建立了一个新的"开放系统互联"分技术委员会，起草了"开放系统互联基本参考模型"，如图 1-71，1983 年成为 ISO 7498 正式国际标准，到 1986 年又对该标准进行了补充完善。形成了为异种计算机互联所提供的一个共同的标准规范。这就是 ISO/OSI 国际标准组织的开放系统互联模型。网络协议是为了保证现场总线中各站点通过网络互相通信的一套规则和约定。网络协议具有层次结构，其优点是：各层次独立；灵活；易于实现和维护；易于标准化。

OSI 按通信功能分为 7 个层次，从连接物理媒介的底层开始，分别赋予 1～7 的顺序编号，其 1～3 层完成通信传送功能，4～7 层完成通信处理功能。开放系统互联模型是现场总线技术的基础。

（2）网络扩展。物理层的中继系统中继器和数据链路层的网桥常用于网络扩展，中继器一般仅作为物理信号放大，而网桥可使用不同的物理层，可连不同类型的网段，使网段间故障不会互相影响，还可减少网段间通信量，减轻了网络的负荷。中继器和网桥在现场总线中获得广泛的应用。

图 1-71 开放系统互联基本参考模型

（3）网络互联。实现异构网络互联是在更高层次实现的开放系统。网络互联要解决物理互联和逻辑互联（即互联软件）两个问题。网关和路由器是网络互联的重要部件，它起着网间数据传送的通路和终止每个网络内部协议的作用，同时还必须完成不同的通信协议间进行协议转换。网络子网要高度自治，以减少网络信息交换量，同时可简化网关结构和降低互联协议的复杂性，如图 1-71 所示。

现场总线网络互联模型既参照 ISO/OSI 模型，又具有自己的特点。

根据国际标准化组织 ISO 制订的开放系统互联 ISO 参数模型，现场总线涉及物理层、数据链路层、应用层和用户层。其中，物理层（PL）规定信号与连接方式，传输媒介（铜线、无线电、光缆），传输速率（低速 H1 为 31.25kbit/s，高速 H2 为 1Mbit/s 或 2.5Mbit/s），每条线路可接仪表的数量（速率 31.25kbit/s 时无电源和本安要求时为 2～32 台，有电源的本安要求时为 2～6 台），最大传输距离（低速 H1 为 1900m，最多设 4 个中继器；高速 H2、1Mbit/s 时为 750m，2.5Mbit/s 时为 500m），电源（31.25kbit/s 时电源电压为 9～32V，输入阻抗为 3kΩ，仪表与总线必须隔离）等。

四、工业以太网

工业以太网技术是普通以太网技术在控制网络延伸的产物，将商用以太网应用到工业控制系统，这种网络叫工业以太网。两种网络并没有本质的区别，两者是兼容的。前者源于后者又不同于后者。以太网技术经过多年发展，特别是它在 Internet 中的广泛应用，使得它的技术更为成熟，并得到了广大开发商与用户的认同。因此无论从技术上还是产品价格上，以太网较之其他类型网络技术都具有明显的优势。另外，随着技术的发展，控制网络与普通计算机网络、Internet 的联系更为密切。控制网络技术需要考虑与计算机网络连接的一致性，需要提高对现场设备通信性能的要求，这些都是控制网络设备的开发者与制造商把目光转向以太网技术的重要原因。

在工业数据通信与控制网络中，直接采用以太网作为控制网络的通信技术只是工业以太网发展的一个方面，现有的许多现场总线控制网络都提出了与以太网结合，用以太网作为现场总线网络的高速网段，使控制网络与 Internet 融为一体的解决方案。例如 H1 的高速网段 HSE，EtherNet/IP，ProfiNet 等，都是人们心目中工业以太网技术的典型代表。

（一）以太网

以太网（Ethernet）1975 年由美国 XEROX 公司研制成功，由于采用无源介质（如双绞线、同轴电缆等）来传播信息，采用历史上把传播电磁波称为"以太"（Ether）来命名。1980 年由 DEC，INTEL，XEROX 三家联合推出了 EthernetV2，也是世界上第一个局域网规范。1983 年 IEEEE802 委员会以 DIX EthernetV2 为基础推出了 IEEEE803 采用了 CS-MA/CD 介质访问控制技术。

802.3 是指采用 CSMA/CD 的网络，而以太网的标准由 DIX EthernetV2 定义，在不严格的情况下，可以称为 802.3 局域网，就是以太网。

以太网按 IEEE802.3 的规定分成了两个类别：基带与宽带，工业以太网中采用基带技术。在 IEEE802.3 中，又把基带类按传输速率 10Mbit/s、100Mbit/s、1000Mbit/s 分成不同的标准。10Mbit/s 以太网又有 10BASE5，10BASE2，10BASET，10BASEF 4 种。

其中 10BASET 可以称之为以太网技术发展的里程碑。它在网卡上内置收发器，采用 3，4，5 类非屏蔽双绞线作为传输介质，采用 RJ-45 连接器，采用星形拓扑，要求每个站点有一条专用电缆连接到集线器。其物理介质最长为 100m，最多可使用 4 个集线器，因而两个站点之间的距离不会超过 500m。它价格低廉，便于安装，具有一定的抗电磁干扰的能力，目前计算机网络组网时被广泛采用。

RJ-45 连接器上最多可以连接 4 对双绞线：1 与 2，3 与 6，4 与 5，7 与 8 等分别各连接一对双绞线。10BASET 上只连接两对双绞线。在网卡上一般 1、2 为发送，3、6 为接收；而在集线器上则相反，1、2 为接收，3、6 为发送。因而在组网接线时应予以注意。图 1-72 为运用 RJ-45 连接器在网卡与集线器、集线器与集线器之间的连线示意图。图中集线器与集线器之间的交叉连线方式可以在 RJ-45 接头与双绞线压接时完成，也可以采用开关切换的方式完成。

图 1-72　运用 RJ-45 的双绞线连接示意图

（二）工业以太网的特点

（1）技术成熟，使用方便。以太网是美国 XEROX 公司于 1975 年推出的，已近 30 年，得到全世界众多厂家的支持，全世界在军事、工业、民用领域得到了广泛应用。技术上非常成熟，使用方便。

（2）具有统一的标准，开放性好。采用统一的 IEEE802.3 以太网标准 CSMA/CD，是 IEEE802.3 采用的介质访问控制技术，可以实现不同厂家之间的产品互联，是一种开式标准网络。

（3）通信速率高，传播速度快。以太网的通信速率目前已经由 10Mbit/s 提高到 100Mbit/s、1000Mbit/s，甚至 10Gbit/s。

（4）可分段地实现远程访问、诊断和维护。

（5）支持冗余连接配置。数据可达性强。数据有多条通路，可达目的地。

（6）系统容量大，不会因为系统扩大出现不可预料的故障，有成熟可靠的系统安全体系。

（7）投资成本低，包括初期投资，培训费用及维护费用。

（8）线路采用变压器双端隔离或光纤，抗干扰性强。

思 考 题

1. 常用低压控制电器包括哪些器件？

2. 简述几种电机的控制方式的特点，并画出电动机正反转控制原理图。

3. 什么叫自动控制？自动控制系统由哪些部分组成？

4. 自动控制系统中，"闭环"的含义是什么？请举出生活中几个闭环控制系统的例子。

5. 简述恒值控制系统和过程控制系统的关系。

6. 结合精馏塔控制系统，说明当干扰同时作用于副对象和主对象时，串级控制系统的工作过程。

7. 简述前馈-反馈控制系统的组成，并说明其优点。

8. 计算机控制系统的特点是什么？

9. 简述计算机直接数字控制（DDC）系统的工作原理。

10. 简述计算机监督控制（SCC）系统的工作原理。

11. 简述可编程序控制器的主要功能和优点。

12. 简述可编程序控制器的工作过程。

13. 试说明计算机控制系统中干扰的来源和传播途径。

14. 计算机控制系统中，解决干扰问题的方法有哪些？

15. 试说明 RS-485 标准和 RS-232C 标准的异同点。

16. 现场总线的定义是什么？常用的现场总线有哪几种？请分别介绍它们的特点。

第二章 建筑自动化工程中的传感器、执行器与控制器

知识点

本章以工程应用为背景主要介绍了建筑环境中的对建筑设备运行状态及环境因子实施自动监测的测量执行器件与控制器件。主要内容如下：

(1) 了解建筑设备常用传感器的结构及应用场所。熟悉温度、压力、流量等传感器的工作原理，掌握环境因子监测传感器的使用特性。

(2) 了解电动与气动执行器的结构与应用原理，掌握微控电动机、电磁阀、风门的应用。

(3) 了解建筑环境设备常用控制器的原理，熟悉 PC 控制器的工作原理。

(4) 了解变频控制器的工作原理。

第一节 传感器与变送器

一、概述

(一) 传感器技术是信息技术的基础与支柱

当今的人类社会是一个信息社会，信息技术对社会发展、科技进步将起决定性作用。现代信息技术的基础有三个主要方面：

(1) 信息采集——传感器技术。

(2) 信息传输——通信技术。

(3) 信息处理——计算机技术（包括软件和硬件）。

传感器在信息系统中处于前端，它的性能如何将直接影响整个系统的工作状态与质量。因此，人们对传感器在信息社会中的重要性具有相当高的评价。

(二) 传感器技术已经广泛应用于各个学科领域

传感器的重要性还体现在各个学科的发展与传感器技术有十分密切的关系。例如：工业自动化、农业现代化、航天技术、军事工程、机器人技术、资源开发、海洋探测、环境监测、安全保卫、医疗诊断、交通运输和家用电器等方面都与传感器技术密切相关。这些技术领域的发展都离不开传感器技术的支持，同时也是传感器技术发展的强大动力。离开传感器就没有我们今天的生活。

(三) 传感器的定义及构成

传感器（Transducer/Sensor）的定义是：能感受规定的被测量并按照一定规律转换成可用输出信号的器件或装置。

通常传感器由敏感元件和转换元件组成。其中敏感元件（Sensing element）是指传感器中能直接感受被测量的部分；转换元件（Transition element）是指传感器中能将敏感元件输出量转换为适于传输和测量的电信号部分。传感器构成图如图 2-1 所示。

图 2-1　传感器构成图

被测量通过敏感元件转换后，再经传感元件转换成电参量。例如，在圆盘形电位器中，电位器为传感元件，它将角位移转换为电参量——电阻的变化（ΔR）。

测量转换电路的作用是将传感元件输出的电参量转换成易于处理的电压、电流或频率量。在图 2-2 中，当电位器的两端加上电源后，电位器就组成分压比电路，它的输出量是与压力成一定关系的电压 U_o。

分压比电路的计算公式如下：

直滑电位器式传感器的输出电压 U_o 与滑动触点 C 的位移量 x 成正比

$$U_o = \frac{x}{L}U_i$$

对圆盘式电位器来说，U_o 与滑动臂的旋转角度成正比

$$U_o = \frac{\alpha}{360°}U_i$$

（四）建筑设备常用传感器的分类

传感器的种类名目繁多，分类不尽相同。常用的分类方法有：

（1）按被测量分类。可分为位移、力、力矩、转速、振动、加速度、温度、压力、流量、流速、气体成分等传感器。

（2）按测量原理分类。可分为电阻、电容、电感、光栅、热电偶、超声波、激光、红外、光导纤维等传感器。

（五）传感器的特性

传感器的特性一般指输入、输出特性，包括灵敏度、分辨力、线性度、稳定度、电磁兼容性、可靠性等。

灵敏度：灵敏度是指传感器在稳态下输出变化值与输入变化值之比，用 K 来表示为

$$K = \frac{\mathrm{d}y}{\mathrm{d}x} \approx \frac{\Delta y}{\Delta x}$$

也可以用作图法来求解灵敏度，具体过程如图 2-3 所示。

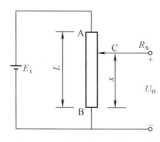

图 2-2　电位器测量转换电路

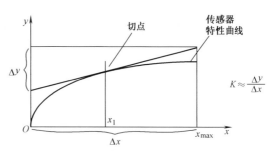

图 2-3　作图法求灵敏度过程

分辨力：指传感器能检出被测信号的最小变化量。当被测量的变化小于分辨力时，传感器对输入量的变化无任何反应。对数字仪表而言，如果没有其他附加说明，可以认为该表的最后一位所表示的数值就是它的分辨力。一般地说，分辨力的数值小于仪表的最大绝对误差。

线性度又称非线性误差，是指传感器实际特性曲线与拟合直线（有时也称理论直线）之间的最大偏差与传感器量程范围内的输出之百分比。将传感器输出起始点与满量程点连接起来的直线作为拟合直线，这条直线称为端基理论直线，按上述方法得出的线性度称为端基线性度，非线性误差越小越好。

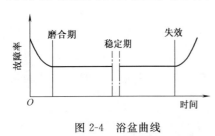

图 2-4　浴盆曲线

可靠性：可靠性是反映检测系统在规定的条件下，在规定的时间内是否耐用的一种综合性的质量指标。

"老化"试验：在检测设备通电的情况下，将之放置于高温环境→低温环境→高温环境，反复循环。老化之后的系统在现场使用时，故障率大为降低，如图 2-4 所示。

二、建筑设备常用传感器

（一）力学量传感器

力学量传感器是将力学量转换成电压电流等电信号的传感器。根据测量原理不同，力学量传感器分为电容式力传感器、电感式力传感器、压电式力传感器以及应变式力传感器。力学量传感器用途广泛，它们在工业、国防、航空航天、医学等众多领域得到了广泛应用，是传感器家族中极为重要的一部分。

1. **压力传感器**　压力是最重要的物理参数之一，测压仪表也是自动化仪表领域中发展最快的仪器仪表。随着大规模集成电路、计算机、新材料、硅微加工、半导体加工等技术的发展，从 70 年代硅压阻传感器问世到今天，测压仪表已基本完成了从 40～50 年代传统机械仪表，60～70 年代的各种电磁、模拟电子仪表和传感器，到今天各种数字化仪表和集成固态传感器占主导地位的转变。建筑设备常用压力传感器主要包括电容式压力传感器、电感式压力传感器、压电式压力传感器、应变式压力传感器以及电势压力传感器等 5 种类型的压力传感器。工业控制中压电式压力传感器、应变式压力传感器用的较多，而电容式压力传感器、电感式压力传感器在智能建筑中采用较广泛。电感式压力传感器通常被应用在压力相对较低的通风系统。电容式压力传感器通常用于测量通风过滤器的变风量空调系统 VAV（Variable Air Volume）鼓风机控制的不同的压力差。

测压仪表的发展依然呈现两大趋势：一方面利用现代高科技制造的传感器不断涌现；另一方面以波登管为代表的传统压力表，以其简单的工作原理、可靠的性能、低廉的价格仍然具有很大的市场。

（1）压力测量的理论基础简述。

1）压力的定义。压力（压强）的定义是：垂直作用在单位面积上的分布力，即

$$p = F/A$$

式中　p——压力（压强）；

　　　F——分布力；

　　　　A——单位面积。

　　2）气体和液体的压力。对于气体的压力，根据分子物理学的气体状态方程表征为

$$pV/T = 常量$$

式中　V——气体的体积；

　　　　T——热力学温度。

　　对于液体的压力（压强），根据流体静力学的 Pasic 原理，表征为

$$\Delta p = \Delta h \rho_m g$$

式中　Δp——压力差；

　　　　Δh——液柱高度差；

　　　　ρ_m——液体密度；

　　　　g——重力加速度。

　　3）压力的单位。1Pa 等于 $1N/m^2$，简称帕，符号为 Pa。

　　4）压力的形式。绝对压力、大气压力、差压压力、表压力。

　　（2）基本测量原理。压力传感器受压力作用时，应变膜片产生形变而使其电阻发生变化，通过一定的电路形式，转换成电量输出，如图 2-5 所示为单个硅片构成应变电阻的示意图。

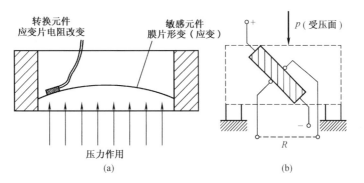

图 2-5　敏感元件和转换元件

（a）压力传感器工作示意图；（b）单个硅片构成应变电阻的示意图

　　一个压力传感器一般由四个单晶硅膜片电阻，构成惠斯顿电桥形式，可通过外电路调节其零压力时的平衡。受压力作用时，电桥将输出与外压力成线性关系的电压。图 2-5（b）电桥臂电阻产生的电压和为零，受压力作用时，当电桥提供恒流电源时，则输出电压。

　　测量转换电路一般采用不平衡电桥。其输出电压计算公式如下

$$U_o = \frac{U_i}{4}\left(\frac{\Delta R_1}{R_1} - \frac{\Delta R_2}{R_2} + \frac{\Delta R_3}{R_3} - \frac{\Delta R_4}{R_4}\right)$$

　　电桥按工作方式分可分为：全臂电桥、双臂半桥和单臂半桥，如图 2-6 所示。其中全桥四臂工作方式的灵敏度最高，双臂半桥次之，单臂半桥灵敏度最低。以双臂电桥为例，R_1、R_2 为应变片，R_3、R_4 为固定电阻。应变片 R_1、R_2 感受到的应变 $\varepsilon_1 \sim \varepsilon_2$ 以及产生的电阻增量正负号相间，可以使输出电压 U_o 成倍地增大。

　　电桥平衡的条件：$R_1/R_2 = R_4/R_3$。如图 2-7，调节 RP，最终可使 $R_1'/R_2' = R_4/R_3$（R_1'、R_2' 是 R_1、R_2 并联 RP 后的等效电阻），电桥趋于平衡，U_o 被预调到零位，这一过程称为调零。图中的 R_5 是用于减小调节范围的限流电阻。

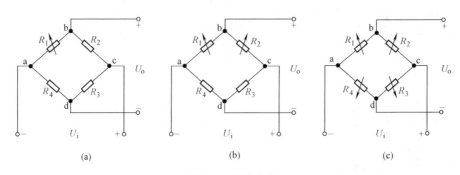

图 2-6　电桥分类
（a）单臂半桥；（b）双臂半桥；（c）全臂电桥

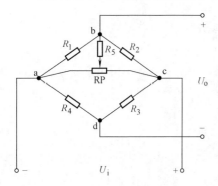

图 2-7　电桥原理图

全桥的四个桥臂都为应变片，如果设法使试件受力后，应变片 $R_1 \sim R_4$ 产生的电阻增量（或感受到的应变 $\varepsilon_1 \sim \varepsilon_4$）正负号相间，就可以使输出电压 U_o 成倍地增大。上述三种工作方式中，全桥四臂工作方式的灵敏度最高，双臂半桥次之，单臂半桥灵敏度最低。采用全桥（或双臂半桥）还能实现温度自补偿。当环境温度升高时，桥臂上的应变片温度同时升高，温度引起的电阻值漂移数值一致，可以相互抵消，所以全桥的温漂较小；半桥也同样能克服温漂。

（3）压力传感器三种测量方式的结构。

1）绝对压力的测量，用于水位测量，在零压力时，膜片上已有一个大气压的作用。如图 2-8（a）所示。

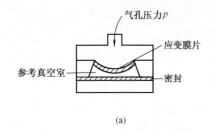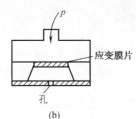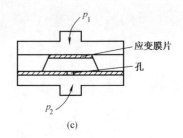

图 2-8　压力传感器三种测量方式的结构
（a）绝对压力测量；（b）表压力测量；（c）差压测量

2）表压力的测量，用于正、负压力的测量，如图 2-8（b）所示。

3）差压测量，用于差压测量，如图 2-8（c）所示。

4～20mA 二线制输出方式：所谓二线制仪表是指仪表与外界的联系只需两根导线。多数情况下，其中一根（红色）为 +24V 电源线，另一根（黑色）既作为电源负极引线，又作为信号传输线。在信号传输线的末端通过一只标准负载电阻（也称取样电阻）接地（也就是电源负极），将电

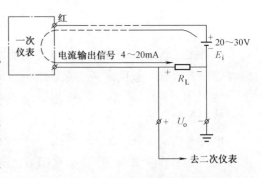

图 2-9　4～20mA 二线制仪表接线方法

流信号转变成电压信号。4～20mA 二线制仪表接线方法如图 2-9 所示。

2. 应变式传感器

（1）工作原理。

金属的电阻应变效应：当金属丝在外力作用下发生机械变形时其电阻值将发生变化。

$$R = \rho \frac{l}{A}$$

$$F \rightarrow \Delta l、\Delta A、\Delta \rho \rightarrow \Delta R$$

$$dR = \frac{\rho}{A}dl - \frac{\rho l}{A^2}dA + \frac{l}{A}d\rho$$

电阻的灵敏系数

$$\frac{\Delta R}{R} = \frac{\Delta l}{l} - \frac{\Delta A}{A} + \frac{\Delta \rho}{\rho}$$

对于半径为 r 的圆导体，$A = \pi r^2$，$\Delta A/A = 2\Delta r/r$，又由材料力学可知，在弹性范围内，$\Delta l/l = \varepsilon$，$\Delta r/r = -\mu \varepsilon$，$\Delta \rho/\rho = \lambda \sigma = \lambda E \varepsilon$

$$\frac{\Delta R}{R} = (1 + 2\mu + \lambda E)\varepsilon$$

式中　ε——导体的纵向应变，其数值一般很小，常以微应变度量；

　　　μ——电阻丝材料的泊松比，一般金属 $\mu = 0.3 \sim 0.5$；

　　　λ——压阻系数，与材质有关；

　　　σ——应力值；

　　　E——材料的弹性模量。

$$k_0 = \frac{\Delta R/R}{\varepsilon} = 1 + 2\mu + \frac{\Delta \rho/\rho}{\varepsilon}$$

其中　$1 + 2\mu$——材料的集合尺寸变化引起的。

　　　$\dfrac{\Delta \rho/\rho}{\varepsilon}$——材料的电阻率 ρ 随应变引起的（压阻效应）。

金属材料：k_0 以前者为主，则 $k_0 \approx 1 + 2\mu = 1.7 \sim 3.6$。

半导体：k_0 值主要是由电阻率相对变化所决定

$$\frac{\Delta R}{R} = k_0 \varepsilon$$

（2）应变片的类型。

1）金属丝式应变片，如图 2-10 所示。

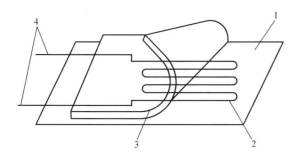
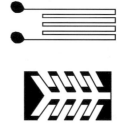

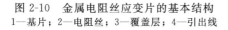

图 2-10　金属电阻丝应变片的基本结构　　　　图 2-11　箔式应变片
1—基片；2—电阻丝；3—覆盖层；4—引出线

金属电阻应变片，材料电阻率随应变产生的变化很小，可忽略

$$\frac{\Delta R}{R} \approx (1+2\mu)\varepsilon = K_0\varepsilon$$

应变片电阻的相对变化与应变片纵向应变成正比，并且对同一电阻材料，$K_0 = 1+2\mu$ 是常数。其灵敏度系数多在 1.7～3.6 之间。

2）金属箔式应变片，如图 2-11 所示。

在绝缘基底上，将厚度为 0.003～0.01mm 电阻箔材，利用照相制板或光刻腐蚀的方法，制成适用于各种需要的形状。

优点：①尺寸准确，线条均匀，适应不同的测量要求。②可制成多种复杂形状尺寸准确的敏感栅。③与被测试件接触面积大，粘结性能好。散热条件好，允许电流大，灵敏度提高。④横向效应可以忽略。⑤蠕变、机械滞后小，疲劳寿命长。

缺点：电阻值的分散性大，有的相差几十欧姆，故需作阻值调整；生产工序复杂，焊点采用锡焊，不适合于高温环境下测量。

（3）金属薄膜应变片。

1）采用真空蒸发或真空沉积等方法在薄的绝缘基片上形成厚度在 0.1μm 以下的金属电阻材料薄膜敏感栅，再加上保护层。

2）优点：应变灵敏系数大，允许电流密度大，工作范围广，易实现工业化生产。

3）缺点：难以控制电阻与温度和时间的变化关系。

（二）热学量传感器

1. 温度传感器　温度测量是大多数工业控制的关键环节，其实现方法通常是使温度传感器与待测固体表面相接触或浸入待测流体。在选择温度传感器时应考虑的几个因素是：温度测量范围、精度、响应时间、稳定性、线性度和灵敏度。应用最广泛的温度传感器是热电偶和电阻式温度探测器（RTD）。

真正把温度变成电信号的传感器是 1821 年由德国物理学家赛贝发明的，这就是后来的热电偶传感器。50 年以后，另一位德国人西门子发明了铂电阻温度计。在半导体技术的支持下，21 世纪相继开发了半导体热电偶传感器、PN 结温度传感器和集成温度传感器。与之相应，根据波与物质的相互作用规律，相继开发了声学温度传感器、红外传感器和微波传感器。

（1）温度测量的基本概念。温度标志着物质内部大量分子无规则运动的剧烈程度。温度越高，表示物体内部分子热运动越剧烈。

温度的数值表示方法称为温标。它规定了温度的读数的起点（即零点）以及温度的单位。各类温度计的刻度均由温标确定。国际上规定的温标有：摄氏温标、华氏温标、热力学温标等。

热力学温标是建立在热力学第二定律基础上的最科学的温标，是由开尔文（Kelvin）根据热力学定律提出来的，因此又称开氏温标。它的符号是 T，单位是开尔文（K）。

（2）温度测量及传感器分类。温度传感器按照用途可分为基准温度计和工业温度计；按照测量方法又可分为接触式和非接触式；按工作原理又可分为膨胀式、电阻式、热电式、辐射式等等；按输出方式分，有自发电型、非电测型等。

（3）热电偶基本测量原理。热电效应。1821 年，德国物理学家赛贝克用两种不同金属

组成闭合回路，并用酒精灯加热其中一个接触点（称为结点），发现放在回路中的指南针发生偏转，如果用两盏酒精灯对两个结点同时加热，指南针的偏转角反而减小。显然，指南针的偏转说明回路中有电动势产生并有电流在回路中流动，电流的强弱与两个结点的温差有关。

根据热电效应原理采用两种不同材质的导体，如在某点互相连接在一起，对这个连接点加热，在它们不加热的部位就会出现电位差。这个电位差的数值与不加热部位测量点的温度有关，和这两种导体的材质有关。这种现象可以在很宽的温度范围内出现，如果精确测量这个电位差，再测出不加热部位的环境温度，就可以准确知道加热点的温度（图 2-12）。

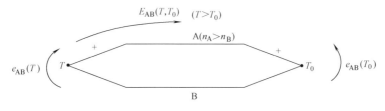

图 2-12　热电偶原理图

热电偶两结点所产生的总的热电动势是两个结点的温差 Δt 的函数为

$$E_{AB}(T,\ T_0)=f_{AB}(\Delta t)$$

8 种国际通用热电偶：铂铑 30—铂铑 6、铂铑 13—铂、铂铑 10—铂、镍铬—镍硅、镍铬硅—镍硅、镍铬—铜镍、铁—铜镍、铜—铜镍，见表 2-1。

表 2-1　　　　　　　　　　　　　　几种常用热电偶的热电极

分　度　号	正　　极（Grade）	负　　极（Grade）
N	镍铬硅（Ni-Cr-Si）	镍硅（Ni-Si）
K	镍铬（Ni-Cr）	镍铬（铝）[Ni-Cr(Al)]
E	镍铬（Ni-Cr）	铜镍（康铜）[Cu-Ni(Constantan)]
J	铁（Fe）	铜镍（康铜）[Cu-Ni(Constantan)]
T	铜（Cu）	铜镍（康铜）[Cu-Ni(Constantan)]
S	铂铑[Pt(Rh 10)]	铂（Pt）
R	铂铑[Pt(Rh 13)]	铂（Pt）
B	铂铑[Pt(Rh 30)]	铂[Pt(Rh 10)]

（4）测温热电阻传感器。金属热电阻的原理是温度升高，金属内部原子晶格的振动加剧，从而使金属内部的自由电子通过金属导体时的阻碍增大，宏观上表现出电阻率变大，电阻值增加，我们称其为正温度系数，即电阻值与温度的变化趋势相同见表 2-2。取一只 100W/220V 灯泡，用万用表测量其电阻值，可以发现其冷态阻值只有几十欧姆，而计算得到的额定热态电阻值应为 484Ω。一般易提纯、复现性好的金属材料才可用于制作热电阻。

表 2-2　　　　　　　　　　　常用金属热电阻及其温度系数

材料	温度 $t/℃$	电阻率 $\rho/(\times10^{-8}\Omega\cdot m)$	电阻温度系数 $\alpha/℃^{-1}$	材料	温度 $t/℃$	电阻率 $\rho/(\times10^{-8}\Omega\cdot m)$	电阻温度系数 $\alpha/℃^{-1}$
银	20	1.586	0.0038 (20℃)	镍	20	6.84	0.0069 (0~100℃)
铜	20	1.678	0.00393 (20℃)	铂	20	10.6	0.00374 (0~60℃)
金	20	2.40	0.00324 (20℃)				

（5）热敏电阻。热敏电阻有负温度系数 NTC（Negative Temperature Coefficient）和正温度系数 PTC（Positive Temperature Coefficient）之分。NTC 又可分为两大类：第一类用于测量温度，它的电阻值与温度之间呈严格的负指数关系；第二类为突变型（CTR），当温度上升到某临界点时，其电阻值突然下降。

（6）常用温度测量接口电路。电阻 R_1 将热敏电阻的电压拉升到参考电压，一般它与ADC 的参考电压一致，因此如果 ADC 的参考电压是 5V，V_{ref} 也将是 5V。热敏电阻和电阻串联产生分压，其阻值变化使得节点处的电压也产生变化，该电路的精度取决于热敏电阻和电阻的误差以及参考电压的精度，如图 2-13 所示。

热电偶产生的电压很小，通常只有几毫伏。K 型热电偶温度每变化 1℃时电压变化只有大约 $40\mu V$，因此测量系统要能测出 $4\mu V$ 的电压变化测量精度才可以达到 0.1℃，如图 2-14所示。

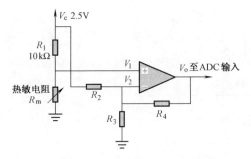

图 2-13　利用热敏电阻测量温度的典型电路　　　　图 2-14　利用热电偶测量温度的典型电路

（7）信号调理电路的作用。温度传感器的选择固然十分重要，信号调理电路的选择也非常关键。温度传感器通常必须集成于控制系统之中，而这些系统一般采用 DCS 或 PLC 形式。集成方法之一是将电阻温度探测器 RTD（Resistance Temperature Detector）或热电偶的引线直接与控制器连接。这种方法要求使用专用的温度数据转换卡。目前与不同类型的控制器对应的多通道温度卡均有供货。但这种方法成本较高，且无法保证系统灵活性。另一种方法则是采用温度信号调理电路。这种方法由于能实现较高的精度、噪声抑制/隔离、系统灵活性/自诊断性并能降低成本，故在工业中得到广泛应用。其特性主要表现为：

1）较高的精度。温度信号调理电路能保证传感器输出信号的真实性。它们的精度指标超过了 PLC 或 DCS 卡的。在测量地点附近对传感器信号进行调理，可以防止热电偶的热梯度或 RTD 引线带来的误差。

2）噪声抑制/隔离。热电偶和 RTD 的信号电平很低，故易受到噪声信号的干扰。信号调理电路可将这种低电平信号转换为不易受噪声干扰且传输距离较远的 4~20mA 电流信号。信号调理电路可实现低通滤波以防止高频噪声传到控制器。另外信号调理电路还可提供隔离功能，防止温度测量中常见的接地回路引入的误差。

3）系统灵活性/自诊断性。信号调理电路为系统提供了很强的灵活性。4～20mA 电流信号可直接送入记录仪或模拟信号卡。某些高级的温度信号调理电路可同时提供模拟和数字信号，用于系统的报警和紧急关闭，在导线断线时还可提供本地或远程显示。

4）降低成本。热电偶或 RTD 直接与温度卡连接所用的导线价格昂贵，考虑到劳动力、维修及故障检测等费用则系统成本更高。而同时采用温度信号调理电路和模拟和/或数字输入卡则可大大降低成本。

温度传感器的种类很多，测温范围也很宽，高可达几千度低可接近绝对零度，但在测量精度、稳定性、抗干扰等方面仍存在问题。如铂电阻温度计，虽然其测温范围宽、精度高但抗机械震动能力差；热敏电阻温度计灵敏度高、体积小、响应速度快但稳定性较差；热电偶温度传感器缺点是灵敏度低；因此应进一步改进敏感元件的制作工艺及结构，充分利用微机的软件功能改善传感器的性能。光纤温度传感器的发展应从改善光纤、光源、检测器电路和制作工艺等方面入手，提高精度、可靠性并降低成本，特别要发展满足特殊测温要求的温度传感器如 3000℃ 以上和 −250℃ 以下的超高温和超低温传感器。充分利用微处理技术发展数字化、集成化和自动化的温度传感器，同时探索新的敏感机理，寻求新型温度敏感元件也是温度传感器的发展方向之一。

2. 湿度传感器　湿度是表示空气中水蒸气含量的物理量，工业上，水蒸气的凝结将给仪器设备带来各种危害。当环境的相对湿度增大时，物体表面就会附着一层水膜，并渗入材料内部。这不仅降低了绝缘强度，还会造成漏电、击穿和短路现象；潮湿还会加速金属材料的腐蚀并引起有机材料的霉烂。降低温度会产生结露现象。露点与农作物的生长有很大关系，结露也严重影响电子仪器的正常工作。湿度常用绝对湿度、相对湿度、露点表示。湿度传感器可分为 4 种类型，即湿度计、干湿球湿度计、电子湿度传感器和露点传感器。由于机电式湿度计具有严重的非线性，并存在漂移现象，而最近研制的电子传感器易受气流的污染，湿度测量长期以来存在没有解决的问题。尽管如此，一些电子传感器在精度、长期稳定性以及抗污染方面一直在不断地改进。

（1）湿度计。这种湿度计是通过湿气的吸收和解吸改变原材料的体积来测量湿度，这是一种最早的湿度测量方法。该湿度计存在较严重的非线性特性并易于漂移。目前，这种材料已被电子器件所取代。

（2）干湿球湿度计。把蒸馏过的湿芯线缠绕在一个普通的湿度传感器上（如 RTD），可引起网状球体湿度降低，其湿度与相对湿度具有一定的关系。这种测量方法稳定并可达到一定的精度，其测量的难点在于气流通过湿芯线速度必须足够高，这使得该湿度不适用于供热通风与空调工程 HVAC（Heating Ventilation and Air Conditioning）控制。

（3）阻容传感器。这种传感器目前可能是使用最广泛的、市场可大批供应的电子传感器，并且现在的器件已经改进灵敏度，使相对湿度可达到 2%。这种类型的传感器的另一个优点是与其他电子传感器相比更不易受到气流的污染。然而，这一系列的传感器容易损坏，在某些场合下，当湿度高达 90% 以上时，该传感器工作一定时间后，其损坏是不可修复的。通常要求将其用于导风管内测量和新鲜空气的测量。

（4）露点传感器。在市场上通常有两种类型的露点传感器，即冷却镜面传感器与饱和盐溶液装置。长期以来，冷却镜面传感器常用于露点和湿度测量，它检测露点的精度能达到

1K，可以控制该传感器的镜面温度直到镜面上开始形成露点为止。然而，其相对的湿度只能通过估算。饱和盐溶液装置是由一个 RTD 组成，而 RTD 上缠绕着经过锂氯溶液浸泡了的芯线。利用一个加热元件控制芯线的温度直到达到一个稳定条件，加热元件的功率正好足够提供芯线的潜热。此时，由 RTD 所测的温度即等于露点温度。

（三）物位传感器

物位（包括料位、液位、界面）检测技术在现代化工业过程控制中占有重要地位。通过对物位的测量，获得物位的连续变量或开关量信号，从而实现对物料的处理以及加工过程最优化的控制，并且对在线物料的储藏管理提供有用的信息。现代物位检测的技术与产品众多，分别对应于不同的工况与应用条件，必须根据实际需要进行合理地选取。

1. 超声波检测技术

（1）测量原理。超声波物位传感器通过高性能的压电陶瓷探头发射聚焦的脉冲波束，发射波遇到介质表面后被反射回来。反射信号经过智能化软、硬件处理，滤去噪声，算出声波的运行时间，进而测得探头与介质表面的距离（图 2-15），输出对应于物位的模拟或数字信号，送至上位机显示，或者作为过程变量，参与物位的连续自动控制。

（2）特点。从图 2-15 中可以看出，超声波是一种机械波，传播速度与介质（当介质不是空气时，直接对声速编程）有关，是介质温度与压力的函数。对于液位的精确测量，必须考虑对这些因素进行补偿。当环境温度剧烈变化时，探头必须内置温度传感器。由于超声波的产生是基于元件的压电效应，目前压力补偿还无法做到。所以超声波检测技术不适合用在高温高压的条件下。目前其最高工作温度可达 150℃，压力不超过 0.3MPa。

超声波频率范围一般在 10~100kHz 之间。只有当压电晶体停振后，才能用于反射波的接收。考虑压电晶体的停振时间以及按声波周期所对应的发射时间有一个测量盲区，盲区决定了在探头表面和容器内最高物位的最小距离。一般情况下，测量范围越大，波束的发射角越小，声波频率越低，波长（$\lambda = V/F$）越长，机械波衰减越小，所对应的盲区越大。低余振可以使盲区降到最小。

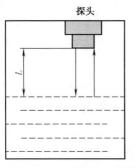

L=VT/2
L: 探头表面至液面的距离
V: 声波在空气中的传播速度
T: 声波从发射到接收之间的时间间隔

图 2-15　超声波检测原理示意图

超声波检测技术采用非接触测量，使机械构件不受被测介质的影响。探头高频振动可以自动清理膜片的冷凝水和灰尘。元件无磨损，牢固耐用，不受介质密度、介电常数和导电性的影响，并且在一定范围内，容器压力不会影响测量。但不适合用在高温、高压，有波动、蒸汽、闪蒸、气泡、泡沫等场合下的物位检测，固体料位测量中有大量粉尘振动的场合也不适用。

2. 雷达检测技术

（1）时域反射技术。雷达天线以波束的形式发射频率在 2.4～24GHz 的雷达信号，反射回来的回波信号仍由天线接收。雷达脉冲信号从发射到接收的运行时间与传感器到被测介质表面的距离成比例（图 2-16）。

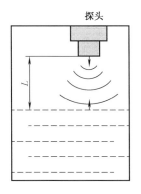

$L = CT/2$
L: 探头表面至液面的距离
C: 光速
T: 雷达从发射到接收之间的时间间隔

图 2-16　时域反射检测原理示意图

从测量原理中可以看出，雷达的传播速度与介质无关，以光速传播。因此，雷达传感器可以工作在高温（采用测量窗或弯管天线，介质温度可达 1000℃）、高压（选择合适的法兰构造，可达 6.4MPa）、真空的环境中。介质的介电常数越大（大于 1.5），雷达信号的反射效果越好。

如一束雷达脉冲波的发射时间为 1ns，发射周期为 278ns，脉冲波束的频率是 3.6MHz。天线在发射间隔作为接收装置使用。仪表分析处理时间小于 10^{-10}s 的回波信号，并在极短的一瞬间分析处理回波图。利用调整时间间隔技术，将 3600600/s 的回波图放大、定位，然后进行分析处理。由于雷达传感器的信号运行时间极短，所以对信号分析处理要求极高，且价格较贵，因此影响到这种技术在物位测量中的应用。只有当其他物位测量仪表都无法完成测量时，才会使用雷达式传感器。如果发射时间为 1ns，可以算出测量盲区为（$1 \times 10^{-9} \times 3 \times 10^{8} / 2$）15cm。

天线的形式有 3 种：棒式、喇叭式、导波管式。前两种为非接触测量。棒式天线雷达一般工作在 150℃ 以下，介质介电常数大于 3，带塑料护套的棒式天线特别适合测量强腐蚀性的介质。喇叭式天线雷达工作温度可达 400℃，介质介电常数较小，常为 2～3，由于喇叭口天线可以提供很好的聚焦效果，对粘附的介质不敏感，所以当介质表面有很强的旋涡或泡沫层，最好采用这种天线形式。当介质的介电常数很小（小于 1.5）工况恶劣，液面波动厉害，槽内结构件较多，适宜采用导波管式的雷达。

（2）调频连续波技术。FMCW（Frequency Modulated Continuous Wave）雷达系统利用线性调频高频信号，发射频率随一定的时间间隔（扫描频率）线性增加。由于微波频率是随着信号传播中的时延变化的，反射信号与发射信号所对应的频率差，经过 FFT 变换，变换为数字信号进行分析处理（如图 2-17 所示），从而计算出物位。FMCW 的测量精度主要由扫描频率及其重复性决定。

扫描频率的非线性直接影响到测量精度。采用振荡器的特征曲线使用线性化补偿，这种补偿可以校正非线性的 98%，对于更高精度的测量要求，必须采用瞬时频率控制，这种频率控制回路称为锁相环，即雷达发射频率在短时间间隔内连续调整，在毫秒数量级内跟踪设定点频率，接收的频率直接转化为数字值，接收器的混频器自动锁定正确的频率（图 2-18）。

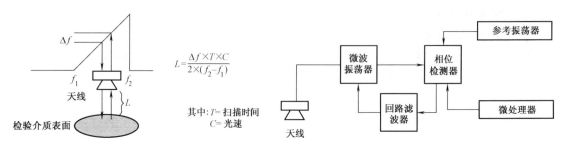

图 2-17　FMCW 雷达测量原理图 图 2-18　频率控制回路原理框图

时域反射式雷达与 FMCW 雷达相比,信号处理方式上有所不同,前者无须进行 FFT 分析。再有前者脉冲分组发射,功耗小,易实现两线制,很小的电流就可以维持系统工作,而 FMCW 雷达连续发射,功耗大,一般采用四线制。时域反射雷达精度一般比 FMCW 雷达低,价格也相对便宜。

雷达检测技术可用于对液体、浆粒、颗粒料的物位进行非接触连续测量。耐磨损、耐老化。适用于真空,温度、压力变化大,有气体、蒸汽、粉尘存在的条件恶劣的场合。一般超声波技术不适合的场合,采用雷达技术都可以获得满意的效果。缺点是对被测介质的导电性和介电常数有要求,价格较贵。

（四）流体量传感器

所谓流体是指液体和气体等形状容易改变的物体。为了研究物体的各种现象,就需要研究和开发应用流体传感器。在流体技术的范畴内,所要测量的物理量有流速、流量、液位、黏度、密度、流体的成分以及温度压力等非电物理量。对于这些非电量的测量,一般是利用被测量的某些物理量、化学效应等,通过流体传感器将非电量转换成电量,实现非电量的电测量。在一定的条件下,流体传感器的输入和输出之间有确定的关系,大多数传感器是模拟量传感器,它是将被测量物理量转换成模拟电量,例如节流式流量计,烟雾传感器等。也有一些传感器是数字量传感器,它是将被测量直接转换成数字形式的电量,例如,涡轮流速计,多普勒流量计等。在流体量测量中,数字传感器的类型很有限,但是通过模/数转换器,可以将模拟传感器输出的模拟量很方便的转换成数字量。因此在流体数字测量系统中,目前,使用的传感器绝大部分仍然是模拟传感器。

流体量传感器主要包括流量/流速传感器、黏度传感器、密度传感器、流体成分传感器等。

1. 流量传感器　为了检测流量,人们设想了许多方法,从基本的浮子流量计、椭圆齿轮流量计到涡街、核磁流量计等,在食品、医药、日化等工业都得到了大量的使用。

在液体产品灌装时,目前常用的还是以光学、气压来控制装瓶的高度,或以气缸活塞的压灌计量为主。

测量流量的方法很多,有流速法、容积法、质量法、水槽法等。流速法中,又有叶轮式、涡轮式、卡门涡流式（又称涡街式）、热线式、多普勒式、超声式、电磁式、差压节流式等。在工业中大量使用差压式流量计。

（1）超声波流量计。声波的传播方向与液体的流动方向相同时,其传播时间比逆向传播所需的时间短。超声波流量计正是应用这个原理进行流量测量的。其时间差即反映了液体的流速。

以超声波作为检测手段，产生超声波和接收超声波的装置就是超声波传感器，习惯上称为超声换能器，或者超声探头。根据测量流量原理分为两类。

1) 时间差法测量流量原理。在被测管道上下游的一定距离上，分别安装两对超声波发射和接收探头（F_1，T_1）、（F_2，T_2），其中 F_1，T_1 的超声波是顺流传播的，而 F_2，T_2 的超声波是逆流传播的。由于这两束超声波在液体中传播速度的不同，测量两接收探头上超声波传播的时间差 Δt，可得到流体的平均速度及流量，如图 2-19 所示。

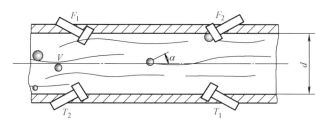

图 2-19　时间差法测量流量原理

2) 频率差法测量流量原理。F_1、F_2 是完全相同的超声探头，安装在管壁外面，通过电子开关的控制，交替地作为超声波发射器与接收器用。如图 2-20 所示首先由 F_1 发射出第一个超声脉冲，它通过管壁、流体及另一侧管壁被 F_2 接收，此信号经放大后再次触发 F_1 的驱动电路，使 F_1 发射第二个声脉冲。紧接着，由 F_2 发射超声脉冲，而 F_1 作接收器，可以测得 F_1 的脉冲重复频率为 f_1。同理可以测得 F_2 的脉冲重复频率为 f_2。顺流发射频率 f_1 与逆流发射频率 f_2 的频率差 Δf 与被测流速 v 成正比。

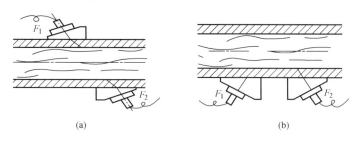

(a)　　　　　　　　　　　　　　　(b)

图 2-20　频率差法测量流量原理图
(a) 异侧；(b) 同侧

（2）光纤传感器。光纤传感器是最近几年出现的新技术，可以用来测量多种物理量，比如声场、电场、压力、温度、角速度、加速度等，还可以完成现有测量技术难以完成的测量任务。在狭小的空间里，在强电磁干扰和高电压的环境里，光纤传感器都显示出了独特的能力。目前光纤传感器已经有 70 多种，大致上分成光纤自身传感器和利用光纤的传感器，如图 2-21 所示。

（3）电磁流量计。根据导体切割磁力线产生电荷的原理，当液体（含有电离子）以一定的速度，在一定截面的管径内，从固定的磁场穿过时，会有电压产生，其公式为

$$U = kBVD$$

式中　U——生成的电压；

k——系数；

B——磁场强度；

V——流体速度；

D——管径。

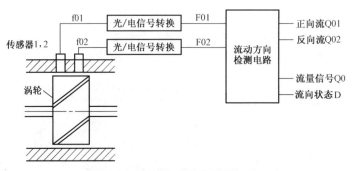

图 2-21　光纤传感器流量计原理

由于 k、B、D 都是常数，所以被测电压与流速成线性关系。只要用流速对时间进行积分即可求得流量。

电磁流量计适用于污浊流体或泥浆流量的测量。但它们不能用于气体流量测量。

（4）压差式流量计。压差式流量计是在管道中安装某种节流元件（孔板、喷嘴、文杜里管等），当流体流过节流元件时，在它前后形成与流量成一定函数关系的压力差，即可确定通过的流量。因此，这种主要由节流元件和差压计（或差压变送器），两部分组成的流量计在工业中应用较广。

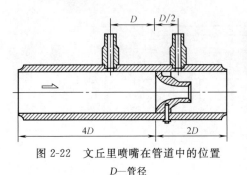

图 2-22　文丘里喷嘴在管道中的位置
D—管径

（5）文丘里流量计。文丘里流量计与孔板具有相似的工作原理，主要区别表现为在管线或通风导管中部逐渐缩小形成一个狭窄小孔（而不是突变的小孔），并且在下游的小孔又逐渐地扩大。如图 2-22 所示。这样，在收缩中的压力损失几乎全部可恢复。一个显著的特点是文丘里流量计不易被磨损。但是，这种流量计体积较大，价格也较贵。

（6）涡轮流量计。涡轮流量计主要用管线中的液体流量测量，但它易受磨损和卡塞，特别不适用于污浊的流体的测量。在热水和冷却水系统中，对于加热仪表应用涡轮流量计还是主要的选择。

（7）旋涡流量计。旋涡流量计适用于液体测量并且具有很高的精度，其工作原理是基于由漩涡而产生压力波动的频率，旋涡是由于流体冲击垂直挡体而产生的，其频率是与流体的流速成比例关系。然而，要求复杂的信号调节使得这种仪表价格比较昂贵。

2. 流速传感器　在暖通空调控制中，气源流速和冷却水流速的测量是非常重要的。因为它们的精度直接影响控制作用的性能，流速传感器常采用的几种类型包括：皮托管、孔板、文丘里流量计、热线式风速计、涡轮流量计、旋涡流量计、电磁流量计以及超声波流量计。而它们中的每一种都具有专门的实用场合。

（1）皮托管。皮托管基本上是用在管内通风系统。而且是基于两端开口的管，一根管是迎着牵气流安装，另一根管与气流垂直安装。基于伯努利方程在两根管之间所测到的压力差即可表示气流的速度。其精度主要取决于管内所记录的采样测量的次数和仪表对不同压力的测量结果。

（2）孔板。孔板是基于管线或通风管两端的压力差进行检测的，也就是流体通过一个节流孔而产生节流作用，从而达到测量压力差的目的。孔板结构简单，但易被流体磨损，特别是一些污浊并带有微粒的流体，在过去孔板曾经被广泛用于管道流体的测量。通常，在HVAC改造项目中，仍采用已安装在现场的大部分孔板，其原因是孔板结构简单。

（3）热线式风速计。热线式风速计基本上使用通风气流的测量，该仪表灵敏度较高，适宜检测很低速的流量，这使得它适用于窄气流动的测量和导风管内流量的测量。热线式风速计可用于大量程测量，即可从很低速（如 0.03m/s）到超音速，而且可以测量不稳定的流量。对于导风管内流量测量，其耐用性不如皮托管测量。

（4）超声波流速计。超声波流速原理是利用流体流动方向与声波方向一致，传给流体的声波速度增加；相反，声波速度减小来构成超声波流速计。

（5）多普勒流速计。多普勒流速计是利用超声多普勒方法和激光多普勒方法都可测量流体的流速。由于流体内的微小粒子与流体有相同的移动速度，利用超声波遇到物体、反射且传播频率发生变化这一多普勒效应可求得流速。这种流速计的测定原理由于是测定流体中微小粒子的移动速度，因此流体中必须有微小粒子。工业上测定给水排水，或医学上以红血球作为微小粒子的血流测定，经常使用超声多普勒流速计。

（6）电磁式流速计。电磁式流速计传感器是根据电磁感应原理测量流速的，所以仅适应于监测导电液体的流速。

3. **流体成分传感器**　成分传感器常采用多传感器数据融合的方法对流体不同成分进行测量。例如，对地表水的检测已经实现了在线实时测量，可以在线检测地表水的 pH、水温、浊度、电导率、悬浮物等。对工业废水的检测除了包含水的物理性质外，还包括检测水中的石油类有机化合物，金属以及非金属无机化合物。

流体成分传感器主要包括：液体成分传感器、离子传感器、烟雾传感器等。

烟雾传感器主要用于火灾报警器。烟雾是建筑内最重要的危险标志之一。火焰的发展可分为 4 个阶段，即起始阶段、冒烟阶段、火焰（燃烧）阶段及发热阶段。在火情爆发产生火焰之前，烟雾是首先的可见迹象。在火焰发展的每一个阶段，要求有一种专门的传感器。在严重的火灾爆发期间，一台敏感的烟雾传感器能拯救一幢建筑免遭彻底损坏。基于智能烟雾传感器获取的信息，一台良好的烟雾采样系统能够挽救（处境危险）人员的性命。在现代建筑物中通常使用的有两种烟雾传感器，即电离传感器和光电传感器。这两种传感器能够探测火焰发展过程中的两个不同阶段。

（1）电离式烟雾传感器。这种传感器对开始快速燃烧的火焰有响应。燃烧的火焰会极快地吞没可燃物品，迅速蔓延，并产生很少烟雾的巨大热量。电离式传感器最适用于包括有高可燃性材料的房间，这些可燃性材料包括食物油（如黄油）、可燃性液体、报纸、油漆以及清洁溶液。在这种传感器内部，有一个存放参照气体的干净容器室和另一个可从室内引入现场气体的容器室。采用一片（块）放射性材料对这个容器发射放射线。如果存放现场气体容器的放射线衰减量没有超标，那么辨识结果为不存在烟雾。

（2）光电式烟雾传感器。光电式烟雾传感器对开始慢速发烟的火焰有响应。发烟的火焰产生大量浓密的、少热量的黑烟，并且在爆发出火焰之前可能发烟要持续数小时。光电式传感器最适用于起居室、卧室和厨房。因为这些房间内通常配置有许多家具，如沙发、椅子、褥垫、写字台上的物品等，这些物品的燃烧缓慢，并且产生比火焰更多的烟雾。与电离式烟雾报警相比，光电式烟雾传感器在厨房区域内也很少出现错误报警。

4. 示流信号器　示流信号器又名流量控制开关，用于监测管道内液体流量。将示流信号器串接在管路中，当管道内有正常流量液体通过时，靶及靶杆受力并带动微动开关，使其常闭接点断开，常开接点闭合，发出正常信号。当管道内液体流量低于某一定值时，微动开关常闭接点闭合、常开接点断开发出报警信号，以保护主设备。

热扩散（RS）型示流信号器是采用热扩散差值原理作为工作的要素，适用于水电厂、

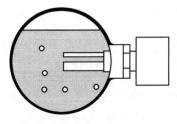

图 2-23　RS 型示流信号
器侧装示意图

火电厂及其他工业部门监测管系中介质的流动状态，对液体的不同流动状态分级显示，并能在液流达到正常工作状态时及流速过低时分别发出信号，如图 2-23 所示。

这种示流信号器的壳体以及与液体的接触部分全部采用不锈钢材质制作。由于它只依靠固定于管路同一截面上的两根探头进行监测工作，没有任何机械可动部件，因此不会发生卡绊现象，通流阻力小，防泥沙和污物干扰能力很强，这是突出的特点之一。

借以进行监测的两根探头，其一是基准极探头，其二是热敏极探头，两者同时置于液体中，当液体的流动状态发生变化时，两探头的温差跟踪产生相应变化，这也就是触发流动状态显示灯和提供报警信号的依据。为此，面膜上设有一红灯、一黄灯和四个绿灯反映管路中液流状态，内设一个埋入式调节螺丝，可以很简便地在现场按实际工作需要整定信号器的动作值。黄灯亮表示液流已达到正常工作状态并同时给出一个信号，随着流量加大，绿灯亮的个数递增。如果液流低于整定状态或中断，绿灯与黄灯相继熄灭，20s 之内红灯明亮并发出报警信号。正由于它设有基准极探头作为监测基准，所以对管路中介质温度、压力变化无须进行补偿，对低流量敏感性强，一般对管内流速大于或等于 0.1m/s 即有反应。因此在传统的靶式、挡板式和差压式示流信号器无法正常工作的区域，它都能胜任其监测任务，这又是它的另一突出特点。

（五）电磁传感器

磁传感器是最古老的传感器，指南针是磁传感器的最早的一种应用。但是作为现代的传感器，为了便于信号处理，需要磁传感器能将磁信号转化成为电信号输出。

在今天所用的电磁效应的传感器中，磁旋转传感器是重要的一种。磁旋转传感器主要由半导体磁阻元件、永久磁铁、固定器、外壳等几个部分组成。典型结构是将一对磁阻元件安装在一个永磁体的磁极上，元件的输入输出端子接到固定器上，然后安装在金属盒中，再用工程塑料密封，形成密闭结构，这个结构就具有良好的可靠性。

霍尔转速表即为电磁传感器的典型应用，如图 2-24 所示。在被测转速的转轴上安装一个齿盘，也可选取机械系统中的一个齿轮，将线性型霍尔器件及磁路系统靠近齿盘。齿盘的转动使磁路的磁阻随气隙的改变而周期性地变化，霍尔器件输出的微小脉冲信号经放大、整形后可以确定被测物的转速。当齿对准霍尔元件时，磁力线集中穿过霍尔元件，可产生较大的霍尔电动势，放大、整形后输出高电平；反之，当齿轮的空挡对准霍尔元件时，输出为低电平。

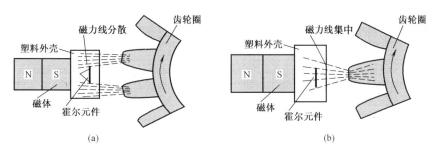

图 2-24　霍尔转速表原理

（a）齿未对准霍尔元件时磁力线分散的情况；（b）齿对准霍尔元件时磁力线集中的情况

若转轴上开 z 个槽（或齿），频率计的读数为 f（单位为 Hz），则转轴的转速 n（单位为 r/min）的计算公式为

$$n = \frac{60f}{z}$$

（六）激光传感器

激光传感器是激光学领域地的最新成果，采用功率安全可靠且不足以引爆任何油晶介质的激光作为探测光源，它彻底解决了以前所应用的各种液位监测仪表之不足，不受介质温度、密度、压力等物理、化学性质的影响，可以测量传感器温度范围内的所有的液体介质液位，其输出的数字信号可直接进入现场控制系统，如图 2-25 所示。

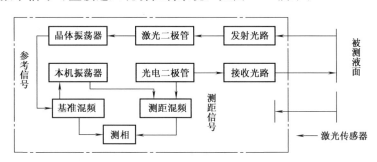

图 2-25　激光传感器测量原理图

感测器中的激光器发出一束激光束，由发射光学系统扩束准直后射向被测液体表面，经被测液体表面反射，由激光传感器接收光学系统接收。由于光在空气中的传播速度一定，因此，测出光束由发射系统发射，经液面反射到接收的传播时间，即可求出感测器系统到被测液面的距离，从而得到被测液体的液面位置。

（七）电量传感器

电量测量的参数很多，包括：电流、电压、电功率（视在功率、有功功率、无功功率）、功率因素、频率、相位差、波形等。其中最基本的是变送器电流和电压参数，其他参数可根据它们与电流电压的关系间接确定。电参数的检测往往通过电量传感器将被测电量进行转换处理，得到量程适当，且与被测电路隔离的电压与电流。即所谓的电量变送器。

电量变送器主要用于测量交流电流、电压，提供线性的直流输出信号，是远动装置、计算机巡检、自动化控制系统等必须的模拟量采集输入部件。

电量变送器按用途可分：交流电流、电压变送器；有功、无功功率变送器与组合变送器；功率电能变送器；功率因数和相角变送器；频率变送器；直流变送器等。

1. **霍尔式电量传感器**　霍尔式电量传感器是一种典型的电量传感器。其工作原理如图2-26所示。

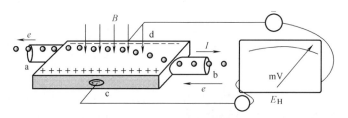

图 2-26　霍尔元件的原理图

半导体薄片置于磁感应强度为 B 的磁场中，磁场方向垂直于薄片，当有电流 I 流过薄片时，在垂直于电流和磁场的方向上将产生电动势 E_H，这种现象称为霍尔效应。作用在半导体薄片上的磁场强度 B 越强，霍尔电势也就越高。霍尔电动势 E_H 可用下式表示

$$E_H = K_H I B$$

当磁场垂直于薄片时，电子受到洛仑兹力的作用，向内侧偏移，在半导体薄片 c、d 方向的端面之间建立起霍尔电势。

2. **取样电阻式电流传感器**　取样电阻式又称电流-电压式，其工作原理是在被测电流回路中串入很小的电阻（取样电阻），再将被测电流转换为电压。由于取样电阻式电流传感器结构简单，电阻元件易于集成化，一些集成传感器技术也得到发展。通过集成化将检测元件与测量处理电路集成一体，典型的集成电流传感器芯片为 LM3824。

3. **磁阻式电流传感器**　磁阻式电流传感器工作原理是利用材料电阻随外加磁场的大小而变化的特性，即所谓的磁阻效应。利用磁阻效应测电流，就是要使被测电流产生的磁场影响磁阻元件的工作状态，使其阻值随被测电流变化，具体的测量原理与磁阻式电流传感器的结构有关系。美国 ZETEX 公司生产的 ZMC 系列磁阻式电流传感器，由于具有耐压高、频带宽、体积小、灵敏度高等优点，得到广泛应用。

4. **互感式电流传感器**　互感式电流传感器是利用变压器原理，再不切断电路的情况下测得电路的电流。利用不同的互感器结构可实现单相与三相电流的测量。

5. **电量变送器**　一种将被测电量按线性比例转换成标准直流电流/电压输出或其他形式输出的高性能测量器件。它适用于各种需要对电量进行隔离、交换、检测与控制的场合，特别在电气测量、电气传动和电力电子技术方面得到广泛应用，能解决自动控制及多路数据采集中的隔离、变换、传送和共地、共电源等关键技术问题。

6. **脉冲量传感器**

(1) 接近开关。接近开关又称无触点行程开关。它能在一定的距离（几毫米至几十毫米）内检测有无物体靠近。当物体与其接近到设定距离时，就可以发出"动作"信号。接近开关的核心部分是"感辨头"，它对正在接近的物体有很高的感辨能力。

1) 常用的接近开关分类。常用的接近开关有电涡流式（俗称电感接近开关）、电容式、磁性弹簧开关、霍尔式、光电式、微波式、超声波式等。

2) 接近开关的特点。接近开关与被测物不接触、不会产生机械磨损和疲劳损伤、工作寿命长、响应快、无触点、无火花、无噪声、防潮、防尘、防爆性能较好、输出信号负载能

力强、体积小、安装、调整方便；缺点是触点容量较小、输出短路时易烧毁。

3）接近开关的主要性能指标。额定动作距离、工作距离、动作滞差、重复定位精度（重复性）、动作频率等。

4）电涡流接近开关（电感接近开关）的工作原理如图 2-27 所示。电涡流式接近开关，属于一种开关量输出的位置传感器。它由 LC 高频振荡器和放大处理电路组成，利用金属物体在接近这个能产生交变电磁场的振荡感辨头时，使物体内部产生涡流。这个涡流反作用于接近开关，使接近开关振荡能力衰减，内部电路的参数发生变化，由此识别出有无金属物体接近，进而控制开关的通或断。这种接近开关所能检测的物体必须是导电性能良好的金属物体。

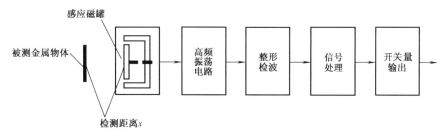

图 2-27　电涡流接近开关原理框图

（2）编码器。编码器俗称码盘，用来测量转角并把它转换成数字形式的输出信号。编码器有两种基本形式：增量编码器和绝对值编码器，又称为增量码盘和绝对值码盘。根据工作原理和结构，编码器又分为光电式和电磁式等类型。光电式码盘是目前用得较多的一种，它没有触点磨损，允许转速高，精度高，但是结构复杂，价格贵。电磁式码盘同样是一种无接触式的码盘，具有寿命长、转速高、精度高等优点。本节只介绍光电式码盘。

1）增量码盘。光电式增量码盘结构简单，工作寿命长，精度高，转速高，应用很广。它的结构原理见图 2-28（a）。结构中最大的部分是一个圆盘，圆盘上刻有均匀分布的辐射状窄缝，窄缝分布的周期称为节距，记为 L。与圆盘对应的还有两组检测窄缝，它们的节距和圆盘上的节距是相等的。检测

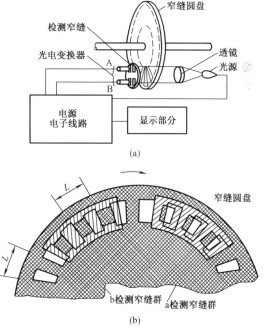

图 2-28　光电增量码盘的结构原理图

窄缝与圆盘的配置如图 2-28（b）所示。a、b 两组检测窄缝的位置相隔（$K \pm 1/4$）节距，其目的是使 A、B 两个光电转换器的输出信号在相位上相差 90°。两组检测窄缝是固定不动的，圆盘与被测轴相连。

当圆盘随着被测轴转动时，检测窄缝不动，光线透过圆盘窄缝和检测窄缝照到光电转换

器 A 和 B 上。显然，码盘转动时通过检测窄缝群的光线强度随转角做周期性的变化，所以光电转换器输出的电流信号随转角作周期变化，变化周期为窄缝的节距 L。周期信号可分解为基波与谐波之和，谐波小时，可以用基波的正弦信号作为光电转换器的输出信号。光电转换器 A 和 B 这两路信号经逻辑电路处理、计数后就能得到转角和转速，并可以辨别转动方向。

光电增量码盘信号处理电路框图和信号波形图见图 2-29（a）、（b）。其中的微分装置，当输入信号由低向高跳变时，输出二个正脉冲。下面分析该电路的工作原理。

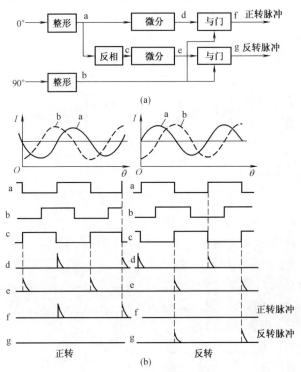

图 2-29　光电码盘信号处理线路框图和信号波形图

从图 2-29 可以看出，在图示位置，通过窄缝 a 的光线强度处于中间位置，正转时光强减弱，反转时光强增强。正、反转时，a 的两个波形相位相反。通过窄缝 b 的光强处于最弱的位置，无论正转还是反转，b 的光强都增强。正、反转时，b 的两个波形相位相同。还可以看出，a、b 波形之间的相位相差 90°。正转（顺时针）时，电路输出正转脉冲。反转时，输出反转脉冲。每发出 1 个脉冲，表示转过了一个节距。单位时间内发出的脉冲数，就代表了转速。

为了判别转动方向，信号 b 是不可缺少的，这是采取两个相距 $(K\pm 1/4)L$ 检测窄缝的原因。

这种码盘只有转动时才有脉冲输出。输出一个脉冲，表示码盘相对上个脉冲的位置转过了一个固定的角度（L），或者说，转角位置发生了一个固定数值的增量，所以称为增量码盘。将正、反转脉冲分别送入可逆计数器的加减计数端就能正确计算出脉冲数，再乘以一个脉冲对应的角度增量，就得到码盘相对初始位置的角度——角位移的增量。

增量码盘事先要规定一个基准零点，称为零位。相对这个零位的转角位置称为绝对位置。当码盘转到零位时，输出一个参考脉冲，称为零位脉冲。

增量码盘开机通电后，输出的脉冲数字是相对于起始位置而言。因为起始位置一般是随机位置，所以此时输出的角位置数字没有实际意义。只有在寻找到零位并将显示数字清零后，输出的脉冲数字才表示转角的绝对位置。所以用增量码盘的系统，开机运行后不能立刻知道转角位置，必须先要有一个寻零过程。若转轴的转角范围不受限，开机寻零时转轴向任一方向转动，必能找到零位。若转角范围有限，零位应设置在转角范围内。开机寻零时，轴先向一个方向转动，若到限位处仍没找到零位，则向相反方向转动必能找到零位。

开机后先要寻零，这是增量码盘的一个缺点。此外在脉冲传输过程中，若由于干扰而丢失脉冲，或有干扰脉冲窜入时将会产生误差，此误差不会自行消除。这一点，不如采用鉴相型处理方式的感应同步器。

增量码盘一般有 3 个输出端，分别称为 A 相、B 相和 Z 相。A、B 两相的信号就是图 2-28 中两个光电转换器 A、B 的输出信号，相位相差 90°。它们往往被处理成相位差是 90°的方波，即如图 2-29 中（a）、（b）的方波信号。Z 相送出的脉冲就是零位脉冲，用它控制可逆计数的清零端。

码盘开机后，第 1 个零位脉冲到来前，有的电路使显示器显示数字，但这些数字是随机的因而没有实用价值；有的电路则使显示器显示零。Z 相的第 1 个零位脉冲使可逆计数器清零，然后计数器才开始正确计数，显示的数据是角位移的绝对位置。如果码盘的运行范围超过一周，还应适当处理零位脉冲，以便记录和显示转动的圈数。此外，也可用 Z 相输出脉冲控制可逆计数器的预置端，可从任一预置数开始计数。

对于增量码盘，一个脉冲对应的转角增量就是脉冲当量，它也表示码盘的分辨率和静态误差，所以分辨率为

$$\Delta\theta = \frac{360°}{每转脉冲数}$$

码盘的分辨率首先取决于码盘转一周所产生的脉冲数，所以码盘的精度一般用每转脉冲数（p/r）表示。一般的码盘一转产生 500～5000 个脉冲。高精度的码盘每转脉冲数达十几万，并用二进制的位数表示。如 17 位增量码盘脉冲数是 $2^{17} = 131\ 072$p/r。显然，脉冲数与圆盘刻的窄缝数成正比。码盘直径越大，窄缝越多，产生的脉冲越多，码盘的分辨率和精度越高。

上述信号处理电路，码盘转一个节距 L，电路只输出 1 个脉冲，分辨率低，实际中很少用这种电路。为了提高分辨率，可以对上述电路进行改进，而得到 2 倍、4 倍、8 倍…的脉冲个数，相应的一个脉冲代表的角位移就变为原来的 1/2、1/4、1/8…，从而明显提高了分辨率。具有这种功能的电路称为倍频电路或电子细分电路。如 4 倍频电路、8 细分电路等。电子细分可理解为，利用电子线路得到周期更小的脉冲，好像把原有的周期分小、分细一样。

4 倍频电路逻辑图见图 2-30，图中［sin］和［cos］表示正、余弦信号整形后的方波信号。适当调节整形电路的鉴别电位，使方波的跳变正好处于光电信号的 0°、90°、180°、270°这 4 个位置。各点波形见图 2-31。微分器上升沿触发产生脉冲。把 sin 和 cos 方波各自反向，再微分。一个周期可得到 4 个脉冲。然后将 4 个方波信号与 4 个脉冲信号进行逻辑组合，可得到正向脉冲和反向脉冲。

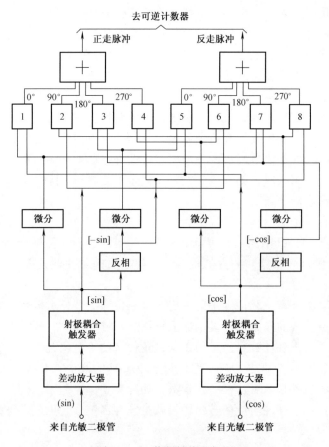

图 2-30　4 倍频转换逻辑图

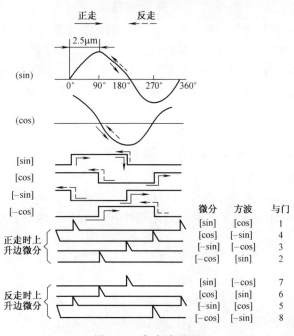

图 2-31　各点波形图

　　只要光电信号足够接近正、余弦波形，还可将整形电路的跳变电压调整到其他适当值，从而得到 10 倍频或 20 倍频的细分电路，使测量精度进一步提高。

　　2）绝对值码盘。绝对值码盘由三大部分组成，见图 2-32，它包括旋转的码盘、光源和光电敏感元件。码盘上由一系列同心圆组成光学码道，每个码道上有按一定规律分布的、由透明和不透明区构成的光学码道图案，它们是由涂有感光乳剂的玻璃质（水晶）圆盘利用光刻技术制成的。光源是超小型的钨丝灯泡或者是一个固定光源。检测光的元件是光敏二极管或光敏三极管等光敏元件。光源的光通过光学系统，穿过码盘的透光区，最后被窄缝后面的一排径向排列的光敏元件接收，使输出为逻辑"1"；若被不透明区遮挡，则光敏元件输出低电平，代表逻辑"0"。对于码盘的不同位置每个码道都有自己的逻辑输出，各个码道的输出编码组合就表示码盘的转角位置。

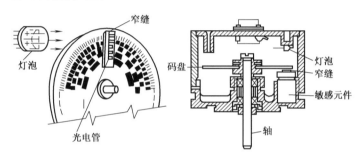

图 2-32　光电式绝对值码盘

　　对于各码道的输出信号，有几种不同的编码方式。图 2-33 为二进制编码盘，每一个码道代表二进制的一位，最外层的码道为二进制的最低位，越向里层的码道代表的位数（权）越高，最高位在最里层。之所以这样分配是因为最低位的码道要求分割的明暗段数最多，而最外层周长最大，容易分割。显然码盘的分辨率与码道多少有关。如果用 N 表示码盘的码道数目，即二进制位数，则角度分辨率为 $\Delta\theta = 360°/2^N$。目前高精度绝对值码盘一般为 19 位，更高精度的可达 21 位。

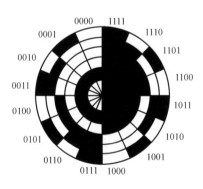

图 2-33　二进制码盘

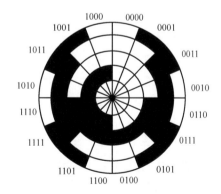

图 2-34　二进制循环码盘

　　二进制编码有一个严重的缺点，在两个位置交换处可能产生很大的误差。例如，在 0000 和 1111 相互换接的位置，可能出现从 0000～1111 的各种不同的数值，引起很大的误差。在其他位置也有类似的现象。这种误差叫非单值性误差或模糊。对这种现象可以采用特殊代码来消除。常用的一种编码方法叫做循环码（如格雷码）。采用二进制循环码——格雷码的码盘示意图见图 2-34。循环码是无权码，其特点为相邻两个代码间只有一位数变化，即二进制数有一个最小位数的增量时，只有一位改变状态，因此产生的误差不超过最小的"1"个单位。但是，将格雷码转换成自然二进制码需要一个附加的逻辑处理转换装置。

绝对值码盘通电开机时立刻就能显示出码盘的（绝对）转角位置，不必"寻零"，这是它比增量码盘优越之处。但绝对值码盘码道数多，结构复杂，几何尺寸略大，价格贵。

3）混合式码盘。目前流行一种新型绝对值码盘，它内部还具有增量码盘的结构，也称为混合式码盘。基本结构是绝对值码盘，但码道较少，精度较低，起"粗测"作用。而增量码盘部分起到"精测"作用。

这种码盘具有如下优点：从码盘输出到信号处理装置的是模拟信号，其抗干扰能力优于纯光电增量码盘的脉冲信号；一通电就知道绝对位置，不必"寻零"；采用了增量码盘结构，并可对其输出信号进行倍频处理，测量精度高；体积要比同精度的纯绝对值码盘小。

（八）红外传感器

红外传感系统是用红外线为介质的测量系统，按照功能能够分成五类：辐射计，用于辐射和光谱测量；搜索和跟踪系统，用于搜索和跟踪红外目标，确定其空间位置并对它的运动进行跟踪；热成像系统，可产生整个目标红外辐射的分布图像；红外测距和通信系统；混合系统，是指以上各类系统中的两个或者多个的组合。红外传感器工作原理如图 2-35 所示。

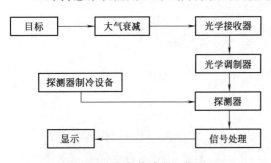

图 2-35 红外传感器工作原理

红外传感器通过感受运动红外热源，如人员、叉式升降机或其他的散热物体，该传感器能对室内的照明或空调执行相应的开关作用。红外运动探测对空调或鼓风机的启动不会产生错误动作，即它是一种较可靠的运动传感器。然而，在远距离的情况下，它的灵敏度相对较低。这种传感器的典型应用包括工作场所、仓库、储藏室、室内汽车库以及装有悬挂固定物（如吊扇）的房间。

近来，红外传感器系统已经投放市场使用，当红外光束被投放在要求计算人员流动的区域。利用多普勒效应感受反射光束，即可计算通过核区域的人员数目。进而实现对电梯或暖通空调的自动控制等。

（九）生态环境传感器

对生态环境的监控，实际上是人类自我保护的一种措施，因此在环境监控中提出需要获取的各种信息，主要围绕危害生态及人类健康的各种参数。随着科学技术的不断发展，会产生新的危害人类健康的物质，因此在环境控制领域传感器的应用将会越来越多。当前国内对生态环境的监测传感器主要包括水质、空气质量及噪声的监测。

1. 空气质量监测传感器　我国有不少城市及大型企业均建立了大气环境自动监测系统，从采样、监测及数据处理基本上实现了自动化。大气质量监测的对象是整个空气中对人类生存环境威胁很大的污染物质——一氧化碳、二氧化碳、氮氧化物和光化学氧化剂等，因而需要相应传感器来实现监测。

（1）一氧化碳传感器。常用的一氧化碳检测仪所用传感器为定电位型一氧化碳传感器，其原理是利用一氧化碳在电解池工作电极上的电化学氧化过程，通过电子线路将电解池的工作电极相对于参比电极恒定在一个适当的电位，在该电位下可发生一氧化碳的电化学氧化。由于在氧化和还原反应时所产生的法拉第电流较小，可以忽略不计。于是一氧化碳电化学反应所产生的极限扩散电流就与其浓度成正比。这样通过测定极限电流的大小就可以确定一氧化碳的浓度。

（2）氮氧化物传感器。氮氧化物传感器主要有定电位式氮氧化物（NO_x）传感器、二氧化氮（NO_2）化学膜传感器、生物氮氧化物传感器等。

定电位式氮氧化物传感器的工作机理是让活性气体扩散到有催化剂的工作电极上，在一定电压下，发生氧化反应给出电子，经过电阻达到阴极形成电流，电流在经过电阻以电位放大输出。

二氧化氮化学膜传感器在检测环境污染方面的应用越来越广泛。薄膜气敏传感器的技术关键是传感膜的敏感材料。目前的 NO_x 气体传感器有用无机物特别是金属氧化物做敏感膜的，更多的则以有机物如酞菁类化合物、芳香胺类物质做敏感膜。当这些敏感膜暴露于 NO_2 气体中，NO_2 扩散进入膜内发生反应，导致传感膜的电极电动势或电流、电导率或光谱行为的变化。这种变化可以通过叉指电极、石英晶振、表面声波振荡传感器以及光纤传感器进行采集处理，从而获得所检测的 NO_2 浓度信息。

生物氮氧化物传感器是利用一种特殊的硝化细菌，由多孔气体渗透膜、固定化硝化细菌和氧电极组成的微生物传感器。由于硝化细菌以亚硝酸盐作为唯一的能源，故其选择性和抗干扰性相当高。

（3）硫化氢传感器。硫化氢传感器是一种电化学传感器是利用硫化氢气体分子在传感器的敏感电极上发生电化学反应，这种反应导致传感器的输出信号发生变化。通过测量这个改变值的大小来反映气体浓度的变化。根据所采用电解质类型的不同，硫化氢传感器大致可分为液体电解质电化学传感器、高温固体电解质电化学传感器、凝胶电解质电化学传感器和固体聚合物电解质电化学传感器四类。

（4）二氧化硫传感器。二氧化硫传感器主要有两类。一类是电化学二氧化硫传感器，另一类是生物传感器。电化学二氧化硫传感器的工作原理类似于通常的电化学传感器。二氧化硫生物传感器因其生物单元不同有多种类型，主要是亚硝酸盐生物传感器。

除了以上四类传感器外，还有很多检测传感器。主要有肼蒸汽传感器、氰化氢传感器、氧含量测定传感器、放射性物质监测传感器、甲烷传感器、二氧化硫传感器、氨传感器等。

2. 水质监测传感器　　水是人类生存环境的重要组成部分，是生活和生产必不可少的重要资源，目前我国对水质监测的项目包括酸度、碱度、温度、浊度、色度、溶解氧、磷及磷酸盐、有毒害化合物、氨、氮、硝酸盐、硫化物、有毒害金属离子、有机物、农药、及油脂等约 40 多个项目，其中约有 90% 以上的项目都可以或将用传感器来实现监测。在水质监测中常使用天平、离子选择性电极、pH 计、电导率仪、紫外可见分光光度计、原子吸收分光光度计、冷原子吸收测汞仪、气相色谱仪等仪器仪表。其中除离子选择性电极外，都不便携带，故而通常水质监测的程序大都局限于采样—保存—实验室测量的工艺过程。因此，我国对水质的检测绝大部分是定期定点进行的。这种监测手段成本高，对操作者的技能要求也较高，因此迫切需要使用方便、廉价的水质监测传感器。

目前监测仪表中所使用的水质监测传感器主要有：

（1）溶解氧传感器。从构成来看溶解氧传感器有膜电极氧传感器及光纤氧传感器两种。

（2）生化需氧量传感器。生化需氧量（BOD）是衡量水体有机物污染程度的重要指标。BOD 传感器是集微生物学与现代电子技术于一体的高科技产品，它将微生物体以一定的方式固定后制作成微生物膜作为敏感材料并与其密切配合的工作电极（氧电极）组成分析系统，工作电极将生物膜产生的生化信号转化成电流信号，该信号经放大、处理后输出。

（3）水质毒性监测传感器。随着工农业的发展和人类活动的日益增长，大量的有毒有害污染物被排放到湖泊、河流和海洋中，对水生生态系统的生态平衡和生物体造成严重危害。近年来，许多微生物学检测手段用于分析环境污染物的急性毒性，其中发光细菌因其独特的生理特性而被看作是一种较理想的检测方法，因其检测时间短（15min）、灵敏度高而被世界各国广泛采用，我国于 1995 年也将这一方法列为环境毒性检测的标准方法。利用发光菌水体毒性检测方法具有综合性评价方向的优点，结合光纤生物传感技术提出的发光菌水质毒性检测传感器，可对水质综合毒性进行现场测试和评估，对水质突变具有报警能力，可广泛布放于近海海域、河口水域、排污口等需要严密监视的场所，为环保部门对水环境监测、评估污染调查提供了先进的手段，并为水产养殖的水质监测与控制提供实时数据。

（4）水中有机物检测传感器。水中有机物检测传感器主要有光纤化学传感器和中红外光猝灭传感器以及微生物传感器。

（5）农药传感器。农药传感器包括利用免疫分析原理制成的生物传感器、根据细胞中光合电子传输系统干扰可测原理制成的一种全细胞生物传感器等。

（6）氨氮传感器。氨氮传感器可用于实时监测海水中的氨氮含量。

（7）生物传感器。生物传感器包括现场测试生物传感器和在线测试生物传感器。现场测试生物传感器被自来水公司广泛利用，主要用于现场测量金属、非金属、无机盐，如重金属、氯、氨、硝酸盐和磷酸盐等。在线测试生物传感器主要实现水体富营养化的监测，从而预报藻类急剧繁殖的情况。

（8）光纤传感器。光纤传感器可实现对 pH、浊度、有机氯化物、离子、卤代碳氢化合物等有毒物质的监测。

3. 环境噪声传感器　环境噪声传感器的核心部件是声音传感器。我国许多环境监测站已经普遍采用积分声级计、噪声统计分析仪等监测仪对噪声进行定期和不定期的监测与评价。

第二节　执行器及其工作特性

一、执行器概述

如果把传感器比喻成人的感觉器官的话，那么执行器在自动控制系统中的作用就是相当于人的四肢，它接受调节器的控制信号，改变操纵变量，使生产过程按预定要求正常执行。

在自动控制系统中，执行器的作用是按照控制器的命令，直接控制能量或物料等被测介质的输送量，是自动控制系统的终端执行部件。执行器安装在工作现场，长年与工作现场的介质直接接触，执行器的选择不当或维护不善常使整个控制系统工作不可靠，严重影响控制品质。

从结构来说，执行器一般由执行机构、调节机构两部分组成。其中执行机构是执行器的推动部分，按照控制器输送的信号大小产生推力或位移。调节机构是执行器的调节部分。常见的是调节阀，它接受执行机构的操纵改变阀芯与阀座间的流通面积，达到调节介质的流量。执行机构使用的能源种类可分为气动、电动、液动三种。在建筑物自动化系统中常用电动执行器。

二、电气执行元件

（一）继电器

继电器是电气控制中最常用的器件之一，是一种根据输入信号的变化来接通或断开控制电路，实现自动控制和保护电力拖动装置的自动电器。它利用改变金属触点位置来实现闭合或分开，具有接触电阻小、耐压高等优点，特别适用于大电流、高电压的场合。

1. 电磁式继电器 电磁式继电器一般由线圈和触头组成。电磁式继电器简称继电器，是应用得最早、最多的一种形式。电磁式继电器按所需励磁电源的种类不同可分为：直流电磁式与交流电磁式两种。

当线圈有电流通过时，由于磁场的作用，使开关触点闭合（或断开）。它有常开和常闭触头，当线圈无电流通过时，则常开触头断开、常闭触头闭合；线圈有电流通过时相反。线圈所加电压有交流和直流两种，直流电压常有 5V、6V、9V、12V、24V 等类型；交流电压有 220V 或 380V。使用交流电源的继电器也称交流接触器。常用的继电器驱动电路如图 2-36 所示。

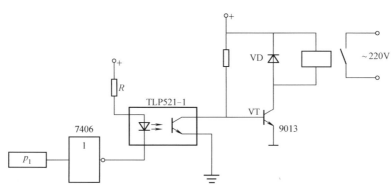

图 2-36　继电器驱动电路

继电器触点切换时往往伴随着电弧或火花，严重时可能会影响电路的切断。由于火花放电时触点产生电磨损，因此会降低继电器的使用寿命。电弧的大小与被切断电路的负载特性有关，如果切断的是感性负载，由于电感会阻碍电流的变小并产生很高的感生电压，使灭弧困难增加，所以同样的触点在切换电感性负载时的断流容量比切断电阻负载时小，一般为电阻性负载的 30%。为了避免电弧可能通过电源将干扰耦合至微机，使微机失控，电路中采用了光耦合器。图中的二极管 IN4148 起续流作用，当线圈切断电流时产生的感生电动势可以通过二极管泄放，以保护三极管。

电磁式继电器的励磁线圈是感性负载，其动作或工作状态只有两个，是典型的二值可控元件。二值驱动电路均可用来对继电器进行驱动，只不过电路中的负载限定为电感性对继电器的驱动，实际上是对励磁（吸引）线圈电流通断的控制。继电器励磁线圈所需的励磁电源有直流与交流两种。对需用直流电源励磁的继电器可以用直流负载功率驱动电路。此时继电器的励磁线圈即是电路中的负载 Z_1，要注意励磁线圈是感性负载，泄流二极管是必不可少的。例如，当励磁线圈所需的励磁电流不太大时，可用晶体管驱动电路驱动励磁线圈，从而控制主电路的通断，如图 2-36 所示。

同样对需用交流电源励磁的继电器，可以用交流负载驱动电路。交流负载驱动电路比直流负载驱动电路复杂。在没有特殊要求时，为了便利和简化电路，可通过直流继电器间接控制交流继电器。

图 2-37 是用直流继电器间接控制交流继电器的情况。通常状态下，控制信号 U_i 为低电平，晶体管 VT 截止，直流继电器 KA1 励磁线圈无电流，其活动接触点 KA1-1 在常闭端。此时交流继电器 KD1 的励磁线圈亦无电流，其活动触点 KD1-1 在常闭端，则 A2、B2、C2处无电源输出。当控制信号 U_i 为高电平时，VT 导通，直流继电器 KA1 的励磁线圈上电，接通交流继电器 KD1 励磁线圈的电源 A1、B1、C1 处的 380V 三相交流电源经 A2、B2、C2端子输出供给用电设备。

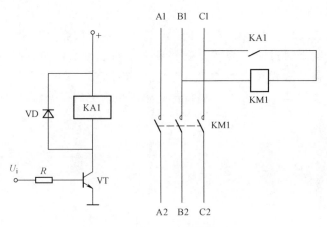

图 2-37 交流继电器的控制

2. 固态继电器　固态继电器（SSR）是近年来迅速发展的一种新型电子继电器，它用晶体管或可控硅代替常规继电器的触点开关，而在输入级则把光电耦合器融为一体。因此，固态继电器实际上是一种带光电耦合器的无触点开关。根据使用的场合，固态继电器分为直流固态继电器和交流固态继电器。固态继电器一个很重要的特点是输入控制电流小，用TTL、CMOS 等集成电路的输出可以直接驱动，因此，特别适合于在微机控制系统中用作控制器件。与普通的机械电磁式继电器相比，它具有无机械噪声、无抖动和回跳、开关速度快、寿命长、工作可靠等特点，特别适合用于易燃、易爆等危险场所驱动执行机构。

固态继电器 SSR（Solid State Relay）是一种四端有源器件，有两个（直流）输入端和两个（直流或交流）输出端。工作时只要在输入端施加一定的弱信号，就可以控制输出端大电流负载的通断。

（1）直流型 SSR。直流型 SSR 主要用于控制直流大功率的场合。其原理如图 2-38 所示，其输入端为一光电耦合器，可用 TTL 电平的 OC 门驱动，驱动电流根据各种型号的额定值而略有不同，一般不超过 15mA，控制端的电压范围为 4～32V。中间部分为整形放大

电路；输出级为一只大功率的晶体管；二极管起保护
作用，对反向电压起续流作用。直流 SSR 输出电压为
30～180V（5V 开始工作），开关时间小于 200μs。直
流 SSR 广泛应用于各种直流负载场合，如步进电动
机、直流电动机和电磁阀控制。

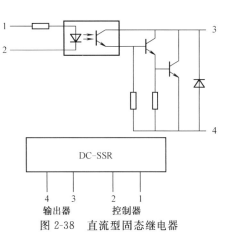

　　（2）交流型 SSR。交流型 SSR 可分为移相型和过
零型。它采用双向晶闸管作为开关器件，用于交流大
功率驱动的场合，其基本结构原理如图 2-39 所示。对
于非过零型 SSR，在控制端输入信号时，不管负载端
的电压、相位如何，负载端立即导通；而过零型 SSR
必须在电源电压接近零，且控制端输入信号有效时，
输出端负载电源才接通；而当控制端的输入信号撤去
后，流过双向晶闸管的负载电流为零时才关断。

图 2-38　直流型固态继电器

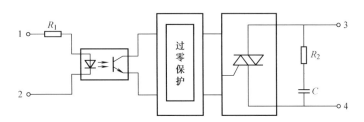

图 2-39　交流过零型 SSR 电原理图

　　在使用 SSR 时，必须注意其使用温度应控制在 （−40℃～＋80)℃之间，温度过高会使
SSR 的负载能力降低。若输出端短路会造成流过 SSR 的电流过大，则损坏 SSR；如图 2-40
所示。一般可采用快速熔断丝来保护 SSR。另外，根据 SSR 的工作原理，在 SSR 的输出端
必须加接压敏电阻等过压吸收元件，其电压的选择可取电源电压有效值的 1.6～1.9 倍，以
有效地保护 SSR。

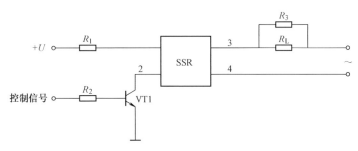

图 2-40　交流 SSR 用于小负载的接线图

　　图 2-41 是用两个 SSR 控制单相电机正反转的电路，其串联电阻 R 用于 SSR 的限流保
护。另外，为了 SSR 的安全可靠运行，所选 SSR 的额定电压必须是电源电压的两倍以上，
而且驱动 SSR 的两个控制信号 F 和 A 之间的时间间隔需大于 30ms，以免在控制电机换向运
转时两个 SSR 同时导通而造成短路。

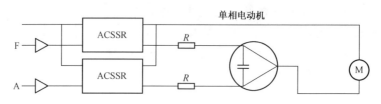

图 2-41　单相电动机的正反转控制

3. 接触器　在正常工作条件下,接触器主要用作频繁地接通和分断电动机绕组等主电路,是可以实现远距离自动控制的开关电器。接触器广泛应用于电力传动控制系统中,其主要控制对象是电动机,也可用于控制其他电力负载,如电热器、照明灯、电焊机、电容器组等。

接触器按其主触头通过电流的种类不同,可分为交流接触器和直流接触器。

(1) 交流接触器的基本结构。图 2-42 为交流接触器的外形与结构示意图。交流接触器由以下几个基本部分组成:

1) 电磁机构。电磁机构由线圈、动铁心(衔铁)和静铁心组成。对于 CJ0,CJ10 系列交流接触器,大都采用衔铁直线运动的双 E 型直动式电磁机构,而 CJ12,CJ12B 系列交流接触器采用衔铁绕轴转动的拍合式电磁机构。

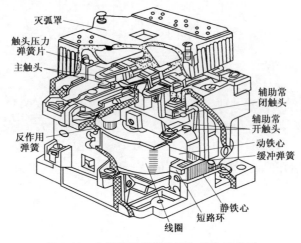

图 2-42　交流接触器的外形与结构示意图

2) 触头系统。由主触头和辅助触头组成。主触头用于通断主电路,通常为 3 对 (3 极) 常开触头,其额定电流有 10～600A 等不同的挡级供选择。辅助触头用于通断控制电路,其额定电流一般为 5A,用于电气联锁或信号指示的电路,一般常开、常闭触头各 2 对。

3) 灭弧装置。容量一般在 20A 以上的接触器设有灭弧装置,对于小容量的接触器,常采用双断口触头灭弧、电动力灭弧等。对于大容量的接触器,采用纵缝灭弧罩及栅片灭弧罩。

4) 其他部件。包括反作用弹簧、缓冲弹簧、触头压力弹簧、传动机构及外壳等。

(2) 工作原理　当线圈通电后,线圈电流产生磁场,使静铁心产生电磁吸力将衔铁吸合。衔铁带动动触头动作,其主触头(一般是常开的)闭合,接通被控制的主电路(电动机绕组)。其辅助触头的常闭触头断开,常开触头闭合,用于信号电路或控制电路(小电流)

的联锁控制等。当线圈断电时，电磁吸力消失，衔铁在反作用弹簧力的作用下释放，其主触头和辅助触头都随之复位。

通过对接触器吸引线圈的通电和断电，可以控制其主触头的接通和断开，从而使被控制的主电路（电动机绕组）通电和断电，完成起动和停止等操作。由于能够用吸引线圈中的小电流去控制大电流电路（电动机绕组），同时还可以实现远距离操作和自动控制等，因此，接触器是电气控制过程中不可缺少的一种开关式自动电器。

交流接触器是起停风机、水泵及压缩机等设备的执行器。可以通过控制器的开关量输出通道（DO）带动继电器，再由继电器的触头带动交流接触器线圈，实现对设备的起停控制。当触头通过的电流较大时，触头吸合前的一瞬间及触头刚断开的一瞬间都会产生电弧，此电弧是计算机的主要干扰源之一。采用由电容电阻构成的吸收电路并联于触头上，可有效地减少这种干扰。但此时要特别注意所用电容的耐压，防止电容被击穿烧毁。为了使计算机了解接触器是否真正吸合，一般要将接触器的一个辅助触头接至控制器的输入通道，从而使控制器能随时测出接触器的实际工作状况。在设计接触器与控制器的连接关系时，一定要注意控制器最初上电时 DO 口上的初始状态。有些控制器在通电一瞬间 DO 口上将一律置为高/低电平，然后置为程序要求的初始状态。此时应采取一些措施，以避免在这些交流开关开机瞬间的动作。有时需要两个接触器控制风机/水泵的电动机在两种不同转速下运行，此时，一定要在接触器控制电路中加互锁电路。尽管控制器通过编程，不会同时起动两个接触器，但在控制器通电瞬间和偶然受干扰的情况下，会短时间在各个 DO 上同时出现高电平或低电平。无互锁保护就有可能导致电动机烧毁。图 2-43 为用两个 DO 输出通道控制两个作为测量反馈信号的 DI 输入通道控制两个接触器，以实现一台风机的三相电动机运行的例子。

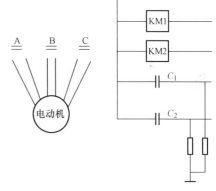

图 2-43　用交流接触器实现
一台风机转速运行电路

（二）微控电机

微控电机是一种体积小、精确度高，灵敏度、可靠性高的微型控制电机，泛指在各种控制系统和计算装置中使用的具有检测、计算、放大、信号转换和执行等功能的微电机，它已成为现代工业自动化系统、现代科学技术和现代军事装备中必不可少的重要元件，应用非常广泛。微控电机的发展趋势是产品的永磁化、无刷化、无铁心化、智能化、数字化、固态化、组合化、机电一体化及小型化。

1. 伺服电动机　分为交流伺服电动机和直流伺服电动机两类，如图 2-44 所示。

伺服电动机依据它的功能，将输入电压信号变换为转轴的角位移或角速度输出。它与自整角机或旋转变压器配合，用于飞行器、舰船导航及雷达天线转角等控制，也可用于高温、高压或有害气体、液体阀门开闭的控制。

2. 测速发电机　分为交流测速发电机和直流测速发电机两大类。

图 2-44　伺服电动机

测速发电机是一种把转速信号转换成电压信号的测

量元件，将输入的机械转速变换成电压信号输出。测速发电机要求具有：输出电压与转速成严格的线性关系，且斜率要大，以保证有高的精度和灵敏度。

在自动控制系统和计算装置中，测速发电机作为检测、解算、角加速度信号元件用。在速度控制系统中用测速发电机检测其转速，产生速度反馈信号，以提高稳速系统运行精度。

3. 自整角机　自整角机是一种电磁感应元件，用于同步传输系统中实现角度、角位移等控制。使用时成对运行，一台作发送机，一台作接收机（接收机也可多台）。其运行方式分为力矩式和控制式两种。

力矩式自整角机输出力矩比较小，多用于指示系统，如角度指示器等。控制式自整角机的输出电压经放大后作为伺服电动机的控制信号电压，使伺服电动机转动并带负载同步运行。

4. 步进电动机　步进电动机是数字控制系统中一种执行元件。其功能是将电脉冲信号变换为相应的角位移或线位移。角位移和线位移的大小与脉冲数成正比，转速或线速度与脉冲频率成正比。步进电动机的特点是能按控制脉冲的要求，迅速起动、反转、制动和无级调速，运行时能够不失步，无积累误差、步距精度高。

步进电动机工作原理与凸极式同步电动机相似，如图 2-45 所示。步进电动机依据磁力线力图经过磁阻最小路径的原理而产生磁阻转矩，使电动机转动。

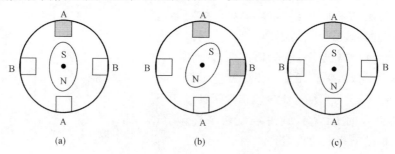

图 2-45　步进电动机工作原理图
(a) 一相励磁；(b) 二相励磁；(c) 一、二相励磁

三、电磁阀

电磁阀是一种由电磁铁控制的阀门。当电磁阀的电磁铁线圈通以电流产生磁场时，会使线圈中的活动铁心（阀心）发生位移，从而达到打开或关闭阀门的目的。因此它是利用线圈通电后，产生电磁吸力提升活动铁心，带动阀塞运动控制气体或液体流量通断的一种执行机构。它作为一种自动化元件，其结构简单，价格低廉，多用于两位控制中。

（一）交流电磁阀和直流电磁阀

电磁阀根据使用电源的类别可以分成交流电磁阀和直流电磁阀两种。根据电磁阀的用途，又大致可分为三大类：方向控制阀，压力控制阀和流量控制阀。方向控制阀是一种阻止或引导流体按规定的流向进出通道，即控制流体流动方向的电磁阀。它依工作职能还分为单向控制阀和换向控制阀两种。图 2-46 是目前使用的较多的一种进水电磁阀的工作原理图。当线圈 1 不通电时，活动铁心 2 在自重和复位弹簧 5 的作用下下落，正好关闭膜片 3 上的中心孔 8，使得由平衡孔 4 进入 B 腔的水无法外泄。由于膜片 3 上下两面的有效承压面积不同，形成压力差，因此 B 腔压力大于 A 腔压力，使膜片 3 紧压在阀体 9 上，此时阀关闭。

当线圈 1 通电时，活动铁心 2 被吸动上升，B 腔的水便通过中心孔 8 流至阀出口，并接通了低压腔 C。由于中心孔 8 的流量远大于平衡孔 4 的流量，因此使水流通过平衡孔 4 时产生了足够大的水压降。这样，B 腔中压力急剧下降，而 C 腔的压强则与阀入口处的压强相同，这个压力差便使膜片 3 向上鼓起，形成阀门开启，水流导通。

（二）直动式和导动式电磁阀

电磁阀按结构分，有直动式和导动式两种。

1. **直动式电磁阀**　图 2-47 为直动式电磁阀。当线圈组 6 通电后产生磁场，铁心 5 在磁场的作用下被吸起，弹簧受压缩，阀门打开。反之当线圈组断电后，铁心由于自身重力及弹簧力的作用而下落，将阀关闭。由于电磁吸力的限制，直动式电磁阀的口径都比较小。这种结构中，电磁阀的活动铁心本身就是阀塞。

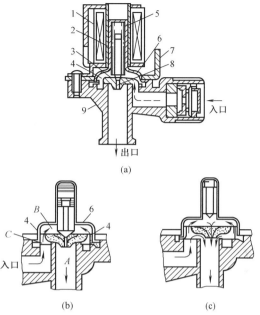

图 2-46　进水电磁阀工作原理

（a）进水电磁结构原理；（b）B 腔压力＞A 腔压力；
（c）C 腔压力＞B 腔压力

1—线圈；2—活动铁心；3—膜片；4—平衡孔；5—复位弹簧；
6—壳体；7—安装板；8—中心孔；9—阀体

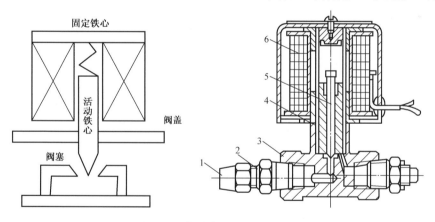

图 2-47　直动式电磁阀结构原理

1—接管螺母；2—接头；3—阀体；4—垫片；5—铁心；6—线圈组

2. **导动式电磁阀**　其结构比直动式复杂一些。图 2-48 为导动式结构，由导阀和主阀组成，通过导阀的先导作用促使主阀开闭。当线圈组 6 通电后，衔铁 5 带着阀针 4 被吸起，使浮阀组（即主阀）7 上方的压力，通过浮阀上的阀孔迅速与阀后压力均衡，浮阀组（活塞）7 因上下压差而浮起，主阀口开启。当线圈组 6 电源切断，磁力消失，衔铁在自身重力或复位弹簧的作用下，将浮阀上的阀孔关闭，浮阀组 7 上的平衡孔使浮阀组上下腔均压，在弹簧和浮阀的自身重力作用下，使浮阀组下落，将主阀口关闭。电磁阀下端的调节杆 2，是当电磁线圈组 6 失灵或阀口有污物粘着时，可以将调节杆 2 旋上顶开浮阀组 7，随即又将其旋

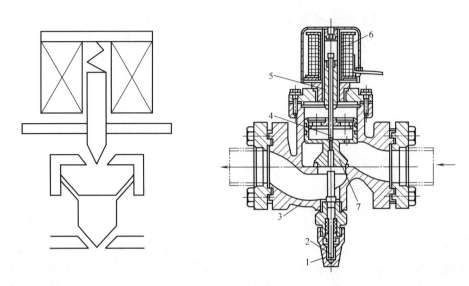

图 2-48 导动式电磁阀结构原理

1—帽盖；2—调节杆；3—阀体；4—阀针；5—阀铁；6—线圈组；7—浮阀组

下，反复数次，以便阀口利用液体将污物冲走。有时当电磁阀发生故障，不能工作时，可将调节杆 2 旋上，暂时使其通道打开，待工作结束后再进行修理或更改。在压力差的作用下自动打开。线圈的尺寸及容量可以减小，所以对于大口径的阀比较适宜。

3. 电磁阀的安装 电磁阀在安装前应当进行吹洗，检查阀的质量是否可靠。电磁阀应安装在干燥及振动小的地方，以保证工作安全可靠。电磁阀必须垂直安装在水平管路上，线圈应在上面；制冷剂的流动方向应与阀体上箭头方向一致，切勿装错；线圈使用的电源、电压及阀体进出口压力差，应与铭牌上的一致；电磁阀前一般应装过滤器。

四、执行器

执行器在系统中的作用是执行控制器的命令，直接控制能量或物料等被测介质的输送量，是自动控制的终端主控元件。执行器安装在生产现场，长年和生产工艺中的介质直接接触，执行器的选择不当或维护不善常使整个控制系统不能可靠工作，严重影响控制品质。

从结构来说，执行器一般由执行机构、调节机构两部分组成。其中执行机构是执行器的推动部分，按照控制器输送的信号大小产生推力或位移，调节机构是执行器的调节部分。我们常见的是调节阀，它接受执行机构的操纵改变阀芯与阀座间的流通面积，达到调节工艺介质的流量。

执行机构使用的能源种类可分为气动、电动、液动三种。在建筑设备中常用电动执行器作为控制系统的执行机构。

（一）电动执行器

电动执行器根据使用要求有各种结构。电磁阀是电动执行器中最简单的一种，它利用电磁铁的吸合和释放对小口径阀门作通、断两种状态的控制，由于结构简单、价格低廉，常和两位式简易控制器组成简单的自动调节系统。除电磁阀外，其他连续动作的电动执行器都使用电动机作动力元件，将控制器来的信号转变为阀的开度。电动执行机构的输出方式有直行程、角行程和多转式三种类型，可和直线移动的调节阀、旋转的蝶阀、多转的感应调压器等配合工作，如图 2-49 所示。

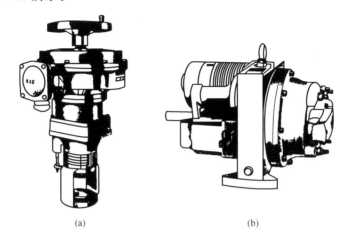

图 2-49　电动执行器
(a) 直行程电动执行器；(b) 角行程电动执行器

（二）电动执行器工作原理

电动执行器接受来自调节器的直流电流信号，并将其转换成相应的角位移或直行程位移，去操纵阀门、挡板等调节机构，以实现自动调节。

电动执行机构的组成一般采用随动系统的方案，如图 2-50 所示。

从控制器来的信号通过伺服放大器驱动电动机，经减速器带动调节阀，同时经位置发讯器将阀杆行程反馈给伺服放大器，组成位置随动系统，依靠位置负反馈，保证输入信号准确地转换为阀杆的行程。

在结构上，电动执行机构除可与调节阀组装整体式的执行器外，常单独分装以适应各方面的需要。在许多工艺调节参数中，电动执行器能直接与具有不同输出信号的各种电动调节仪表配合使用。

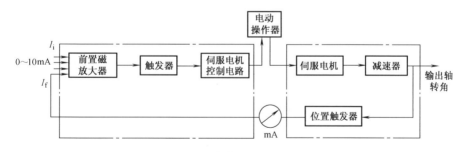

图 2-50　电动执行器组成方块图

执行机构与调节机构的连接有两种方式：

① 直接连接执行机构一般安装在调节机构（如阀门）的上部，直接驱动调节机构，这类执行机构有直行程电动执行机构、电磁阀的线圈控制机构、电动阀门的电动装置、气动薄膜执行机构和气动活塞执行机构等。

② 间接连接执行机构与调节机构分开安装，通过转臂及连杆连接，转臂作回转运动。

这类执行机构有角行程电动执行机构、气动长行程执行机构。

电动调节阀是以电动机为动力元件，将控制器输出信号转换为阀门的开度，它是一种连续动作的执行器。

电动执行机构根据配用的调节机构不同，输出方式有直行程、角行程和多转式三种类型，分别同直线移动的调节阀、旋转的蝶阀、多转的感应调节器等配合工作。在结构上电动执行机构除可与调节阀组装成整体的执行器外，常单独分装以适应各方面需要，使用比较灵活。

图 2-51 所示是直线移动的电动调节阀原理，阀杆的上端与执行机构相连接，当阀杆带动阀芯在阀体内上下移动时，改变了阀芯与阀座之间的流通面积，即改变了阀的阻力系数，其流过阀的流量也就相应地改变，从而达到了调节流量的目的。

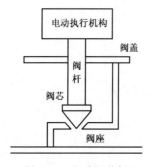

图 2-51　电动调节阀

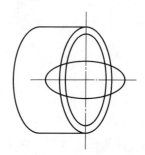

图 2-52　蝶阀

调节阀有许多种，主要有：直通单座调节阀、直通双座调节阀（平衡阀）、隔膜调节阀、蝶阀（翻板阀，如图 2-52 所示）、闸板阀等。

在应用中应了解调节阀的流量特性，根据控制系统的要求选择不同特性的调节阀。调节阀的流量特性是指流过阀门的相对流量值与阀门的相对开度值之间的关系

$$Q/Q_{max} = f(l/L)$$

式中，Q/Q_{max} 是调节阀在某一开度时的流量 Q 与阀全开时的流量 Q/Q_{max} 之比，称为相对流量；l/L 是调节阀在某一开度时阀杆行程与全开时的行程之比，称为相对开度。

当调节阀前后压差不变的情况下（$\Delta p =$ 常数），得到的相对流量与相对开度的关系，称为理想流量特性，当调节阀前后压差变化的情况下，阀的相对开度与相对流量的关系，称为工作流量特性。工作流量特性可以用计算的方法求得。

目前国内生产的调节阀，有直线、等百分比（对数）和快开（抛物线）三种特性，分别简介如下：

1. **直线流量特性**　是指调节阀的相对开度与相对流量成直线关系，即

$$\frac{d(Q/Q_{max})}{d(l/L)} = C$$

式中，C 是常数。经积分，并代入边界条件，当 $l=0$，$Q=Q_{min}$（指阀在全闭时，仍有一定的泄漏量）；当 $l=L$，$Q=Q_{max}$ 得出

$$Q/Q_{max} = \frac{1}{R}\left[1+(R-1)l/L\right]; \quad R = Q_{max}/Q_{min}$$

式中，只为调节阀所能控制的最大流量与最小流量之比，又称可调比。

2. 等百分比流量特性　是指单位行程变化所引起的相对流量变化与此点的相对流量成正比关系，即

$$\frac{\mathrm{d}(Q/Q_{\max})}{\mathrm{d}(l/L)} = C(Q/Q_{\max})$$

将此式积分，并代入相同的边界条件可得

$$Q/Q_{\max} = R^{(l/L-1)}; \quad R = Q_{\max}/Q_{\min}$$

从数学关系式可看出呈指数关系，故等百分比流量特性又称对数特性。

3. 快开流量特性　这种阀的特性是在阀行程比较小时，流量比较大，随着行程的增大，流量很快就达最大（呈饱和），故称快开特性。这种特性曲线的斜率随行程而减小，当行程达最大时，曲线斜率趋向于 0，几乎与横轴平行，因此可以假定当 $l=L$ 时斜率为 0，是一个单调递减函数，即可表示

$$\frac{\mathrm{d}(Q/Q_{\max})}{\mathrm{d}(l/L)} = K(1-l/L)$$

快开特性的阀芯形状为平板式。这种阀门的有效行程应在 $D/4$（D 为阀的通径）以内行程再增大，阀的流通面积就不再增大，便不能起调节作用了。此阀适用于迅速开闭。此三种流量特性曲线如图 2-53 所示。

流量特性的选择一般从以下几方面考虑：

（1）对于双位调节和程序控制的应用，一般是选快开特性。

（2）根据调节对象的特性的原则：一般凡是具有自平衡能力的调节对象都可选择等百分比流量特性的调节阀，不具有自平衡能力的调节对象则选择直线流量特性的调节阀。

（3）根据管路系统中调节阀全开时压差与系统总压差的比值原则，当压差比大于 0.7 时，可选用直线特性的调节阀；当压差比在 0.7～0.4 之间时，可选用快开（抛物线）特性的调节阀，当压差比在 0.4～0.1 之间时，选用等百分比（对数）特性调节阀。

（4）根据可调范围的原则：一般要求调节范围大的，选用等百分比特性的调节阀具有较强的适应性。

上述几方面在具体的控制系统中还应根据情况考虑，首先应满足压差比的原则。同时在分析控制系统的特性时，应考虑调节阀的非线性因素（等百分比、快开特性调节阀）。

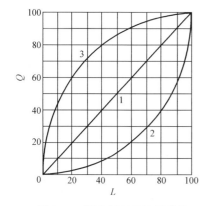

图 2-53　调节阀理想流量特性

1—直线；2—等百分比；3—快开

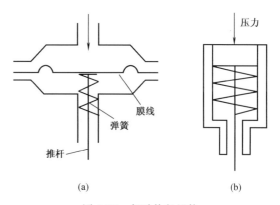

图 2-54　气动执行机构

（a）薄膜式；（b）活塞式

（三）气动执行器

气动执行器是指以压缩空气为动力的执行机构，它具有结构简单、负载能力大、防火防爆等特点。气动执行机构主要有薄膜式和活塞式两大类，并以薄膜执行机构应用最广。气动活塞式执行机构由气缸内的活塞输出推力，由于气缸允许操作压力较大，故可获得较大的推力，并容易制造成长行程的执行机构，所以它特别适用于高静压，高压差以及需要较大推力和位移（转角或直线位移）的应用场合，如图 2-54 所示。由于气动执行器需要压缩空气为动力，故比电动执行器要多一整套的气源装置，使用安装维护比较复杂，故在智能楼宇中不常采用。执行器按其能源形式分为气动、电动和液动三大类，它们各有特点，适用于不同的场合。

气动执行器（习惯称为气动调节阀）是用压缩空气为能源，结构简单、动作可靠、平稳、输出推动力大、维修方便、防火防爆、价格较低、广泛应用于化工、炼油生产。

正作用形式：信号压力增大，推杆向下。

反作用形式：信号压力增大，推杆向上。

风阀、水阀有使用气动执行器和电动执行器的两种类型。采用气动执行器时需要将控制器的模拟量输出的信号（AO）接至电气转换器，电气转换器根据输入的电压或电流的大小，产生 0～0.1MPa 压力的空气，再通过气路送至气动执行器的气室中，推动活塞或隔膜完成对阀的调节。也有的气动执行器本身带有电动定位装置，于是就可以直接将控制器输出的模拟量信号接到电动定位装置接线端子上。气动风阀、水阀动作可靠，故障率低，可以在较恶劣的环境下运行。在有现成的压缩空气源的场合，应该优先选择气动执行器。由于阀门执行机构是气动的，因此一般都没有阀位的电反馈信号，这种控制器不能获得真实的阀门位置信号，无法判别阀门的机械故障。在选择电气转换器或阀门定位器时，一定要注意它所要求的输入信号的形式、范围，如是要求 0～5V、0～10V 的电压信号还是 0～10mA 或 4～20mA 电流信号，应与相应的控制器输出通道相匹配。

风阀、水阀的电动执行器一般由一台三相或单相电动机通过机械减速系统与阀连接，控制电动机的正转、反转或停转，可以使阀门开大、关小或不动。机械减速系统还与一可变电阻器相连，这样阀门的不同位置将使可变电阻器输出不同电阻值，成为反映阀位状态的电反馈信号。为了防止阀门全开后或全关后电动机继续运转，执行器内还在相应位置设有限位开关。当阀门到达全开或全关位置时，通过机械装置直接切断限位开关，使电动机停止。图 2-55 为常见的电动执行器的控制电路原理框图。与要求的阀位输出成正比的控制信号以 0～5V、0～10V 电压或 0～10mA、4～20mA 电流信号的形式送入比较器，与测出的实际阀位进行比较，当实际阀位小于设定值时，正转开关打开，电动机正转，开大阀门直到比较器输出为 0 时，电动机停止；反之则电动机反转使阀门关小。计算机控制器必须将内部的数字信号通过 D/A 转换，成为模拟量输出信号 AO，送到比较器。为了使计算机了解阀门的实际

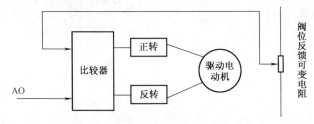

图 2-55　常见的电动执行器控制原理图

位置，识别机械故障，一般将阀位的测量信号接到控制器的模拟量输入通道 AI 中。有些电动阀门的控制器还允许将全开和全关的限位开关信号作为控制器 DI 口的输入信号，接入计算机，使计算机可以辨别这些超调状态。

五、风门

在空调通风系统中，用得最多的执行器是风门。风门用来控制风的流量，其结构原理如图 2-56 所示。

风门由若干叶片组成。当叶片转动时改变流道的等效截面积，即改变了风门的阻力系数，其流过的风量也就相应地改变，从而达到了调节风流量的目的。

叶片的形状将决定风门的流量特性。同调节阀一样，风门也由多种流量特性供应用选择。风门的驱动器可以是电动的，也可以是气动的。在建筑物中一般采用电动式风门，其结构如图 2-57 所示。

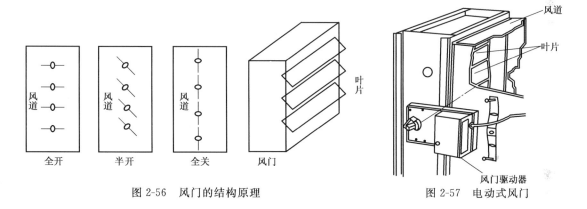

图 2-56　风门的结构原理　　　　　　　　图 2-57　电动式风门

第三节　控　制　器

根据偏差的比例（P）、积分（I）、微分（D）进行控制，是控制系统中应用最为广泛的一种控制规律。实际运行的经验和理论的分析都表明，运用这种控制规律对许多工业过程进行控制时，都能得到满意的效果。

一、模拟 PID 控制器

（一）比例控制器

比例控制（P）能迅速反映误差，从而减小误差，但比例控制不能消除稳态误差。K_P 的加大会引起系统的不稳定。比例控制器的控制规律为：控制器的输出与输入偏差成正比。因此，只要偏差出现，就能及时地产生与之成比例的调节作用，具有控制及时的特点。比例控制器的特性曲线，如图 2-58 所示。

（二）比例积分控制器

积分控制（I）是指控制器的输出与输入偏差的积分成比例的控制作用。其作用是，只要系统存在误差，积分控制作用就不断地积累，输出控制量以消除系统的所有误差，因而，只要有足够的时间，积分控制将能完全消除系统的所有误差。积分作用太强会使系统超调加

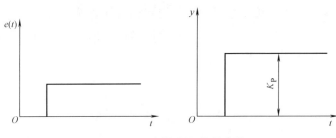

图 2-58　比例控制器特性曲线

大，甚至使系统出现振荡，积分控制规律为

$$u(t)=\frac{1}{T_\mathrm{I}}\int_0^t e(t)\,\mathrm{d}t$$

通常比例和积分两种控制结合起来构成 PI 控制器，控制规律为

$$u(t)=K_\mathrm{P}\Big[e(t)+\frac{1}{T_\mathrm{I}}\int_0^t e(t)\,\mathrm{d}t\Big]$$

PI 控制器的输出特性曲线如图 2-59 所示。

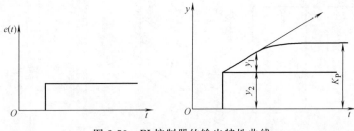

图 2-59　PI 控制器的输出特性曲线

（三）比例微分控制器

微分控制器（D）作用与偏差的变化率成正比，具有预测偏差变化的能力。微分控制可以减小超调量，克服振荡，使系统的稳定性提高，同时加快系统的动态响应速度，减小调整时间，从而改善系统的动态性能，其控制规律为

$$u(t)=T_\mathrm{D}\frac{\mathrm{d}e(t)}{\mathrm{d}t}$$

微分控制不能单独使用，通常和比例控制结合构成 PD 控制器。PD 控制器的阶跃响应曲线如图 2-60 所示。

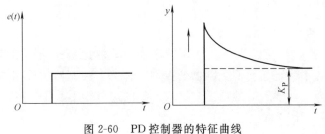

图 2-60　PD 控制器的特征曲线

二、数字 PID 控制器

数字 PID 控制器：用计算机实现 PID 控制器，首先必须用数值逼近的方法实现 PID 控

制规律。

数值逼近方法

（1）用求和代替积分

$$\int_0^t e(t)\mathrm{d}t \approx T\sum_{i=0}^{k}e(i)$$

（2）用后向差分代替微分

$$\frac{\mathrm{d}e}{\mathrm{d}t}\approx\frac{e(k)-e(k-1)}{T}$$

（一）数字 PID 位置型控制算法

$$u(k)=K_\mathrm{P}\Big[e(k)+\frac{T}{T_\mathrm{I}}\sum_{i=0}^{k}e(i)+T_\mathrm{D}\frac{e(k)-e(k-1)}{T}\Big]$$

此式表示的控制算法提供了执行机构的位置 $u(k)$，如阀门的开度，所以被称为数字 PID 位置型控制算式。

（二）数字 PID 增量型控制算法

根据位置型的算式不难写出 $u(k-1)$ 的表达式，即

$$u(k-1)=K_\mathrm{P}\Big[e(k-1)+\frac{T}{T_\mathrm{I}}\sum_{i=0}^{k-1}e(i)+T_\mathrm{D}\frac{e(k-1)-e(k-2)}{T}\Big]$$

再将其与位置型算式相减得到

$$\Delta u(k)=u(k)-u(k-1)$$
$$=K_\mathrm{P}[e(k)-e(k-1)]+K_\mathrm{I}e(k)+K_\mathrm{D}[e(k)-2e(k-1)-e(k-2)]$$

其中，K_P 为比例增益；$K_\mathrm{I}=K_\mathrm{P}T/T_\mathrm{I}$ 为积分系数；$K_\mathrm{D}=K_\mathrm{P}T_\mathrm{D}/T$ 为微分系数。

（三）数字 PID 控制算法实现方式比较

在控制系统中，执行机构采用调节阀，控制量对应阀门的开度，表征了执行机构的位置，此时控制器应采用数字 PID 位置式控制算型，如图 2-61 所示。

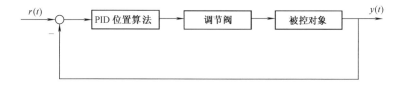

图 2-61　PID 位置型控制示意图

执行机构用步进电机，每个采样周期，控制器输出的控制量，是相对于上次控制量的增加，此时控制器应采用数字 PID 增量型控制算法，如图 2-62 所示。

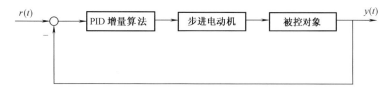

图 2-62　PID 增量型控制示意图

增量型算法与位置型算法相比，具有以下优点：

（1）增量型算法不需做累加，计算误差和计算精度问题，对控制量的计算影响较小。位置型算法用到过去的误差的累加，容易产生较大的累加误差。

（2）增量型算法得出的是控制的增量，误动作影响小，必要时通过逻辑判断限制或禁止本次输出，不会影响系统的工作。位置型算法的输出是控制量的全部输出，误动作影响大。

（3）采用增量型算法，易于实现手动到自动的无冲击切换。

三、PC 控制器

PC 控制器是以微处理器为核心的计算机控制器，也称 PCC 控制器。它包含单片机最小系统以及传统的 PLC 控制系统。

（一）8051 最小应用系统

如图 2-63 所示，由于集成度的限制，这种最小应用系统只能用作一些小型的控制单元。其应用特点是：

（1）全部 I/O 口线均可供用户使用。

（2）内部存储器容量有限（只有 4KB 地址空间）。

（3）应用系统开发具有特殊性。

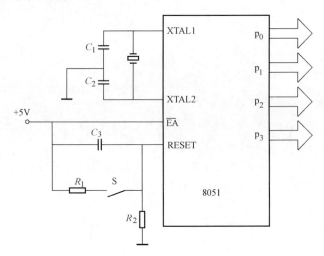

图 2-63　8051 最小应用系统

（二）8031 最小应用系统

8031 是片内无程序存储器的单片机芯片，因此，其最小应用系统应在片外扩展EPROM。图 2-64 为用 8031 外接程序存储器构成的最小系统。

四、变频器

变频器在工业设备及家用电器方面应用较广。主要通过变频实现对相应设备或电器的控制，通常表现为对机械设备（如电机、压缩机等）的调速。

（一）变频器概述

异步电动机的变压变频调速系统必须具备能够同时控制电压幅值和频率的交流电源，而电网提供的是恒压恒频电源，因此应该配备变压变频器，又称 VVVF（Variable Voltage

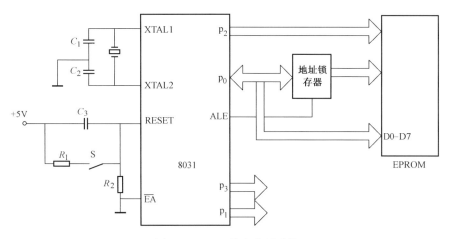

图 2-64　8031 最小应用系统

Variable Frequency）装置。最早的 VVVF 装置是旋转变频机组，即由直流电动机拖动交流同步发电机，调节直流电动机的转速就能控制交流发电机输出的电压和频率。自从电力电子器件获得广泛应用以后，旋转变频机组已经无一例外地让位给静止式的变压变频器了。

　　变频器是利用电力半导体器件的通断作用将工频电源变换为另一频率的电能控制装置。从整体结构上看，电力电子变频器可分为交—直—交和交—交两大类。

　　（二）交—直—交变频器

　　1. 交—直—交电压源型　在多机拖动系统、高精度稳频稳压电源和不停电电源中，常用交—直—交电压源型变频器。电压型变频器的中间滤波环节采用并联电容器滤波。由于电源阻抗小，对逆变器供电的直流电源相当于一个电压源。电压型逆变器的输出电压波形为矩形，输出电流波形由矩形电压与电动机正弦波反电动势之差形成，接近正弦波。这种变频器由变流装置和逆变装置组成，其结构如图 2-65 所示，变流器将交流变为直流，再经平滑回路将此电流进行平滑处理，然后由逆变器将其变换为频率可调的交流作为交流电动机电源。

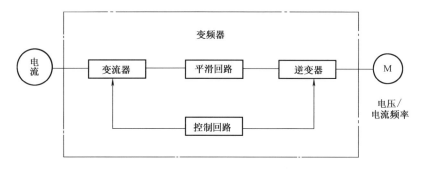

图 2-65　交—直—交变压变频器

　　2. 交—直—交电流源型　交—直—交电流型变频器的中间滤波环节是在直流回路中串入电抗器。直流电源对逆变器相当于一个电流源。电流型逆变器的输出电压波形由电机感应电势决定，近似为正弦波，输出电流波形为矩形波，电流比较平直。

　　电流型变频器的主要特点是：

　　（1）主回路简单。

（2）快速响应性好。

（3）限流能力强，电流保护可靠。

（4）调速范围宽，静态性能好。

（5）主晶闸管利用率和运行效率高。

（6）主晶闸管要求耐压高，调试困难。

电流型变频器变频控制系统分别由电压控制回路和频率控制回路实现对整流器和逆变器的控制，如图 2-66 所示。为了保持电压与频率的一定函数关系，两个功率变换器由一个设定器给出。整流器控制由电压控制回路采用相位控制原理完成，通过改变晶闸管控制角的大小控制其整流电压和电流。

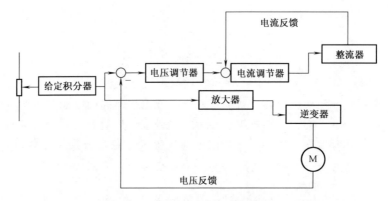

图 2-66　电流型变频器控制系统

整流器控制回路由给定积分器、函数发生器、电压调节器、电流调节器、输入单元和移相触发器等环节组成。

逆变器的控制由频率控制回路完成，它由给定积分器、电压频率变换器和环形分配器等环节组成。

3. 脉宽调制变频器　脉宽调制变频器简称 PWM，常采用电压源型逆变器。其基本原理是控制逆变器开关元件的导通和关断时间比（即调节脉冲宽度）来控制交流电压的大小和频率。常用的 PWM 型变频器是一种交—直—交变频器。它是由整流器、中间环节和逆变器组成的，如图 2-67 所示。通过整流器将工频交流电整流成直流电，经过中间环节后，再由逆变器将直流电逆变成频率可调的交流电，供给交流负载。根据供给逆变器的直流电压是可变的还是恒定的，变频器可分为以下两种基本控制方式。

图 2-67　PWM 型变频器的组成

（1）变幅 PWM 型变频器。这种变频器输出的电压和频率能分别进行调节，其基本电路如图 2-68 所示。它由担任调节任务的可控整流器、中间直流滤波环节和担任调频任务的逆变器组成。对三相逆变器来说，一般有六个开关元件，按脉宽调制方式进行工作。

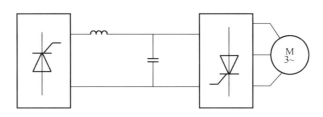

图 2-68　变幅 PWM 型变频器

图 2-69 所示是另一种直流电压可调的 PWM 变频器电路。它是采用一个三相半控整流桥得到恒定的直流电压。中间环节是一个斩波器电路，通过控制斩波器中开关件的通、断时间比来改变输出直流的大小，调频仍在逆变器内完成。

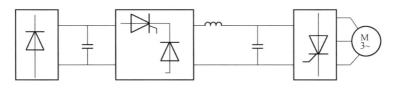

图 2-69　采用斩波器的 PWM 型变频器

（2）恒幅 PWM 变频器。恒幅脉宽调制变频器如图 2-70 所示。在这类变频器中，由二极管整流器对逆变器提供恒定的直流电压，而在逆变器内，则同时对输出电压有效值和频率的变化实现协调控制，它与变幅 PWM 型变频器电路相比，具有电路简单、电压调节速度快、谐波损耗小、易于多电机拖动等优点。

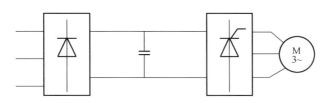

图 2-70　恒幅 PWM 型变频器

早期的交—直—交变压变频器所输出的交流波形都是六拍阶梯波（对于电压型逆变器）或矩形波（对于电流型逆变器），这是因为当时逆变器只能采用半控式的晶闸管，其关断的不可控性和较低的开关频率导致逆变器的输出波形不可能近似按正弦波变化，从而会有较大的低次谐波，使电机输出转矩存在脉动分量，影响其稳态工作性能，在低速运行时更为明显。为了改善交流电动机变压变频调速系统的性能，在出现了全控式电力电子开关器件之后，科技工作者在 20 世纪 80 年代开发了应用 PWM 技术的逆变器。由于它的优良技术性能，当今国内外各厂商生产的变压变频器都已采用这种技术，只有在全控器件尚未能及的特大容量时才属例外。

（三）交—交变频器

交—交变频器又称直接变频器（或周期变频器、循环变频器和相控变频器等）。这是一种将一种频率的交流电源直接变换为另一种频率可调的交流电源，而不需要中间直流耦合的变频电路。交—交变频器电路中的晶闸管可像整流器那样采用电网换流方式，无需强制换流，因此，系统结构比较简单。

交—交变压变频器的基本结构如图 2-71（a）所示，常用的交—交变压变频器输出的每一相都是一个由正、反两组晶闸管可控整流装置反并联的可逆线路。由图可知，它与晶闸管直流可逆电路相同。当 P 组和 N 组轮流向负载供电时，在负载上就会获得图 2-71（b）所示的电压。也就是说，每一相都相当于一套直流可逆调速系统的反并联可逆线路，正、反两组按一定周期相互切换，在负载上就获得交变的输出电压，其幅值决定于各组可控整流装置的控制角，输出电压的频率决定于正、反两组整流装置的切换频率。如果控制角一直不变，则输出平均电压是方波，要获得正弦波输出，就必须在每一组整流装置导通期间不断改变其控制角。有时为了突出其变频功能，也称作周波变换器（Cycloconveter）。

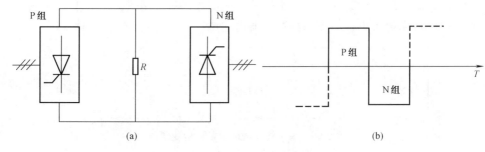

图 2-71　交—交变频器

（a）主电路；（b）输出电压波形

（四）变频调速的发展方向

交流变频调速技术是强、弱电混合，机电一体的综合性技术。既要处理巨大电能的转换（整流、逆变），又要处理信息的收集、变换和传输。因此它的共性技术必定是分成功率和控制两大部分。前者要解决与高压大电流有关的技术问题和新型电力电子器件的应用技术问题，后者要解决（基于现代控制理论的控制策略和基于智能控制策略问题）硬、软件开发问题（在目前状况下主要是全数字控制技术）。其未来主要的发展方向有：

1. **实现高水平的控制**　基于电动机和机械模型的控制策略，有矢量控制、磁场控制、直接转矩控制和机械扭振补偿等；基于现代控制理论的控制策略，有滑模变结构技术、模型参考自适应技术、采用微分几何理论的非线性解耦、鲁棒观察器、在某种指标意义上的最优控制技术和逆奈奎斯特阵列设计方法等；基于智能控制思想的控制策略，有模糊控制、神经元网络、专家系统和各种各样的最优化自诊断技术等。

2. **开发清洁电能的变频器**　所谓清洁电能变频器是指变频器的功率因数为 1，网侧和负载侧的谐波分量尽可能低，对电网的公害和电动机的转矩脉动减小到很低的变频器。新型通用变频器除了采用高频载波方式的正弦波 SPWM 调制实现静音化外，还在通用变频器输入侧加交流电扰器或有源功率因数校正电路 APFC，而在逆变电路中采取 Soft-PWM 控制技术等，以改善输入电流波形、降低电网谐波，在抗干扰和抑制高次谐波方面符合 EMC 国际标准，实现所谓的清洁电能的变换。如三菱公司的柔性 PWM 控制技术，实现了更低噪声运行。对中小容量变流器，提高开关频率的 PWM 控制是有效的。对大容量变流器，在常规的开关频率下，可改变电路结构和控制方式，实现清洁电能的变换。

3. **缩小装置的尺寸**　紧凑型变频器要求功率和控制元件具有高的集成度，其中包括智能化的功率模块、紧凑型的光耦合器、高频率的开关电源，以及采用新型电工材料制造的小体积变压器、电抗器和电容器。功率器件冷却方式的改变（如水冷、蒸发冷却和热管）对缩小装置的尺寸也很有效。现在主回路中占发热量50％～70％的IGBT的损耗已大幅度减少，集电极——发射极的饱和电压大为降低，现已开发出了第四代IGBT。

4. **系统化**　变频技术的发展与其相关技术的发展是分不开的，变频技术的发展是将电网、整流器、逆变器、电动机生产机械和控制系统等作为一个整体，从系统上进行考虑。通用变频器除了发展单机的数字化、智能化、多功能化外，还向集成化、系统化方向发展。如西门子公司提出的集通信、设计和数据管理三者于一体的"全集成自动化"（TIA）平台概念，可以使变频器、伺服装置、控制器及通信装置等集成配置，甚至连自动化和驱动系统、通信和数据管理系统等都可以像驱动装置那样嵌入"全集成自动化"系统那样运行，目的是为用户提供最佳的系统功能。

5. **网络化**　新型通用变频器可提供多种兼容的通信接口，支持多种不同的通信协议，内装RS-485接口，可由个人计算机向通用变频器输入运行命令和设定功能码数据等，通过选件可与现场总线：Profibus-DP，Interbus-S、Device Net、Modbus Plus、CC-Link、LON-WORKS、Ethernet、CAN Open、T-LINK等通信。如西门子、VACON、富士、日立、三菱、普传、台安、东洋等品牌的通用变频器，均可通过各自可提供的选件支持上述几种或全部类型的现场总线。

思　考　题

1. 通常传感器由哪些部件组成，基输入、输出特性包括哪些？
2. 简述压力传感器基本测量原理及测量方式。
3. 简述热电偶基本测量原理及信号调理电路的作用。
4. 湿度传感器可分为几种类型，各自有何应用特性？
5. 流体量传感器主要包括哪些，并简述其测量流量的方法。
6. 简述文丘里流量计的工作原理。
7. 流速传感器常采用的几种类型，其适用场合有何不同。
8. 流体成分传感器主要包括几种类型，其适用场合有何不同。
9. 电量测量的参数有哪些？电量变送器的作用是什么？电量变送器按用途可分哪些？
10. 简述光电式码盘的工作原理。
11. 生态环境监测传感器主要包括哪些类别的传感器？
12. 执行器一般由哪两部分组成？执行机构使用的能源种类可分为几种？在建筑物自动化系统中常用电动执行器有哪些？
13. 微控电机包括哪些？步进电动机工作原理是什么？
14. 电磁阀的工作原理与作用是什么？电磁阀按结构分哪几类？
15. 电动执行机构的输出方式有哪几种类型，简述电动执行器工作原理。
16. 调节阀工作流量特性是指什么？
17. 简述风门结构、原理与应用。
18. 模拟PID控制器的作用是什么？增量型算法与位置型算法相比具有哪些异同？
19. 变频器的作用是什么？电力电子变频器可分为哪些类型？
20. 变频调速的发展方向是什么？

第三章　中央空调系统的监测与控制

知识点

在楼宇中采用中央空调计算机控制可以实现对空调系统设备进行监督、控制和调节，改善系统的调节品质，提高可靠性，降低能耗。本章主要内容如下：

(1) 熟悉中央空调的基本控制方案。

(2) 掌握中央空调制冷设备的控制、空调水系统的控制方法及空调风系统的控制方法。

(3) 掌握定风量控制和变风量控制原理。

(4) 了解中央空调监控系统的设计。

(5) 熟悉中央空调远程监控。

(6) 了解中央空调控制系统的工程设计。

良好的热环境是指能满足实际需要的室内空气温度、相对湿度、流动速度、洁净度等。空气调节（简称空调）系统的任务就是根据使用对象的具体要求，使上述参数部分或全部达到规定的指标。因此说空气调节是一门维持室内良好热环境的技术。目前智能楼宇的迅速发展，业主对建筑物内舒适度的要求也越来越高，使得空调系统的设计更趋于复杂化，空调系统占整个建筑物能耗的比重越来越大，空调系统的能量主要用在热源及输送系统上。据智能楼宇能量使用分析，空调能量占整个智能楼宇能量消耗的 60%，其中冷热源使用能量占40%，输送系统占 60%。为了使空调系统在最佳工况下运行，在智能楼宇中采用计算机控制可以实现对空调系统设备进行监督、控制和调节，用自动控制策略来实现节能。所以研究空调监控系统，通过自动监控提高智能楼宇的运行效率，并利用计算机功能强、存储量大、计算速度快的特点，实现复杂的调节，改善系统的调节品质，提高可靠性，对于提高整个智能楼宇空调环境的舒适度，以及降低建筑物能耗都有很好的现实意义。因此，空调监控系统就是通过监视控制智能楼宇内的各空调机电设备，为智能楼宇提供良好的空调环境。空调监控系统是智能楼宇系统中的一个子系统，也是智能楼宇系统中监控点最多、监控范围最广、监控原理最复杂的一个子系统。

由于智能楼宇要求提供舒适健康的工作环境，以及符合通信和各种办公自动化设备工作要求的运行环境，并能灵活适应智能楼宇内不同房间的环境需求，对于环境在温度、湿度、空气流速与洁净度、噪声等方面有着更高的要求。因此，智能楼宇在室内空调环境和室内空气品质方面对于整个空调监控系统都提出了新的要求，同时对空调监控系统的工作效率和控制精度也提出了更高的要求。空调环境的基本内容见表 3-1。

表 3-1 　　　　　　　　　　　空调环境的基本内容

基本项目	设置内容			
	项目登记	甲	乙	丙
室内环境基准	空气浮标粉含量/（mg/m³）	≤0.15	≤0.15	≤0.15

续表

基本项目	设置内容			
	项目登记	甲	乙	丙
室内环境基准	CO 含量率/（×10^{-6}g/m³）	＜10	＜10	＜10
	CO₂ 含量率/（×10^{-6}g/m³）	＜1000	＜1000	＜1000
	温度/℃	冬天 22	冬天 18	冬天 18
		夏天 24	夏天 26	夏天 27
	相对湿度（%）	冬天≥45	冬天≥30	夏天≤65
		夏天≤55	夏天≤60	
	气流速度/（m/s）	＜0.25	＜0.25	＜0.25
空调控制单元	空调设备的开关及温度调整区域范围不得超过 2 层，且希望各承租户能单独对空调系统进行控制			
温湿度自动调准	空调器能依设定值自动调节温湿度			
24h 服务	每个空调服务区的设备应能 24h 控制，且各承租户能单独控制			
室内热负荷	应考虑自动化办公设备的发热，保证空调器增加的空间及线路			

第一节　中央空调的基本控制方案

　　室内空气环境参数的变化，主要是由以下两个方面的原因造成的：一是外部原因，如太阳辐射和外界气候条件的变化；二是内部原因，如室内人和设备产生的热、湿和其他有害物质。当室内空气参数偏离了规定值时，就需要采取相应的空气调节措施和方法，使其恢复到规定的要求值。同时，为了便于理解空调监控系统，有必要对空调系统的各相关概念进行初步的了解。

　　（1）温度。温度是用来衡量空气冷热程度的状态参数，反映了空气分子热运动的剧烈程度，符号为 T 或 t。

　　（2）湿度。空气湿度是空气干燥和潮湿的程度，表示混合空气中含水蒸气的多少。空气中的湿度有以下几种表示方法：

　　1）含湿量 cap 与饱和含湿量 cabs。含湿量是指 1kg 干空气中所含水蒸气的量。饱和含湿量是指 1kg 干空气的实际空气所含最大值水蒸气的质量。含湿量是反应空气湿度的重要参数。对空气进行热湿处理时要用含湿量衡量空气中水蒸气的变化。

　　2）绝对湿度 Z 和饱和绝对湿度 Z_b。绝对湿度是指 1m³ 空气中实际所含水蒸气的量。饱和绝对湿度是指 1m³ 空气中实际所含水蒸气最大限度的重量。饱和绝对湿度与温度有关，温度越高，饱和量越大；温度越低，饱和量越小。

　　3）相对湿度。相对湿度（常用 RH 表示）是指空气的绝对湿度与同温度下的饱和绝对湿度之比，用百分数表示。

　　（3）焓。在空调工程中，湿空气的状态经常发生变化，也经常需要确定此状态变化过程中的热交换量。例如，对空气进行加热和冷却时，常需要确定空气吸收或放出多少热量。在空调系统中需要对空气热量进行调节，焓值就是表示空气热量的一种变化关系。焓是指 1kg

干空气的实际空气所含热量，单位是 kJ/kg。一般以 0℃时的干空气和 0℃时的液态水的焓为 0，作为计算热量的基点。

空气的焓值在空调工程中，湿空气的状态变化过程可属于定压过程，所以能够用空气状态变化前后的焓差值来计算空气热量的变化。1kg 干空气的焓和 $d$kg 水蒸气的焓两者的总和，称为 $(1+d)$ 湿空气的焓。湿空气的焓将随温度和含湿量的改变而变化。当温度和含湿量升高时，焓值增加；反之，焓值降低。在使用焓这个参数时须注意一点，在温度升高，同时含湿量又有所下降时，湿空气的焓值不一定会增加，而完全有可能出现焓值不高，或焓值减少的现象。

一、空调监控系统的基本功能

1. 空调监控系统的特点

（1）多干扰性。例如，通过窗户进入的太阳辐射热是时间的函数，也受气象条件的影响；室外空气温度通过围护结构对室温产生影响；通过门、窗、建筑缝隙侵入的室外空气对室温产生影响；为了换气（或保持室内一定的正压）所采用的新风，其温度的变化对室温有着直接的影响。由于室内人员的变动，照明、机电设备的起停所产生的余热变化，也直接影响室温的变化。此外，电加热器（空气加热器）电源电压的波动以及热水加热器的热水压力、温度的波动，蒸汽压力的波动等，都将影响室温。至于湿干扰，在露点恒温控制系统中，露点温度的波动，室内散湿量的波动以及新风含湿量的变化等都将影响室内湿度的变化。

（2）调节对象的特性。空调监控系统的主要任务是维持空调房间一定的温湿度。对恒温恒湿控制的效果如何，在很大程度上取决于空调系统，而不是自控部分。所以，在空调自控设计时，首先要了解空调对象的特性，以便选择最科学的控制方案。

（3）温、湿度相关性。描述空气状态的两个主要参数——温度和湿度，并不是完全独立的两个变量。当相对湿度发生变化时，要引起加湿（或减湿）动作，其结果将引起室温波动；而当室温变化时，使室内空气中水蒸气的饱和压力变化，在绝对含湿量不变的情况下，就直接改变了相对湿度（温度增高相对湿度减少，温度降低相对湿度增加）。

（4）分多工况性。有的空调是按工况运行的，所以空调监控系统设计中包括工况自动转换部分。例如夏季工况在冷气工作时（若仅调节温度），通过工况转换，控制冷水量，调节温度。而在冬季需转换到加热器工作，控制热媒，调节温度。此外，从节能出发进行工况转换控制。全年运行的空调系统，由于室外空气参数及室内热湿负荷变化，采用多工况的处理方式能达到节能的目的。为了尽量避免空气处理过程的冷热抵消，充分利用新风、回风和发挥空气处理设备的潜力，对于空调自控设计师而言，除了考虑以湿度为主的自动调节外，还必须考虑与其相配合的工况自动转换的控制。

（5）整体控制性。空调监控系统是以空调室的温度控制为中心，通过工况转化与空气处理过程每个环节紧密联系在一起的整体控制系统。空气处理设备的起停要严格根据系统的工作程序进行，处理过程的各个参数调节与联锁控制都不是孤立进行，而是与温、湿度控制密切相关的。但是，在一般的热工过程控制中，例如一台设备的液位控制与温度控制并不相关，温度控制系统故障并不会危及液位控制。而空调系统则不然，空调系统中任一环节有问题，都将影响空调室的温、湿度调节，甚至使调节系统无法工作，所以，在自控设计时要全面考虑整体设计方案。空调控制系统的目的是通过控制锅炉、冷冻机、水泵、风、空调机组等来维护环境的舒适。

2．空调监控系统的功能　　空调监控系统主要控制冷、热源机组的运行，优化控制空调设备的工况，监视空调用电设备状况和监测空调房间的有关参数等，分成控制温度、湿度系统，控制新风系统等，来实现以下主要功能：

（1）创造舒适宜人的生活和工作环境。它能对室内空气的湿度、相对湿度、清晰度等加以自动控制，保持空气的最佳品质。具有防噪声措施，提供给人们舒适的空气环境。对工艺性空调而言，可提供生产工艺所需要的空气的温度、湿度、洁净度的条件，从而保证了产品的质量。

（2）节约能源。在建筑物的电气设备中，制冷空调的能耗是很大的。因此，对这类电气设备需要进行节能控制。现在已从个别环节控制，进入综合能量控制，形成基于计算机控制的能量管理系统，达到最佳控制，其节能效果非常明显。

（3）创造了安全可靠的生产条件。自动控制的监测与安全系统，使空调系统正常工作，能及时发现故障并进行处理，能够创造出安全可靠的生产条件。

二、空调监控系统的形式

空调控制最基本的就是对空调房间温度的控制，控制系统按结构形式可分为单回路控制系统和多回路控制系统。

（一）单回路控制系统

此种系统结构简单，投资少，易于调整，也能满足一般过程控制的要求，目前在空调控制系统中应用最为普遍，其系统框图如图 3-1 所示。

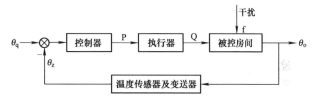

图 3-1　单回路控制系统框图

此控制系统在实际应用主要体现在以下两个方面：

1．温度传感器的设置　　根据对温度精度要求的不同，温度传感器设置的位置也有所不同。一般对温度精度要求高的场所，常在房间内选几个具有代表性的位置均设温度传感器，然后根据其平均值来进行控制。此种方法存在投资大、线路复杂、需要设备具有一定的计算功能、代表性位置难确定等缺点。因此在工程上目前大多采用以回风温度代表房间温度，此种方法精度不高，但基本上都能满足使用要求。

2．控制规律的选择　　目前，工程上多采用 P、PD、PI、PID 等控制规律。

（二）多回路控制系统

随着工程技术的发展，对控制质量的要求越来越严格，各变量间关系更为复杂，节能要求更为重要，尤其是随着计算机控制系统在民用建筑中的广泛应用，许多原本较为复杂的控制系统现已简单化。为此，许多专家提出了在空调控制系统中采用多回路控制系统，主要有串级控制、前馈控制、分程控制、比值控制和选择控制等系统。但其中串级控制系统用得最多，主要是由于串级控制系统比单回路控制系统只多一个温度传感器，投资不大，控制效果却有明显改善，容易被业主接受，其系统框图如图 3-2 所示。

（三）中央空调监控系统的内容

中央空调监控系统主要包括对空调冷热源系统、空气处理机系统、新风空调机系统、末

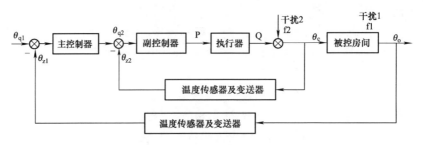

图 3-2　串级控制系统框图

端风机盘管系统的自动控制，其自动控制系统一般由敏感元件、控制器、执行机构、调节机构等几部分组成，每部分控制过程如图 3-3 所示。

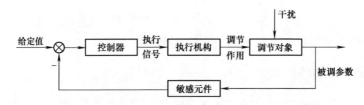

图 3-3　典型的单回路自动控制系统控制流程图

中央空调监控系统各部分的调节对象不同，其对应的自动调节控制器和被调参数也有所不同。

1. 空调制冷系统压力/温度的自动控制　空调冷、热源系统担负着整栋智能楼宇各楼层及房间、办公室的制冷和制热的任务，并随着控制系统的自动调节控制，满足智能楼宇内温度的舒适性。

空调制冷系统的主要设备有冷却塔、冷却水泵、冷冻水泵、冷水机组及各种水阀；主要制冷方式有压缩式制冷、吸收式制冷和蓄冰制冷。在制冷系统中被控制和调节的参数主要是冷冻水的总供水与总回水之间的压差和冷却塔的回水温度。目前，在空调系统控制策略上，主要是选用经典 PID 控制方法，其自动控制系统的原理如图 3-4 所示。

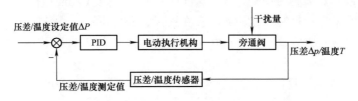

图 3-4　空调制冷系统压力/温度自动控制系统原理图

2. 空气处理机系统的自动控制　空气处理是指对空气进行加热、冷却、加湿、干燥及净化处理，以创造一个温度适宜、湿度恰当并符合卫生要求的空气环境。空气处理机系统主要是对混合风进行温度和湿度处理，达到环境要求后，通过送风机送出，其控制方式有一次回风系统和二次回风系统。

空气处理机系统采用直接数字控制器（DDC）控制和手动控制相结合的方式，对各个室内的送风温度进行调节。另外，由于温度和湿度均有一定的时延性，为了达到节能效果以及满足房间的舒适性，在空气处理中常常采用串级调节系统，送风管和回风管的温/湿度检测串行进行，其控制流程如图 3-5 所示。

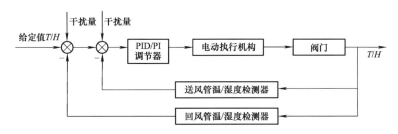

图 3-5　温、湿度串级调级系统控制图

3. 新风空调机的自动控制　在中央空调系统中，为了提高室内舒适度及空气新鲜度等，需补充适量新风，并且新风量在空调冷热负荷中所占的比重很大，因此，新风量控制在合适范围内是很有意义的。新风空调机主要对新风的供应进行调整，以保证智能楼宇内的空气清新，清除空气循环所积蓄的陈旧空气。新风空调机的一个非常重要的功能是完成对空调系统中新风量的比例以及新风温度和湿度的控制，还可以根据新风温度改变送风温度的设定值。另外，从卫生角度出发，智能楼宇内每人都必须保证有一定的新风量，但新风量取得过多，将增加新风耗能量。新风量大小可以根据室内 CO_2 浓度来确定。因此，控制新风量大小时，可以考虑 CO_2 浓度控制方法。一幢智能楼宇可以有很多台新风机组，每台新风机组负责一个区域，新风机组就要保证这一区域的新风量的要求，新风空调机系统的控制原理如图 3-6 所示，新风机组监控方案如图 3-7 所示。

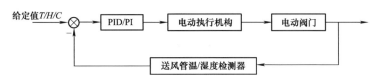

图 3-6　新风空调机系统温/湿度/CO_2 控制送风量控制原理图

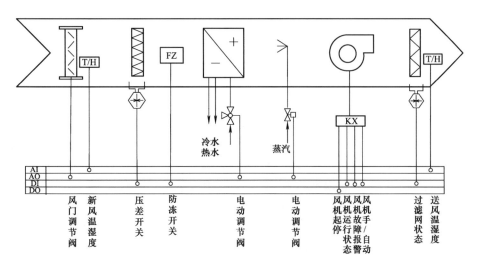

图 3-7　新风机组监控方案图

　　盘管换热器夏季通入冷水对新风降温，冬季通入热水对空气加热。加湿器则在冬季对新风加湿。其机组运行参数包括：进出口温湿度、过滤器堵塞状态、风机运行状态等。因此，现场 DDC 控制器要完成以下功能：① 根据要求按给定时间程序或在监控中心遥控起停新风机；根据新风温度，采用软件算法调节水阀，保持送风温度为设定值；控制加湿器阀，使冬季风机出口空气相对湿度达到设定值。② 监测新风机的工作状态和故障状态；测量风机出口空气温湿度参数并使之达到控制要求；测量新风过滤器两侧压差，当其达到一定值时，产生过滤网堵塞报警，并在中控室有报警显示。③ 在冬季，当热盘管后的温度低于某个设定值时，防冻保护器动作，控制器将停止风机运行并将新风风门关闭，同时将热水阀开至 100％，以防止盘管冻裂，同时中控室有报警。

　　4. 全空气空调机组的监测控制　　在空调系统中，全空气空调系统实际上是通过室内空气循环方式将盘管内水的热量或冷量带入室内的，同时排除少量的污浊空气，适量补充新风的空调机组设备，全空气空调机组监控方案图如图 3-8 所示。

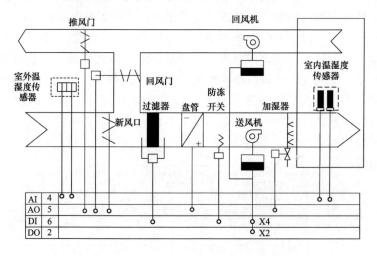

图 3-8　全空气空调机组监控方案图

　　与新风机组不同的是，控制调节对象是房间内的温湿度，而不是送风参数，并且需要考虑房间的夏季温度及节能的控制方法，新回风比变化调节等。因此，房间内要设一个或若干个温湿度传感器，以这些测点温湿度的平均值作为控制调节参照值，在要求不高的情况下也可在回风口设置此传感器。为了调节新回风比，对新风、回风、排风三个风门都要进行单独的连续调节。因此，每个风门都要一个 AO 点来控制（实际控制可利用 DO 点来实现）。其机组运行参数包括：回风温度、湿度、过滤器堵塞状态、风机运行状态和过载报警。根据温度调节空调机水阀开度。如果是变风量末端装置，则监视末端装置的温度和风量，按给定时间程序起停风机和风门。为此现场 DDC 控制器应能完成以下几项功能：

　　风机定时起停控制，也可人工在监控中心远方遥控起停，风机运行状态可传到监控中心。夏季，根据回风温度设定值和回风温度的偏差，对盘管调节阀进行控制。冬季，根据回风温度控制加热器的水阀开度，保证送风温度精度；当热盘管后的温度低于设定值时，防冻保护器动作，DDC 控制器将停止风机运行，并将新风和排风风门关闭，将热水阀全部开通，以防止盘管冻裂，并在监控中心报警。风机停止时，根据送风机状态信号，所有蒸汽阀及水阀关闭，并关闭所有风门，回风机同送风机连锁起停。过滤器两侧压差到一定时，产生过滤网堵塞报警并通知 BAS 中心。当风机运行过载时，在监控中心可报警。在中央空调系统中，各种用房冷暖设备除新风机组和空调机组外，还大量使用风机盘管。其作用类似于空调机组，只是简单了许多，它只有盘管、三速风机、电动调节阀，感温元件、控制器等组成。其三速风机开关、感温元件、控制器等制成一个整件设备安装在房间内，一般情况下，BAS 中对风机盘管的控制不予监测。

5. 末端风机盘管系统的自动控制　风机盘管系统是空调系统的末端设备，可以通过改变经过盘管的水流量而送风量不变，或改变送风量而水流量不变两种方式来达到调节室内温度的目的。末端风机盘管系统直接控制室内温度，满足用户的空气环境需求。楼宇自动化系统对风机盘管系统也进行集中监控，不过这种监控只是针对风机盘管系统的供电电源进行控制，而对风机盘管系统设备进行控制而言，则是采用独立的末端控制器。

目前，各智能楼宇都采用变风量末端风机盘管系统（VAV），与常规的全空气系统相比，VAV 系统最主要的特点就是每个房间的送风入口处装一个 VAV 末端装置，该末端装置实际上是一个风阀。调整此风阀以增大或减少送入房间的风量，从而实现对各个房间温度的单独调节。对变风量末端风机盘管系统，其风量的变化可通过两种变风量箱控制方法来实现。

（1）温度控制。这种控制方式是通过温度来调节控制风门的开启度，以控制送风量的变化，是节流式的变风量控制方法，其原理如图 3-9 所示。

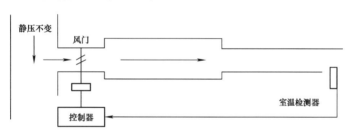

图 3-9　温度控制送风量控制原理图

（2）流量控制。这种控制方法是通过检测送风量的压差变化，来控制变风量箱的送风量，就是控制送风量的大小，使之维持在一个固定不变的送风量。其中，室温检测器的功能是设定一个定风量值的大小。该方法的控制原理如图 3-10 所示。

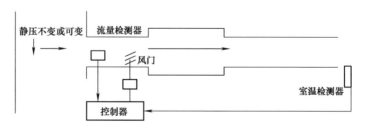

图 3-10　流量控制送风量控制原理图

6. 监控中心工作站监控软件　软件一般分为监控中心工作站软件、分站软件，有的系统还有网络控制器软件，依所选用系统规模的大小而定。楼宇自动化系统一般由专业厂家成套供应，其组态软件也以功能模块的形式存在于随机提供的软件包中。其中分站的软件既可以用手持编程器在现场通过编程口进行设计，也可以通过中控室主机编程然后下载到指定的DDC控制器，只要程序设计人员熟悉该产品软件和控制策略，满足前述的控制要求，通过简单的图形编程工具就可以完成设计。中央站的软件设计是在掌握建筑全貌的基础上，了解对象的功能及使用者的意图，规划好人机操作界面，利用系统软件提供的工具模块就可以进行编制。程序编制一般应实现以下功能：

（1）日常的监测和控制。中心站应为控制对象提供完善、详尽的控制服务，通过屏幕显示完整的系统资料、工作站信息；以指示操作员需要做什么，如何去做，并以为每一步控制提供所需的信息，为及时适应不断变化的环境而确定最优化运行策略等；能提供本地操作或远程控制。

（2）直观的彩色图形界面。彩色图形界面应能提供分层结构，把不同的系统连接起来，通过高质量的图形，用户可以浏览整个工作区域、楼层、各个房间、控制单元等设备图形。通过这些彩色图形，操作员可以轻松地对整个系统进行监视和控制。

（3）操作员的控制。监控系统重要的功能是它的报警处理，系统的报警处理要以智能化、直观化的彩色图形给出报警的确定位置、参数值，再根据报警的重要性为报警分配不同的优先级。操作员可以点击局部显示、注释说明等对系统进行操作，同时报警信息可以被输出到打印机上，以便对报警原因快速分析。

（4）时间表控制。时间控制是系统软件的一个非常重要的功能，其控制过程是基于时间变量的，并且是建立在与一个或多个时间表相连的基础上的。每个时间表包含了某个星期程序的若干开、关时间。换句话说，时间表控制通常是指编制好的时间间隔、周末和假期程序。

（5）系统运行和状态过程记录。过程记录包括系统运行过程中技术数据、状态参数、测量值等信息的收集、存储、处理，过程记录可以形成历史数据文件，用于系统故障的分析并确定适当的解决方案。系统应能以快速、简便的方法创建图表，用来显示和分析系统的性能等。

第二节　中央空调制冷设备的控制

在空调工程中较常用的冷热源方案有以下三种：风冷热泵机组、直燃机组和冷水机＋燃气锅炉。冷热源系统的运行控制可以分为以下三个层次：①正常运行；②节能运行；③优化运行。第一层次是保证冷热源系统安全正常运行，对冷热源系统基本参数进行测量，实现对设备的起停控制和保护，这是控制系统的最重要的层次，必须可靠实现。第二层次和第三层次是充分发挥楼宇自控系统的优势，在保证"正常运行"的基础上，通过合理的控制调节，节省运行能耗，提高冷热源效率，这是控制系统追求的最终目标，是实现建筑节能的重要途径。

冷热源系统是控制较为复杂的一个部分。冷热源系统的设备多且分散，能耗占建筑总能耗的比例大。从大面积广场、摩天大楼到建筑物群，冷热源系统的制冷设备与末端空调设备的跨距正逐步扩大，冷源冷负荷的供给与末端冷负荷的需求之间能量匹配的矛盾越来越明显。为保证建筑的舒适性要求，冷热源系统从设计到运行均考虑较大的冷负荷余量，从而造成智能建筑运行成本居高不下，冷热源系统的运行效率普遍偏低。

一、溴化锂冷水机组自动控制系统

目前，常用的冷热源为直燃机组，因为直燃型溴化锂吸收式冷水机有无环境污染、对大气臭氧层无破坏作用的独特优势而被广泛应用。直燃型溴化锂吸收式冷水机是一种以蒸汽、热水、燃油、燃气和各种余热为热源，制取冷水或冷热水的节电型制冷设备。它具有耗电少、噪声低，运行平稳，能量调节范围广，自动化程度高，安装、维护、操作简便等特点，在利用低势热能与余热方面有显著的节能效果。

1. 溴化锂冷水机组自动控制系统总体方案设计　　在溴化锂冷水机组的自动控制系统设计中，一般考虑以下几个方面：

（1）控制设备的确定。由于冷水机组控制系统基本上属于逻辑控制，可采用可靠性极高、带通信接口的模块化 PLC 或 DDC 控制装置。

（2）反馈控制回路方案的确定。用 PLC 或 DDC 的模拟量输入/输出模块取代模拟仪表调节系统实现反馈控制。

（3）冗余方案的确定。为了系统安全可靠的运行，采用两套 PLC 或 DDC 工作，既可扩展 I/O 点数，又可实现双机冗余控制。一旦一套 PLC 或 DDC 出现故障，另一套 PLC 或 DDC 能够及时保证机组的正常控制。

（4）程序优化设计。要比常规控制增加多项参数参与控制，同时进行程序优化设计，使系统更稳定、更可靠。

（5）现场巡检的要求。工作现场采用 PLC 或 DDC 配合液晶触摸控制屏，以保证系统联网后，现场巡检时便于检查使用。在现场的液晶触摸控制屏具有动态流程图显示、运行状况显示、故障报警显示等功能，方便现场巡检，手动操作。图 3-11 所示为电动机、电磁阀控制主电路。

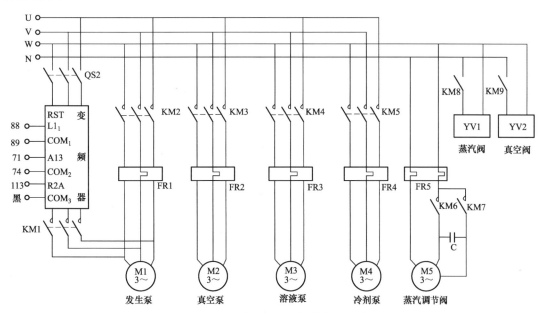

图 3-11　电动机、电磁阀控制主电路

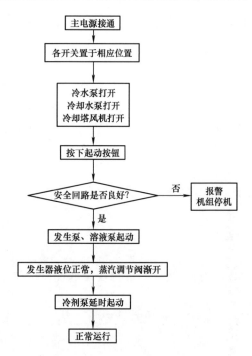

图 3-12　程序启动系统流程图

2. 过程控制系统设计　溴化锂吸收式冷水机组的操作按照一定的程序，根据机组的工艺流程、规定、操作程序实现对发生泵、溶液泵、冷剂泵、真空泵的起停控制。发生泵是溴化锂机组的心脏，其作用是进行变频调速。溶液泵向吸收器输送溴化锂浓溶液，单向运转，需过载保护。而冷剂泵实现冷剂水的循环，由吸收器的两个液位信号控制起停。真空泵保证机组内的低压真空状态，与真空电磁阀联动；当真空泵意外停机，电磁阀动作，切断抽气管路。

（1）自动起停控制。起动过程中，要慢慢打开调节阀向高压发生器缓缓送气。送气过快，受热膨胀不均匀容易造成高压发生器传热管严重变形和胀管处的泄漏。

1）起动流程。

程序起动系统流程图如图 3-12 所示。具体步骤如下：①闭合主电源开关，接通机组及系统电源；②检查各开关位置，将各开关置于相应的位置，如选择开关"自动/手动"置自动位置，起动冷水泵，冷却水泵，冷却塔风机泵；③按下启动按钮；④设置的安全保护装置投入工作，对机组及系统的状态进行检测，确保机组安全进入起动状态。如果发生故障，机组停止起动，处于自锁状态；⑤起动发生泵，使高压发生器溶液液位处于正常位置；⑥以发生泵的起动时间为依据，延迟若干分钟，待高压发生器溶液液位处于正常位置，起动溶液泵，打开蒸汽阀，按规定程序慢慢开启蒸汽调节阀；⑦起动冷剂泵。冷剂泵的起动由蒸发器上安装的液位信号控制，当液位达到一定高度后自动起动冷剂泵，冷剂泵起动后，机组进入制冷状态。机组的起动过程有一定的时间性，要经过若干时间才能达到满负荷状态。

2）停机流程。当按下停止按钮或安全保护装置动作而使机组停机时，由于机组内温度较高，溶液的运行不能立即停止，否则会产生结晶。

停机系统流程图如图 3-13 所示，具体步骤如下：①操作人员按下"停止"按钮或安全保护装置动作而使机组停机；②机组转入稀释运行，由控制器根据温度控制稀释过程，发生泵、溶液泵、冷剂泵继续运转一段时间，使机内溶液充分混合；③稀释温度达到设定要求后，发生泵、溶液泵和冷剂泵停止运转；④冷水泵、冷却水泵和冷却塔风机关闭；⑤闭合总电源开关，机组和系统处于静止状态。

（2）冷剂泵的控制。冷剂泵根据冷剂水液位进行起停，冷剂水液位超过高位，高位信号接通，计时器接通计时，9s 后，冷剂泵冷却相关触点接通，冷剂泵起动。若冷剂水液位位于低位时，低位信号接通，计时器接通计时，6s 后，相关触点接通，水进口温度断电，冷剂泵冷却断电，使冷剂泵停止。程序设计中要加计时器的时间延时，目的是为了避免冷剂泵频繁动作，损坏设备。

（3）真空泵的自动控制。由于溴化锂吸收式冷水机是处于真空中运行的，蒸发器和吸收

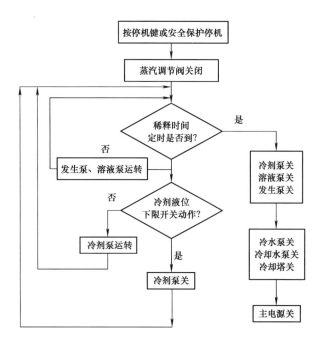

图 3-13 停机系统流程图

器中的绝对压力极低，故外界空气很容易漏入，即使少量的不凝性气体也会明显地降低机组的制冷量。如果不凝性气体积聚到一定的数量，就能破坏机组的正常工作状况。因而及时抽除机组内的不凝性气体是提高溴化锂吸收式冷水机性能的根本措施。

为了及时抽除漏入系统的空气，以及系统内因腐蚀产生的不凝性气体（氢），机组中备有一套抽气装置。机组在吸收器中安装一个负压力传感器检测真空度，检测压力范围为 $0 \sim -1 \text{kg}$，设定动作值为 -0.3kg。负压力传感器将真空压力信号通过模拟量输入模块送入 PLC 中，若吸收器真空度低于设定值则真空泵通电，延时 6min 后待抽气管被抽至较高的真空度时真空阀接通，抽取气体，当系统真空度恢复至正常值，真空泵、真空阀自动关闭，从而实现了真空度的自动控制。

3. 制冷量自动调节系统设计　制冷量自动调节系统是溴化锂吸收式冷水机组的重要组成部分。它不仅可以减少操作人员的数量，减轻劳动强度，而且可以准确地保证冷水机组在各种工况下正常且可靠地运行，降低运转所需的费用，防止事故的发生，进而实现无人操作。制冷量自动调节系统是通过控制蒸汽调节阀的开度，调节蒸汽流量，调节溴化锂溶液浓度，根据外界负荷的变化，可以自动地调节机组的制冷量，使蒸发器出口冷媒水的温度保持恒定。

（1）制冷量调节方法的分析。溴化锂吸收式冷水机组的制冷量自动调节包括冷量自动调节、程序启动、程序停止及安全保护装置等。程序安全保护装置则保障机组的顺利运行或发出故障警报，并指示故障的原因和位置，以便操作人员及时排除故障。

在机组的正常运行过程中，机组的制冷量是随外界热负荷的变化而变化的，这就要求冷水机组的制冷量也要相应地变化，以满足变负荷的要求。溴化锂吸收式冷水机组是利用热能来制冷的。加热介质的参数变化会引起冷水机组性能的变化。就加热蒸汽而言，蒸汽压力不稳定，冷水机组的运行就不稳定，制冷量的自动调节也就难于实现。因此，稳定加热蒸汽压力是冷水机组正常运行，进而实现制冷量自动调节的前提，是必不可少的环节。

若外界负荷发生变化时，而加热介质和冷却介质的参数不变，则制冷量下降。可见，溴化锂吸收式冷水机组具有自平衡能力。但随着蒸发器冷媒水出口温度的降低，它的热效率降低，装置经济性变差，冷水机组的正常运行将遭到破坏。因此，必须采用制冷量调节装置来调节机组的制冷量，使冷水机组的运行具有较高的热效率，同时不至于因外界负荷降低过大而影响机组的正常运行。

（2）溴化锂吸收式冷水机组制冷量的自动调节方法。溴化锂吸收式冷水机组制冷量的自动调节，是围绕保持蒸发器冷媒水出口处温度的恒定来设定的。一般采用的方法有，加热蒸汽量调节法、加热蒸汽凝结水量调节法、冷却水量调节法、溶液循环量调节法及彼此间的组合调节法。实践表明，采用溶液循环量调节法的经济效果最佳。因为制冷量由100％降低至10％时，单位制冷量的蒸汽消耗量几乎不变，冷却水量调节法的经济效果较差，而当机组制冷量降低到60％以下时，加热蒸汽量调节法的经济效果也明显下降。组合式调节法可以采用溶液循环量调节法与加热蒸汽量调节法相组合，也可以采用溶液循环量调节法与加热蒸汽凝结水量调节法相组合。

加热蒸汽量调节法与溶液循环量调节法相组合的调节原理是当外界负荷降低时，通过蒸发器出口冷媒水管道上的感温元器件发出的信号来调节进入发生器的溶液量和加热蒸汽量，使制冷量降低，从而维持蒸发器出口处冷媒水的温度在给定的范围内。

通过以上各种调节方法的分析研究，根据溴化锂冷水机组的工艺要求及机械结构，采用溶液循环量调节法与加热蒸汽量调节法相组合调节法来实现机组的制冷量自动调节是一种较好的方法。

（3）能量调节系统设计。

1）冷量的自动调节。冷量的自动调节系统指根据外界负荷的变化，自动地调节机组的制冷量，使蒸发器中冷（媒）水的出口温度基本保持恒定，以保证生产工艺或空调对水温的需求，并使机组在较高的热效率下正常运行。

如图 3-14 所示为冷量自动调节系统原理图，溴化锂吸收式冷水机冷量的调节是把冷水机作为调节对象，蒸发器的冷水出口温度作为被调参数，外界的变化作为扰动。当某种扰动使得外界负荷发生变动时，蒸发器冷水出口温度随之变化，通过感温元件发出信号，与比较元件的给定值比较后将信号送往调节器，然后由调节器发出调节信号驱使执行机构朝着克服扰动的方向动作，以保持冷水出口温度的基本恒定。

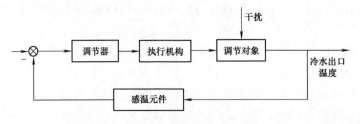

图 3-14　冷量自动调节系统原理图

如果循环量过小，溶液的浓度差增大，当溶液浓度过高时，有结晶的危险。因此，机组运行时，应适当地调节溶液的循环量，以期获得最佳的制冷效果。本机组循环速度由变频器控制，系统设计采用液位参数和温度参数组合调节循环量。

2）蒸汽压力变化对调节阀的调节。当蒸汽压力提高时，制冷量增大，但蒸汽压力不宜过高，否则不但制冷量增加缓慢，而且浓溶液还会产生结晶的危险，同时会削弱铬酸锂的缓蚀作用。蒸汽压力过小，则会使制冷量减小。因而要把蒸汽压力控制在合适的范围内，正常范围为 0.6～6kg。

3）熔晶管、高压发生器超温对调节阀的调节。溴化锂溶液的浓度越高，则制冷效果越好，在溴化锂浓度最高而不结晶的临界点时制冷效果最好，热力系数最高。机组中熔晶管周围溶液的浓度最高最易出现结晶，结晶会使管道堵塞，吸收泵、发生泵过热破坏机组的正常运行。因此，熔晶运行时须对熔晶管温度加以控制。

4. 变频调速控制系统设计　高压发生器的液位要保持在合理的范围内，由变频器控制发生泵向高压发生器输送溴化锂稀溶液的流量。用以调节高压发生器溶液的液位。由多个模拟量、数字量的参数控制变频器。高压发生器是机组溶液循环中温度、压力的最高部位。这里突出的安全保护是溴化锂溶液的防结晶和恒液位等问题。通常机组运行过程中，溴化锂溶液温度过低会产生结晶现象，而结晶现象的产生会使机组循环产生障碍，无法正常工作。

机组运行时，如果进入发生器的稀溶液量调节不当，则可导致机组性能下降。发生器热负荷一定时，如果循环量过大，则使机组的制冷量下降，热力系数降低；如果循环量过小，则溶液的浓度差增大，会有结晶的危险。因此，机组运行时，应适当地调节溶液的循环量，以期获得最佳的制冷效果。本机组循环速度由变频器控制，采用液位参数和温度参数组合调节循环量。

(1) 高压发生器溶液的液位参数对频率的自动调节。冷水机组的高压发生器采用沉浸式结构，将液位保持在合理的范围很重要。因为如果高压发生器液位过高，则会造成冷剂水污染；而液位过低，则会将传热管暴露在液位外面；如果传热效果太差，还会影响传热管的寿命。由此可见，高压发生器液位的高低会影响整个机组热交换的效率，是一个关键的工艺。

为了很好地控制液位，在高压发生器内安装了四个液位计检测四个液位，把液位分为"高位"、"次高位"、"次低位"和"低位"四个等级。PLC 在不同液位下给变频器发出不同的频率信号，调节发生泵的转速。在液位"低位"时，设定的频率信号较高，发生泵速度较快，以增加溶液的循环量；到液位达"次低位"时，频率降低 6Hz，以降低溶液的循环量；在液位"次高位"时，频率再降低 2Hz；在液位"高位"时，频率再降低 2Hz，此时，溶液的循环量最慢。机组的正常运行是指液位保持"次高位"与"次低位"之间有较高的热效率。

溴化锂溶液常温下处于沸腾中，液面波动不稳，不易准确检测，控制程序设计采用液位的脉冲信号，只要液位计捕捉到第一个脉冲信号，就认为是液位信号，从而能够及时检测液面的位置，及时调整溶液的循环量。

(2) 高压发生器及熔晶管的温度参数对频率的自动调节。只通过高压发生器四个液位调节变频器。区段不可能分得较细，发生泵只有四种速度，调节级数少，不够平滑稳定。因此考虑采用加入高压发生器内的温度信号及熔晶管的温度信号，作为控制变频器的信号。由温度传感器检测温度信号，通过 PLC 或 DDC 模拟量模块，将中、高压发生器的温度信号、熔晶管温度信号分别送至相关通道。

当高压发生器温度变化时，蒸发量会变化，液位会波动，由温度的变化通过变频装置控制溶液的流量，可起到稳定液位的作用。将高压发生器的温度信号，划分为 10 个区段，每升高 10℃，变频器四个液位频率信号各提高 2Hz，使频率信号在较小的范围内调节，液面及溶液循环量能够运行在理想的位置上，以获得最佳的制冷效果。

由溴化锂溶液的性质可知，当溶液的浓度过高或温度过低时，会产生结晶堵塞管道，破坏机组的正常运行。其中熔晶管处溶液浓度最高，最易结晶，因而在熔晶管上装有温度传感器。当熔晶管高温时，表示机组中出现了结晶现象，将熔晶管的温度信号也作为参与控制变频器的频率信号，与高压发生器的温度信号配合调节溶液流量，避免结晶。

5. 安全保护系统 安全保护系统是实现溴化锂机组自动化的必要部分，也是使其安全可靠运行的必要保障。它的主要功能是在系统出现异常工作状态时，能够及时预报、警告，并能视情形恶化的程度，采取相应的保护措施，防止事故发生；此外还可进行安全性监视等。溴化锂吸收式机组的安全保护按故障发生的程度可划分为两种：一种为重故障保护；另一种为轻故障保护。重故障保护是针对机组设备发生异常情况而采取的保护措施。这种情况下，系统发生故障，导致安全保护装置动作后，必须检测设备，查出机组异常工作的原因，待排除故障后，再通过人工起动才能使机组恢复正常运行。轻故障保护是针对机组偏离正常工况而采取的一种保护措施。通常，机组自动控制系统能够根据异常情况采取相应措施，使参数从异常恢复到正常，并使机组自动重新起动运行。故障出现后，报警源信息显示在界面故障窗体内，同时蜂鸣器报警。关闭报警按钮进行确认后，可关闭蜂鸣器。

（1）轻故障。

1）高压发生器高温，高于 160℃；熔晶管高温，高于 60℃；冷水、蒸发器冷剂水低温，低于 6℃ 等故障出现时，机组自动关小调节阀，增大变频器频率信号，使机组进入稀释状态。故障排除后，机组进入正常运行。

2）蒸汽压力过高或过低时，机组自动改变调节阀，调节蒸汽流量，使蒸汽压力调节在合适的范围内。

3）冷却水温度过低，会导致溶液热交换器稀溶液侧温度过低，从而引起热交换器浓溶液侧结晶。除结晶现象外，吸收器中若冷却水温度过低，则溶液质量分数下降，还会使蒸发器冷剂水液位下降而影响冷剂泵的正常运行。冷却水正常温度范围为 24～34℃，若超出正常温度，则通过控制冷却塔风机泵进行自动调节。$T<24℃$，发出报警信号，关闭冷却塔风机。$T>34℃$，发出报警信号，打开冷却塔风机。

4）稀溶液压力过低，由压力传感器将稀溶液压力信号通过模拟量模块送入，显示于人机界面，工作人员根据信息，当压力过低时，可及时补充溴化锂溶液。

（2）重故障。

发生重故障时，机组自动进入停车程序，并发出报警信号，操作人员可通过计算机屏幕察看故障来源，以便采取相应处理措施。

1）PLC 从机故障。从机的所有信息不能传送到主机，主机停机所需要的高压发生器液面数据无法获得。首先是蒸汽阀关断，将调节阀关到最小，给变频器送 60Hz 信号。当高压发生器温度降至 100℃ 时，给变频器换送 40Hz 频率信号，至高压发生器温度降低到 73.6℃，则关闭变频器、发生泵、溶液泵、冷剂泵，全部停机。

2）PLC 主机故障。此时主机所有输出关断，从机则需再接通发生泵、溶液泵、冷剂泵和变频器，以便机组进入停机程序，蒸汽阀主机已关闭，将调节阀关到最小位置，同时给变频器送 60Hz 信号，当高压发生器温度降至 100℃ 时，给变频器换送 40Hz 频率信号，至高压发生器内温度降低到 73.6℃，则关断发生泵、吸收泵、冷剂泵，机组停机。

3）变频器故障。机组由变频状态进入停机流程，发生泵频率信号换成工频信号，保持停车时稀释的工作正常进行，不至于使机组被破坏。故障时主要会使蒸发器冷剂水液位下降而影响冷剂泵的正常工作。冷却水正常温度范围为 24～34℃，若超出正常温度，则通过控制冷却风机泵来自动调节。$T < 24$℃，发出报警信号，关闭冷却塔风机。$T > 34$℃，发出报警信号，打开冷却塔风机。

4）稀溶液压力过低。由压力传感器将稀溶液压力信号通过 PLC 模拟量模块送入，显示于计算机屏幕，操作人员根据信息，当压力过低时，通过手动控制，及时补充溴化锂溶液。

5）冷却水断水。冷却水流量减小或发生断流，会使稀溶液易发生结晶故障；系统安装有压力传感器将冷水、冷却水压力信号通过 PLC 模拟量模块分别送入相关通道，当冷水压力、冷却水压力低于 1kg 时，机组停车报警。

6）蒸汽压力过高。当蒸汽压力高于 6kg，机组将自动调小调节阀，若延时 2min，机组的自动调节不能使蒸汽压力减小到正常值，为避免发生危险，系统进入关机流程。

7）高压发生器浓溶液压力。正常应低于 0.2kg，若由于冷剂蒸汽管路因故障而堵塞原因造成高压发生器内溶液压力高于 0.2kg，则接通，使系统进入停机稀释流程，以避免发生危险。

8）蒸汽压力过低，机组将自动增开调节阀，若调节阀开到最大位置，压力仍过低，则不能正常制冷，发出关机信号，使机组不致空运行而浪费能源。

9）发生泵、溶液泵、冷剂泵、真空泵、真空阀、变频器、调节阀、蒸汽阀等设备出现过流或相应交流接触器不能吸合等故障时，发生停车信号，使系统进入停车流程。

二、螺杆制冷压缩机的自动控制系统

螺杆冷水机组是以 R22 为制冷剂，对外提供 6～12℃ 冷冻水的成套制冷设备，适用于中央空调及工艺用水等场合。主要由压缩机组、卧式壳管式冷凝器、蒸发器等组成完整的制冷装置，用户只需接上冷却水系统、冷冻水系统就可投入使用。其控制系统主要组成部分有传感器、PLC 或 DDC 控制器、控制箱、电气柜、控制程序等，如图 3-15 所示。

依据对控制对象和控制任务的统计和分析，系统需配置的 I/O 接口点数和名称见表 3-2。

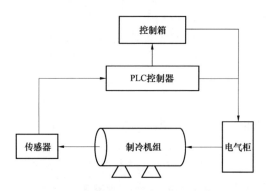

图 3-15　制冷机组控制系统结构图

表 3-2　　　　　　　　　　　　　　　单机系统 I/O 接口分配

点数	模拟量输入 A/D	开关量输入 KI	开关量输出 KO
1	出水口温度	油泵电机过载	能量增载
2	油温度	压缩机电机过载	能量减载
3	吸气温度	油泵运行反馈	油泵开关
4	排气温度	压缩机运行反馈	压缩机开关
5	吸气压力	断水保护	油温控制阀开关
6	排气压力	高压开关	报警开关
7	油压力	低压开关	能量旁通阀开关
8	能量位置	手动、自动切换	吸气压力旁通阀开关
9	内容积比	油泵开	内压比增开关
10		油泵关	内压比减开关
11		压缩机开	
12		压缩机关	
13		急停	

1. 系统中各检测点温度变化范围　冷冻水出口温度 0~60℃；吸气口温度（-100~-6）℃；排气口温度（-6~100）℃；油温度（-6~100）℃。

压力传感器为气体相对正压传感器，用于测量螺杆压缩机吸气口、排气口及油压力，输出均为 4~20mA 标准信号。

2. 系统中各检测点压力变化范围　吸气口压力（-0.1~1.0）MPa；排气口压力 0~2.60MPa；油压力 0~2.60MPa。

3. 控制系统主程序框图　根据控制对象的工艺要求，采用结构化程序设计方法，完成 PLC 或 DDC 控制程序的设计和调试。主要模块功能包括人机交互、数据采集、控制调节、保护报警、通信等，主程序框图如图 3-16 所示。

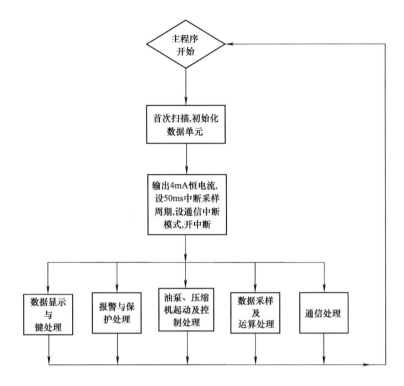

图 3-16 主程序框图

第三节 空调水系统的控制方法

由于现代建筑受到建筑空间的限制，为方便用户调节使用，常常采用制冷装置间接冷却被冷却物，这是一种间接供冷的方式，该方式供冷特点是用蒸发器首先冷却载冷剂，然后，再将载冷剂输送到各个用户端设备，通过该设备使需要冷却的对象降低温度。由于在建筑空调系统中载冷剂采用较多的是水，所以称为空调水系统。空调水系统指由中央设备供应的冷（热）水为介质并送至末端空气处理设备的水路系统。由于全水系统占用空间小而得以普遍使用。

空调水系统控制的任务主要体现在以下三个方面：

（1）保障设备和系统的安全运行。

（2）根据空调房间负荷的变化，及时准确地提供相应的冷量或热量。

（3）尽可能让冷热源设备和冷冻水泵、冷却水泵在高效率下工作，最大限度地节约动力能源。

一、冷冻水系统与冷却水系统的监测与控制

冷冻站一般有多台冷水机组及其辅助设备，共同构成了冷冻水系统和冷却水系统，冷冻水系统是指把冷水机组所制的冷冻水经冷冻水泵送入分水器，由分水器向各空调分区的风机盘管、新风机组或空调机组供水后返回到集水器，经冷水机组循环制冷的冷冻水环路。冷却

水系统是指冷水机的冷凝器和压缩机的冷却用水，由冷却水泵送入冷冻机进行冷却，然后循环进入冷却塔再对冷却水进行冷却处理，这个冷却水环路采用循环冷却称为冷却水系统。一般由 PLC 或 DDC 直接控制每台冷水机组的运行和监测冷冻水、冷却水系统的流量、温度和压力等参数。

冷冻水系统的监控作用是：①保证冷冻水机组的蒸发器通过足够的水量以使蒸发器正常工作，防止出现冻结现象；②向用户提供充足的冷冻水量，以满足用户的要求；③当用户负荷减少时，自动调整冷水机组的供冷量，适当减少供给用户的冷冻水量，保证用户端一定的供水压力，在任何情况下保证用户正常工作；④在满足使用要求前提下，尽可能地减少循环水泵的电耗。

冷却水系统的监控作用是：①保证冷却塔风机、冷却水泵安全运行；②确保冷水机冷凝器侧有足够的冷却水通过；③根据室外气候情况及冷负荷，调整冷却水运行工况，使冷却水温度在要求的设定温度范围内。

控制系统检测的冷冻站运行参数有：冷水机组出口冷冻水温度、分水器供水温度、集水器回水温度、冷却水泵进口水温度和冷水机组出口冷却水温度。采用温度传感器测量这些温度，并在 PLC 或 DDC 和 DCS 系统上显示。冷却水泵进口水温度与冷水机组冷却水管出口水温之差，间接反映了冷负荷的变化，同时也反映了冷却塔的冷却效率。

另外，还检测冷水机组出口冷冻水压力、冷冻水回水流量。采用电磁流量计测量冷冻水回水流量，并在 PLC 或 DDC 和 DCS 系统显示、计算。流量测量当采用节流孔板时，现场应增加差压变送器或流量变送器。

检测旁通电动阀开度显示，取旁通电动阀反馈信号作为阀门开度显示信号。

对冷水机组、冷冻水泵、冷却水泵、冷却塔运行状态显示及故障报警。冷水机组、冷却塔的运行状态信号取自主电路接触器辅助接点。冷冻水泵、冷却水泵的运行状态是采用流量开关进行监测。当水泵接受起动指令后开始运行，其出口管内即有水流，流量开关在流体动能作用下迅速闭合，输出接点信号显示水泵确实进入工作状态。利用流量开关测量水泵的工作状态要比采用接触器辅助接点可靠得多，但要增加投资，故仅在主设备上采用。

故障报警信号取自冷水机组、冷冻（却）水泵、冷却塔电动机主电路热继电器的辅助常开接点。

冷冻水系统和冷却水系统的监测与控制点的要求如图 3-17 和图 3-18 所示，冷冻水系统和冷却水系统监控点分别有 23、16 点。

它们完成的监控任务是：

（1）由彩色图形监控中心监控系统，按每天预先编排的时间程序，来控制冷水机组的起、停。

1）起动顺序：开启冷水机水路隔离阀→冷冻泵→冷却泵→接通冷却塔风机电源（风机起停由冷却水温度控制）→冷水机组。

2）停止顺序：冷水机组→冷冻泵→冷却泵→冷却塔风机→关闭冷水机隔离阀，并在就地设有手动起停按钮。

（2）监控冷水机组的运行、状态及故障报警，统计并打印出各台冷水机组的累计运行时间。

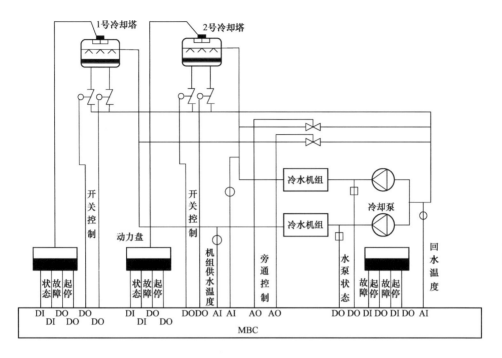

图 3-17　冷冻站、冷却水系统的自动控制（1）

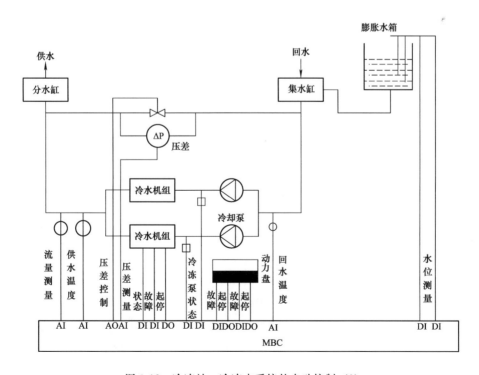

图 3-18　冷冻站、冷冻水系统的自动控制（2）

（3）遥测冷冻循环水供、回水温度及流量。根据冷冻水供、回水温度及供水流量，计算出冷负荷。根据冷负荷决定起、停冷水机组台数。

（4）遥测冷却循环水供、回水温度，根据冷却水供、回水温度起停冷却塔风机及风机的运行台数，从而达到节能的效果。

（5）监视冷冻泵、冷却泵、冷却塔风机的运行状态与故障报警，并记录运行时间。

（6）冷冻水膨胀水箱的液位信号自动控制冷冻水补水泵的起、停。

（7）监测冷冻水供、回水干管的压差，根据压差信号自动控制其旁通阀的开度。

（8）显示打印出参数、状态、报警、动态流程图和设定值。

控制方案根据设备的分布和使用情况分别为：

1. 冷冻机组的单元控制　　目前，大多数用于集中空调的冷冻机和燃气燃油锅炉都带有CPU 为核心的现场单元控制器（PLC 或 DDC）。监控任务一般由安装在主机上的现场单元控制器完成。有些现场单元控制器同时还完成一部分辅助系统的监控。主机设备的现场单元控制器一般具有通信的功能，可实现与 DCS 系统通信，从而根据负荷（实际上就是回水温度的变化）相应地改变起停台数实现群控。此时，辅助系统如冷却水泵、冷却塔风机、冷冻水泵等也一同由 DCS 系统统一控制，构成一个相对独立的冷热源控制系统。

冷冻机主机的控制单元往往提供冷却水系统的控制接口，可以直接控制冷却水循环泵和冷却塔。当仅有一台冷冻机时，可以采用现场控制单元对冷冻站进行全面控制。但当同时有几台冷冻机时冷却水系统是并联的，冷却塔、冷却水循环泵不存在与冷冻机一一对应关系，此时用冷冻机主机的现场控制单元同时对冷却水系统进行控制，就不能达到好的控制效果。主要原因是无法在低负荷时和室外湿度温度较低时减少冷却塔运行台数或降低风机转速。此时，较好的方式是利用一台或两台现场控制器去实施图 3-17 和图 3-18 所要求的测量与控制工作。为了与各台冷冻机现场控制单元协调工作，还可以联网实现主机现场控制单元与DCS 系统间的通信，可以使主机系统了解冷冻机控制单元对冷却水系统的控制要求，在起/停过程中相互配合。

（1）冷冻水系统的监测与控制。

1）冷水机的控制。一般制冷机自身都带有以计算机为核心的单元控制器，负责其设备的安全运行。综前所述，冷水机组已有控制装置，所以 BAS 系统对机组内部不需要也不允许做更多的控制，通常只直接监视冷水机的运行状态、供电状况和控制起停；设定冷冻水的出口温度；可以通过网络监测其内部的一些重要数据，如蒸发器和冷凝器的进出口温度、进出口压力等。

冷水机控制程序按照一定顺序连锁控制制冷机、冷水机进口水路隔离阀、冷冻水泵、冷却水泵、冷却塔风机的开关，保证设备工作正常。

① 冷水机的运行条件。a. 接受来自网络的起停冷机信号；b. 运行管理人员可以超越控制冷机起停；c. 当发生制冷剂泄漏、紧急停机、远程停机事件时，禁止冷水机起动；d. 当冷水机隔离阀、冷冻泵、冷却泵、冷水机都已正常起动 1min 后，反馈给网络制冷机投入正常的信号。

② 设备的起停顺序。为保证冷水机运行安全，使用"时间延迟"模块和逻辑判断模块，控制冷源相关设备的起停按照一定顺序进行；运行管理人员可以根据实际运行情况来调整延

迟时间；冷冻水泵/冷却水泵的起停指令通过网络传播给水泵控制程序；水泵状态通过网络反馈给冷水机控制程序。

③ 冷水机水路隔离阀控制。根据设备的起停顺序给出的冷冻水与冷却水进口侧的隔离阀开关信号，控制隔离阀开关；监视隔离阀的阀位反馈状态；利用保护模块比较输出控制与输入状态信号，当信号不一致并超过 30s 时，发出事件通知，并反馈给冷水机的运行程序；在报警取消前，控制器要保证输入和输出信号保持一致时间在 10s；计算隔离阀的累计开启时间，当超过设定值时，发出需要维护的事件通知。

④ 冷水机的运行控制。据设备的起停命令给出的冷水机起停指令控制冷水机是否运行；监视冷水机的运行状态；比较输出控制与输入状态信号，当不一致时发出事件通知；计算冷水机的累计运行时间，当超过设定值时，发出需要维护的事件通知；冷冻水出口温度设定值在冷水机停机后恢复为默认值，在确定运行 6min 后，按照系统提供的冷冻水供水温度设定值来设定，限定设定值的变化率不大于 1℃/min；监测冷机蒸发器与冷凝器的进出口温度，在冷水机运行 6min 后，当温度超过设计值时发出事件通知。

2）冷水机组的节能控制。根据冷负荷决定冷水机开启台数。测量冷水机组供、回水温度及回水流量，计算空调实际所需冷负荷。

$$Q = 41.868 \times L \times (CP_{t1} \times T_1 - CP_{t2} \times T_2)$$

式中　Q——空调所需要的冷负荷（kW/h）；

　　　L——冷水机组回水流量（m³/h）；

　　　T_1——冷水机组供水管流量（m³/h）；

　　　T_2——冷水机组供水管温度（m³/h）；

　CP_{t1}——对应于 T_1 时水的比热容［kJ/（kg·℃）］；

　CP_{t2}——对应于 T_2 时水的比热容［kJ/（kg·℃）］。

由上式知道，当空调所需冷负荷增加，回水温度 T_2 下降，温差 $\Delta T = (T_1 - T_2)$ 就会加大，因此 Q 值上升。当空调所需冷负荷减少，T_2 上升，ΔT 下降，此时 Q 值也下降。

当冷水机组进入稳态运行后，建筑物自动化系统实时进行冷负荷计算。根据冷负荷情况自动控制冷水机组，冷冻水泵的起、停台数，从而达到节能的目的。另外，PLC 或 DDC 还可进行冷负荷计算，可分时段查阅冷负荷总量。

（2）冷却水环路压差的自动控制。为了保证冷冻水泵流量和冷水机组的水量稳定，通常采用固定供回水压差的办法。当负荷降低时，用水量下降，供水管道压力上升；当供、回水管压差超过限定值时，压差控制器动作，PLC 或 DDC 根据此信号开启分水器与集水器之间连通管上的电动旁通阀，使冷冻水经旁通阀流回集水器，减小了系统的压差。当压差回到设定值以下时，旁通阀关断。

每台冷却塔风机应通过 PLC 或 DDC 进行起停控制，起停台数根据冷冻机开启台数、室外温湿度、冷却水温度、冷却水泵开启台数来确定。有的冷却塔风机采用双速电机，通过调整风机转速来调整冷却水温度，以适应外温及制冷负荷的变化。此时 PLC 或 DDC 就应同时控制其高/低速转换。

接于各冷却塔进水管上的电动阀 1～3 用于当冷却塔停止运行时切断水路，以防短路，同时可适当调整进入各冷却塔的水量，使其分配均匀，以保证各冷却塔都能达到最大出力。

由于此阀门主要功能是开通和关断,对调节要求并不很高,因此,选用一般的电动蝶阀可以减小体积,降低成本。冷却塔水出口安装 1～3 个水温测点可以确定各台冷却塔的工作情况,通过 3 个测点间温差调节电动阀 1～3,以改进各冷却塔间的流量分配。

由于湿式冷却塔的工作性能主要取决于室外温湿度,因此,设室外湿球温度测点。如果没有合适的湿球温度传感器,也可以同时测量干球温度和相对湿度或干球温度和露点温度,再由 DCS 系统计算出湿球湿度。

尽量用优先启停冷却塔台数、改变冷却塔风机转速等措施调整冷却水温度。但当夜间或春秋季室外气温低,冷却水温度低于冷冻机要求的最低温度时,为了防止冷凝压力过低,PLC 或 DDC 根据温度测量结果适当打开混水电动阀,使一部分从冷凝器出来的水与从冷却塔回来的水混合,以调整进入冷凝器的水温。

冷却塔接水池处的水位上下限测点用于监测冷却水系统水位,现在一般不采用浮球补水系统控制水位,以防止浮球补水系统出故障,使塔中水位降低,出现倒空现象或过度补水出现溢流。现在使用水位状态传感器测出水位状态并产生通断量的输出信号或直接测出水位高度。再由 PLC 或 DDC 根据水位传感器的信号控制补水电动阀或补水泵供水。

冷却水泵起停控制由 PLC 或 DDC 实现。PLC 或 DDC 根据冷冻机开启台数决定它们的运行台数。冷凝器入口处两个电动阀仅进行通断控制,在冷冻机停止时关闭,以防止冷却水短路,减少正在运行的冷凝器的冷却水量。

通过冷凝器入口水温测点可监测最终进入冷凝器冷却水温度,依此起停各冷却塔和调整各冷却塔风机转速,它是整个冷却水系统最主要的测量参数。由冷凝器出口水温测点测得的温度可确定这两台冷凝器的工作状况。当某台冷凝聚力器由于内部堵塞或管道系统误操作造成冷却水流量过小时,会使相应的冷凝器出口水温异常升高,从而通过现场控制器及时发现故障。水流开关也可以指示无水状态,但当水量仅是偏小,并没有完全关断时,不能给出指示。

冷水机组的监测与自动控制原理图如图 3-19 所示。

2. 一次泵冷冻水系统控制　对于一次泵系统,控制的目的是保证蒸发器中通过需要的水流量,其实质就要使蒸发器前后压差维持于指定值。

图 3-20 为典型的一级泵变流量冷冻水系统监控图,空调末端用户使用两通阀调节,供回水干管之间设置旁通管和旁通阀,利用旁通管来保证冷源侧定流量而让用户侧变流量,制冷机与循环泵是一一对应的关系。T1、T2、T3 为水温测点,F1、F2、F3 为循环泵出口水流状态,FE 为冷冻水流量,P1 为蒸发器出口压力,P2 为蒸发器进口压力,V1、V2、V3 为蒸发器进口电动阀,V 为电动旁通阀。

主要监控功能:①监测制冷机、冷冻水泵的运行状态;②监测制冷机蒸发器前后压差,调节供回水之间的旁通阀,保证蒸发器有足够的水量通过;③监测冷冻水供回水温度、流量,计算瞬时冷负荷,根据负荷控制冷机的运行台数;④按照程序控制冷机、冷冻水泵、冷却水泵的起停,实现各设备间的联锁控制;⑤当设备出现故障、冷冻水温度超过设定范围时,发出事件警报;⑥累积各设备运行时间,便于维修保养。

监控点表见表 3-3。

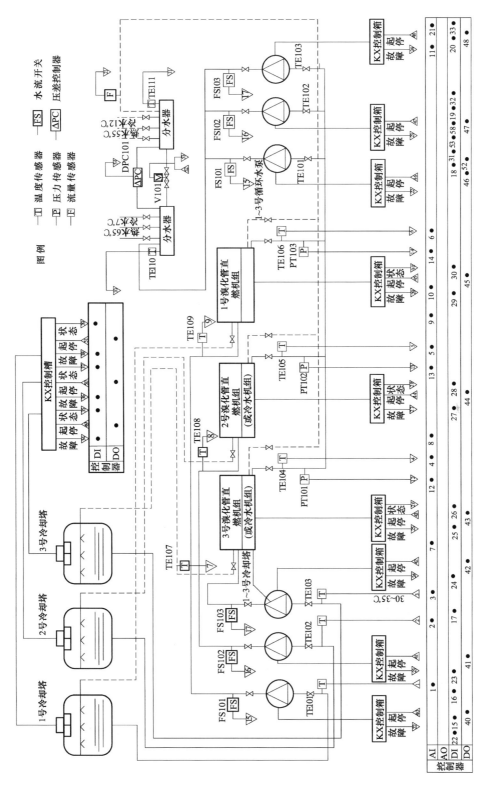

图3-19　冷水机组的测控原理图

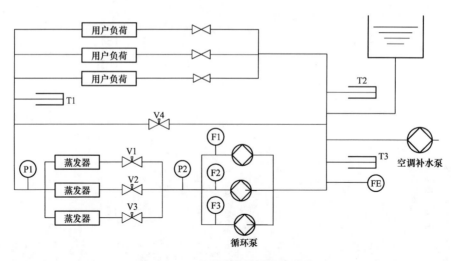

图 3-20　一级泵冷冻水系统监控图

表 3-3　　　　　　　　　　　　　　　一级泵冷冻水系统监控点表

受控设备	数量	监控功能描述	输入		输出		传感器、阀门及执行机构等
			AI	DI	AO	DO	
冷冻水泵	3 台	冷冻水泵水流状态		3			水流开关
		冷冻水泵过载报警		3			
		冷冻水泵手/自动转换		3			
		冷冻水泵起/停控制				3	继电器线圈
制冷机	3 台	冷机运行状态		3			
		冷机紧急停机按钮状态		3			
		制冷机泄漏监控		3			
		冷机起/停控制				3	继电器线圈
膨胀水箱	1 台	水位状态		2			液位开关
补水泵	1 台	补水泵状态		1			
		补水泵控制				1	继电器线圈
冷冻水位		冷冻水供、回水温度	3				水温传感器及套管
		冷冻水供、回水压力	2				压力传感器
		冷冻水回水流量	1				流量传感器及变送器
		蒸发器进口侧隔离控制阀		3		3	两通开关蝶阀及执行器
		冷冻水旁通阀调节			1		电动调节阀及执行器
		点数总计	6	24	1	10	

　　冷冻水总干管上设置流量传感器（FE）对于准确判断冷负荷，确定需要投入运行的冷机台数是非常必要的。

　　测准蒸发器前后压力（P1、P2）对于水系统的控制有重要作用，尤其当各冷水用户都采用自动控制，进行变流量调节时，除选用精度足够高的传感器之外，传感器的安装位置也非常重要。当多台制冷剂蒸发器侧回路都并联于一个进水母管和一个出水母管上时，这两个压力传感器可分别设置在这两个母管上，确保制冷机不同运行台数时，所测压差仅反映每台制冷机蒸发器中通过的流量，而与制冷机运行台数无关。

蒸发器进口侧的电动阀用于当制冷机停止运行时切断水路，防止冷冻水短路，降低正在运行的制冷机的效率。此电动阀仅用于通断，选用一般的蝶阀可以减小体积，降低成本。

循环水泵出口侧的水流开关（F1、F2、F3）可有效监测循环泵的实际状态，保证系统运行安全。

当部分用户关小或停止用水时，用户侧总流量变小，从而使流过蒸发器的水量也减少，此时水泵压差也减小，为保证通过蒸发器的流量，就应开大图 3-19 中的电动旁通阀，增大经过此阀的流量，直到水泵压差恢复到原来的设定值，从而蒸发器流量也恢复到要求值。反之，当用户侧开大阀门增大流量时，压差也会由于流过蒸发器的流量增大而增大。这时就应关小电动旁通阀，减少旁通水量，从而维持通过蒸发器的流量。由此分析可知，测准蒸发器进出口压力对水系统的控制有着重要作用。除选用精度足够高的传感器外，压力传感器安装位置亦非常重要。在多台冷水机蒸发器侧水回路都并联于一个进水母管和一个出水母管上时，这两个压力测点可分别设在这两个母管，确保冷冻机不同运行台数时，所测出压差仅反映每台冷冻机蒸发器中通过的流量，而与冷冻机运行台数无关。

循环泵 1、2 根据冷冻机运行台数而相应起停，同时电动阀 1、2 也随冷冻机情况开闭，因此，这两个阀门选择通断状况的电动蝶阀即可，不需具备调节功能。

水温测点 2～4 的温度可以用来判断用户负荷状况。可以看出，用户侧的总流量 G 占通过蒸发器水量 G_0 的百分比 r 为

$$r = \frac{G}{G_0} = \frac{t_4 - t_3}{t_2 - t_3}$$

根据比值 r 与用户侧回水温度 t_2，即可判断冷水用户的负荷状况，确定冷冻机起停台数。例如当两台冷水机运行，当 $r \leq 0.6$ 时，说明管道水量已降到一半以下，应停掉一台冷冻机。

（1）设备联锁。一次泵冷冻水系统，在起动或停止的过程中，冷水机组应与相应的冷冻水泵、冷却水泵和冷却塔等进行电气联锁。只有当所有附属设备及附件都正常运行工作之后，冷水机组才能起动；而停车时的顺序则相反，应是冷水机组优先停车起停顺序。

当有多台冷水机组并联且在水管路中泵与冷水机组不是一一对应连接时，则冷水机组冷冻水和冷却水接管上还应设有电动蝶阀（图 3-20），以使冷水机组与水泵的运行能一一对应进行，该电动蝶阀应参加上述联锁。因此，整个联锁起动程序为：水泵—电动蝶阀—冷水机组。停车时联锁程序相反。

（2）压差控制。末端采用两通阀的空调水系统，冷冻水供、回水总管之间必须设置压差控制装置，通常它由旁通电动两通阀及压差控制器组成。电动阀的接口应尽可能设于水系统中水流较为稳定的管道上。在一些工程中，此旁通阀常接于分水缸、集水缸之间，这对于阀的稳定工作及维护管理是较为有利的，但是如果冷水机组是根据冷量来控制其运行台数的话，这样的设置也许不是最好的方式，它会使控制误差加大，原因在以后关于流量计及温度计位置设置部分中将会提到。压差控制器（或压差传感器）的两端接管应尽可能靠近旁通阀两端并也应设于水系统中压力较稳定的地点，以减少水流量的波动，提高控制的精确性。压

差传感器精度通常来说以不超过控制压差的 6%～10% 为宜。目前常用产品中,此精度大多在 10～14kPa 之间。

(3) 设备运行台数控制。为了延长各设备的使用寿命,通常要求设备的运行累计小时数尽可能相同。因此,每次初起动系统时,都应优先起动累计运行小时数最少的设备(除特殊设计要求,如某台冷水机组是专为低负荷节能运行而设置的)。这要求在控制系统中有自动记录设备运行时间的仪表。

1) 回水温度控制。回水温度控制冷水机组运行台数的方式,适合于冷水机组定出水温度的空调水系统,这也是目前广泛采用的水系统形式。通常冷水机组的出水温度设定为 7℃,则不同的回水温度实际上反映了空调系统中不同的需冷量。回水温度传感器 T 的设置位置如图 3-20 所示。

尽管从理论上来说回水温度可反映空调需冷量,但由于目前较好的水温传感器的精度大约为 0.4℃,而冷冻水设计供、回水温差大多为 12℃,因此,回水温度控制的方式在控制精度上受到了温度传感器的约束,不可能很高。为了防止冷水机组起停过于频繁,采用此方式时,一般不能用自动起停机组而应采用自动监测、人工手动起停的方式。

当系统内只有一台冷水机组时,回水温度的测量显示值范围为 6.6～12.4℃ (假定精度为 0.4℃),显然,其控制冷量的误差在 16% 左右。

当系统有 2 台同样制冷量的冷水机组时,从一台运行转为两台运行的边界条件理论上说应是回水温度为 9.6℃,而实际测量值有可能是 9.1～9.9℃。这说明当显示回水温度为 9.6℃时,系统实际需冷量的范围是在总设计冷量的 42%～68% 之间。如果此时是低限值,则说明转换的时间过早,已运行的冷水机组此时只有其单机容量的 84% 而不是 100%,这时投入 2 台会使每台冷水机组的负荷率只有 42%,明显是低效率运转而耗能的。如果为高限值 (68%),则说明转换时间过晚,已运行的冷水机组的负荷率已达到其单机容量的 116%,处于超负荷工作状态。

当系统内有三台同冷量冷水机组时,上述控制的误差更为明显。从理论上说,回水温度在 8.7℃ 及 10.3℃ 时分别为一台转为两台运行及两台转为三台运行的转换点。但实际上,当测量回水温度值显示 8.7℃ 时,总冷量可能的范围为 26%～42%,相当于单机的负荷率为 78%～126%。因此,在一台转为两台运行时,转换点过早或过晚的问题更为明显。同样,当回水温度显示值为 10.3℃ 时,实际总冷量可能在 68%～74% 之间,相当于两台已运行冷水机组的各自负荷率为 87%～111%,显然同样存在上述问题。依此类推的结论是:冷水机组设计选用台数越多而实际运行数量越少时,上述误差越为严重。

为了保证投入运行的新一台冷水机组达到所必须负荷率(通常按 20%～30% 考虑),减少误投入的可能性及降低由于迟投入带来的不利影响,可采用回水温度来决定冷水机组的运行台数,但要求系统内冷水机组的台数不应超过两台。

2) 冷量控制。冷量控制是用温度传感器 T1、T2 和流量传感器 F 测量用户的供、回水的温度 T_1、T_2 及冷冻水流量 W,计算实际需冷量 $Q = W(T_2 - T_1)$,由此可决定冷水机组的运行台数。

在这种控制方式中,各传感器的设置位置是设计中主要考虑的因素,位置不同将会使测量和控制误差出现明显的区别。目前通常有两种设置方式:一种是把传感器设于旁通阀的外侧(即用户侧),如图 3-21 中的各个位置;另一种是把位置定在旁通阀内侧(即冷源侧),

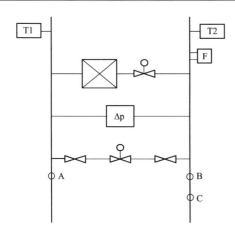

图 3-21　水系统各传感器位置的选取

如图 3-21 中 A、B、C 三点。

用冷量控制时，传感器设于用户侧是更为合理的。如果把旁通阀设于分、集水缸之间，则传感器的设置就无法满足这种要求。因此会使冷量的计算误差偏大，对机组台数控制显然是不利的。

测量水的水温传感器相对精度低于测量流量的传感器相对精度。当水温传感器测量精度为 0.4℃时，其水温测量的相对误差对供水来说为 6.7％，对回水而言则为 3.3％，它们都远大于流量传感器 1％的测量精度。同时，上述分析是在假定水系统为线性系统的基础上的，如果水系统呈一定程度的非性线，则用户侧回水温度在低负荷时可能会更高一些（大于 12℃）。这时如果把传感器设于用户侧，相当于提高了回水温度的测量精度，其计算的结果会比上述第一种情况的结果误差更小一些。

为了保证流量传感器达到其测量精度，还应把它设于管路中水流稳定处，并在设计安装时保证其前面（来水流方向）直管段长度不小于 6 倍接管直径，后面直管段长度不小于 3 倍接管直径。

图 3-22 为典型的一次泵系统监测与控制点示意图。

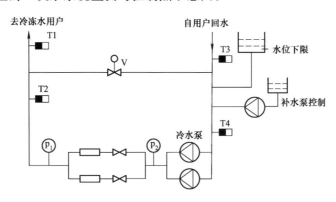

图 3-22　一次泵冷冻水系统监测与控制点示意图

T1—水温测点 1；T2—水温测点 2；T3—水温测点 3；T4—水温测点 4；
p_1—蒸发器进口压力；p_2—蒸发器出口压力；V—电动旁通阀

对于一次泵变流量水系统而言，盘管进出水的温差只能在设计工况下才能恒定在一般要求的温差（7～12℃），才能保证冷水机组提供的冷量和系统要求的流量和冷量是匹配的。当一次泵变流量系统在增载时，则会出现负荷不足的情况。如系统处于两台机组运行（系统负荷 88.7％，冷冻水流量 60％），旁通流量占总流量的 16.7％，此时若盘管的冷量需求增加到 80％之前，采用压差控制法，系统的冷水流量仍能满足要求，而系统的制冷能力为 66.7％，此时将导致冷量供需之间的矛盾，所以难以合理控制冷机停起。

3. 二次泵冷冻水系统控制　图 3-23 为二次泵冷冻水系统监测与控制点示意图。安装在冷冻机蒸发器回路中的循环泵 1、2 仅提供克服蒸发器及周围管件的阻力，至旁通管 ab 间的压差就应几乎为 0，这样即使有旁通管，当用户流量与通过蒸发器的流量一致时，旁通管内亦无流量。加压泵 1、2 用于克服用户支路及相应管道阻力。这样，根据冷冻机起停控制循环泵 1、2 的起停；根据用户用水量控制加压泵 1、2。当用户流量大于通过冷冻机蒸发器的流量时，旁通管内由点 b 向点 a 旁通一部分流量在用户侧循环。当冷冻机蒸发器流量大于用户流量时，则旁通管内水由点 a 向点 b 流动，将一部分冷冻机出口的水旁通回到蒸发器入口处。这样，只要旁通管管径足够大，用户侧调整流量不会影响通过蒸发器内的水量。为了节省加压泵电耗，可以根据用户侧最不利端进回水压差 Δp 来调整加压泵开启台数或通过变频器改变其转速。实际上冷冻水管网若分成许多支路，很难判断哪个是最不利支路。尤其当部分用户停止运行，系统流量分配在很大范围内变化时，实际最不利末端也会从一个支路变到另一个支路。这时可以将几个有可能是最不利末端的支路末端均安装压差传感器，实际运行时根据其最小者确定加压泵的方式。

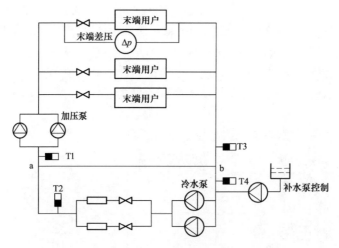

图 3-23　二次泵冷冻水系统监测与控制点示意图
T1—水温测点 1；T2—水温测点 2；T3—水温测点 3；T4—水温测点 4

二次泵系统监控的内容包括设备连锁、冷水机组台数控制和次级泵控制等。从二次泵系统的设计原理及控制要求来看，要保证其良好的节能效果，必须设置相应的自动控制系统才能实现。这也就是说，所有控制都应是在自动检测各种运行参数的基础上进行的。

二次泵系统中，冷水机组、初级冷冻水泵、冷却泵、冷却塔及有关电动阀的电气联锁起停程序与一次泵系统完全相同。

图 3-24 为典型的二级泵冷冻水系统监控图，其中，图 3-24（a）根据供水分区设置加压泵，以满足各供水分区不同的压降，加压泵采用变速调节方式，根据末端压降控制加压泵转速；（b）图为多台加压泵并联运行，采用台数控制方式。图 3-24（a）为分区设置加压泵，（b）图为加压泵并联运行，T1～T4 为水温测点，F1～F6 为水泵出口水流状态，FE 为用户侧冷冻水流量。

主要监控功能：①监测制冷机、冷冻水泵的运行状态；②监测冷冻水供回水温度、流量，计算瞬时冷负荷，根据负荷控制冷机的运行台数；③按照程序控制冷机、冷冻水泵、冷却水泵的起停，实现各设备间的联锁控制；④合理控制加压泵的运行台数或流量；⑤防止加压泵在增泵或减泵过程中，系统水力工况发生振荡；⑥当设备出现故障、冷冻水温度超过设定范围时，发出事件警报；⑦累积各设备运行时间，便于维修保养。

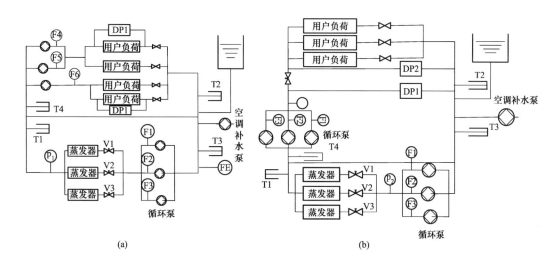

图 3-24　二级泵冷冻水系统监控图

V1～V3—蒸发器进口电动隔离阀；DP1、DP2—压差传感器；p_1—输入压力测点；p_2—输出压力测点

　监控点表见表 3-4。

表 3-4　　　　　　　　　二级泵冷冻水系统监控点表

受控设备	数量	监控功能描述	输入		输出		传感器、阀门及执行机构等
			AI	DI	AO	DO	
循环泵	3台	水泵水流状态		3			水流开关
		水泵过载报警		3			
		水泵手/自动转换		3			
		水泵起/停控制				3	继电器线圈
制冷机	3台	冷机运行状态		3			
		冷机紧急停机按钮状态		3			
		制冷剂泄漏检测		3			
		冷机起/停控制				3	继电器线圈
膨胀水箱	1台	水位状态		2			液位开关
补水泵	1台	补水泵状态		1			
		补水泵控制				1	继电器线圈
冷冻水路		冷冻水供、回水温度	4				水温传感器及套管
		冷冻水回水流量	1				流量传感器及变送器
		蒸发器进口侧隔离阀控制			3	3	两通开关蝶阀及执行器
加压泵	3台	水泵水流状态		3			水流开关
		水泵过载报警		3			
		水泵手/自动转换		3			

受控设备	数量	监控功能描述	输入		输出		传感器、阀门及执行机构等
			AI	DI	AO	DO	
加压泵	3 台	水泵起/停控制				3	继电器线圈
		水泵变频控制			3		变频
		水泵变频故障		3			
加压泵	3 台	空调末端用户压差	2				压差传感器
		水泵水流状态		3			水流开关
		水泵过载报警		3			
		水泵手/自动转换		3			
		水泵起/停控制				3	继电器线圈
加压泵为陡降特性时设置的监控点		供水总管调节阀控制			1		两通调节阀及执行器
		加压泵旁通调节阀控制			1		两通调节阀及执行器
		供回水压差	2				压差传感器

循环泵仅提供克服蒸发器及周围管件的阻力，至旁通管之间的压差就应几乎为 0。当用户流量与通过蒸发器的流量一致时，旁通管内没有流量；当用户流量大于蒸发器的流量时，用户侧一部分回水通过旁通管回到供水管路；当用户流量小于蒸发器的流量时，蒸发器侧一部分供水通过旁通管回到蒸发器入口。这样，只要旁通管管径足够大，用户侧调整水量不会影响通过蒸发器的水量。

当加压泵采用台数调节，并且加压泵的特性曲线为陡降型时，为避免在加泵或减泵过程中水力工况发生震荡，在供水总干管上设置电动调节阀是必要的；当仅一台加压泵工作时，为保证水泵在小流量时仍在高效区工作，则将电动调节阀设置在加压泵的旁通管上。

(1) 冷水机组台数控制。在二次泵系统中，由于连通管的作用，无法通过测量回水温度来决定冷水机组的运行台数。因此，二次泵系统台数控制必须采用冷量控制的方式，其传感器设置原则与上述一次泵系统冷量控制相类似，如图 3-24 所示。

(2) 次级泵控制。次级泵控制可分为台数控制、变速控制和联合控制三种。

1) 次级泵台数控制。采用这种方式时，次级泵全部为定速泵，同时还应对压差进行控制，因此设有压差旁通电动阀。应注意，压差旁通阀旁通的水量是次级泵组总供水量与用户侧需水量的差值，而连通管 AB 的水量是初级泵组与次级泵组供水量的差值，这两者是不一样的。

压差控制旁通阀的情况与一次泵系统相类似。

① 压差控制。用户侧用二通调节阀，根据负荷的大小调节二通阀的开度，压差传感器根据供回水管路的压差控制多台并联的二次泵，进行台数控制，当用户负荷减小时，二通阀关小，压差传感器感应到的压差增大，反之，则减小。

压差控制法的控制原理如下 (图 3-25)：根据水泵的性能曲线和系统的管路特性曲线，考虑水泵的效率等因素，定出水泵组工作的上下限，根据压力的上下限来控制水泵的起停。如图 3-25 所示，曲线 I，II 和 III 分别为一台、两台和三台水泵并联的扬程-流量曲线，H_U 和 H_L 为压力上限和压力下限。系统开始工作于 A 点，随着流量的减小，工作点向左移动，当到达 B 点时，该点的压力到达压力上限，于是控制器停掉一台水泵，工作点变为 C 点，依次类推，水泵的卸载顺序为 ABCDEF，F 点为最小流量点。当负荷增加时，流量增加，供回水管的压差下降，当压力降到压力下限时，控制器起动一台水泵，水泵的起动顺序为 FEDCBA，A 点为最大流量点。

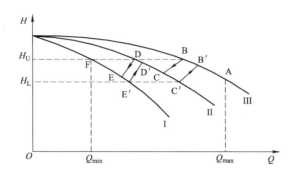

图 3-25 二次泵水泵台数压差控制法

当系统需水量小于次级泵组运行的总水量时，为了保证次级泵的工作点基本不变，稳定用户环路，应在次级泵环路中设旁通电动阀，通过压差控制旁通水量。当旁通阀全开而供、回水压差继续升高时，则应停止一台次级泵运行。当系统需水量大于运行的次级泵组总水量时，反映出的结果是旁通阀全关且压差继续下降，这时应增加一台次级泵投入运行。因此，压差控制次级泵台数时，转换边界条件如下：

停泵过程：压差旁通阀全开，压差仍超过设定值时，则停掉一台泵。

起泵过程：压差旁通阀全关，压差仍低于设定值时，则起动一台泵。

由于压差的波动较大，测量精度有限（6%～10%），很显然，采用这种方式直接控制次级泵时，精度受到一定的限制，并且由于必须了解两个以上的条件参数（旁通阀的开、闭情况及压差值），因而使控制变得较为复杂。

② 流量控制。流量控制法可用于控制多台并联的二次泵或一次泵的运行，对于二次泵要求在供水管上安装流量计，而一次泵则要求在旁通管上安装流量计，既然用户侧必须设有流量传感器，因此直接根据此流量测定值并与每台次级泵设计流量进行比较，即可方便地得出需要运行的次级泵台数。由于流量测量的精度较高，因此，这一控制是更为精确的方法。此时旁通阀仍然需要，但它只是用作为水量旁通用而并不参与次级泵台数控制。控制器根据流量的大小来控制水泵的起停，为了避免水泵的频繁起停，需要设计带死区的控制算法。

例 某二级泵组有三台相同型号的水泵并联，并联的最大流量为 Q_{max}，可以设计如下控制算法：

当 $Q < 0.66Q_{max}$，停掉一台水泵，两台在运行。

当 $Q < 0.30Q_{max}$，再停掉一台水泵，一台在运行。

当 $Q > 0.36Q_{max}$，开启一台水泵，两台在运行。

当 $Q > 0.70Q_{max}$，再开启一台水泵，三台在运行。

③ 温度控制。温度控制法可以控制一次泵组或二次泵组的运行台数，图 3-26 是一次泵

组和二次泵组都用温度控制法的二次泵空调水系统，图 3-26 中 T1、T2、T3 和 T4 是测温元件，程序控制器根据测得的温度来控制一次泵组和二次泵组的运行台数。

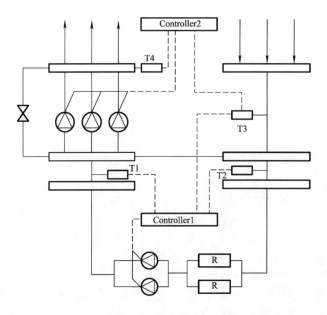

图 3-26　二级泵系统水泵台数温度控制法

在该系统中，控制器 1 根据 T1、T2 和 T3 控制一次泵和冷水机组的起停，T_1 恒定为冷水机组供水温度，T_2 和 T_3 的变化反映了旁通管中水的流向，根据这些温度的变化，编制程序，当 T_3 升高或降低一定值时，开启或停掉一台冷水机组和一台一次泵。控制器 2 根据 T3 和 T4 来控制二次泵的运行台数，当两者温差减小时，说明流量偏大，反之，流量偏小。可以根据单台水泵的流量设置动作温差上下限，当温差大于动作温差上限时，起动一台二次泵，当温差小于动作温差下限时，停掉一台二次泵。在该系统中，应避免二次泵与一次泵控制同时动作，设置好动作温差上下限与一次泵起停的控制温度 T_3 是关键。以下是该系统的一种控制算法：

取二次泵动作温差下限为 $\Delta t_{min}=3℃$，上限为 $\Delta t_{max}=6℃$，动作温差上下限对于不同的水泵应有不同的数值，实测温差为 $\Delta t=T_3-T_4$，供水温度恒定为 7℃，一次泵起停的控制温度 T_3 也是根据设备来确定的，这里取 12℃ 和 9℃，算法设计如下：

当 $\Delta t>\Delta t_{max}℃$ 时，起动一台二次泵。

当 $\Delta t<\Delta t_{min}℃$ 时，停掉一台二次泵。

当 $T_3>12℃$ 时，起动一台冷水机组和一台一次泵。

当 $T_3<9℃$ 时，停掉一台冷水机组和一台一次泵。

④ 热量控制。热量控制法也称负荷控制法，实质上是流量控制法和温度控制法的结合，如图 3-27 所示，该控制法根据测得的供回水温差 Δt 和流量 G，用热量计算器计算实际负荷 $Q=CG\Delta t$，再利用程序控制器根据实际负荷 Q 控制冷水机组和冷冻水泵的运行台数。这种控制法需要用到热量计算器和程序控制器，造价较高。为了避免频繁地起停冷水机组和冷冻水泵，该控制法也需要设计带死区的控制算法。算法示例如下：

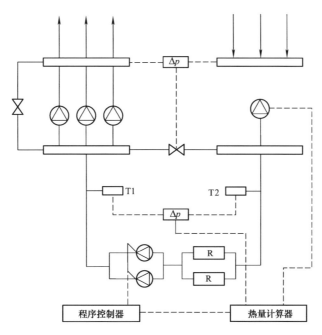

图 3-27 热量控制法

现有 N 台冷水机组在运行，单台冷水机组的最大制冷量 q_{max}，将实测得到的负荷 Q 与单台冷水机组的最大制冷量 q_{max} 进行比较。$Q \leqslant 0.96 (N-1) q_{max}$：关停一台制冷机和相应的循环泵；$Q \geqslant N q_{max}$：起动一台制冷机和相应的循环泵。这里，将算法的死区宽度设为 $0.06 q_{max}$。

2）变速控制。变速控制是针对次级泵为全变速泵而设置的，其被控参数既可以是次级泵出口压力，又可以是供、回水管的压差。通过测量被控参数并与给定值相比较，改变水泵电机频率，控制水泵转速。

3）联合控制。联合控制是针对定、变速泵系统而设的，通常这时空调水系统中是采用一台变速泵与多台定速泵组合，其被控参数既可以是压差也可是压力。这种控制方式，既要控制变速泵转速，又要控制定速泵的运行台数，因此相对来说此方式比上述两种更为复杂。同时，从控制和节能要求来看，任何时候变速泵都应保持运行状态，并且其参数会随着定速泵台数起停发生较大的变化。

在变速过程中，如果无控制手段，在用户侧，供、回水压差的变化将破坏水路系统的水力平衡，甚至使得用户的电动阀不能正常工作，因此，变速泵控制时，不能采用流量为被控参数而必须用压力或压力差。

无论是变速控制还是台数控制，在系统初投入时，都应先手动起动一台次级泵（若有变速泵则应先起动变速泵），同时监控系统供电并自动投入工作状态。当实测冷量大于单台冷水机组的最小冷量要求时，则联锁起动一台冷水机组及相关设备。

用户侧流量与冷冻机蒸发器侧流量之关系可通过温度测点 1、2、3、4 来确定。当 $t_1 = t_3$、$t_2 > t_4$ 时，通过蒸发器的流量 G_e 大于用户侧流量 G_u，二者之比为

$$\frac{G_u}{G_e} = \frac{t_4 - t_3}{t_2 - t_3}$$

当 $t_3 < t_1$、$t_2 = t_4$ 时，用户侧流量大于蒸发器侧流量，二者之比为

$$\frac{G_u}{G_e} = \frac{t_2 - t_3}{t_2 - t_1}$$

由此，可以通过这些温度的关系确定用户侧负荷情况，从而确定冷冻机的运行方式。为了更清楚地了解系统工作情况，还可以安装流量计，从而得到系统实际的供水量、制冷量。它一般可安装在蒸发器侧旁通管之前。

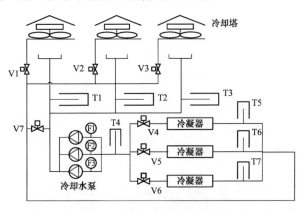

图 3-28　冷却水系统监控图
T1～T7—水温测点；F1～F3—冷却水泵出口水流状态；
V1～V6—电动阀；V7—旁通阀

4. 冷却水系统和冷却塔的控制

图 3-28 为一典型的开式冷却水系统监控图，制冷机、冷却水泵和冷却塔一一对应，冷却塔的风机可采用双速电机或变频器，通过调整风机转速来调整冷却水温度，以适应室外温度和冷负荷的变化。

（1）主要监控功能。

① 监测冷却水泵、冷却塔风机的运行状态；② 监测冷凝器的进出口水温，诊断冷凝器的工作状况；③ 监测冷却塔的出口水温，诊断冷却塔的工作状况；④ 根据制冷机的起停连锁控制冷却水泵的起停，保证制冷机冷凝器侧有足够的冷却水通过；⑤ 根据室外温湿度、冷却水温度、制冷机的开启台数控制冷却塔的运行数及风机转速，保证冷却水温度在设定的温度范围内；⑥ 调节混水阀，防止冷却水温度过低；⑦ 当设备出现故障、冷却水温度超过设定范围时，发出事件警报；⑧ 累积各设备运行时间，便于维修保养。

监控点表见表 3-5。

表 3-5　　　　　　　　　　　　　冷却水系统监控点表

受控设备	数量	监控功能描述	输入		输出		传感器、阀门及执行机构等
			AI	DI	AO	DO	
冷却水系统控制							
冷却水泵	3 台	水泵水流状态		3			水流开关
		水泵过载报警		3			
		水泵手/自动转换		3			
		水泵起/停控制				3	继电器线圈
冷却水路	3 台	冷凝器进口冷却水温度	1				水温传感器
		冷凝器出口冷却水温度	3				水温传感器
		冷凝器进口侧隔离阀控制		3		3	两通开关蝶阀及执行器
		冷却塔出口管水温	3				水温传感器

受控设备	数量	监控功能描述	输入		输出		传感器、阀门及执行机构等
			AI	DI	AO	DO	
冷却水路	3台	冷却塔进水侧电动阀控制		3		3	两通开关蝶阀及执行器
		混水电动调节阀控制			1		两通调节蝶阀及执行器
冷却塔定速风机控制							
冷却塔（定速）	3台	冷却塔风机状态		3			
		冷却塔风机起/停控制				3	继电器线圈
		冷却塔振动监测		3			
冷却塔双速风机控制							
冷却塔（双速）	3台	冷却塔风机运行状态（高速/低速）		6			
		冷却塔风机高速控制				3	继电器线圈
		冷却塔风机低速控制				3	继电器线圈
		冷却塔振动监测		3			
冷却塔变频风机控制							
冷却塔（变速）	3台	冷却塔风机状态		3			
		冷却塔风机起/停控制				3	继电器线圈
		冷却塔风机变频控制			3		继电器线圈
		冷却塔风机变频故障		3			
		冷却塔震动监测		3			

各冷却塔进水管上的电动阀用于当冷却塔停止运行时切断水路，以防短路，同时可适当调整进入各冷却塔的水量，使其分配均匀，以保证各冷却塔都能达到最大的排热能力。

各制冷机冷凝器入口处的电动阀仅进行通断控制，在制冷机停机时关闭，以防止冷却水短路，减少正在运行的冷凝器的冷却水量。

冷却水供回水干管之间的混水电动阀可用来调节冷却水温度，当室外气温低，冷却水温度低于制冷机要求的最低温度时，为了防止冷凝压力过低，适当打开混水阀，使一部分从冷凝器出来的水与从冷却塔回来的水混合，来调整进入冷凝器的水温。但是，当能够通过起停冷却塔台数，改变冷却塔风机转速等措施调整冷却水温度时，应尽量优先采用这些措施。用混水阀调整只能是最终的补救措施。

冷凝器进、出口温度可确定冷凝器的工作状况。当某台冷凝器由于内部堵塞或管道系统误操作造成冷却水流量过小时，会使相应的冷凝器出口水温升高，从而及时发现故障。

在冷却水系统安装流量计来测量冷却水的流量是没有必要的，一方面增加造价，另一方面可以根据冷冻水侧流量及温差计算瞬时制冷量，再测出冷凝器侧供回水温差，也能估算出通过冷凝器的冷却水量，其精度足以用来判断各种故障。

冷却水泵的控制方法与冷冻水系统的循环泵基本相同，这里就不再复述。

冷却塔风机为双速和变频的两种模式。冷却塔与冷水机组通常是电气联锁的，但这一联锁并非要求冷却塔风机必须随冷水机组同时运行，而只是要求冷却塔的控制系统投入工作。一旦冷却回水温度不能保证时，则自动起动冷却塔风机。

因此，冷却塔的控制实际上是利用冷却回水温度来控制相应的风机（风机作台数控制或变速控制），不受冷水机组运行状态的限制（如室外湿球温度较低时，虽然冷水机组运行，但也可能仅靠水从塔流出后的自然冷却而不是风机强制冷却即可满足水温要求），它是一个独立的控制回路。

（2）冷却塔风机变频控制。

1）控制原理。将冷却塔与制冷机、冷却水泵设置为一一对应的关系，根据制冷机是否起动，控制相应冷却水泵是否起动，相应冷却塔进口电动阀是否打开；根据冷却塔的出口冷却水温度控制冷却塔风机高/低转速，保证冷却水温度在设定的范围内。当室外气温较低，所有冷却塔的风机均关闭后，制冷机冷凝器进口侧冷却水温度低于设定值（制冷机厂家提供的冷凝器最低进水温度）时，打开旁通阀，通过调节旁通阀开度来控制水温。

2）控制程序。控制程序是冷却塔的运行条件。

① 根据来自冷却水泵控制程序的启动指令，确定冷却塔是否投入运行；②当冷却塔振动异常时，禁止冷却塔运行，并给相应制冷机发送远程停机信号；③管理员可超越控制冷却塔的起停；④反馈给群控管理程序冷却塔是否正常投入运行信号。

3）冷却塔控制策略。

①当冷却塔已要求起动，打开冷却塔进水管路上的电动阀；②当冷却塔出口水温 24℃（滞后 3℃），延时 30s，开启冷却塔风机；③当冷却塔出口水温 27℃（滞后 3℃），延时 36s，关闭冷却塔风机调速；④当冷却塔出口水温降低时，以与上述相反的顺序关闭冷却塔风机；⑤当冷却塔出口温度小于 4℃，发出防冻保护的事件通知；⑥当冷却塔投入运行后 1min，出口温度超过 30℃，发出事件通知。

4）冷却塔的控制。

①当冷却塔要求起动，打开冷却塔进水管路上的电动阀；②用 PID 计算风机频率，控制冷凝器冷却水进口温度 t，不高于 28℃；③管理人员可以根据运行经验调整 PID 参数值；④管理人员可以超越锁定风机频率；⑤使用平滑增减模块，限制风机频率变化率；⑥当风机频率计算值≥0 时，起动风机；⑦为防止风机频繁起停，限定风机的最小开机和停机时间不小于 6min；⑧利用 DO/DI 模块，比较输出控制与输入状态信号，当不一致时发出警报；⑨计算风机的累计运行时间，当超过设定值时，发出需要维护的事件通知。

5）旁通阀的控制。

①根据蒸发器进口冷却水温度，用 PID 计算旁通阀的开度，防止冷却水温度过低；②使用平滑增减模块，限制旁通阀开度的变化率，避免频繁动作。

二、热水系统及冬夏转换控制

（1）热交换器的控制。空调热水系统与冷水系统相似，通常是以定供水温度来设计的。因此，控制热交换器的常见做法是：在二次水出口设温度传感器，由此控制一次热媒的流量。当一次热媒的水系统为变水量系统时，其控制流量应采用电动两通阀；若一次热媒不允许变水量，则应采用电动三通阀。当一次热媒为热水时，电动阀调节性能应采用等百分比型；一次热媒为蒸汽时，电动阀应采用直线阀。如果有凝结水预热器，一般来说作为一次热媒的凝结水的水量不用再作控制。

当系统内有多台热交换器并联使用时，与冷水机组一样，应在每台热交换器二次热水进口处加电动蝶阀，把不使用的热交换器水路切断，保证系统要求的供水温度。

（2）冬、夏工况的转换。空调水系统冬、夏工况的切换只是在两管制系统中才具有的，通常是通过在冷、热的回供、回水总管上设置阀门来实现，自动控制设备的使用方式决定了冷、热水总管的接口位置及切换方式。

1）冷热计量分开，压差控制分开。这种情况下，冷热水总管可接入分、集水器（图3-29）。从切换阀的使用要求来看，当使用标准不高时，可采用手动阀。但如果使用的自动化程度要求较高，尤其是在过渡季有过能要求来回多次切换的系统，为保证切换及时并减少人员操作的工作量，这时应采用电动阀切换。图3-29的一个主要优点是冷热水旁通阀各自独立，因此各控制设备均能根据冷、热水系统的不同特点来选择、设置和控制，这对于压差控制及测量精度都是较高的。这一系统的主要缺点是由于分别计量及控制，使投资相对较大。

2）冷、热计量及压差控制冬夏合用。这种方式的优缺点正好与上一种方式相反。通常此时冷、热量计量及测量元件和压差旁通阀都按夏季来选择，当用于热水时，由于流量测量仪表及旁通阀的选择偏大，将使其对热水系统的控制和测量精度下降。

在这时，冷、热水切换不应放在分、集水器上而应设在分、集水器之前的供、回水总管上（图3-30），以保证前面所述的冷、热量计算的精度。从实际情况来看，总管通常位于机房上部较高的位置，手动切换是较为困难的。因此，这时通常采用电动阀切换（双位式阀门，如电动蝶阀等）。同时，压差控制器应装在较容易设定及修改冬、夏压差控制值（通常冬季运行时的控制压差小于夏季）的地方。

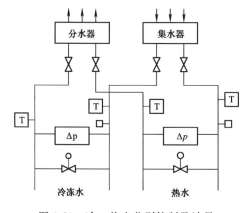

图 3-29　冷、热水分别控制及计量

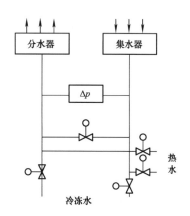

图 3-30　冷、热水合用控制及计量

在按夏季工况选择旁通阀后，为了尽可能使其在冬季时的控制较好，这里有必要研究冬季供热和对热水系统的设计要求。

假定夏季、冬季的设计控制压差分别为 Δp_s、Δp_d（p_a），最大旁通流量分别为 W_s、W_d（m^3/h），则按夏季选择时，阀的流通能力为

$$C_s = \frac{316W_s}{\sqrt{\Delta p_s}}$$

按冬季理想控制来选择，则阀的流通能力为

$$C_s = \frac{316W_d}{\sqrt{\Delta p_d}}$$

由于采用同一旁通阀，因此，同时满足夏季与冬季控制要求的阀门应是 $C_s = C_d$，则由上两式得

$$\frac{\Delta p_s}{\Delta p_d} = \left(\frac{W_s}{W_d}\right)^2$$

与夏季压差旁通控制相同的是：冬季最大旁通量也为一台二次热水泵的水量。因此，当 Δp_s、Δp_d、及 W_s 都已计算出的情况下，可由上式计算出 W_d，这就是二次热水泵的水量，这一水量即是以控制来说最为理想的对二次热水泵的流量要求，由 W_d 并根据总热负荷及热水供、回水温差即可反过来确定出热交换器及二次热水泵的台数（一一对应），如图 3-31 所示。当然，由此确定热交换器的台数后，还应符合热交换器的设置原则：一台热交换器停止运行时，其余的应保证总供热量 70% 以上。

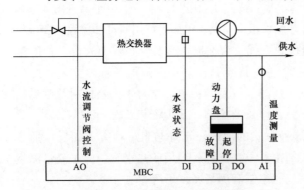

图 3-31　热交换系统的自动控制

如果不能满足这一原则，则应以此原则决定热交换台数，而牺牲对热水系统的调节能力。

三、水系统能量调节（变流量控制）

冷源及水系统的能耗由冷冻机主机电耗及冷冻水、冷却水和各循环水泵、冷却塔风机电耗构成。如果各冷冻水末端用户都有良好的自动控制，那么冷冻机的产冷量必须满足用户的需要，节能就要靠恰当地调节冷冻机运行状态，降低冷冻水循环泵、冷却水循环泵及冷却塔风机电耗来获得。当冷冻水末端用户采用变水量调节时，冷冻水循环泵就必须提供足够的循环水量并满足用户的压降。可能的节能途径是减少各用户冷冻水调节阀的节流损失，并尽可能使循环水泵在效率最高点运行。这样，冷源与水系统的节能控制就主要通过如下三个途径完成：

（1）在冷水用户允许的前提下，尽可能提高冷冻机出口水温以提高冷冻机的出力；当采用二级泵系统时，减少冷冻水加压泵的运行台数或降低泵的转速，以减少水泵的电耗。

（2）根据冷负荷状态恰当地确定冷冻机运行台数，以提高冷冻机的出力。

（3）在冷冻机运行所允许的条件下，尽可能降低冷却水温度，同时又不增加冷却泵和冷却塔的运行电耗。

我们就以减少冷冻水加压泵的运行台数或降低泵的转速来分析中央空调调速节能原理。

从管网特性曲线可以看出，一般情况下，风机转速变化相似工况点连线过原点，由于水泵有静扬程存在，当转速变化时，相似工况点连线不通过坐标原点，转速变化前后工况点也不再保持相似，所以效率也随之不再保持不变，也就是说，此时不满足比例律，如图3-32所示。

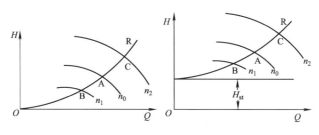

图 3-32　转速改变引起工况点变化图
$(n_2 > n_0 > n_1)$

现在空调系统在运行调节方式上，风水系统主要是阀门（手动、自动阀门调节），主机利用卸荷方式，而这些方式是牺牲了阻力能耗来适应末端负荷要求，造成运行成本居高不下。若采用变频控制，能量的传递和运输环节控制为变水量（VWV）和变风量（VAV），使传递和运输耦合并达到最佳温差置换，其动力仅为其他控制系统的 $30\% \sim 60\%$，而且节能是双效的，因为对制冷主机的需求能耗同时下降。

主机采用变频节能控制，保持设计工况下的制冷剂运动的物理量（如温差、压力等）变化，节能较其他调荷方式明显，如约克（YORK）的 YT 型离心式冷水机组，配置变频机组在部分负荷下能效比可降至 0.2kW/T，可见变频控制方式在空调系统中应用前景十分广阔。

（1）中央空调调速节能原理。中央空调系统中大部分设备是风机和水泵，是将机械能转变成流体的压力能或动能的设备，若流体为液体工质称其为泵；若流体为气体工质称其为风机。空调系统中的风机、水泵一般在结构上为透平式类。

在图3-32中，n_0 为原转速，A 为原工况点，转速降低到 n_1 或提升到 n_2 时的工况点分别为 B 和 C。A、B、C 均为相似工况点，其连线过坐标原点 O，恰好与管网特性线 R 重合，$H_{st} = 0$。在图3-32中，$H_{st} > 0$，转速变化前后的特性线与管网特性线交于 B 和 C 点。A、B、C 是工况点，但不是相似工况点，因此效率也不是相似工况点，实际流量（减少时）的转速要比按一次方计算转速高，实际功率比按转速比二次方计算功率大。

从实际水系统的装置特性来看，不管是冷却水系统还是冷冻水（热水）系统，其进水势能与出水势能相差不大。

装置扬程的表达式如下

$$H = H_z + [(p'' - p')/r] + KQ_2 \quad (m)$$

式中　H_z——压出池液面与吸入液面高度差；

p''、p'——分别为密闭吸入池和压出池液面处压力，若是开口池（容器），均为大气压力；

K——与吸入管路、压出管路等有关的阻力系数；

Q——体积流量。

分析偏离 O 点的差值 H_z 高度差在冷冻水密闭管路中接近零，在冷却水中差距很小；p''、p' 在系统中差值小，所以，在空调水系统中作水泵节能分析时，可按相似律作粗略分析，

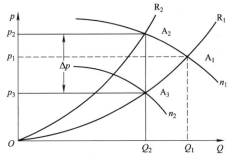

图 3-33　阀门调节和变速调节比较

即 $H_z+(p''-p')/r$ 趋近零。所以，在以下分析中，分机水泵的节能均按相似定律计算。根据相似定律，可得出恒速调节和变速调节的能耗关系。

在图 3-33 中，当风机或水泵稳定工作在工况点 A_1（Q_1，p_1）上，当需要减少流量到 Q_2 时：① 关小阀门开度，并使转速从 n_1 降为 n_2。此时管网曲线从 R_2 变为 R_1，稳定工况点也从点 A_2（Q_2，p_2）变为点 A_3（Q_3，p_3）。值得注意的是：Q_2 的实现是靠人为节流引起的损失 Δp 的代价换来的。② 采用变速调节，将速度降到 n_2 时，即可满足流量的要求，其功率降低显著。因此，变转速调节是风机、泵经济运行的首选方式。

因为中央空调系统是由主机、冷冻水、冷却水等若干个子系统组成的一个较为复杂的系统，所以对每个子系统进行设计时，都要考虑到对整个系统的影响。因此我们在中央空调系统变频设计时采用了神经元网络和模糊控制的方法，保证整个系统的最优化运行。

（2）冷却水系统（包括一次及二次系统）的变频控制。冷却水的进出口温度差为 6℃ 时，空调主机的热交换率最高，同时为了保证正常供水，还要保证冷却水的压力和流量。因此将进口温度、出口温度、管网压力、管网流量等信号输入控制柜的中央控制器中，由中央控制器根据当前的具体数据计算出所需流量值，确定冷却水泵投入的台数及工作频率，保证能耗最低且系统最优工作方式，控制方案如图 3-34 所示。

（3）冷冻水系统的变频控制。为了使空调主机效率最高，应保证冷冻水进出主机温度差为 6℃，同时为了保证供水需求，必须保证冷冻水的压力和流量，而且必须保证冷冻水的温度不能过低，避免主机结冰。因此将进口温度、出口温度、管网压力、管网流量等信号输入控制柜的中央控制器中，由中央控制器根据当前的具体数据计算出所需流量值，确定冷冻水泵投入的台数及工作频率，保证能耗最低且系统最优工作方式，控制方案如图 3-35 所示。

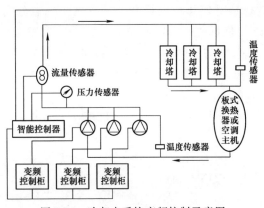

图 3-34　冷却水系统变频控制示意图

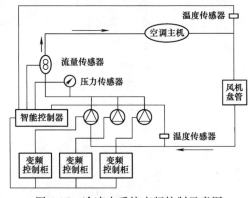

图 3-35　冷冻水系统变频控制示意图

一次泵变水量空调水系统具有系统简单、操作方便、投资少的优点，因而在许多中小型空调工程中得到了应用。当满负荷运行时，负荷侧二通调节阀全开，旁通阀全闭。随着负荷的减少，末端设备电动二通阀调节阀关小，流经末端设备的水量减少，供回水总管压差增大，压差控制器动作，使旁通调节阀逐渐打开，部分水流返回冷水机组；当旁通调节阀全开而供回水管的压差达到规定的上限时，水泵和冷水机组各停一台。反之当流经末端设备的水量增大时，供回水管的压差减少，旁通调节阀的开度减少，直至旁通阀关闭，压差下降至下限值时，恢复一台水泵和一台冷水机组的工作。

该变水量水系统控制方案适应于供、回水压差变化不大的系统，此时水泵消耗的轴功率随水泵运行台数的增减而增减，但由于水泵运行台数与负荷要求不一定相匹配，所以是呈阶跃式变化的，只能实现部分节能的目的。

对于半集中式中央空调的水系统控制主要是实现对供水管路的自动控制，这种做法还可以完成计量管理，控制方案如图 3-36 所示。

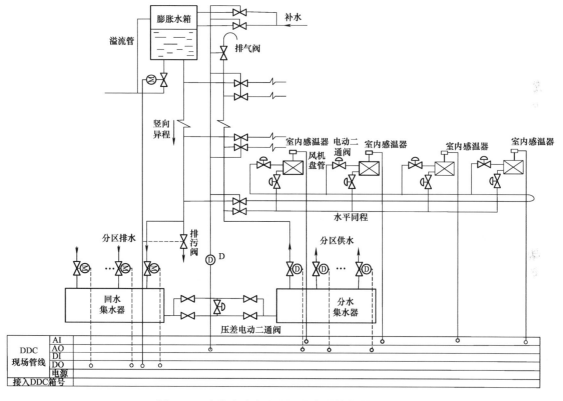

图 3-36　半集中式中央空调的水系统控制原理图

第四节　空调风系统的控制方法

一、新风机组的自动控制

中央空调系统对控制系统的要求一般可概括为对控制区域的温度和湿度、新风量、冷（热）水温度、压力的控制等几个方面。其中，空气处理机组是指集中在空调机房的空气处理设备，包括新风阀、送（回）风机、过滤器、冷却器或加热器、加湿器等。空气处理机组是在某些空调系统中用来集中处理新风的空气处理装置，新风在机组内进行过渡处理。首先是新风与部分回风混合，形成混风，混风经过热交换器与冷冻水进行热交换形成送风，在冬天，混风吸收能量温度提高，在夏天，混风温度降低，送风在风机的作用下经过送风管道进入房间，与房间内的空气进行热量的传递，最终调节房间的温度到达所需要的设定点。房间内的气体在排风机的作用下被排出，形成回风。部分的回风排出室外，部分回风与新风混合重复上述过程。新风机相对集中设置，新风机是一种较大型的风机加盘管机组，专门用于处理和向各房间输送新风。新风是经管道送到各房间去的，因此要求新风机的风机有较高的压头。系统规模较大时，为了调节控制、管道布置和安装及管理维修方便，可将整个系统分区处理。例如按楼层水平分区或按朝向垂直分区等。有分区时，新风机宜分区设置。新风机有落地式和吊装式两种，宜设置在专用的新风机房内。也有吊装在走廊尽头顶棚的上方等。空气处理机组的控制是整个中央空调系统的重要组成部分和核心。对空气处理机组的控制，主要就是要控制被调区域的温度和湿度，以及新风量的大小。在空调系统中，足够的新风量对于提供良好的室内空气品质（IAQ），保证室内人员的舒适感和身体健康有着直接意义。根据分析可知，空调控制系统的送风量在运行过程中随负荷成比例减少，在负荷很低的情况下，就有可能出现新风量的不足。因此为了保证足够的新风量，需要采用各种不同的控制方法进行控制。控制的目标就是要将室内的温、湿度环境保持在适宜的水平，并且尽量使系统的能耗最小。空气处理机组的控制可以采用：

（1）新风补偿控制。把室内温度或室内温度敏感元件称为 $T1$，送风温度或送风温度敏感元件称为 $T2$，新风温度或新风温度敏感元件称为 $T3$。新风补偿控制可以简称为 3T 控制。它主要有两个目的：其一是随着室外温度的变化改变室内温度，以求得保健与舒适感方面的改善；其二是可以消除由于新风温度的变化而带来的室内温度余差。新风补偿控制分为冬季补偿和夏季补偿两种。

（2）送风补偿控制。把室内温度或室内温度敏感元件称为 $T1$，送风温度或送风温度敏感元件称为 $T2$，因而送风补偿控制可以简称为 T3 控制。在工业仪表中可以使用 PID 调节器来解决。在舒适性空调中采用 T2 补偿控制简单易行，而且也可以达到近似的 PID 效果。

（3）新风量的调节控制。冬季的控制方法其特点是在新风入口处增加了新风阀及回风阀的控制。这两个阀连动，并且与风机联锁，风机一停，新风阀就要全关，风机一开，新风阀就要开，但其开度要预先设定。在风道中设置有四个温度传感器，送风管道内为 T_1，回风管道内为 T_2，新风管道内为 T_3 和 T_4。为了使连动风阀控制更有效，在过渡季节里还可以通过 T_1 及调节器控制风阀的电机，用新风来给室内降温。另外还在新风道内设有 T_4，当新风温度逐渐升高、失去冷却作用时，就命令新风阀开到最小开度，以节省能量。

为了解决新风量调节控制不足问题，还相继提出了各种控制方法，主要有以下几种基本形式：新风量直接测量法、风机跟踪法和设置独立的新风机实现二氧化碳浓度监控法。

（4）新风量直接测量法。这是目前使用的最简单的变风量系统新风量控制方法，它是通过测量进入空调系统的新风量，并直接控制新风量。但是因为风管内风速过低，新风量的测量误差势必很大，控制的准确性有待进一步提高。

（5）风机跟踪法。此方法的控制原理是：送风机送风量减去回风机回风量等于新风量，并维持其不变，等于常量。这样，在空调控制系统运行期间不论送风量如何变化，都跟踪调节回风量，保持两者之差不变，即维持新风量不变。因此要求同时测量送风机和回风机风量，控制送风机和回风机风量的差值，从而间接控制新风量。对送、回风机的控制有许多方法，如：送、回风机用送风道静压进行控制；用送风道中出口动压控制回风机；动压差法，即在送风机出口和回风机口设置流量测点，测出各自的流量，并保持固定的差值，一以出现超差现象，则调节回风机以维持固定的风量差；室内压力直接控制法等。各种方法都存在一定的测量误差。

（6）置独立的新风机进行变风量系统新风量控制。目前认为设置独立的新风机是变风量系统新风量控制最好的方法之一。它通过新风机入口处的风速传感器来调节风阀，维持最小新风量。该法简单实用，只需在新风风道中，安装一台风量等于所需新风量且全压等于新风风道阻力的新风风机即可。当采用这种控制时，可以不用回风机，或代之以排风机，这样控制起来更容易，也更稳定。该方法的优点是：因为直接测定新风量，所以误差比通过测定送风机和回风机的风量来调节新风量要小得多。该方法的缺点是：由于需要另设最小新风风管，因而需要额外的新风管道，不适于改建工程。

（7）二氧化碳浓度监控法。这是一种全新的新风量控制方法，它用二氧化碳变送器测量回风管中的二氧化碳浓度并转换为标准电信号，送入调节器来控制新风阀的开度，以保持足够的新风。当二氧化碳浓度高于整定值时，即新风量不足，要增大新风阀的开度来增加新风量。但是，用发展的观点来讲，室内的二氧化碳浓度并不是确定新风量的唯一依据。这种方法忽略了二氧化碳以外的室内污染物的影响，显然这是不很合理的。

图 3-37 表示出新风机组监测与控制的设备安放原理图。新风机组的监测与控制包括三个方面：

1）新风机组运行参数的监测。包括新风机进口温、湿度，新风机出口温、湿度，防冻报警，过滤器两端差压报警，回水电动调节阀、蒸汽加湿电动调节阀开度显示，新风机状态显示与故障报警。

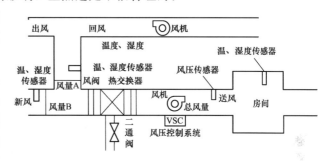

图 3-37　新风机组监测与控制的设备安放原理图

2）新风机组运行参数的自动控制。新风机组的温度自动调节，把温度传感器测量的新风机组出口风温送入 DDC 与给定值比较，根据温度偏差，由 DDC 按 PID 规律调节表冷器回水电动调节阀开度来控制空气的温度。新风机的湿度自动调节是把湿度传感器测量的新风机出口湿度送入 DDC 与给定值比较，根据湿度偏差，由 DDC 按 PID 规律调节加湿阀控制蒸汽量控制空气的湿度。如果新风直接送入室内，则按照事先确定的规则由控制器直接改变新风机变频器的频率（开环控制）。

3）新风机组的联锁控制。新风机组中的送风机、电动水阀、蒸汽阀（包括加湿器）、电动风阀等都应当进行电气联锁。当机组停止运行时，新风阀应当处于全关位置。新风机组起动顺序控制：新风机起动—新风阀开启—回水电动调节阀开启—蒸汽加湿电动调节阀开启。新风机组停机的顺序控制：新风机停机—蒸汽加湿电动调节阀关闭—回水电动调节阀关闭—新风阀关闭等。

冬季有冻结可能地区的新风机组，还应当防止因某种原因使得盘管中水流中断而造成冻结的可能。通常可以在盘管的下风侧安装防冻报警测温探头，当温度下降到可能发生冻结时，与探头相联的防冻开关将发出报警信号，并采取进一步措施，防止和限制冻结情况的发生。

中央空调新风控制系统如图 3-38 所示。安装于回风管内的温度传感器把检测到的回风温度（相当于房间温度），送往温度控制器与设定温度相比较，用 PID 规律控制，输出相应的电流信号控制水阀动作，使回风温度保持在要求的范围内。安装于风管内的湿度传感器把检测到的送风相对湿度送往控制器，并与设定湿度相比较，用比例积分（PI）规律控制，输出相应的电流信号，控制加湿阀动作，使相对湿度保持在要求的范围内。

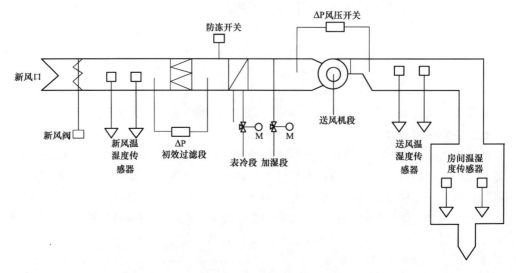

图 3-38　中央空调新风控制系统

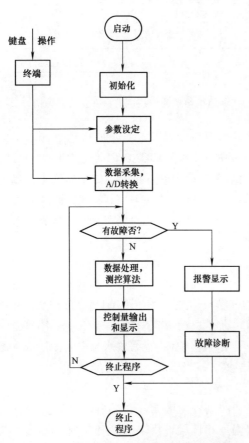

图 3-39　空气处理机组 DDC 控制器软件流程

因此，根据上述要求，空气处理机组的 DDC 控制器必须完成以下一些主要功能：① 空调区域温湿度监测与显示，根据空调区域的面积，采用若干个温、湿度传感器，将其信号取平均值计算；② 空调区域温、湿度的自动控制；③ 表冷器（加湿器）上二通阀开度、电动风阀开度能在现场控制柜上显示及手动调节；④ 新风温度、湿度监测与显示；⑤ 送、回风机运行状态（开机/停机）显示；⑥ 送、回风机起停控制（可自动起停风机，也可在控制器上手动起停风机）；⑦ 送、回风机的过载故障报警；⑧ 送、回风机与防火阀联锁，发生火灾时防火阀报警并自动关闭送、回风机与风阀；⑨ 过滤器过阻报警、提醒运行操作人员及时清洗更换过滤器；⑩ 自动调节表冷器或加热器的三通阀和电动风阀的开度，以调节冷冻水的流量和新风与回风的比例。另外，还要与中央管理微机通信，接受管理微机对其发出的集中管理指令，并发送出管理微机所需要的数据和信息。

DDC 控制器的应用软件采用模块化方法：首先把软件设计任务按功能划分为若干模块，如数据采集模块、数据处理模块、报警模块、控制模块和故障诊断模块等；然后依据测控时序和模块之间的关系，给出应用软件的功能流程图；最后对每一功能模块再进行编程、调试和制作。软件的流程图如图3-39所示。

如果新风机组中装有电加热器，则电加热器应当与送风机实现电气联锁，只有送风机运行后，电加热器方可通电，以避免系统中因无风而电加热器单独运行造成火灾。

二、空气处理机组的自动控制

空气处理机组是指集中在空调机房的空气处理设备，包括送、回风机、过滤器、冷却器或加热器、加湿器等，如图3-40所示。它是整个中央空调系统的重要组成部分和核心。对空气处理机组的控制，主要就是要控制被调区域的温度和湿度，以及新风量的大小。控制的目标就是要将室内的温、湿度环境保持在适宜的水平，并且尽量使系统的能耗最小。空气处理机组运行工况如图3-41～图3-43所示。

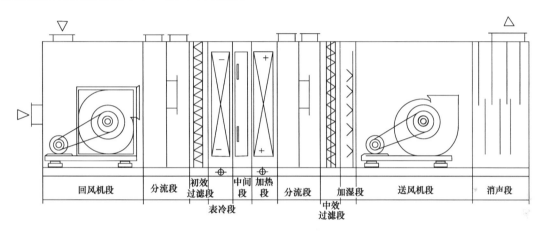

图3-40　空气处理机组结构图

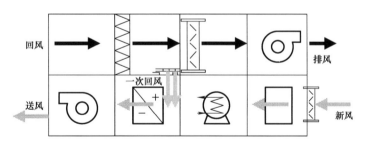

图3-41　空气处理机组冬季工况示意图

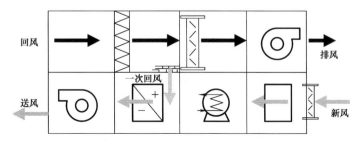

图3-42　空气处理机组组春、秋季工况示意图

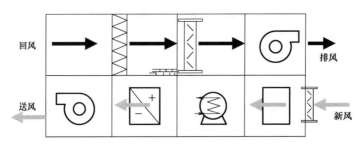

图 3-43　空气处理机组夏季工况示意图

空气处理机组的 DDC 控制就是采用微机控制技术，将空调系统中的各种信号（如温度、湿度、压力、状态等）通过输入装置输入微机，按照预先编制好的程序进行运算处理，而后将处理后的信号通过装置输出再去控制执行器。

按照国家标准空调运行工况，夏季由制冷系统提供 7℃ 冷冻水给空调系统的末端设备，末端设备回水为 12℃，供回水温差为 5℃，在冬季供暖模式中由外接系统提供 45℃ 水给末端设备，末端设备回水温度 40℃，同时关闭制冷机组。

中央空调经济运行工况在不改变现行工作、生活环境条件下，比传统的中央空调工况节约降耗 15%～20%，为中央空调系统节能开辟了一条有效途径，所谓经济运行工况即供回水温差保持 5℃，夏季供水温度高于标准工况，冬季供水温度低于标准工况的运行工况。本工程中，在过渡性季节春秋季采用经济运行工况。

在夏季制冷工况下，由制冷系统提供 7℃ 冷冻水给空调系统，全部冷水机组和冷却塔风机开启，保证送风温度达到要求。

同时根据设计要求，设置各环节（图 3-44）如下：

过滤器 2 个（初效过滤和中效过滤），DI，电压输入；表冷段、加热段各 1 个，三通阀控制，AO；蒸汽加湿段 1 个，电磁两通阀，DO；变频送风机 1 个，压差开关，DI（电压输入）、DO（状态返回信号）；消声段 2 个（送风段和回风段各一个）；变频回风机 1 个，DI（电压输入）、DO（状态返回信号）；新风风门、送风风门、排风风门各 1 个，回风风门 3 个，AO；中间段 1 个；温湿度传感器 4 个，AI，电流输入；二氧化碳检测器 4 个，AI，电流输入。

三、风机盘管的自动控制

风机盘管中央空调是目前我国采用比较多的一种半集中式中央空调系统，风机盘管空调器是由风机和盘管（小型表面式换热器）组成的风机盘管中央空调系统的末端装置，直接安装在房间内，风机将室内一部分空气进行循环处理（经空气过滤器过滤和盘管进行冷却或加热）后直接送入房间，以达到对室内空气进行温、湿度调节的目的。房间所需要的新鲜空气可以通过门窗的渗透或直接通过房间所设新风口进入房间，或将室外空气经过新风处理机组集中处理后由管道直接送入被调房间，或者由风机盘管的空气入口处与室内空气进行混合后经风机盘管进行温度、湿度处理后送入室内。盘管处理空气的冷媒和热媒，由集中设置的冷源和热源提供。因此，风机盘管空调系统是属于半集中式空调系统。风机盘管机组由风机、电动机、盘管、空气过滤器、室温调节装置及箱体等组成。

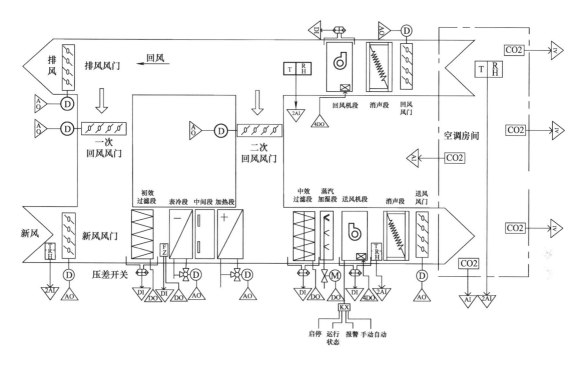

图 3-44　空调机组的 DDC 控制原理图

风机盘管机组一般容量范围为：风量 $0.007 \sim 0.236 \text{m/s}$、制冷量 $2.3 \sim 7 \text{kW}$、风机电动机功率 $30 \sim 100 \text{W}$、水量约 $0.14 \sim 0.22 \text{ L/s}$、盘管水压损失 $10 \sim 36 \text{ kPa}$ 等。

风机盘管空调系统具有以下特点：

1）风机盘管空调系统在运行中噪声比较小。

2）风机盘管空调系统具有各自独立调节的优越性。由于风机盘管空调机组内的分级转速可以分为多档，而且水路系统又采用冷、热水自动控制以及房间温度调节器的控制等，因而可以灵活的调节各个房间内的温度，室内无人时又可以停止机组的运转，做到既节约能源，又经济运行。

3）系统可以比较容易的实现分区调节控制。

4）由于风机盘管空调器体积较小，布置和安装都比较方便。

5）由于风机盘管空调系统省去了回风道，同时缩小了送风管道的断面尺寸，因而减少了或不占用建筑面积和空间及一次投资费用。

但风机盘管空调系统也存在一些缺点，对风机盘管机组的制造质量要求较高主要适用于空调面积大、房间多，而且对湿度要求较低的场合。

（1）新风机控制。

① 冷水盘管新风机送风温度控制。这种新风机仅用于夏季空调时处理新风，图 3-45 是它的控制示意图，图中 TE-1 为温度传感器；TC-1 为温度控制器；TV-1 为两通电动调节阀；PSD-1 为压差开关；DA-1 为风闸操纵杆。

见图 3-45 装设在新风机送风管道内的温度传感器 TE-1 将检测的温度转化为电信号，并经连接导线传送至温控器 TC-1；TC-1 是一种比例加积分的温控器，它将其设定点温度与

TE-1 检测的温度相比较，并根据比较的结果输出相应的电压信号，送至按比例调节的电动二通阀，控制阀门开度，按需要改变盘管冷水流量，从而使新风送风温度保持在所需要的范围内。但要注意，电动调节阀应与送风机启动器联锁，当切断送风机电路时，电动阀应同时关闭。

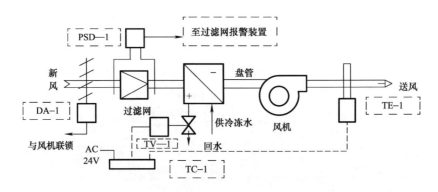

图 3-45　冷水盘管新风机控制示意图

新风进风管道设风闸，通过风闸操纵杆可手动改变风闸开度，以按需要调节新风量。若新风量不需要调节，只需要控制新风进风管道的通与闭，则可在新风入口处设置双位控制的风闸 DA-1，并令其与送风机联锁，当送风机起动时，风闸全开。

② 空气过滤网透气度检测。空气过滤网透气度是用压差开关 PSD-1 检测的，当过滤网积尘过多，其两侧压差超过压差开关设定值时，其内部触点接通报警装置（指示灯或蜂鸣器）电路报警，提示需更换或清洗过滤网。

（2）冷、热水两用盘管新风机的控制。这种新风机用于全年处理新风，其盘管夏季通冷水，冬季通热水，图 3-46 是它的控制示意图。其中，TS-1 为带手动复位开关的降温断路温控器；TS-2 是能实现冬、夏季节转换的箍型安装的温控器，其余与图 3-45 基本相同。

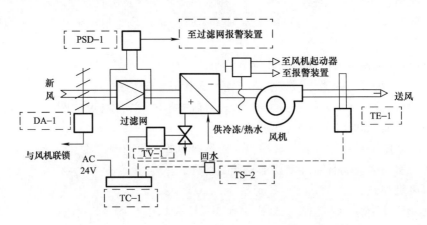

图 3-46　冷、热水两用盘管新风机的控制示意图

（3）风机盘管与空调机组、新风机组的控制。风机盘管分散设置在各个空调房间中，小房间设一台，大房间可设多台。它有明装和暗装两种。明装的多为立式，暗装的多为卧式，

便于和建筑结构配合。暗装的风机盘管通常吊装在房间顶棚上方。风机盘管机组的风压一般很小，通常出风口不接风管。

风机盘管的二通阀或三通阀，可以控制冷、热盘管水路的通、断，它属于单回路模拟仪表控制系统，多采用电气式温度控制器，其传感器与控制器组装成一个整体，可应用在客房、写字楼、公寓等场合。风机盘管控制系统一般不进入集散控制系统。近年来也有的产品有通信功能，可与集散系统的中央控制站通信。

1）风机盘管空调系统电气控制实例。为了适应空调房间负荷的瞬变，风机盘管空调系统常用两种调节方式，即调节水量和调节风量。

① 水量调节。当室内冷负荷减小时，通过直通两通阀或三通调节阀减少进入盘管的水量，盘管中冷水平均温度上升，冷水在盘管内吸收的热量减少。

② 风量调节。这种调节方法应用较为广泛，通常调节风机转速以改变通过盘管的风量（分为高、中、低三速），也有应用晶闸管调压实行无级调速的系统。当室内冷负荷减少时，降低风机转速，空气向盘管的放热量减少，盘管内冷（热）水的平均温度下降。当人员离开房间时，还可将风机关掉，以节省冷、热量及电耗。

2）风机盘管空调的电气控制。风机盘管空调的电气控制一般比较简单，只有风量调节的系统，其控制电路与电风扇的控制方式基本相同，电路图如图 3-47 所示。

① 风量调节。风机电动机 M1 为单相电容式异步电机，采用自耦变压器调压调速（也有三速电动机产品）。风机电动机的速度选择由转换开关实现（也可用推键式开关）。转换开关有四挡，1 挡为停；2 挡为低速；3 挡为中速；4 挡为高速。

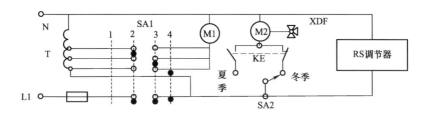

图 3-47　风机盘管电路图

② 水量调节。供水调节由电动三通阀实现，M2 为电动三通阀电动机。由单相 AC 220V 磁滞电动机带动的双位动作的三通阀。其工作原理是：电动机通电后，立即按规定方向转动，经减速齿轮带动输出轴，输出轴齿轮带一扇形齿轮，从而带动阀杆、阀芯动作。阀芯由 A 端向 B 端旋转时，使 B 端被堵住，而 C 至 A 的水路接通，水路系统向机组供水。此时，电动机处于带电停转状态，只有磁滞电动机才能满足这一要求。

当需要停止供水时，调节器使电机断电，此时由复位弹簧使扇形齿轮连同阀杆、阀芯及电动机同时反向转动，直至堵住 A 端为止。这时 C 至 B 变成通路，水经旁通管流至回水管，利于整个管路系统的压力平衡。

一般情况下，半集中式中央空调控制系统会用在宾馆，而宾馆的每个房间的风机盘管空调电气控制与其他控制联动方案如图 3-48 所示。

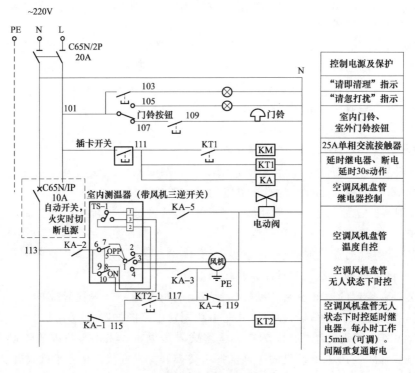

图 3-48　宾馆房间空调控制原理图

第五节　定、变风量空调系统的控制方法

一、定风量控制

近几年由于智能楼宇的出现，定风量空调（Constant Air Volume，CAV）的使用有增多的趋势，这主要是智能楼宇内办公自动化（OA）和通信自动化（CA）系统的设备比较贵重，为防止空调水管结露和滴水损坏设备而采用定风量空调系统。这种系统属于全空气送风方式，水管不进入空调房间，从而避免了一些意外发生。定风量空调系统在单位时间内的送风量是一定的，其大小是不可调的，其常用运行过程的传统控制方式主要有四种：连续运行方式、固定循环周期方式、可变循环周期方式和反馈开停控制方式，如图 3-49 所示。

空调系统在运行中，其实际负荷通常都小于额定负荷，制冷和送风机组采用连续运行方式时，会造成很大的能量浪费。而且空调的连续运行会使室内外的温差过大，这对人体的健康也是不利的。但由于这种方式控制简单，效果好，因此，在一些实际负荷较大且接近额定负荷的情况下，使用的较多。

固定循环周期方式是根据使用要求和设备性能的特点，确定一个循环工作周期，并固定其中工作时间与停机时间的比值，空调系统按着这一循环方式，间歇起停工作。这种方式比连续运行方式有很大改善，但其节能效果有限，且当系统负荷变化时，被控温度波动会较大。

可变循环周期方式是一种开环控制，它根据测定或计算的负荷情况，确定合理的工作时

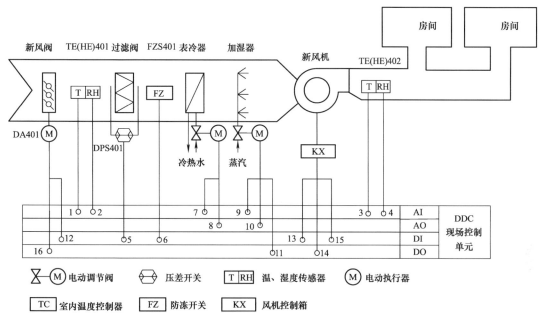

图 3-49 定风量空调系统控制框图

间与停机时间比值，控制空调机组的运行。与固定循环周期方式相比，这种方式的灵活性大大提高了，其节能效果也有所改善。但传统方式中，测量或计算系统所需负荷大多是采用通过室内温度变化情况的方法而得出的，是根据历史值推测未来值的假定方式，再加上系统大滞后和强惯性的影响，使这种方式所得出的决策结果往往有相当的误差，使系统的控制精度难以达到很高。

反馈开停控制方式是一种实时控制，它根据系统反馈的回风或回水的温度来决定机组起动或停止。当反馈的回风或回水温度达到某设定值时，系统停机；反之，则继续运行。机组停机后，为了避免频繁起动对空调压缩机的冲击，以及电动机因起动电流引起的温升影响，通常经过一个"最短停歇时间"后，再根据反馈的温度决定是否重起动，使空调机组能够随时根据负荷的变化，调整起动和停机时间。但楼宇内温度具有典型的大滞后和强惯性特性，当系统在反馈温度达到起动条件时再开机起动，会需要较长的一段时间才能起作用，而这段时间内温度仍有偏离期望温度范围的趋势。以夏季为例，为了避免温度超出舒适温度范围，所以，通常将起动的条件温度定得与上限温度 28℃ 相差很多；相应地为避免在停机过程中，系统负荷增加较大而引起的较大温升，故将停机的条件温度也定得很低，从而也使室内的平均温度也就随之低了很多，如前面所分析的，这对提高系统能量效率是极为不利的。

定风量空调系统的自动控制内容主要有空调回风温度自动调节，空调回风湿度自动调节及新风阀、回风阀及排风阀的比例控制，分述如下：

1. 空调回风温度的自动调节　回风温度自动调节系统是一个定值调节系统，它把空调机回风温度传感器测量的回风温度送入 DDC 控制器与给定值比较，根据 ±ΔT 偏差，由 DDC 按 PID（比较、积分、微分）规律调节表冷回水的调节阀开度，以达到控制冷冻（加热）水量得目的，使房间温度保持在人体感觉合适的温度。

在回风温度自动调节系统中，新风温度随天气变化，这对回风温度调节系统是一个扰动量，使得回风温度调节总是滞后于新风温度的变化。为了提高系统的调节品质，把空调机新风温度传感器测量的新风温度作为前馈信号加入回风温度调节系统。譬如，在夏季中午新风温度 T 增高（设此时回水阀开度正好满足室内冷负荷的要求，处于平衡状态），新风温度传感器测量值增大，这个温度增量经 DDC 运算后输出一个相应的控制电平，使回水阀开度增大，即冷量增大，补偿了新风温度增高对室温的影响，其控制原理如图 3-50 所示。

由于楼宇自控系统对空调机组实施最优化控制，使各空调机的回水阀始终保持在最佳开度，恰到好处地满足了冷负荷的需要，其结果反映到冷冻站供水干管上，真实地反映了冷负荷需求，从而控制冷水机组起动台数，节省了能源。

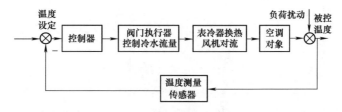

图 3-50　温度控制 PID 闭环系统

2. 空调机组回风湿度调节　　空调机组回风湿度调节与回风温度调节过程基本相同，回风湿度调节系统是按 PI（比例、积分）规律调节加湿阀，以保持房间的相对湿度在夏季为 60%，冬季为 40%。我国南方地区的湿度较大，若想节省资金，可删去空调机组回风湿度调节，其控制原理如图 3-51 所示。

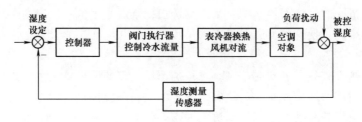

图 3-51　湿度控制 PID 闭环系统

3. 新风电动阀、回风电动阀及排风电动阀的比例控制　　把装设在回风管的温、湿度传感器和新风管的温、湿度传感器所检测的温度、湿度送入 DDC 进行回风及新风焓值计算，按新风和回风的焓值比例输出相应的电压信号控制新风阀和回风阀的比例开度，使系统在最佳的新风/回风比状态下运行，以便达到节能的目的。排风阀的开度控制从理论上讲，应该和新风阀开度相对应，正常运行时，新风占送风量的 30%，而排风量应等于新风量，因此，排风电动阀开度也就确定下来了。

二、变风量空调系统的基本概念

变风量空调系统（VAV 系统）是目前国内大中型建筑工程中新型的一种空调方式。VAV 空调系统始于 20 世纪 70 年代后期，由于其节能效果显著，目前在美国、日本及西欧等国家的办公楼、旅馆、医院、学校和商业中心等建筑中广泛使用，香港地区的许多建筑也采用 VAV 系统。利用变风量（VAV）空调系统，可以减少建筑物电耗，如在南方地区，典型办公楼每平方米、每年可节电 $40\sim60$ kW·h/m² （地板面积）。从风量角度来讲，因春、夏、秋、冬风量可分别减少 34%、26%、42% 和 44%，而使整个 VAV 系统的能耗比定风量系统减少 $20\%\sim30\%$。

智能楼宇采用 VAV 系统，归纳起来有如下原因：

（1）运行费用低。

（2）由于大量采用 VAV 系统，使得 VAV 末端装置和变风量空调器生产成本降低。并且多采用传统的气动控制方法，比采用直接数字式（DDC）的系统要便宜。因而使一次投资接近定风量风机盘管系统。

（3）VAV 系统风管与室内末端装置由软管连接，吊顶上不设冷热水管，不存在试压、凝水排除的问题，因此顶棚上绝无产生滴水之虞。因而这种系统深受办公楼、银行等业主的欢迎。

1. 变风量空调系统的原理　变风量系统至少应具备这样两个条件：一是送入房间的风量是通过变风量箱来分配，并按房间要求进行调节；二是应有一定的手段来调节风机以改变系统总风量。当送风量定时，为适应各空调房间的负荷，要相应改变送风温度，这种系统成为定风量系统，从调节角度来说成为"质调节"。相反，如果送风温度一定，为适应负荷需要而改变送入各房间的风量，这种系统称为变风量系统，又称为"量调节"系统，它们统称VAV 系统。按处理空调负荷所采用的输送介质分类，变风量空调系统是属于全空气式的一种空调方式，即全空气系统的一种。该系统是通过变风量箱调节送入房间的风量或新回风混合比，并相应调节空调机的风量或新回风混合比来控制某一空调区域温度的一种空调系统，如图 3-52 所示。

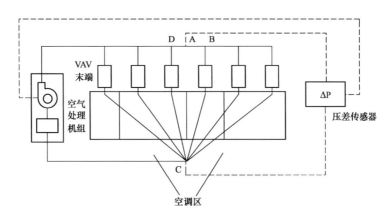

图 3-52　VAV 空调系统示意图

普通集中式空调系统是定风量系统，而且送风量是按空调房间最大时设计的。实际上房间负荷不可能总是最大值。因此，当热负荷减少时就要靠提高送风温度的方法，当湿负荷减少时就要靠提高送风含湿量的方法来满足室内温、湿度的要求。显然，热负荷减少时，需要再增加热量以提高送风温度，其结果是既浪费了热量也浪费了冷量。

然而，从风量计算公式

$$G=\frac{Q_{x}}{1.01(t_{N}-t_{0})} \text{及} G=\frac{W}{d_{N}-d_{0}}$$

可以看出，为了适应负荷变化，除了维持 G 不变，改变 t_0 或 d_0 之外，也可以采用维持 (t_N-t_0) 或 (d_N-d_0) 不变，而改变 G 的方法，这就是变风量系统的基本原理。但是从风量计算公式也可以看出，当房间负荷发生变化时，要想通过变风量的方法来适应负荷的变化，并使 (t_N-t_0) 及 (d_N-d_0) 均不变，除非是 Q 及 W 按相同比例变化。因此，只有当室内仅仅一个参数要求严格保证，而另一个参数允许有较大的波动范围时，宜采用单一的变风量方法，否则在设计时除采用变风量方法外，还应考虑辅助措施。通常是采用风量控制室内温度、变露点控制室内湿度或者变风量控制室内湿度、变热量控制室内温度。

　　2. 变风量空调系统的特点

　　（1）优点。

　　1）节能。由于空调系统在全年大部分时间里是在部分负荷下运行，而变风量空调系统是通过改变送风量来调节室温的，因此可大幅度减少送风风量的动力能耗。同时在确定系统总风量还可以考虑一定的同时使用情况，所以能够节约风机运行能耗和减少风机装机容量。有关文献介绍，VAV 系统与定风量系统相比大约可以节能 30%～70%。

　　2）舒适性高。能实现各局部区域的灵活控制，可以根据负荷的变化或个人的要求自行设置环境温度。与一般定风量系统相比，能更有效地调节局部区域的温度，实现温度的独立控制，避免在局部区域产生过冷或过热现象，并由此可以减少制冷或供热负荷。

　　3）新风作冷源。VAV 系统属于全空气系统，它具有全空气系统的一些优点，可以利用新风作冷源消除室内负荷，没有风机盘管凝水问题和霉变问题。

　　4）系统的灵活性较好。易于改、扩建，尤其适用于格局多变的建筑，例如出租写字楼等。当室内参数改变或重新隔断时，可能只需要更换支管和末端装置，移动风口位置，甚至仅仅重新设定一下室内温控器。

　　（2）缺点。

　　1）从用户的角度看，主要有：① 缺少新风，室内人员感到憋闷；② 房间内正压或负压过大导致房门开启困难；③ 室内噪声偏大。

　　2）从运行管理方面看，主要有：① 系统运行不稳定，尤其是带"经济循环"的系统；② 节能效果有时不明显。

　　3）变风量系统还存在一些固有的缺点：① 系统的初投资比较大；② 对于室内湿负荷变化较大的场合，如果采用室温控制而又没有末端再热装置，往往很难保证室内湿度要求。

　　（3）变风量空调系统的使用场合。一般来说，有些建筑物采用变风量空气调节系统是合适的，这些建筑物为负荷变化较大的建筑物（如办公大楼）、多区域控制的建筑物以及有公用回风通道的建筑物。

　　1）负荷变化较大的建筑物。由于变风量可以减少送风机加热的能量（因为利用灯光及人员等热量），故负荷变化加大的建筑物可以采用变风量系统。若建筑物的玻璃窗面积比例小，外墙传热系数小，室内气候对室内影响较小，则不适用变风量系统，因为部分负荷时节约的能源较少。例如，办公大楼，一旦建筑物内有人员聚集和灯光开启，负荷就接近尖峰，人员离开和灯光关闭负荷就变小，因此，负荷变化大。再如图书馆或公共建筑，具有较大面积的玻璃窗和变化较大的负荷，也适合采用变风量系统，因为它的部分负荷的时间比较长。

　　2）多区域控制的建筑物。多区域控制的建筑物适合采用变风量系统。因为变风量系统在设备安装上比较灵活，故用于多区域时，比一般传统的系统更为经济。这些传统的系统是：多区系统、双管系统和单区屋顶空调器等。

3）有公用回风通道的建筑物。具有公用回风通道的建筑物可以成功地采用变风量系统。公用回风通道可以获得满意的效果，因为如采用多回风通道可能产生系统静压过低或过高的情形。一般来说，办公大楼和学校均可采用公用回风通道。然而，也有一些建筑物不适合应用，如医院中的隔离病房、实验室和厨房等，因为采用公用回风通道会造成空气的交叉感染。

3. VAV 空调系统的构成　图 3-53 是一个典型的单风道变风量空调系统简图。在这个系统中，除了送回风机、末端装置、阀门及风道组成的风路外，还有五个反馈控制环路：室温控制、送风静压控制、送回风量匹配控制、新排风量控制及送风温度控制。单风道 VAV 系统可分为：

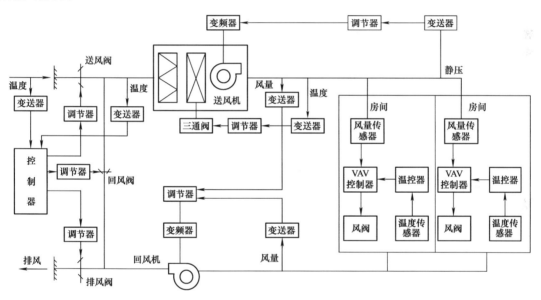

图 3-53　单风道变风量空调系统简图

（1）普通型系统形式。在这一系统里，所有的末端均采用普通单风道型，对于同一系统只能同时送冷风或同时送热风。在供冷季节，当某个房间的温度低于设定值时，温控器就会调节变风量末端装置中的风阀开度减少送入该房间的风量。由于系统阻力增加，送风静压会升高。当超过设定值时，静压控制器通过调节送风机入口导叶角度或电机转速减少系统的总送风量。送风量的减少导致送回风量差值的减少，送回风量匹配控制器会减少回风量以维持设定值。风道压力的变化将导致新排风量的变化，控制器将调节新风、回风和排风阀来保持新排风量。在冬季，对于有内外区的建筑当房间的朝向不一致时，有可能某些房间需要供冷而另一些房间需要供热，该系统形式就很难满足要求。由此可以看出，这一系统对于满足某些建筑的使用要求是存在一定问题的。实际从使用上来看，它只是对定风量全空气系统不能控制各区域或房间温度的确定进行了解决，在各房间或区域同时进行冷、热切换的前提下，该系统可通过末端调整风量来控制区域温度。

因此，该系统适合于房间进深不大、各房间温度均要独立控制但负荷变化的趋势都较为接近的场所。在 VAV 系统中，该系统是投资最少的一种系统，这是该系统的独特优势。结合我国的实际情况，相信今后在我国仍是一种较常用的 VAV 系统形式。

（2）外区再热系统形式。这种系统形式与前一种系统并无多大的区别，但其外区的末端带有热水再热盘管，其热源为空调用热水。为此末端内需要装有热水盘管。这一系统的特点是空调机组可以常年都送冷风，而在建筑外区的末端采用带再热盘管的单风道型末端设备。在冬季当外区需要供热时，末端热水盘管作用是提高送风温度。这一系统使得不同朝向和各自外区温度都能得到较为精确的控制。因此，这一系统的使用标准是相当高的。就目前我国的实际情况来看，再热设备通常是采用热水盘管。

但是这一系统形式实际上使进入外区的空气先冷却后再进行加热处理，很显然在这一过程中存在冷热抵消，浪费能量。而且热水盘管进入室内，对管道布置也增加了难度。

（3）内、外区独立系统形式。这种方式中，各末端均采用的是普通单风道无再热型，设置两台空调机组分别服务于内区和外区，室内不再设热水盘管。空调机组水系统可以采用两管制系统，也可采用四管制系统形式。采用四管制系统时，内外区的空调机组同时有冷、热水供给，运行互不影响。如使用两管制系统，则内、外区空调机组在主水干管上应分开，即保证外区机组供热水时，内区机组仍可供冷水。这样可以使得系统在过渡季节里仍有较好的调节作用。在室外气候更冷的冬季过渡季和冬季，外区空调机组供热水，而内区可最大限度地利用室外新风这一天然冷源供冷直至需要一定的热水加热。这样做防止了再热型的冷、热抵消问题，节能效果好。

（4）双风道系统。这种系统均采用双风道型末端，其内区设计与前述的形式完全相同。外区通过调整冷、热风混合比，控制送风温度。该系统能获得很好的室内空气品质，可以说是在这几种系统中使用标准最高的，但显然这一系统形式投资较高。

4. VAV 系统的分类

（1）按服务区间分类，可以分为单区和多区系统。单区变风量系统是目前最简单的一种变风量系统，它是通过改变风机盘管机组或空调机组中的风机转速来达到变风量的目的。风机盘管机组、空调机组安放在空调房间内或靠近空调房间的机房内，由置于空调房间的温控器来控制机组风机的转速，改善送入房间的风量。由于是同一区间，房间空调负荷的变化规律相同，故各送风口不再设变风量末端装置，送风量根据房间负荷的变化而均匀变化。温控器除控制机组的风量外，还可同时控制机组送风温度（调节机组的水温或水量）。

多区变风量系统与单区变风量的主要区别是，除了空调机组风量可以调节外，每间空调房间的送风口都安有变风量末端装置，由置于空调房间内的温控器来控制送入房间的风量，达到变风量的控制室温的目的。目前所指的变风量系统一般都是指多区变风量系统，因为单区变风量系统只有风机调速部分，而无末端装置，因此，往往将单区变风量系统简单的归于风机的风量调节方法中。

（2）按风量分配管道布置方式分类，可以分为单风管和双风管系统。

1）单风管 VAV 系统。只采用一根冷风管，通过再热、诱导、风机动力、双导管和可变散流器等方法来实现调节。

2）双风管 VAV 系统。空调机组是采用双风管送风，一根风管送热风，一根风管送冷风，通过 VAV 末端装置混合后送入室内。双风管变风量系统可以是单风机也可以是双风机。

（3）按照周边区供暖方式的分类，可以分为内部区域单冷系统、散热器周边系统、风机盘管周边系统、变风量再热周边系统、变温度定风量周边系统、双风管变风量周边系统、单风管变风量冬夏转换周边系统等形式。

1）内部区域单冷系统。指在空调内区采用的变风量空调形式，一般不带供热功能。下面几种形式均是以采用内部区域单冷为前提的。

2）散热器周边系统。散热器设置在周边地板上，一般采用热水散热器，具有防止气流下降，运行成本低，控制简单等优点，但需要精确计算冷却和加热负荷，以避免冷热同时作用。在国外一些豪华考究的设计中，采用顶棚辐射散热器提供更舒适的空调环境。

3）风机盘管周边系统。风机盘管可以是四管式，也可采用冷热切换二管式，或单供热二管式，风机盘管采用暗装时不占用地板面积，同样具有运行成本低，控制简单的优点，夏季由于吊顶内仍保留冷水管及滴水盘，因此，对天花板仍有水患可能。

4）变风量再热周边系统。在变风量末端装置中加再热盘管，一般采用热水、蒸汽或电加热盘管，该系统比双风管系统初投资低，比定风量再热系统节约能源。

5）变温度定风量周边系统。该系统的特点是送风量恒定，通过改变一次风与回风的混合比例来调节房间温度。回风部分可全部吸收灯光热量，因而节能，初投资较双风管系统低，但控制较复杂。

6）双风管变风量周边系统。当采用两个风机时，可利用灯光热，在所有时间内，由于冷却和加热的交替功能，可以获得较小的送风量；但初投资较高，控制较复杂。

7）单风管变风量冬夏转换周边系统。转换变风量系统加热和冷却均由一套风管系统通过冬夏转换承担。其缺点是温度控制不灵活，当建筑有若干个区时，不能满足一个区域需要加热而另一区域需要供冷的要求。

（4）按风机控制方法的不同分类，有定静压控制、变静压控制和总风量控制等。

1）定静压控制。变风量系统发展到今天，使用最广泛的仍然是定静压控制方法。所谓定静压控制方法，即在风道上合适位置选定一个测点，测量该处静压，风机调节的目的就是维持此点静压不变。这种控制方法一直存在着难以解决的问题：静压测点位置的确定及静压控制器中静压值的设定。通常的做法是将测点尽量靠安全一侧的位置放（即较为靠近风机出口处），并设定一个较高的静压值，但要消耗许多不必要的能量。从送风系统阻力—流量特性可知，静压测点放在主风道上离风机出口越远的地方对风机节能越有利。因为若静压不变的话，其后的末端流量减少只能靠末端风阀关小来实现，而反映不到风机降低转速上来。考虑到变风量系统的动态特性，为安全起见，一般将静压测点放在主风道离风机出口 2/3 处，这是经过众多工程实践总结出来的一个经验值，没有理论与技术上的依据。

对于一个比较理想的静压设定算法，静压测点的位置并不重要，因为静压设定算法完全可以补偿测点位置的影响。因此，一般可将测点放在离风机出口不远的地方，以提高压力测量的精确度，还可避免多支路风道中到处放置测点的缺陷。

2）变静压控制。变静压控制的意思就是实时的改变静压设定值，尽量使风机转速降到最低，减少不必要的风机能耗。变静压控制的策略是：每个末端在流量达不到要求流量时，向静压设定控制器发出警报信号，当有足够的末端设备（一般取 2 或 3 个）处于警报状态时，将静压设定值增加一个预定步长；同样，当处于警报状态的末端数小于或等于某个数（一般是 1 或 0）时，将静压设定值减少一个预定步长。静压设定值在进行下一次设定时，必须规定一个合适的延迟时间，以保证风机转速的调节效果已经对末端的流量调节产生作用。

对于一个比较理想的静压设定算法，静压测点的位置并不重要，因为静压设定算法完全可以补偿测点位置的影响。因此，一般可将测点放在离风机出口不远的地方，以提高压力测量的精确度，还可避免多支路风道中到处放置测点的缺陷。

3）总风量控制。根据风机相似定律，在空调系统阻力不发生变化时，总风量和风机转速是一个正比关系。根据这一正比关系，在设计工况下有一个设计风量和设计转速，在运行工况中有一要求的运行风量自然对应着一要求的风机运行转速，虽然设计工况和实际工况下系统阻力有所变化，但可将其近似为正比的关系。考虑到各末端风量要求的不均衡性，利用一误差理论加以处理，求取风机转速，从而获得系统总送风量。风机转速与送风量的控制关系式

$$n_{\mathrm{s}} = \frac{\sum\limits_{i=1}^{n} G_{\mathrm{s}i}}{\sum\limits_{j=1}^{n} G_{\mathrm{d}j}} n_{\mathrm{d}}(1 + \sigma K)$$

式中，n_{s} 为运行工况下的风机设定转速；n_{d} 为设计工况下的风机设计转速；$G_{\mathrm{s}i}$ 为运行工况下的第 i 个末端的设定风量，由房间温度控制器输出的控制信号设定；$G_{\mathrm{d}j}$ 为设计工况下的第 j 个末端的设计风量；K 是一个保留数，可在系统初调时确定，也可以通过优化某一项性能指标（如最大阀位偏差）进行自适应整定。其目的是使各个末端在达到设定流量的情况下，彼此的阀位偏差最小，为所有末端相对设定风机的均方差，即

$$\sigma = \sqrt{\frac{\sum\limits_{i=1}^{n} (R_i - \bar{R})^2}{z(z-1)}}$$

式中，R_i 为第 i 个末端的相对设定风量，即 $R = G_{\mathrm{s}j}/G_{\mathrm{d}j}$；$\bar{R}$ 为各个末端的相对设定风量的平均值，即 $\bar{R} = \sum\limits_{j=1}^{n} R_j/z$；$z$ 为末端个数。

利用上面的转速关系式就可实时根据末端风量的变化对风机进行转速调节。

（5）按照 VAV 末端是否补偿压力变化分类，有压力有类型、压力无关型等。

1）压力有关型。由温控器直接控制风阀。

2）压力无关型。除了温控器外，还有一个风量传感器和一个风量控制器，温控器为主控器，风量控制器为副控器，构成串级控制环路，温控器根据温度偏差设定风量控制器设定值，风量控制器根据风量偏差调节末端装置内的风阀。当末端入口压力变化时，通过末端的风量会发生变化，压力无关型末端可以较快地补偿这种压力变化，维护原有的风量；而压力有关型末端则要等到风量变化改变了室内温度才能动作，在时间上要滞后一些。在价格上，压力无关型比压力有关型要高一些。

变风量空调系统主要是通过末端装置以室内温度的波动为控制信号来控制房间送风量，满足房间热、湿负荷的变化和新风量要求，它的好坏直接影响房间的空气品质。在国外变风量末端装置已经发展了 20 多年，拥有不同的类型和规格。其中变风量末端的种类可分为单管型变风量末端、双管型变风量末端、风机动力型末端、诱导型末端、压力相关型末端。在

实际工程中多采用单管型和风机动力型末端（串联型和并联型）。变风量末端的控制方式有气动式控制、模糊控制、DDC控制。近年DDC控制通过精确的数字控制技术使得末端设备具有较好的节能性。变风量末端装置的主要控制部分包括：

1）测量控制区域温度，通过末端控制器设定送风温度值。

2）测量送风量，通过末端控制器设定送风量值。

3）控制末端送风阀门开度。

4）控制加热装置的三通阀或控制加热器的加热量。

5）控制末端风机起停（并联型末端）。

6）上传数据到中央控制管理计算机系统或从中央控制管理计算机系统下载控制设定参数。

5. VAV末端装置的控制模式　　VAV系统随负荷变化对房间温度的控制是通过VAV末端装置对送风量的控制来实现的。这是VAV系统的基本控制环节。末端装置的控制可以分为三类模式：① 随压力变化的（即压力相关型）；② 限制风量的；③ 不随压力变化的（即压力无关型）。末端调节风量系统如图3-54所示。VAV末端控制器是与VAV末端装置配套的定型产品，它包括挂在室内墙壁上的温度设定器及安装在末端装置上的控制器两部分，设定器内装有温度传感器以测量房间温度。温度实测值与设定值之差被送到控制器中去修正风量设定值或直接控制风阀。对与"压力无关"的末端装置，重要的是要测准风速或风量。一般都需要在出厂前逐台标定，将标定结果设置到控制器中。有的末端控制器产品还要求在现场逐台标定，这在选用产品的订货时要十分注意。

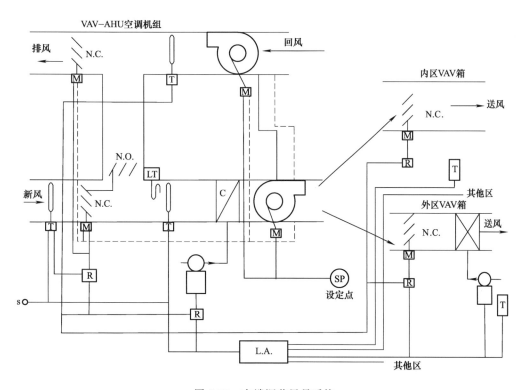

图3-54　末端调节风量系统

三、变风量空调控制系统

图 3-55 是典型的 VAV 空调系统示意图，其主要特点就是在每个房间的送风入口处装一个 VAV 末端装置，该装置实际上是可以进行自动控制的风阀，以增大或减小送入室内的风量，从而实现对各个房间温度的单独控制。当一套全空气空调系统所带各房间的负荷情况彼此不同或各房间温度设定值不同时，VAV 空调系统是一种解决问题的有效方式。

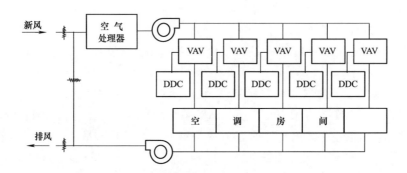

图 3-55　典型的 VAV 空调系统示意图

变风量空调系统能量平衡方程式为

$$G=Q/1.01(T_n-T_0)$$

由上式可知，当负荷 Q 或室内设定温度 T_n 变化时，保持送风量 G 不变，调节送风温度 T_0；或保持送风温度 T_0 不变（或微调），根据室内负荷 Q 的变化调节送风量 G，均能保持空调系统的能量平衡。

VAV 空调系统根据建筑结构和设计要求的不同有多种设计方案可供选择，如单风道或双风道，节流型或旁通型末端装置，末端是否有再加热（温控精度高时采用），送风管道静压控制方式（定静压或变静压）等。总之，只要送风量随负荷变化而变化的系统，统称为变风量空调系统。单风道 VAV 空调系统如图 3-56 所示。系统管路由 VAV 空调箱，新风、回风和排风阀门，VAV 末端装置及管网组成。控制环路由室温控制，送风量控制，新风、回风和排风阀门联动控制及送风温度控制等部分组成。单风道变风量 VAV 空调系统控制框图如图 3-57 所示。系统由变风量空调箱、新风、回风和排风阀门、压力无关型末端装置及管网组成。控制回路由冷水量与送风温度控制、风机转速与静压点静压控制、送风量与室内温度控制及新风量与二氧化碳浓度控制 4 个回路组成，如图 3-58～图 3-61 所示。

（1）室温控制。VAV 末端装置根据室内温度的变化调节进入室内送风量，以维持室内温度稳定。

（2）送风量控制。根据送风管道静压的变化控制变频风机转速。

（3）新风、回风和排风阀门联动控制。根据新风量要求和季节变换调节新回风风比，根据新风量的大小控制排风量以达到系统风量平衡。

（4）送风温度控制。根据送风温度调节供冷（热）量。

（一）VAV 空调系统的控制方案

VAV 空调系统的控制方案有以下几种：

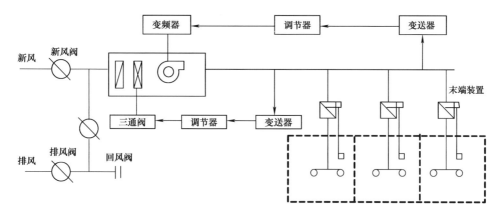

图 3-56　单风道 VAV 空调系统

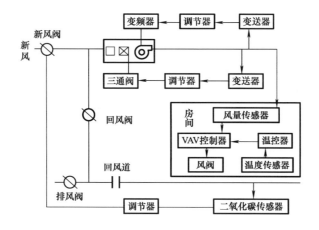

图 3-57　单风道变风量 VAV 空调系统控制框图

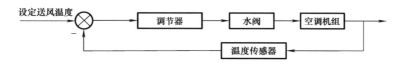

图 3-58　送风温度控制回路框图

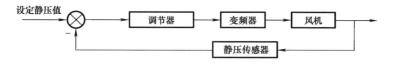

图 3-59　静压控制回路框图

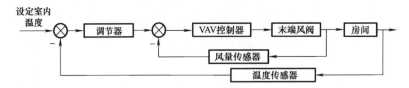

图 3-60　室内温度控制回路框图

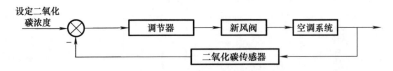

图 3-61　新风量控制回路框图

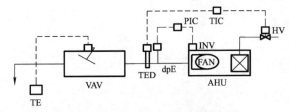

图 3-62　定静压定温度法控制原理图

TE—温度传感器；TED—插入型温度传感器；

dpE—静压传感器；PIC—静压调节器；

INV—变频器；TIC—温度调节器；HV—二通阀

1. 定静压定温度法　在 VAV 系统设计中，通常采用定静压控制法。该方法在送风系统管网的适当位置（通常在离风机 2/3 处）设置静压传感器，以保持该点静压固定不变为前提，通过不断的调节变频送风机的频率来改变空调系统的送风量。而送风静压值通常通过静压复得法来求得。定静压定温度法控制原理如图 3-62 所示，其控制对象是由机械式 VAV 末端装置所组成的空调系统。这种控制系统在 VAV 空调起步阶段时成为主流。由于机械式 VAV 的特性以及当时电子技术的发展限制，定静压定温度控制法的全部控制均为模拟式。优点是控制简单，缺点是节能效率差、控制精度低、噪声偏高、机械式 VAV 难于与空调机侧联合控制等。加上机械式 VAV 压力损失过大，以及电子式、DDC 式、VAV 的快速发展，机械式 VAV 已基本停止使用，随之定静压定温度控制法已基本不被采用。

2. 定静压变温度法　定静压变温度法是在定静压定温度控制法的基础上发展出来的。系统的主要控制机理为：在保证某一点（或几点平均）静压一定的前提下，室内要求风量由 VAV 所带风阀调节；系统总送风量根据风管上某一点（或几点平均）静压与该点所设定静压的偏差，通过控制变频器的频率调节风机转速来确定（定压值）。同时还可以改变送风温度来满足室内环境舒适度的要求（变温度），即定精压变温度控制，控制原理如图 3-63 所示。

这种控制方式比定静压定温度控制法有很大进步，问世以后立即取代了前者，在欧美设计市场曾较为流行。但是，由于系统送风量由某点静压值来控制，不可避免地会使得风机转速过高，

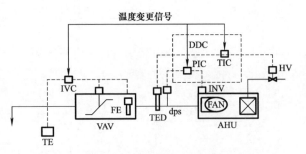

图 3-63　定静压变温度（CPT）法控制原理图

FE—内风速传感器；DDC—气接数字控制器；

dps—微差压开关

达不到最佳节能效果；同时，在一定的系统静压下室内的要求风量只能由 VAV 所带风阀调节，当阀门开度较小时气流通过噪声加入，影响室内环境。再者，系统中静压点的位置很难确定。国外也往往是根据经验值来定，科学性差。因此，有些工程均因静压点位置没有代表性使得 VAV 空调系统调试困难。加上系统中必须设置静压传感器，如果采用高精度则成本较高。总之，由于种种原因，该控制方法在日本设计市场已不被采用，在其他国家的设计市场也有被取代的倾向。

3. **变静压法的 VAV 系统控制** 变静压变温度控制法（Variable Pressure Variable Temperature）简称 VPT 法，又称之为变静压法。它克服了定静压变温度法的上述缺点，是 20 世纪 90 年代后期开发并普及推广的。一些小规模的 VAV 系统可采用变静压控制法。采用变静压控制法的系统中风管中不需设置静压传感器，而是在变风量末端装置中设置阀门开度传感器，由变风量末端装置的开启度的判断来计算调节送风机的扬程，使得至少一个具有最小静压值的末端装置的阀门处于全开状态，这样可以尽量降低送风静压，节约风机能耗。具体控制如下：首先，各末端风量的和得出系统的要求风量，由此风量值确定风机频率，即进行前馈控制；每个 VAV 末端均向静压设定控制器发出阀位信号，若有一个末端阀门全开，则认为系统静压小，能满足此末端装置的风量要求，应提高系统静压的设定值，即提高风机转速；若全部末端阀门开度低于 86%，则表明此时的静压设定值偏高，系统提供的风量大于每个末端装置所需要的风量，此时应减少系统的静压设定值，即降低风机转速；若处于这两种情况之外，则表明静压满足末端装置的要求，锁定静压设定值，风机转速不变，其控制原理如图 3-64 所示。

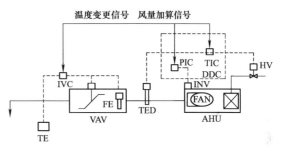

图 3-64 变静压变温度（VPT）法控制原理图
IVC、VAV—控制器；FE—风速传感器

该控制方法弥补了 CPT 法能耗大、噪声高的缺点。它是在定静压控制运行的基础上，阶段性地改变风管中压力测点的静压设定值，在适应所需流量要求的同时，尽量使静压保持允许的最低值，以最大限度节省风机的能耗。

由各 VAV 的要求风量计算出系统要求的风量进行前馈控制，同时根据各 VAV 的阀位开度判断系统送风静压是否满足，由此进行反馈控制。

4. **风机变频器控制——变风量控制** 由 TE（室内温度设定/传感器），IVC（VAV 末端智能控制器）、SCM（系统管理器）、ICC（系统控制器）、INV（变频器）等部件及系统构成，控制目的是使系统在最小送风静压（变静压法）下满足室内要求风量。

该部分由两个控制环路构成。首先是室内送风量的控制，根据室内温度与设定温度的差值计算出要求风量（送风温度定时），控制风阀开度以及系统静压以使实际送风量满足要求风量；其次是系统总送风量控制，根据各 VAV 风阀的开度来决定风机电机的供电频率增加或减小，达到节能的目的。

5. **空调箱冷量热量及加湿量控制——变温度控制** 由 HED（插入式湿度传感器）、QED（插入式温度传感器）、ICC、MV（两通阀）、RV（加湿阀）等部件及系统构成。控制的目的是为满足室内温湿度以及舒适度要求，具体表现为以下几点：

（1）提高控制性能，扩大控制范围。一般地讲，VAV 的控制范围在最大风量和最小风量之间。当 VAV 处在最大风量或最小风量的控制状态时，改变送风温度可扩大控制范围以及提高控制性能。

（2）进一步节约送风动力。在某些送冷风控制状态下有可能降低送风温度使得送风量减小，进一步节约风机送风动力。

（3）提高舒适性。改变送风温度，可解决由于送风温度过高或过低而产生的不舒适感觉。空调过渡季节期间，适当提高送风温度可防止"不快冷风感"的产生；冬季送热风时，适当降低送风温度可防止热空气滞留吊顶附近，使室内气流组织更加合理，提高舒适度。

6. 风阀跟踪调节　通过安装在新风阀后的风速传感器测出风量，以此对新风阀和回风阀进行调节。如图 3-65 所示，设置高、低限温度传感器是为了控制新风运行，当低限温度传感器测出的温度高于设定的最小值时，新风量加大；当室外温度太高时，高限温度传感器使新风阀回到最小位置。

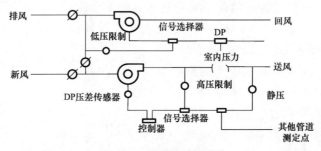

图 3-65　室内正压控制

当房间负荷减小，特别是人员减少时，送入房间的新风量可以随送风量的减少成比例减少。当达到最小新风量时，为了维持最小新风量不再减少需要保持新、回风混合段中负压不变，因此新风阀将要不断开大，而回风阀将不断关小。设送风量为 $10\,000\text{m}^3/\text{h}$ 的变风量系统设计新风比为 20%，最小新风量为 $1000\text{m}^3/\text{h}$。由于在最小新风量的风速太低，使得测控精度难以保证，如图 3-66 所示。

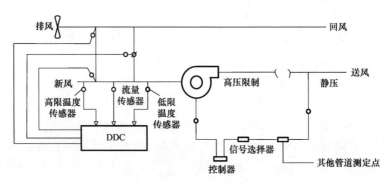

图 3-66　风阀控制

（二）变风量控制系统风量控制方案

1. 总风量控制　风机总量控制方法是基于压力无关型的 VAV 末端研究出的一种新的简单易行的 VAV 空调系统控制方法。通过对压力无关型末端控制环路的分析，发现各个末端

的设定风量是一个很有价值的量。它反映该
末端所在房间目前要求的送风量，那么，所
有末端设定风量之和则显然是系统当前要求
的总风量，并且体现了系统希望达到的流量
状态。根据算得的总风量来控制风机频率。
图 3-67 所示为 VAV 空调总风量控制示
意图。

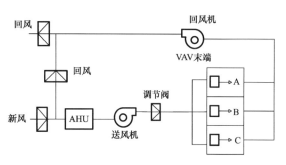

图 3-67　控制示意图

　　总风量控制方式在控制系统形式上具有
比静压控制简单得多的结构。它可以避免使
用压力测量装置，减少了一个风机的闭环控制环节，在控制性能上具有快速、稳定的特点，
不像压力控制系统压力总是有一些高频小幅振荡；此外，也不需要变静压控制时的末端阀位
信号。这种控制系统形式上的简化，同时也带来了控制系统可靠性的提高。总风量控制在风
机节能上介于变静压控制和定静压控制之间，并更接近于变静压控制。

　　总风量控制方式在控制特点上是直接根据设定风量计算出要求的风机转速，具有某种程
度上的前馈控制含义，而不同于静压控制中典型的反馈控制。但设定风量并不是一个在房间
负荷变化后立刻设定到未来能满足该负荷的风量（即稳定风量），而是一个由房间温度偏差
积分出的逐渐稳定下来的中间控制量。因此，总风量控制方式下风机转速也不是在房间负荷
变化后立刻调节到稳定转速就不动了，它可以说是一种间接根据房间温度偏差由 PID 控制
器来控制转速的风机控制方法，这才是总风量控制方法的实质。

　　虽然总风量控制具有如此显著的优点，但总风量控制同样有自己的缺陷，即增加了末端
之间的耦合程度，只是这种末端之间的耦合主要是通过风机的调节实现的。在静压控制方式
下，各末端的耦合则是通过风道压力来实现的（这种耦合是不可避免的）。这种差别反映在
有的房间负荷变化后，风机和该房间的末端阀位同时调节，极大地改变了系统阻力特性，尤
其是风机的调节使其余房间的流量发生了不可忽视的改变，迫使相应末端尽快作出调节，恢
复以前的设定流量。

　　随着空调专业在建筑行业中的迅速发展，空调系统所占整个建筑物能耗的比重越来越
大，舒适、节能已经成为首要考虑的问题。定静压控制由于节能效果不理想，静压点设置主
观性较大，加上系统中必须设置的静压传感器，如采用高精度型成本较高等原因，在设计市
场有被取代的倾向。变静压控制能最大限制地节省风机能耗，但控制算法复杂，实现较为困
难，不过仍是一种较好的控制方式，目前应用较广。总风量控制法是基于压力无关型的变风
量末端的一种控制方法，由于它避免了压力控制环节，确实能很好地降低控制系统调试难
度，提高控制系统稳定性；节能效果介于变静压控制和定静压控制之间，并更接近于变静压
控制。因此，不管从控制系统稳定性，还是从节能角度上来说，总风量控制都具有很大的优
势，是完全可以成为取代各种静压控制方式的有效风机调节手段。送风系统管路特性图就能
说明这一点，如图 3-68 所示。

　　2. 送风机的控制（图 3-69 和图 3-70）　为了保证系统中每个 VAV 末端装置都能正常
工作，要求主风道内各点的静压都不低于 VAV 末端装置所要求的最低压力。在主风道压力
最低处安装静压传感器，根据此点测出的压力，调整送风机转速，使该点的压力恒定在
VAV 末端装置所要求的最小压力值，即可保证各 VAV 末端装置正常工作。对于仅一条风

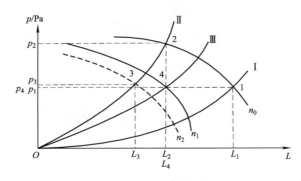

图 3-68　送风系统管路特性

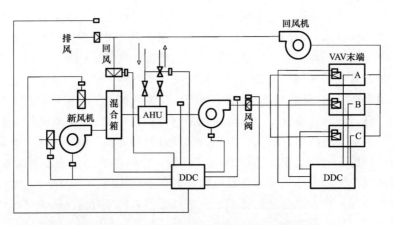

图 3-69　VAV 空调总风量控制方案示意图

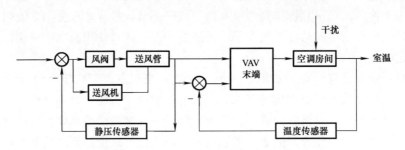

图 3-70　VAV 空调总风量控制系统框图

道的系统，将压力传感器装在风道的最远处，根据它的压力调节送风机转速，即可保证各 VAV 末端装置都在足够的压力下工作，然而在实际工程中会出现问题：当主风道前半部分风速较高，尾部风速较低时，最远处的静压比近处某些位置的静压还高，导致近处一些 VAV 装置不能正常工作。当主风道分为两支或多支（图 3-71、图 3-72）时，若装有压力传感器的分支 A 内各变风量装置的风阀因需要的风量小而关小，分支内总风量减少，而另一支要求的风量大，则压力传感器测出的压力接近于风道分叉处点 a 的压力，但由于分支 B 内风量大，压降大，点 c 的压力远低于点 a，从而也就低于点 b 的压力，这样，当控制送风机转速使点 b 于额定压力时，点 c 及其附近的压力就会偏低，使连接于这些位置的 VAV 末端

装置不能正常运行。鉴于这种情况，建议将参考测压点前移至总风道上距末端 1/3 处，如图
3-71 中 d 点。有些工程师干脆将测点设在风机出口，使风机出口压力恒定，此时风机转速
调整过程如图 3-72 所示。这样，部分负荷时 VAV 末端装置压力过大，使得风阀关得很小，
噪声增加，同时小风量时风机电耗节省不多。这样，虽然测压点越接近风机，系统越可靠，
但风机节能效果就越差。这些分析都是采用一个压力测点控制风机转速这种单回路的简单控
制方式，而使用 DDC 控制，可以多装几个压力测点来解决上述矛盾。如图 3-71 例中，在点
b、c 处均安装压力传感器，调节送风机转速，使这两个压力中的最小者不低于 VAV 末端装
置要求的最低压力。还可以在有可能出现最高风速的风道处安装压力测点，以保证该点压力
不低于额定值。当然在保证可基本了解风道内压力分布的前提下，应尽可能减少压力测点，
以减少投资。在何处设压力测点是出现了 VAV 系统以后国外长期争论、且尚未圆满解决的
问题。在采用计算机控制后，增加这种"哪里压力最低"的逻辑判断功能，问题就变得很容
易解决了。

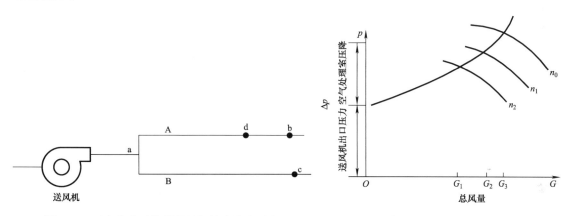

图 3-71　两个分支时控制送风机转速的参照点　　　　图 3-72　定出口压力时风机工况的变化

3. 回风机的控制　回风机的转速也需要调节，以使回风风量与变化了的送风量相匹配，
从而保证各房间不会出现太大的负压或正压。由于不可能直接测量每个房间的室内压力，因
此，不能直接按照室内压力对回风机进行控制。由于送风机在维持送风道中的静压，其工作
点随转速变化而变化，因此，送风量并非与转速成正比。而回风道中如果没有可随时调整的
风阀，回风量基本上与回风机转速成正比。因此，也不能简单地使回风机与送风机同步地改
变转速。实际工程中可行的方法是同时测量总送风量和总回风量，调整回风机转速使总回风
量总是略低于总送风量，即可维持各房间稍有正压。再一种方式是测量总送风量和总回风道
接近回风机入口处的静压，此静压应与总送风量的二次方成正比，由测出的总送风量即可计
算出回风机入口静压的设定值，调整回风机转速使回风机入口静压达到该设定值，即可保证
各房间内的零压。

4. 送风参数设定　对于第一节中讨论的定风量系统，总的送风参数可以根据实测房间
温湿度状况确定。对于变风量系统，由于每个房间的风量都根据实测温度调节，因此房间内
的温度高低并不能说明送风温度偏高还是偏低。只有将各房间温度、风量及风阀位置全测出
来进行分析，才能确定送风温度需用调高或降低，这必须靠与各房间变风量末端装置的通信
来实现。对于各变风量末端间无通信功能的控制系统，送风参数很难根据反馈来修正，只能

根据设计计算或总结运行经验，根据建筑物使用特点、室内发热量变化情况及外温确定送风温度设定值。根据一般房间内温湿度要求计算出绝对湿度 d，取 $d=(0.6\sim1)g/kg$ 作为送风绝对湿度的设定值。为了满足各房间温度要求，这样确定的送风温度设定值一般总是偏保守，即夏天偏低、冬天偏高，从而使经过末端装置调节风量后，各房间温度都能满足要求。但有时各 VAV 末端装置都关得很小，增加了噪声。此外还减少了过渡期利用新风直接送风降温的时间，多消耗了冷量。

5. 保证足够的新风　当新、排、混风阀处于最小新风位置时，降低风机转速，使总风量减小，新风入口处的压力就会升高，从而使吸入的新风的百分比不变，但绝对量减少。对于舒适性空调，这使各房间新风量的绝对量减少，空气质量变差。为避免这一点，在空气处理室的结构上可采取许多措施。就控制系统来说，可在送风机转速降低时适当开大新风和排风阀，转速增加时再将它们适当关小。更好的办法是在新风管道上安装风速传感器，调节新风和排风阀，使新风量在任何情况都不低于要求值。

（三）变风量空调监控设计

1. 变风量空调机组监控设计　主要监控功能：①监测风的运行状态、气流状态、过载报警和手/自动状态，累计风机运行时间，控制风机起停，调节风机频率；②监测送风温度、回风温度、湿度，根据回风温度与设定值的比较差值调节电动水阀的开度，根据回风湿度与设定值的比较差值控制加湿阀的开闭；③监测室外空气温度、相对湿度；④监测过滤器两侧压差，超出设定值时，请求清洗服务；⑤当机组内温度过低时，防冻开关报警，停止风机运行，并关闭新风阀；⑥根据室内外焓差调节新风风阀开度，同时相应调节回风和排风风阀。变风量空调机组监控原理图如图 3-73 所示，变风量空调机组监控点见表 3-6。

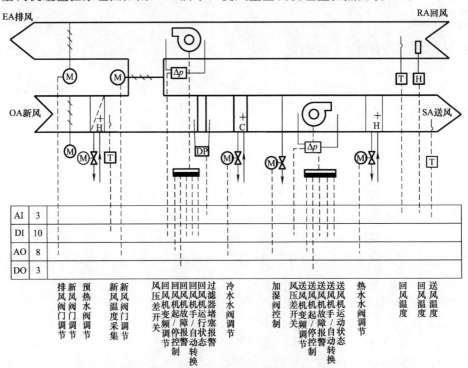

图 3-73　变风量空调机组监控原理图

表 3-6　　　　　　　　　　　　　　变风量空调机组监控点

受控设备	数量	监控功能描述	输入		输出		传感器、阀门及执行机构等
			AI	DI	AO	DO	
		室外温、湿度					
	1组	室外温度	1				室外温度传感器
	1组	室外湿度	1				室外湿度传感器
		点数小计	2				
		变风量风空调系统组合机组					
空调机组（双风机，四管制，带加湿系统）		送风温度	1				风道温度传感器
		回风温度	1				风道温度传感器
		回风湿度	1				风道湿度传感器
		过滤器堵塞报警		1			压差开关
		低温防冻报警		1			防冻开关
		送、回风机运行状态		2			
		送、回风机气流状态		2			压差开关
		送、回风机过载报警		2			
		送、回风机手/自动转换		2			
		送、回风机起/停控制				2	继电器线圈
		送、回风机变频调节			2		
		加湿阀开/关控制				1	加湿阀执行器
		新/回/排风调节			3		风阀执行器
		冷、热、预热盘管水阀调节			3		电动两通水阀及执行器
		点数小计	3	10	8	3	

2. **典型 VAV BOX 的监控原理**　主要监控功能：①通过室温实测值和设定值的差值，计算所需风量的设定值；按照风量实测值和设定值的差值，调节 VAV BOX 的风阀。②反馈 VAV BMX 风阀的阀位。对于内置风量测量的末端装置，反馈通过 VAV BOX 的实际风量值等。VAV BMX 的监控原理图如图 3-74 所示，VAV BOX 的监控点见表 3-7。

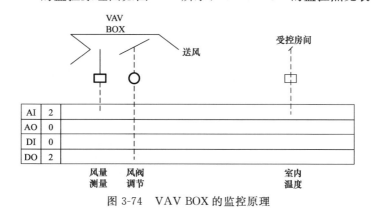

图 3-74　VAV BOX 的监控原理

表 3-7   **VAV BOX 的监控点**

受控设备	数量	监控功能描述	输入		输出		传感器、阀门及执行机构等
			AI	DI	AO	DO	
VAV BOX	1 台	室内温度	1				室温传感器
		风量测量	1				空气流量传感器
		末端风阀调节				2	风阀执行器
		点数小计	2	0	0	2	

第六节　中央空调监控系统和远程控制系统的设计

一、中央空调的控制方式

1. 冷冻机组的控制方案　根据冷冻机组运行要求对冷冻站中的冷冻机组、冷冻水泵、冷却水泵、冷却塔、膨胀水箱等及冷冻机组起动停止顺序进行全自动、半自动和手动进行逻辑控制。即自动监测上述设备的运行状态、故障信息、开关信号、水阀开关信号并给出运行时间累计和维修警告；自动监测冷热水系统的供回水温度，回水流量，供回水压力并计算实际冷负荷；根据供回水压差，控制压差旁通阀的开度，维持供回水压差平衡；根据实际投入的空调机数量来决定冷冻机组的开启台数，并对相应的阀和水泵进行联锁控制；可根据实际负荷，控制冷冻机组、冷泵、冷却塔的开启台数，实现最优化控制等。

冷冻机一般由数台构成，在一般情况下需预留一台机组作后备，每个机组的开、关取决于定时时间表。热负载情况在冷冻机的供水端和回水端安装冷冻水旁通阀，用来控制空调机单元和风机盘管单元开始关闭时系统产生的压力。同时它也可用来在冷冻水供水端和回水端保持一定压力，使冷冻水流向空调机。

2. 空调机组的控制方案　根据空调供回水温差和空调水流量计算即时的系统制冷或制热量，实时显示系统负荷率，为冷冻机组、热交换器半自动或全自动的起停和台数控制提供依据。要实现选择起动就要先累计各设备运行时间，根据室温及外界环境温度算出冷量，再根据计算结果和设备的功率得出需要的设备数。每立方米的空气升高 1℃ 所需的能量换算为功率值大约为 3.3kW。空调调节机组的起动/停止控制要预先在定时时间表中安排程序，控制系统能根据定时时间表自动起、停空调机。

采用回风管温度来控制空调机阀门，当消防报警接点闭合时，把空调机关闭。当风量探头在发动机开动后仍未测得风量，空调机的状态将显示出故障。空调机过滤网堵塞时，压差开关动作，给系统报警信号。当回风湿度低于设定值时，开启加湿装置。当温度低于 4℃ 时，防冻系统报警并执行相应的防冻保护程序。在运行过程中，随时根据供回水的温度和水流量计算出系统消耗的冷量，当空调系统消耗的冷量小于目前运行冷冻机所提供的冷量，并符合减少设备的条件时，自动关闭累计运行时间长的冷冻机组。

监视的运行参数有回风温度、送风温度、回风湿度、送风湿度、调节新风风阀、回风风阀、冷冻水阀的开度、风机起停控制、过滤器阻塞报警。

3. 变流量的控制方案　因末端装置采用调节阀控制温度，空调水系统为变流量系统，而冷冻机组蒸发器需保持恒定的水流量流过，以保证设备运行在最佳工况。分析水泵的 Q-H 特性可以发现在一定范围内，流量与压差近似成线性关系，控制系统通过检测空调供回水压差并与设定值比较进行 PID 运算来调节旁通阀以实现水泵的调节流量恒定，压差的控制精度为 10%。为获得较好的调节效果，空调水循环泵宜采用 Q-H 工作特性曲线比较陡降的型号。

　　4. 空调水系统顺序控制方案　　通过检测冷却水的温度来控制冷却风机的起停，以保证冷水机组冷媒压力在一定的范围内，达到节能的目的。冷水机组在夏季为空调系统提供冷水，在空调系统所消耗的冷量中，冷水机组所消耗的能量占有很大比重。因此，冷水机组是空调系统的耗能大户，控制系统设计的优劣将直接影响节能效果。冷水机组有冷冻机组、冷却风扇、冷却泵、冷冻泵。冷水机组常规监控功能有：

　　(1) 控制冷冻机起停，监测运行状态及故障报警。

　　(2) 控制冷冻水泵起停，监测水泵的运行状态及故障报警。

　　(3) 控制冷却水泵起停，监测水泵运行状态及故障报警。

　　(4) 测量冷冻水管的总供/回水压力。

　　(5) 控制冷却塔风机起停，监测运行状态及故障报警。

　　(6) 控制补水泵起停，监测运行状态及故障报警。

　　(7) 监测膨胀水箱高/低液位。

　　(8) 监测冷冻/冷却水水流状态。

　　(9) 监测冷冻水、冷却水供/回水温度。

　　(10) 监测冷冻水回水流量。

　　(11) 冷冻机、冷冻水泵、冷却水泵、补水泵、冷却塔运行时间累积。

　　(12) 通过计算冷冻水的总供/回水温度和回水流量，计算出空调系统的冷负荷。

　　(13) 根据实际冷负荷来决定冷冻机的起停组合及台数，以便达到最佳的节能效果。

　　(14) 根据冷却水供回水温度，控制冷却塔风机的起停及运行数量。

　　(15) 控制冷冻水旁通阀的开度，以维持要求的供回水压差。

　　冷冻机起动时要求水必须是流动的，否则会迅速结冰，损坏冷冻机。流入冷冻机的水还要有温度限制，一般控制在 6～30℃ 之间。因此，冷水机组在起动时要遵循特定的顺序：冷却塔风扇-冷却泵-冷冻泵-冷冻机组；关闭顺序相反。冷冻机关闭后，冷冻泵和冷却泵还要继续运行一段时间，充分利用系统的冷量。另外，冷水机组的各设备功率都较大，不能同时起动，要有一定延时。冷冻机组在起动 30s 内如果没有起动状态返回，则认为起动失败，在 5min 内不允许再次起动。

　　在冷水机组运行中有设备意外停机时，系统可自动起动备用设备。另外，对已确认的故障设备还可在操作站做出故障标记，这样系统在起动时会自动将此设备忽略。

　　5. 末端装置的控制方案　　空调系统末端由空调机、新风机和分散的风机盘管组成。空调机开关可由时间程序控制，并根据室温和设定值采用 PID 算法控制空调机水阀开度。空调机滤网两侧安装压差开关监视其是否堵住。新风机则根据风管温度和设定温度调节水阀，为达到良好的控制效果，风管温度传感器安装位置应离新风机出风口 6 米以上。各空调机和新风机的采样温度、水阀开度、空调机运行状态、压差开关等都在中央图形站实时显示，并累计空调机、新风机的运行时间，为管理提高可靠依据。该控制方案还可实现零能带控制、最优起停控制、夜间换风等功能。

每台风机都有选择开关来选择手动/自动控制，每台空调机都可选择手动/自动控制。在自动控制模式下，系统将按时间表来操作空调机，执行相关的空调机程序和联锁。在手动状态下，系统功能失效，但监视功能仍然保留，主要对新风机进行控制，即：自动监测新风机组处送风温度风机的运行状态、故障信息；根据送风温度，自动控制机组的二通水阀的开度，维持送风温度的恒定；自动监测新风机运行状态、开关状态等。信号监视的运行参数有送风温度、室外新风温度，调节新风风阀，冷冻水阀的开度，风机起停等。

根据控制区域 CO、CO_2 探测器所测参数，控制风机起停。在定时时间表中安排一周内每天开机/关机时间，控制系统将存储每台风机的整个运行时间，这些数据将按需要在工作站给操作员显示。

6. 风机盘管就地控制方案　风机盘管采用电源分区的控制方法，主要对风机盘管进行就地控制，现场可设定温度及高、中、低三挡风速，并对各风机盘管的工作状态实现中央监控。

7. 空调系统冬季运行的控制方案　冬季运行时，台数按冬季程序控制，同时热交换器蒸汽阀与空调水泵连动，在测得室外温度低于零度时，自动开启水泵和水阀做防冻运行，其余功能同夏季。

空调系统控制还要对一些机组的故障进行报警提示，对于某些特殊的报警还要自动进行紧急处理。例如，冬季发生低温断路报警时要紧急停机，并将预热、加热阀门打开，并且报警不能自动复位，必须在现场进行复位，复位后风机恢复原运行状态。这主要针对北方冬季天气较冷，新风进入风机时并不是和回风均匀地混合，会发生换热器表面局部低温的现象，如果持续时间长，极易损坏换热器。中央空调空调机组控制框图如图 3-75 所示。

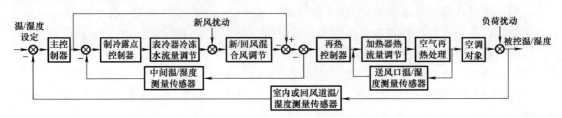

图 3-75　中央空调空调机组控制框图

二、中央空调监控的内容

监控计算机系统主要以动态图形的方式，对整个系统中的设备及机组监视，对现场冷热源泵站、空压机站的空调系统进行综合管理，协调控制、记录及统计有关数据，打印事件报表、自动检测故障报警。

（一）冷水机组的保护与控制（以螺杆式冷水机组为例）

1. 安全保护　吸汽压力过低、排汽压力过高、油温过高、油压差过低、油位过低、防结冰保护、冷冻水与冷却水不流动、压缩机电流过大、电机温度过高、防止压缩机频繁起动、压缩机运行故障、传感器故障、电压过高或过低保护、断相保护、螺杆转子反转保护等。

2. 系统控制

（1）可采用人工或自动方式进行开机或停机操作。

（2）可用 BAS 系统的外部信号对机组进行开机或停机操作。

（3）可用计算机编制以七天（一星期）为一个周期的运行程序。

（4）可对压缩机进行顺序控制（仅限多机头机组）。

3. 能量调节　根据设定的冷冻水温度，将计算机置于自动控制档控制滑阀的位置，以此来实现机组的能量调节。冷冻水温度可通过系统实行远程设定。可以根据楼宇的具体使用情况编制程序来实现压缩机的加载循环。

4. 信息显示　计算机控制应配置液晶显示功能，可利用简单的菜单驱动程序，通过菜单操作快速查询各常用参数，包括冷冻水出水温度、蒸发压力、冷凝压力、系统电压、压缩机工作电流、压缩机累积运行时间、压缩机起动次数、压缩机接触器状态、水流开关状态等。

5. 远距离监视功能　螺杆式冷水机组的计算机控制中心应有完整的 RS-232 或 RS-486 通信接口以及各种相关的软硬件。用一个简单的终端装置和一个普通的调制解调器就可对机组进行远距离监视和控制。

（二）风机盘管的控制

1. 联锁控制　①可自动或手动进行冬夏季转换；②联锁程序，先起动风机，然后再开水阀。

2. 夏季控制　室内温度大于设定值时开大盘管进水阀，反之关小进水阀。

3. 冬季控制　室内温度小于设定值时开大盘管进水阀，反之关小盘管进水阀。

4. 盘管风机控制　风机三挡调速采用现场手动控制，不纳入 DDC 控制器的控制范围。

5. 重新设定　室内温度可由集中控制计算机或现场 DDC 控制器再设定。

（三）组合式空调箱保护与控制（一次回风）

1. 联锁控制　①组合式空调箱应设程序自动、远距离键盘和现场手动起停三种方式；②联锁程序，先开水阀，再开风阀，然后起动风机；③可自动进行冬夏季转换。

2. 夏季控制　室内温度大于设定值时开大冷水阀，反之关小冷水阀。

3. 冬季控制　①室内温度小于设定值时开大热水阀，反之关小热水阀；②室内湿度小于设定值时开加湿器，反之关加湿器。

4. 防冻保护　①冬季运行中，热水盘管出口温度小于设定值时，停风机同时开大热水阀；②风机停止运行时，新风阀全关，热水盘管出口温度小于设定值时，仍要开大热水阀。

5. 防火控制　监视防火阀状态，一旦防火阀动作立即停止送风机运行。

6. 显示与报警　①室内温度与湿度显示，高、低限报警；②风机运行状态显示，故障报警；③防冻保护状态显示；④过滤器状态显示，过滤器前后压差高限报警；⑤冷、热水阀阀位显示；⑥加湿器和新风阀状态显示；⑦防火阀状态显示，火灾报警；⑧组合式空调箱运行小时数记录。

7. 重新设定　室内温湿度可由集中控制电脑或现场 DDC 控制器再设定。

（四）空调水系统控制（一次泵系统）

1. 起停控制　①联锁顺序。起动顺序为：冷却塔风机—冷却水蝶阀—冷却水泵—冷冻水蝶阀—冷冻水泵—冷水机组，停机顺序相反。②空调水系统应设程序自动、远距离键盘和现场手动起停三种方式。③可自动记录各台冷水机组的运行小时数，优先起动运行小时数较少的机组及相关设备。

2. 运行台数控制　①系统初起动：根据室内外空气状态和管理人员的经验，先由人工起动一套系统。②冷量控制：根据所测冷冻水供回水温度和流量，计算实际耗冷量，并根据单台机组制冷量情况，自动决定冷水机组运行台数并发出相应信号。③设置时间延迟或冷量控制上下限范围，防止机组频繁起停。④根据冷却水回水温度，决定冷却塔风机的运行台数并自动起停冷却塔风机。

3. 压差控制　根据设计和调试要求设定冷冻水系统供回水压差，并根据压差传感器的测量值决定旁通电动阀的开度。

4. 显示与报警　①设备运行状态显示，故障报警；②冷水机组主要运行参数显示及高、低报警。此项功能要求冷水机组自带控制器必须向 DDC 系统开放通信协议；③冷冻水及冷却水供回水温度显示，冷却塔回水温度高、低限报警；④冷冻水流量显示与记录；⑤冷却系统瞬时冷量的显示与记录；⑥冷却塔电动蝶阀状态显示，故障报警；⑦冷冻水供回水压差显示，高限报警；⑧旁通电动阀阀位显示；⑨制冷系统各相关设备（冷水机组、水泵等）运行小时数记录。

5. 设定　冷却塔回水温度，冷冻水供回水压差均可在集中控制计算机及现场 DDC 控制器上进行再设定。

三、中央空调的集散控制

1. 集散控制系统的组成　集散控制系统的组成通常包括中央控制站（集中控制用的工业控制计算机、彩色监视器、键盘、打印机、不间断电源等）、现场 DDC 控制器、通信网络以及相应的现场设备（传感器、执行器、调节阀等元器件）。

2. 中央空调集中控制室控制站　集中控制室控制站是指以集中控制计算机为基础的设备群组。通常具有以下一些功能：①集中控制计算机多为工业控制计算机，从目前看以 486以上的工控机为主；②可容纳多个 DDC 控制器，并可使其各自能够相互通信；③在集中控制计算机上，可对每个 DDC 控制器进行编程以满足其各自的工程实际；④通过彩色显示器可显示多幅控制系统各部分的彩色动态图；⑤可在集中控制计算机上设定各个空调设备的起停时间及其相关的受控参数；⑥各将各个空调设备的故障通过声光在集中控制计算机上显示；⑦具有配套的管理软件，可自动记录各种空调设备的运行参数、累积运转时间等；⑧应能通过整个数字的 BAS 系统与消防自控系统相互通信；⑨应有多个级别的密码，以供不同级别的操作人员使作。

3. 现场 DDC 控制器　DDC 控制器是系统实现控制功能的关键部件，是整个中央空调控制系统的核心。它的工作过程是控制器通过模拟量输入通道（AI）和开关量输入通道（DI）采集实时数据，并将模拟量信号转变成计算机可接受的数字信号（A/D 转换），然后按照一定的控制规律进行运算，最后发出控制信号，并将数字量信号转变成模拟量信号（D/A 转换），并通过模拟量输出通道（AO）和开关量输出通道（DO）直接控制空调设备的运行，详见图 3-76。

评价一个 DDC 控制器的功能主要看其容量和配套的软件。DDC 控制器的容量是以其所包含的控制点的数量来衡量的，即可接受的输入信号或可发出输出信号的功能和数量。也就是说有几个模拟量输入点，几个开关量输入点，有多少个模拟量输出点和多少个开关量输出点。点数多少是评价一个 DDC 控制器的重要指标，一般来讲点数越多表明其功能越强，可

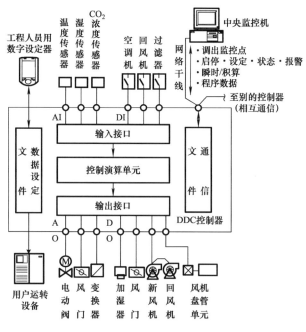

图 3-76 现场 DDC 控制器

控制和管理的范围越大，当然其价格也会越高。DDC 控制器通常包括以下几个功能：

（1）控制功能。提供模拟 P、PI、PID 的控制特性，有的还具备自动适应控制的功能。

（2）实时功能。使计算机内的时间与实际标准时间一致的网络通信协议。

（3）管理功能。可对各个空调设备的控制参数以及运行状态进行再设定，同时还具备显示和监测功能，另外与集中控制计算机可进行各种相关的通信。

（4）报警与联锁功能。在接到报警信号后可根据已设置程序联锁有关设备的起停，同时向集中控制计算机发出警报。

（5）能量管理控制。它包括运行控制（自动或编程设定空调设备在工作日和节假日的起停时间和运行台数）、能耗记录（记录瞬时和累积能耗以及空调设备的运行时间）、焓值控制（比较室内外空气焓值来控制新回风比和进行工况转换）。

4. 控制网络　集散控制系统常采用的网络结构有两种，即现场总线结构和工业以太网网络结构。其中现场总线结构是所有 DDC 控制器均通过一条通信线与集中控制计算机相连，它的最大优点就是系统简单、通信速度较快，对一些中、小型工程较为适用；但在大型工程时就会导致网络阻塞。为此，目前有些公司又推出了支路现场总线结构网络，它是通过一个通信处理设备后产生支路现场总线，这样各支路又可带数个现场 DDC 控制器，对一个大区域而言，只需几个通信处理设备与系统总线相联即可。这样可大大简化该系统。对于环型网络结构，它是利用两根总线形成一个环路，每一个环路可带数个 DDC 控制器，多个环路之间通过环路接口相联，因此这种系统最大优点就是扩充能力较强。

中央空调的自动控制只是整个建筑设备自控系统的一个组成部分（子系统），其他还包括给排水、供配电、照明、电梯的自控系统。要把这样多个子系统集成到一起，使各个厂家的产品能够连接到一个信息网络上，共处于一个统一体中，协调一致进行工作，必须有一个各方都能接受并共同遵守的工作语言来实现相互间的对话，这就是数据通信协议标准。它是具有互操作性的前提，形成开放式系统的必要条件。

四、中央空调远程监控系统的设计

远程监控计算机的功能是实现对现场计算机的监测与控制。远程监测中心对异地传输的监测信息进行处理、分析、综合各专家意见，得出结果并给出对策，通过网络反馈至现场进行控制，其监测信息流为：现场监测系统—企业局域网—国际互联网—远程监测中心—专家系统，并将其传输到监测系统的数据库中。当现场监测系统的数据管理服务器接收到远程监控中心的连接请求时，便将这些实时数据传送到远程监控中心，以图形、声音和数据列表等形式来显示和浏览设备运行的实时数据，从而实现远程数据采集和状态监测的功能。当运行中的设备出现异常或故障时，首先给现场监测系统管理人员发出报警信号，在现场监测系统进行初步判断故障性质和诊断推理，并通知其他相关有关现场监测系统。如果现场监测系统无法进行诊断，设备的问题无法解决，就向远程监控中心发出诊断请求，起动远程的故障诊断系统，经分析、比较、判断，得出诊断结论及处理意见，并将诊断结论及处理意见通知现场监控系统。

（一）中央空调远程监控系统结构

中央空调监测系统通过对现场数据进行采集、处理、显示，实现对系统运行状态的监测。本中央空调监控系统采用三层结构，即数据采集层、数据通信层和数据处理层。其中，数据采集层其任务是把现场设备的运行参数样后以数字量的形式进行存储，为下一步数据处理提供基础数据；数据通信层的任务是把采集到的数据通过通信线路，以一定的通信方式发送给监测计算机；数据处理层使用个人计算机，其任务是将采集机采集来的数据进行定期存储以待用户查询并在屏幕上动态显示系统工作状态画面。中央空调监测系统结构图如图 3-77 所示。

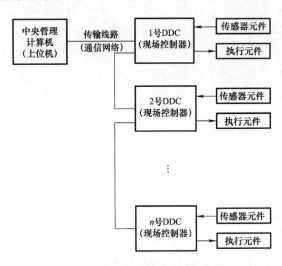

图 3-77　中央空调监测系统结构图

（二）远程监控系统总方案设计

在进行远程监控操作时，远程计算机首先通过 Web 浏览器登陆到能够提供远程操作服务的网站，并下载含有 ActiveX 控件的中央空调控制远程操作界面，然后，ActiveX 控件中的 Winsock 控件向现场监控计算机上的远程操作代理软件发出建立 TCP 连接的请求，当现场监控计算机允许连接时，则发出 TCP 连接响应，这样远程计算机和现场计算机就建立了连接，可以进行中央空调远程监控、维护和管理等操作。其中，ActiveX 控件通过 Winsock 控件实现数据通信，实时显示中央空调现场的过程参数以及中央空调现场设备的工作参数和状态，同时它还收集远程监控端或者发出对现场设备的控制命令，并可通过远程计算机控制中央空调现场设备。鉴于此，又考虑到现场控制软件为组态王软件，所以决定采用图 3-78 所示远程监控系统总方案。

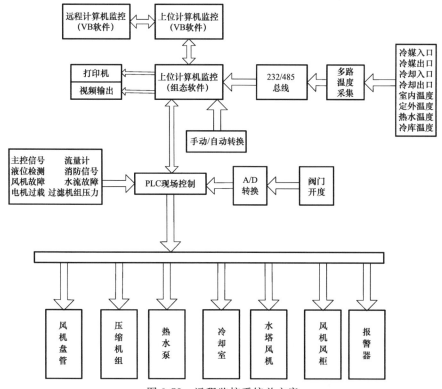

图 3-78　远程监控系统总方案

在这个控制系统中，现场计算机通过组态王软件控制 PLC，实现对下位机各传感器数据的采集，并控制各部分设备的运作，与组态王软件同装在一台 PC 机中的 VB 软件通过 DDE 实现两者之间的数据通信。它们的 DDE 连接是通过软件给予实现的。在 DDE 连接中组态软件与 VB 控制程序的控制信号是一一对应的，即如果传感器 1 的信号到达组态软件中时，VB 控制程序就同时去读取传感器 1 所对应的控制器的值。这样就很好地保证了信号的实时性和接收到数据的准确性。同时，提高了系统的可靠性，降低了系统的误差。

远程计算机登陆某一网站下载 ActiveX 控件，并在 VB 环境中运行。这样就形成了远程监控软件。远程监控软件通过 WINSOCK 控件实现与现场计算机中的 VB 监控软件之间的数据通信，这样间接地就可以实现远程对现场设备的监测与控制。远程 VB 监控软件与现场 VB 监控软件除通信方式不同外，其余功能基本相同，主要包括以下几个模块：主监控画面、温度曲线、参数设置、运转状态和故障查询。

第七节　中央空调控制系统的工程设计

例　洁净空调控制系统设计。

设计目标：实现对厂房净化空调系统的监控和最佳节能控制，采用中央计算机系统的网络将分布在各监控现场的控制器连接起来，采用同一套软件进行管理，共同完成集中管理和分散控制的任务。

设计依据：

（1）GB 5226.1—2008《机械电气安全 机械电气设备 第 1 部分：通用技术条件》。

（2）GB 9089.3—2008《户外严酷条件下的电气设施 第 3 部分：设备及附件的一般要求》。

（3）GB 4728《电气图用图形符号》。

（4）GB 6988《电气技术用文件的编制》。

（5）GB 50150—2006《电气装置安装工程 电气设备交接试验标准》。

（6）国际电工委员会标准 EICI131《可编程序控制器软件编制》。

空调系统包括下列控制内容：

（1）空调机组自动控制。风机运行状态、故障报警显示；温度、湿度等参数显示，超限报警；温度、湿度控制；过滤堵塞报警控制。

（2）新风空调机组自动控制。风机运行状态、故障报警显示；温度、湿度等参数显示，超限报警；温度、湿度控制；过滤堵塞报警控制。

（3）各通风系统自动控制。各通风系统的行程启停控制；风机状态显示、事故报警。

（4）冷冻机房及锅炉房自动控制。自动监测所有运行设备运行状态故障报警显示；冷热水供回水温度、压力、流量等参数显示，超越设定时报警；自动控制热水出水温度。

空调控制系统设计流程如图 3-79 所示。

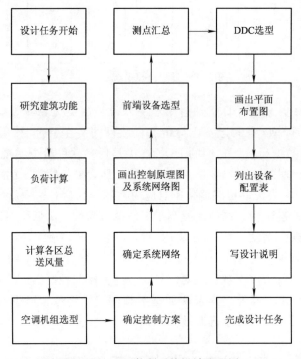

图 3-79 空调控制系统设计流程图

一、新风机组、循环机组的控制系统设计

新风机组的节能控制通常以送风风道温度或房间温度为调节参数，即把送风风道温度或房间温度传感器测量的温度送入 DDC 控制器与给定值比较，产生的偏差由 DDC 按 PID 规律调节表冷器回水调节阀开度以达到控制冷/热水量，使夏天房间温度低于 28℃，冬季则高于 16℃。

1. 送风温度控制　　送风温度控制即是指定出风温度控制，其适用条件通常是该新风机组是以满足室内卫生要求而不是负担室内负荷来使用的。因此，在整个控制时间内，其送风温度以保持恒定值为原则。由于冬、夏季对室内要求不同，因此，冬、夏季送风温度应有不同的要求，也就是说，新风机组定送风温度控制时，全年有两个控制值——冬季控制值和夏季控制值，因此，必须考虑控制器冬、夏工况的转换问题。

送风温度控制时，通常是夏季控制冷盘管水量，冬季控制热盘管水量或蒸汽盘管的蒸汽流量。为了管理方便，温度传感器一般设于该机组所在机房内的送风管上。

2. 室内温度控制　　对于一些直流式系统，新风不仅能使环境满足卫生标准，而且还可承担全部室内负荷。由于室内负荷是变化的，这时采用控制送风温度的方式必然不能满足室内要求（有可能过热或过冷）。因此必须对使用地点的温度进行控制。由此可知，这时必须把温感器设于被控房间的典型区域。由于直流系统通常设有排风系统，温感器设于排风管道并考虑一定的修正也是一种可行的办法。

除直流式系统外，新风机组通常是与风机盘管一起使用的。在一些工程中，由于考虑种种原因（如风机盘管的除湿能力限制等），新风机组在设计时承担了部分室内负荷，这种做法对于设计状态时，新风机组按送风温度控制是不存在问题的。但当室外气候变化而使得室内达到热平衡时（如过渡季的某些时间），如果继续控制送风温度，必然造成房间过冷（供冷水工况时）或过热（供热水工况时），这时应采用室内温度控制。因此，这种情况下，从全年运行而言，应采用送风温度与室内温度的联合控制方式。

3. 相对湿度控制　　新风机组相对湿度控制的主要一点是选择湿度传感器的设置位置或者控制参数，这与其加湿源和控制方式有关，新风机组控制原理如图 3-80 所示。

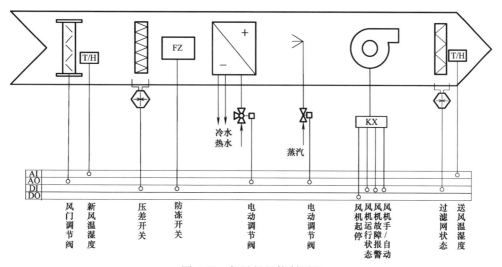

图 3-80　新风机组控制原理

控制中心对空调机组工作状态的监测内容主要包括过滤器阻力（Δp），冷、热水阀门开度，加湿器阀门开度，送风机与回风机的起、停，新风、回风与排风风阀开度，新风、回风以及送风的温、湿度（T、H）等。根据设定的空调机组工作参数与上述检测的状态参数情况，监控中心控制送、回风机的起停、新风与回风的比例调节、换热器盘管的冷热水流量、加湿器的加湿量等，以保证空调区域空气的温度与湿度既能在设定的范围内并满足舒适要求，又能使空调机组以最低的能耗方式运行。

洁净空调机组中单元控制器的主要功能有：①风机的起停控制与状态检测；②送回风温湿度检测与风门控制；③空调区域温湿度检测与显示；④过滤网过阻报警、提醒操作人员及时清洗或更换过滤器；⑤自动调节冷热水阀开度；⑥自动调节蒸汽加湿阀开度；⑦送、回风机的过载故障报警；⑧送、回风机与防火阀联锁，发生火灾时防火阀报警并自动关闭送回风机与风阀；⑨与中央微机的通信，接受中央微机的管理。控制流程及电气控制原理如图 3-81～图 3-85 所示。

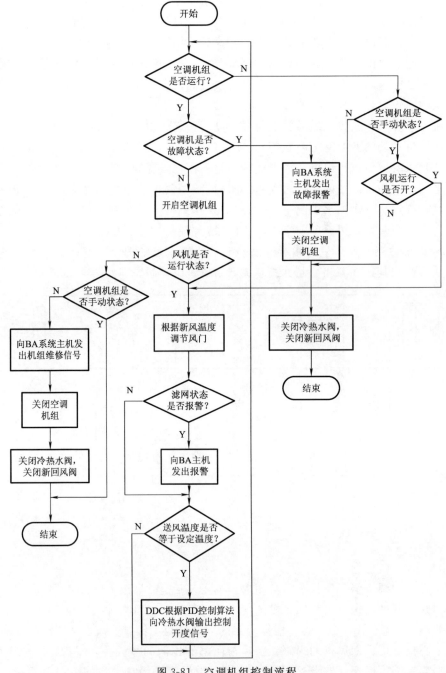

图 3-81 空调机组控制流程

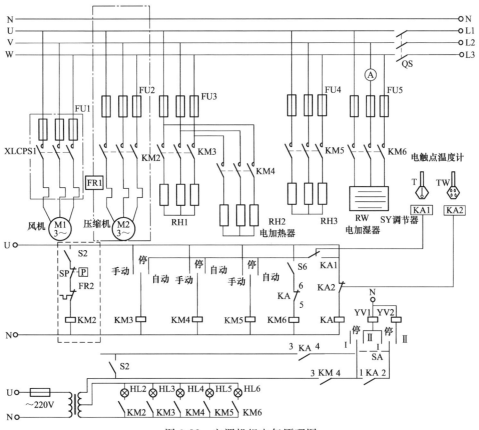

图 3-82　空调机组电气原理图

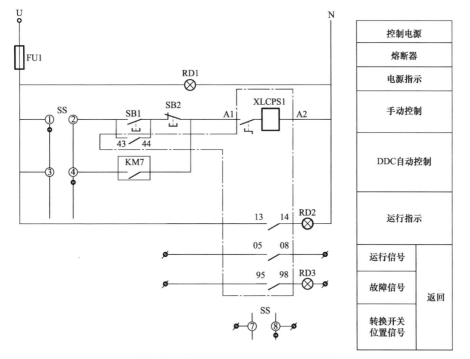

图 3-83　洁净空调风机电气控制原理图

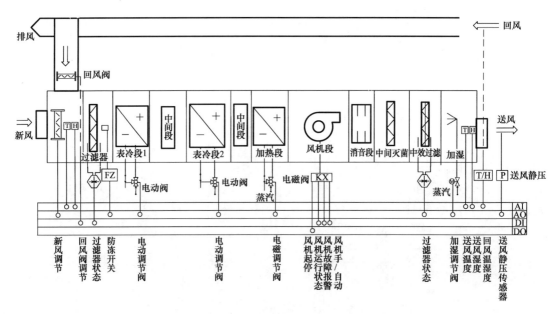

图 3-84　净化空调机组 DDC 控制原理图

图 3-85 中 CPS 即"控制与保护开关电器",是低压电器中的新型产品,作为新的大类产品,其产品类别代号为"CPS",是英文"Control and Protective Switching Device"的缩写。

CPS 符合的标准:IEC 60947-6-2:(2002)《低压开关设备和控制设备第 6 部分多功能电器第 2 节控制与保护开关电器》和 GB 14048.9《低压开关设备和控制设备　第 6-2 部分:多功能电器(设备)控制与保护开关电器(设备)》(等同采用 IEC 60947-6-2)。

从其结构和功能上来说,CPS 系列产品已不再是接触器、或断路器、或热继电器等单个产品,而是一套控制保护系统。它的出现从根本上解决了传统的采用分立元器件(通常是断路器或熔断器+接触器+过载继电器)由于选择不合理而引起的控制和保护配合不理想的种种问题,特别是克服了由于采用不同考核标准的电器产品之间组合在一起时,保护特性与控制特性配合不协调的现象,极大地提高了控制与保护系统的运行可靠性和连续运行性能。

CPS 具有控制与保护功能集成化,模块化结构,体积小,对环境污染的防护等级高,分断短路电流能力高,飞弧小、电寿命长、连续运行性和可靠性高,安装使用及维修操作方便等一系列优点,特别适用于现代化建筑中的泵、风机、空调、消防、照明等电控系统。

二、冷却水、冷冻水的控制系统设计

制冷系统主要有压缩式制冷系统、溴化锂吸收式制冷系统和冰蓄冷系统,这里重点说明压缩式制冷系统的监控原理。冷冻站一般由一台或多台压缩式冷水机组、冷却塔、冷冻水泵、冷却水泵、分水器、集水器、补水装置及其他辅助设备组成。

冷水机组通常分为冷冻水和冷却水两个分系统,它们共同工作才能完成冷冻水的供应。冷冻水系统把冷水机组所制冷冻水经冷冻水泵送入分水器,由分水器向各空调分区的新风机组、空调机组或风机盘管供水后,返回到集水器经冷水机组循环制冷。

冷却水系统中的冷却水是指制冷机的冷凝器和压缩机的冷却用水。冷却水由冷却水泵送入冷水机组进行热交换,水温提高后循环进入冷却塔进行冷却处理。

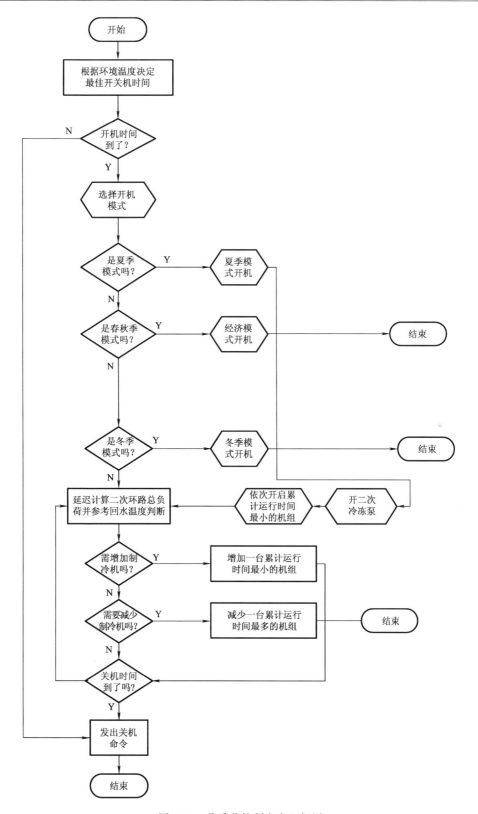

图 3-85　分季节控制方案逻辑图

　　控制中心对冷水机组工作状态的监测内容包括：冷却塔冷却风扇的起、停，冷却塔进水蝶阀的开度，冷却水进、回水温度，冷却水泵的起、停，冷水机组的起、停，冷水机组的冷却水以及冷水出水蝶阀的开度，冷水循环泵的起、停，冷水供、回水的温度、压力及流量，冷水旁通阀的开度等。控制中心根据上述监测的数据和设定的冷水机组工作参数自动控制设备的运行。

　　控制中心通过对冷水机组、冷却水泵、冷却水塔、冷水循环泵台数的控制，可以有效地、大幅度地降低冷源设备的能量消耗。控制中心可根据冷水供、回水的温度与流量，参考当地的室外温度计算出空调系统的实际负荷，并将计算结果与冷水机组的总供水量作比较，若总供水量减去空调系统的实际负荷小于单台冷水机组供冷量，则自动维持一台冷水机组运行而停止其他几台冷水机组的工作。冷却水、冷冻水系统控制将实现以下功能：

　　（1）设备起停顺序控制。为保证整个制冷系统安全运行，设备起/停需按照一定的顺序进行。只有当润滑油系统启动，冷却水、冷冻水流动后，压缩机才能最后起动。该系统通过软件程序实现设备起/停顺序控制。

　　（2）冷水机组开启台数控制。根据实际冷负荷调整冷水机组投入台数与相应的循环水泵投入台数。

　　（3）压差旁通控制。调节位于供、回水总管之间的旁通管上的电动调节阀的开度，实现进水与回水之间的旁通，以保持供、回水压差恒定。

　　（4）水流检测、水泵控制。如果水流流量太小甚至断流，则自动报警并自动停止相应制冷机的运行，且当某一台水泵出现故障时，备用水泵将自动投入运行。

　　（5）冷却水温度控制。

　　（6）水箱补水控制。

　　（7）工作状态显示与打印。

　　（8）机组起/停时间控制及工作时间累计。

　　（9）设备用电量累计。

　　控制流程及电气控制原理如图 3-86～图 3-92 所示。

　　说明：此处为两台水泵的控制电路，因冷冻水泵与冷却水泵分别由两个 DDC 进行控制故分开表示。

　　冬季供暖模式下冷冻水泵系统的闭环控制，中央空调中热泵运行（即制热）时冷冻水泵系统的控制方案，同制冷模式控制方案一样，这里不再作详细说明。CPS 附件说明见表 3-8。

表 3-8　　　　　　　　　　　　　　　　CPS 附件说明表

序号	代号	配　置	序号	代号	配　置
1	00	无	9	12	失电压、分励
2	10	失电压	10	13	失电压、再扣
3	20	分励	11	23	分励、再扣
4	30	再扣	12	18	失电压、分励、辅助触头
5	40	辅助触头（一常开一常闭）	13	28	失电压、再扣、辅助触头
6	14	失电压、辅助触头	14	38	分励、再扣、辅助触头
7	24	分励、辅助触头	15	48	失电压、分励、再扣、辅助触头
8	34	再扣、辅助触头			

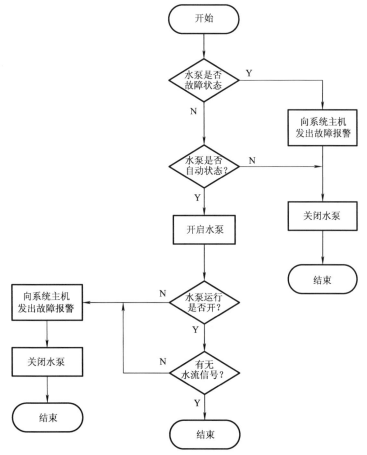

图 3-86　水泵控制流程图

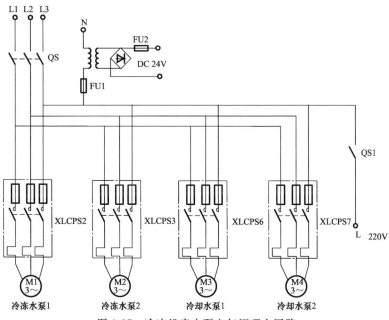

图 3-87　冷冻机房水泵电气原理主回路

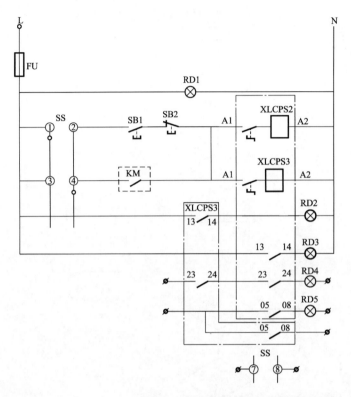

图 3-88　冷冻机房水泵电气原控制理图

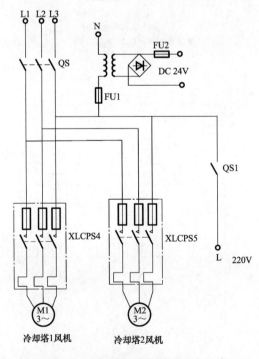

图 3-89　冷却塔风机电气原理主回路

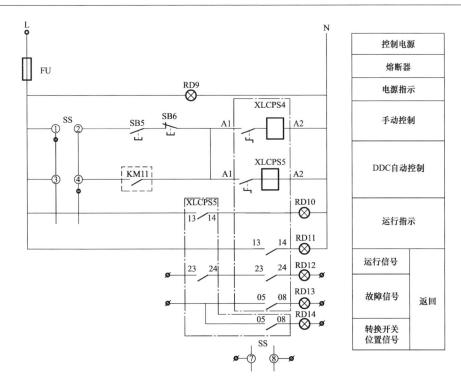

图 3-90　冷却塔风机电气控制原理图

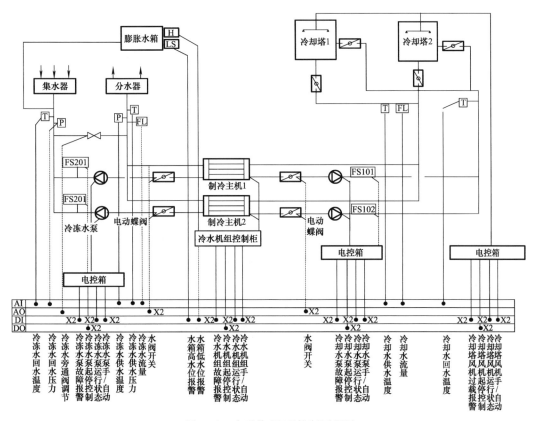

图 3-91　水系统 DDC 控制原理图

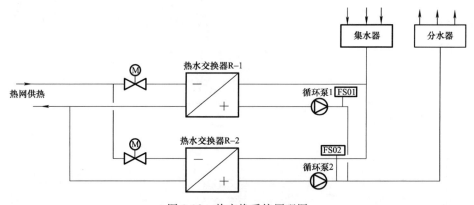

图 3-92　热交换系统原理图

三、测点汇总

测点汇总见表 3-9。

表 3-9   DDC 监控测点总表

<table>
<tr><td colspan="11">空调通风系统</td></tr>
<tr><td rowspan="2">设备
名称</td><td rowspan="2">设备
数量</td><td colspan="9">AI</td></tr>
<tr><td>温度</td><td>压力</td><td>湿度</td><td>风量</td><td>风管静压</td><td>风管温度</td><td>风管湿度</td><td>液位</td><td>流量</td></tr>
<tr><td>新风机组</td><td>1</td><td>1</td><td>1</td><td>1</td><td></td><td>1</td><td>1</td><td>1</td><td></td><td></td></tr>
<tr><td>净化空调机组</td><td>2</td><td>2</td><td>2</td><td>2</td><td></td><td>2</td><td>2</td><td>2</td><td></td><td></td></tr>
<tr><td>排风机</td><td>2</td><td></td><td></td><td></td><td>2</td><td></td><td></td><td></td><td></td><td></td></tr>
<tr><td>小计</td><td></td><td>3</td><td>3</td><td>3</td><td>2</td><td>3</td><td>3</td><td>3</td><td></td><td></td></tr>
<tr><td>合计</td><td></td><td colspan="9">20</td></tr>
<tr><td rowspan="2">设备名称</td><td rowspan="2">设备
数量</td><td colspan="9">DI</td></tr>
<tr><td>手/自动</td><td>运行
状态</td><td>故障
报警</td><td>高低
水位</td><td>过滤
报警</td><td>防冻
开关</td><td>水流
状态</td><td>开关
状态</td><td>阀位
状态</td></tr>
<tr><td>新风机组</td><td>1</td><td>1</td><td>1</td><td>1</td><td></td><td>1</td><td>1</td><td></td><td>1</td><td></td></tr>
<tr><td>净化空调机组</td><td>2</td><td>2</td><td>2</td><td>2</td><td></td><td>4</td><td>2</td><td></td><td>2</td><td></td></tr>
<tr><td>排风机</td><td>2</td><td>2</td><td>2</td><td>2</td><td></td><td></td><td></td><td></td><td></td><td></td></tr>
<tr><td>小计</td><td></td><td>5</td><td>5</td><td>5</td><td></td><td>5</td><td>3</td><td></td><td>3</td><td></td></tr>
<tr><td>合计</td><td></td><td colspan="9">26</td></tr>
<tr><td rowspan="2">设备名称</td><td rowspan="2">设备
数量</td><td colspan="3">AO</td><td colspan="6">DO</td></tr>
<tr><td>风阀</td><td>蒸汽阀门</td><td>水阀</td><td>设备开关</td><td>水泵</td><td>冷却塔</td><td>冷冻机组</td><td>风阀</td><td>水阀</td></tr>
<tr><td>新风机组</td><td>1</td><td></td><td>1</td><td>1</td><td></td><td></td><td></td><td></td><td>1</td><td></td></tr>
<tr><td>净化空调机组</td><td>2</td><td></td><td>2</td><td>4</td><td>2</td><td></td><td></td><td></td><td>4</td><td></td></tr>
<tr><td>排风机</td><td>2</td><td></td><td></td><td></td><td>2</td><td></td><td></td><td></td><td></td><td></td></tr>
<tr><td>小计</td><td></td><td></td><td>3</td><td>5</td><td>4</td><td></td><td></td><td></td><td>5</td><td></td></tr>
<tr><td>合计</td><td></td><td colspan="9">17</td></tr>
</table>

水系统										

设备名称	设备数量	AI								
		温度	压力	湿度	风量	风管静压	风管温度	风管湿度	液位	流量
冷却塔	2									
冷水机组	2									
冷却水泵	2									
冷冻水泵	2									
冷冻水、冷却水进水阀	4									
热交换器	2	2	1							
冷冻水旁通阀	1									
冷却水系统	1	2								1
冷冻水系统	1	2	1							1
膨胀水箱	1									
小计		6	1							2
合计	9									

设备名称	设备数量	DI								
		手/自动	运行状态	故障报警	高低水位	过滤报警	防冻开关	水流状态	开关状态	阀位状态
冷却塔	2	2	2	2						
冷水机组	2	2	2	2				4		
冷却水泵	2	2	2	2						
冷冻水泵	2	2	2	2						
冷冻水冷却水进水阀	4									4
热交换器	2									
冷冻水旁通阀	1									
冷却水系统	1									
冷冻水系统	1									
膨胀水箱	1				2					
小计		8	8	8	2				4	4
合计	34									

设备名称	设备数量	AO			DO					
		风阀	蒸汽阀门	水阀	设备开关	水泵	冷却塔	冷冻机组	风阀	水阀
冷却塔	2				2					
冷水机组	2				2					
冷却水泵	2				2					
冷冻水泵	2				2					

设备名称	设备数量	AO			DO					
		风阀	蒸汽阀门	水阀	设备开关	水泵	冷却塔	冷冻机组	风阀	水阀
冷冻水冷却水进水阀	4			4						
热交换器	2									
冷冻水旁通阀	1			1						
冷却水系统	1									
冷冻水系统	1									
膨胀水箱	1									
小计				5	8					
合计		13								
总计		119								

四、DDC、检测仪表及执行器的选型

DDC、检测仪表及执行器的选型见表 3-10。

表 3-10　　　　　　　　　　　　DDC 选型表

系　　统	DDC 型号	DDC 数量
新风系统	BAS-3520	1
净化空调系统	BAS-3520	2
水系统	BAS-3520	4

　　BAS-3000 系列直接数字控制器是一款功能强大的一体化现场控制器，控制器与上位机之间采用 TCP/IP 通信协议，10/100M 的通信速率，保证现场设备状态通过控制器快速、无差错的反应到上位机操作界面上来。BAS-3000 控制器本身提供多个输入输出通道，包括模拟量输入 AI、模拟量输出 AO、数字量输入 DI 和数字量输出 DO 通道。其中，BAS-3520 提供 4 个通用输入，每一个通用输入通道通过软件可以设置为数字量输入和模拟量输入通道。BAS-3000 控制器提供一个 Ethernet 网络接口和一个 RS-485 通信端口，其中 Ethernet 接口用于连接上位机 HMI 以及逻辑编程的下载，RS-485 接口用于扩展第三方硬件设备。当 I/O 数量不能满足需要的时候，BAS-3000 控制器可以进行 I/O 扩展，每一个 BAS-3000 控制器最多可以接 3 个 I/O 扩展模块，同时 I/O 扩展模块也可以作为远程 I/O 模块单独使用。BAS-3000 系列控制器使用强大的图形化编程控制软件 BASPro，对分散在大楼各个角落的现场设备进行监视和控制。

　　支持 BACnet 协议的 BAS 网络架构一般来讲，可以大体上分为两级网络，如图 3-93 所示。第一级网络一般都是建立在局域网或广域网系统上的，同时也就支持局域网和广域网的通信传输协议。第二级网络即是具体的控制层，这一层一般支持 BACnet 和 ARCnet 网络。这一级网络一般采用的是标准总线方式。两级网络之间通过路由器或网络控制模块实现互通。

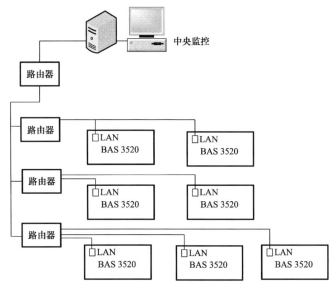

图 3-93　系统网络拓扑图

思　考　题

1. 空调监控系统的特点是什么？
2. 空调监控系统的功能是什么？
3. 空调监控系统的形式有哪几种？
4. 如何实现全空气空调机组的监测控制？
5. 如何实现溴化锂冷水机组的自动控制？
6. 如何实现冷冻水系统与冷却水系统的监测与控制？
7. 如何实现冷却水系统和冷却塔的控制？
8. 如何实现水系统能量调节？
9. 如何实现空气处理机组的自动控制？
10. 如何实现风机盘管的自动控制？
11. 如何实现定风量空调系统的自动控制？
12. 如何实现变风量空调系统的自动控制？
13. 风机变频器控制的作用是什么？
14. 变风量控制系统风量控制的作用是什么？
15. 如何实现空调监控系统的工程设计？

第四章 锅炉系统的控制及工程设计

知识点

掌握锅炉的基本控制知识，保证锅炉安全、经济、高效运行，提高管理水平。主要内容如下：

(1) 了解锅炉房设备的基本组成。

(2) 了解燃煤蒸汽锅炉的工作过程，自动控制的任务、功能，自动控制系统的构成，燃烧过程控制系统的任务。掌握锅炉燃烧过程控制系统的构成。掌握锅炉燃烧的比值控制系统、锅炉锅筒水位自动控制、过热蒸汽温度控制工作原理。

(3) 了解变频器在锅炉控制中的作用，掌握阀门特性及变频调速节能原理，了解变频器在炉膛负压控制系统中的应用，了解燃煤锅炉变频燃烧控制系统组成，了解燃烧控制系统方案，了解变频器的选型。

(4) 掌握锅炉计算机控制系统监控的主要方案，了解锅炉计算机控制系统设计基本环节。

锅炉是一种特殊的压力容器设备，为了加强对压力容器的管理，当地劳动部门每年都对其进行安全监测，包括水位报警装置等，以鉴定锅炉设备能否投入使用。但在锅炉运行中，仍存在一些不安全的因素，不少使用锅炉的企业普遍存在问题是：锅炉控制柜元器件多、线路复杂，导致电气故障多，增加了电工的维修难度；另外水位报警系统不灵敏、不可靠，超压保护只好依赖安全阀，而无其他电气联锁报警装置。因此，出现某些锅炉因水位报警系统失灵造成炉筒变形、冷壁水管和烟火管弯曲变形，致使设备停炉的现象时有发生。这样不仅影响了正常生产，也严重影响了锅炉设备的安全运行。所以，提高锅炉设备自身的安全可靠性是非常重要的。锅炉自动控制系统起着至关重要的作用，意义非同寻常。一台锅炉要能安全、可靠、有效地运行，运行参数达到设计值，除了锅炉本身设备和各种辅机完好外，还必须要求自动化电气系统工作正常和自动控制系统方案先进。

锅炉设备的调节任务主要是根据生产负荷的需要，保证用户要求的蒸汽的供应，同时使锅炉在安全、经济的条件下运行。主要需要调节好以下参数：

(1) 锅炉供应的蒸汽量适应负荷变化的需要或保持规定的"吨/小时"负荷。

(2) 锅炉供给用气设备的蒸汽压力保持在规定的"兆帕"范围内。

(3) 过热蒸汽温度保持在规定的 450℃±5℃ 温度范围内。

(4) 汽包的水位保持在中水位范围内。

(5) 保持锅炉燃烧的经济性和安全运行，烟气含氧量为 3%～6%。

(6) 炉膛负压保持在 (−50～−20) Pa 之内。

从而保证锅炉能够做到：

(1) 提高系统的安全性，保证系统能够正常运行。

（2）全面监测并记录各运行参数，降低运行人员工作量，提高管理水平。

（3）对燃烧过程和热水循环过程进行有效的控制调节，提高锅炉效率，节省运行能耗，并减少大气污染。

第一节 锅炉房设备的组成

锅炉本体和它的辅助设备，总称为锅炉房设备（简称锅炉），根据使用燃料的不同，又可分为燃煤锅炉、燃气锅炉等。它们的区别只是燃料供给方式不同，其他结构大致相同。图4-1为 SHL 型（即双锅筒横置式链条炉）燃煤锅炉及锅炉房设备简图。

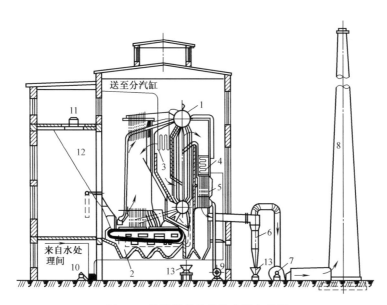

图 4-1 燃煤锅炉及锅炉房设备简图

1—锅筒；2—链条炉排队；3—蒸汽过热器；4—省煤器；5—空气预热器；6—除尘器；7—引风机；
8—烟囱；9—送风机；10—给水泵；11—运煤传送带运输机；12—煤仓；13—灰车

一、锅炉本体结构

锅炉本体一般由汽包、炉子、过热器、省煤器和空气预热器 5 个部分组成。

1. 汽包 汽包由上、下锅筒和三簇沸水管组成。水在管内受管外烟气加热，因而管簇内发生自然的循环流动，并逐渐汽化，产生的饱和蒸汽集聚在上锅筒里面。为了得到干度比较大的饱和蒸汽，在上锅筒中还应装设汽水分离设备。下锅筒系作为连接沸水管之用，同时储存水和水垢。

2. 炉子 炉子是使燃料充分燃烧并放出热能的设备。燃料（煤）由煤斗落在转动的链条炉算上，进入炉内燃烧。所需空气由炉算下面的风箱送入，燃尽的灰渣被炉算带到除灰口，落入灰斗中。得到的高温烟气依次经过各个受热面，将热量传递给水以后，由烟窗排至大气。

3. 过热器　过热器是将汽锅所产生的饱和蒸汽继续加热为过热蒸汽的换热器，由联箱和蛇形管所组成，一般布置在烟气温度较高的地方。动力锅炉和较大的工业锅炉才有过热器。

4. 省煤器　省煤器是利用烟气余热加热锅炉给水，以降低排出烟气温度的换热器。省煤器由蛇形管组成。小型锅炉中采用具有肋片的铸铁管式省煤器或不装省煤器。

5. 空气预热器　空气预热器是继续利用离开省煤器后的烟气余热，加热燃料燃烧所需要的空气的换热器。热空气可以强化炉内燃烧过程，提高锅炉燃烧的经济性。小型锅炉为力求结构简单，一般不设空气预热器。

二、锅炉房的辅助设备

锅炉房的辅助设备，按其功能有以下几个系统：

1. 运煤、除灰系统　其作用是保证为锅炉运入燃料和送出灰渣，煤是由胶带运输机送入煤仓，借自重下落，再通过炉前小煤斗而落于炉排上。燃料燃尽后的灰渣，则由灰斗放入灰车送出。

2. 送引风系统　为了给炉子送入燃烧所需空气和从锅炉引出燃烧产物——烟气，以保证燃烧正常进行，并使烟气以必要的流速冲刷受热面。锅炉的通风设备有送风机、引风机和烟窗。为了改善环境卫生和减少烟尘污染，锅炉还常设有除尘器，为此也要求烟囱必须保持一定的高度。

3. 水、汽系统（包括排污系统）　汽锅内具有一定的压力，因而给水需借给水泵提高压力后送入。此外，为了保证给水质量，避免汽锅内壁结垢或受腐蚀，锅炉房通常还设有水处理设备（包括软化、除氧）；为了储存给水，也得设有一定容量的水箱等等。锅炉生产的蒸汽，一般先送至锅炉房内的分汽缸，由此再接出分送至各用户的管道。锅炉的排污水因具有相当高的温度和压力，因此需排入排污减温池或专设的扩容器，进行膨胀减温和减压。

4. 仪表及控制系统　除了锅炉本体上装有仪表外，为监督锅炉设备安全和经济运行，还常设有一系列的仪表和控制设备，如蒸汽流量计、水量表、烟温计、风压计、排烟含氧量指示等常用仪表。需要自动调节的锅炉还设置给水自动调节装置，烟、风闸门远距离操纵或遥控装置，以至更现代化的自动控制系统，以便更科学地监督锅炉运行。

第二节　锅炉自动控制系统

一、锅炉自动控制

我国中小型工业锅炉实际运行效率远低于设计效率，这与工业锅炉没有建立一套合理的实际可行的控制系统有很大关系。由于燃煤工业锅炉（特别是链条炉）有着不同于燃气、燃油锅炉的特点，所以，在当前国外对燃气、燃油锅炉有较好的控制方法时，燃煤工业锅炉还存在着许多问题要解决，这要求人们认真地研究和探索。现代控制技术的发展，微型计算机的普及，变频技术的应用为更好地控制工业锅炉打下了良好的基础。

表4-1为链条炉排工业锅炉仪器仪表自控装备表。从表中可以了解到锅炉的自动控制概况。

表 4-1 链条炉排工业锅炉仪器仪表自控装备表

蒸发量/t·h^{-1}	检 测	调 节	报警和保护	其 他
1~4	A:1. 锅筒水位;2. 蒸汽压力;3. 给水压力;4. 排烟温度;5. 炉膛负压;6. 省煤器进出口水温 B:7. 煤量积算;8. 排烟含氧量测定;9. 蒸汽流量指示和积算;10. 给水流量积算	A:位式或连续给水自控;其他辅机配开关控制 B:鼓风、引风风门挡板遥控;炉排位式或无级调速	A:水位过低、过高指示报警和极限水位过低保护;蒸汽超压指示报警和保护	A:鼓风、引风风机和炉排起、停顺序控制和联锁 B:如调节用推荐栏,应设鼓风、引风风门开度指示
6~10	A:1,2,3,4,5,6同上,并增加 B 中的 9,10 及除尘器进出口负压。对过热锅炉增加,过热蒸汽温度指示 B:7,8同上,并增加炉膛出口烟温	A:连续给水自控;鼓风、引风风门挡板遥控;炉排无级调速;过热锅炉增加减温水调节 B:燃烧自控	A:同上。增加炉排事故停转指示和报警;过热锅炉增加过热蒸汽温度过高、过低指示	A:同上 B:过热锅炉增加减温水阀位开度指示

注:A 为必备,B 为推荐选用。

（一）燃煤蒸汽锅炉的工作过程

锅炉工艺流程示意图如图 4-2 所示。

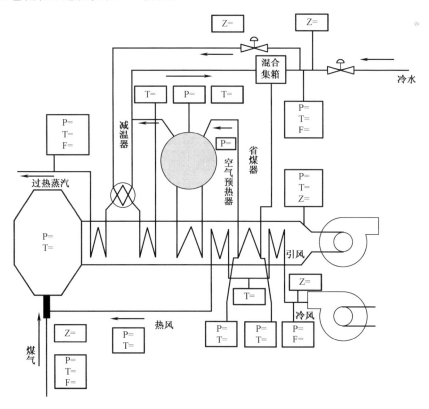

图 4-2 锅炉工艺流程示意图

整个流程主要包括两个同时进行的过程。一是燃烧的煤层厚度通过闸板控制，炉排可由通过锅炉电位器的手动调节信号经交流变频调速电动机控制。给水通过省煤器预热后给锅炉上水，冷空气经空气预热器后由炉排左右两侧风道进入，变成热风吹入炉膛，吸收煤气在炉膛内燃烧放出的热量，变成高温烟气，通过上升管、过热器、省煤器、空气预热器等锅炉受热面传递吸收的热量，烟气通过除尘器除尘，由引风机送至烟囱排放。二是锅炉给水吸收省煤器、上升管等传来的热量，在汽包内蒸发成为饱和蒸汽，再经减温器、过热器变成过热蒸汽送至用汽部门。鼓风机、引风机都应由变频器来控制，通过调节鼓风机、引风机的速度来实现控制鼓风量、引风量。

（二）锅炉自动控制的任务及功能

锅炉控制是个多输入、多输出、多回路的相互关联的复杂的控制，调节参数与被调节参数之间，存在着许多交叉的影响，检测参数包括汽包压力、鼓风机风压、炉膛负压、引风机风压、炉膛温度、排烟温度、蒸汽流量等。这些参数中有些观察频率不高，可以采用就地安装仪表，以便降低造价；其他如汽包压力、炉膛负压等，需要随时观察的参数要远传到控制室操作台上显示。

锅炉自动控制有汽水、燃烧和风烟控制等。主要的控制回路有：锅炉汽包水位自动控制、过热蒸汽温度自动控制、燃烧自动控制、炉膛压力自动控制和联锁安全保护控制等。锅炉鼓、引风电机采用变频驱动技术后，获得了可观的经济效益。这些复杂的控制回路通过计算机控制，不但实现锅炉工艺要求的各种控制功能，而且实现了工艺流程画面、控制分组画面、趋势画面、PID参数调整画面、报警画面、活动记录画面的监控，以及班报、日报、月报量的统计打印等，如图4-3所示。

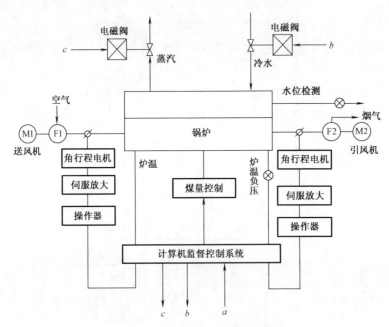

图4-3　锅炉燃烧控制系统原理图

为保证提供合格蒸汽以适应负荷的需要，过程各主要工艺参数必须加以严格控制。因此，锅炉控制系统的主要控制任务为：

1. 锅炉锅筒水位的控制 锅筒水位是锅炉安全运行的主要参数之一。水位过高会导致蒸汽带水和蒸汽压力过高；水位过低又将会造成锅炉缺水的故障。尤其是大型锅炉，例如，30 万 kW 机组的锅炉蒸发量为 1024t/h，而锅筒容积较小，一旦给水停止，则会在十几秒内将锅筒内的水全部汽化，造成严重的事故。

2. 锅炉燃烧过程的控制 燃烧过程自动调节系统的选择虽然与燃料的种类和供给系统、燃烧方式以及锅炉与负荷的连接方式都有关系，但燃烧过程自动调节的任务都是一样的。归纳起来，燃烧过程调节系统有三大任务：维持汽压恒定；保证炉膛负压不变；保证过程的经济性。

工业锅炉是一个多参数多回路的复杂系统，要对风、水、煤等参数进行实时控制，以达到最佳运行状态和安全高效生产，因而锅炉自动控制系统必须具备以下功能：

（1）自动检测和控制功能。

（2）自动保护和报警功能。

（三）锅炉自动控制系统的构成

根据锅炉的运行经验，实际应用时可以设置几个相对独立的调节系统来简化调节过程。在中小型工业锅炉中，通常对如下两个相对独立的调节对象进行调节，如图 4-4 所示。

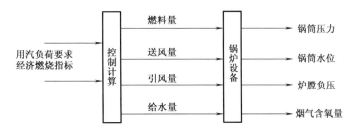

图 4-4 锅炉自动控制系统的调节对象

1. 水位调节 被调参数是锅炉水位（H），调节机构为水泵电机转速，控制量为给水量（W）。

2. 燃烧过程控制 被调参数是蒸汽压力（p），烟气含氧量（a）和炉膛负压（S_t），调节机构为炉排电机转速，鼓风机电机转速，引风机电机转速，控制量为燃料量（B），送风量（V），引风量（L）。生产负荷变化时，燃烧量、送风量和引风量应同时协调动作，既适应负荷变化的需要，又使燃烧量和送风量成一定比例，炉膛负压为一定数值；当生产负荷稳定不变时，则应保持燃烧量、送风量和引风量都稳定不变，并迅速消除它们的扰动。

因此，可以把锅炉自动控制系统简化后分为：锅筒水位控制系统和燃烧过程控制系统。

锅筒水位调节不外乎单冲量或多冲量方案，以锅炉水位作为最终调节对象，由压差式液位变送器获得液位信号并将其作为反馈信号，构成液位闭环控制系统。液位闭环控制系统的输出作为变频器的控制信号，控制给水泵的转速，从而实现对液位的控制，可以将水位控制在设定值 ±10mm 范围内。

二、锅炉燃烧过程控制系统

（一）燃烧过程控制系统的任务

燃烧过程自动调节有三大任务：

1. 维持汽压 汽压的设定值是根据生产要求设定的；维持过热蒸汽压力的稳定，同时要求燃料跟上负荷的变化。负荷量是由生产需要随时调整；锅炉的蒸汽流量是由蒸汽压力和负荷的阀门开度共同决定的。汽压的变化表明蒸汽流出量与负荷需求量不相符，需改变给煤量、配合鼓风量，以维持汽压恒定，使蒸汽流量满足负荷要求。

2. 调节引风量，维持炉膛负压值，保证炉膛压力的稳定　炉膛压为正，会使炉膛有爆炸危险，并且使炉火外喷，对锅炉周围设备及操作人员造成威胁；负压过大，会使大量冷空气漏进炉内，热量损失增加，降低燃烧效率。

3. 保证燃烧的经济性　据统计，工业锅炉的平均热效率仅为 70% 左右，所以人们都把锅炉称做"煤老虎"。因此，锅炉燃烧的经济性问题应予以高度重视。

锅炉燃烧的经济性指标难于直接测量，常用烟气中的含氧量或者燃烧量与送风量的比值来表示。图 4-5 是过剩空气损失和不完全燃烧损失示意图。如果能够恰当地保持燃料量与空气量的正确比值，就能达到最小的热量损失和最大的燃烧效率。反之，如果比值不当，空气不足，导致燃料的不完全燃烧，当大部分燃料不能完全燃烧时，热量损失将直线上升；如果空气过多，就会使大量的热量损失在烟气之中，使燃烧效率降低。

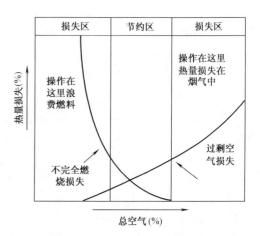

图 4-5　过剩空气损失和不完全燃烧损失示意图

改变给煤量时，必须相应地改变送风量，使之与燃料量保持一个合适的比例，保证燃烧过程的经济性。送入空气量不足，则燃料不能充分燃烧；送入空气量过大，则过剩空气带走炉膛的热量，造成热损失。特别对于烧煤气的炉子，更要求风与煤气的合理配合，才能保证炉膛充分燃烧，上述的各个性能才得以满足。

（二）锅炉燃烧过程控制系统的构成

锅炉燃烧控制系统是一个多参数、变比值、多闭环的复杂调节系统，它既要满足用汽负荷的要求，又要使锅炉有较高的热效率。燃料是热量的唯一来源，给煤量的变化直接影响锅炉提供的蒸汽量、锅筒压力的变化，是燃烧系统的主控量。炉膛压力的控制是通过调节引风机入口挡板的开度来保证炉膛压力在允许范围内。由于锅炉一般有两台引风机，这两台引风机可以同时投自动，也可以一个投自动，另一个投手动，为使引风机挡板及时跟上送风机挡板开度变化，把送风调节器的输出信号乘以一个系数作为炉膛压力调节器的前馈信号，以使引风和送风协调配合来保证炉膛压力稳定。

鼓风量的变化产生不同的风煤比和相应的燃烧状况，表现出不同的炉膛温度，并决定炉膛损失的大小，直接决定着锅炉能否经济运行，同时对锅筒压力的变化也有影响。改变引风量，使炉膛负压保持稳定，保证锅炉安全运行。这三个控制子回路组成了一个不可分割的整体，统称为锅炉燃烧过程控制系统，共同保证锅炉运行的机动性、经济性和安全性。由于三个控制子回路之间关系密切，因而共同组成复杂的三输入三输出燃烧过程自动控制系统。在具体实施时，为了节能，鼓风机和引风机转速控制全部采用变频调速器，并将 PID 控制引入控制方案。

在正常情况下，当蒸汽压力偏离给定值时，系统将调节给煤量，改变给煤量时，先按风煤比的规律粗调送风量，即改变鼓风电动机频率，以满足静态控制精度要求，同时检测锅炉的炉膛负压。当该测量值偏离给定值时，调节锅炉引风电动机频率，使炉膛负压测量值尽可能接近给定值，从而达到对整个锅炉燃烧的自动控制。

为便于分析，将锅炉燃烧过程控制系统按照控制任务的不同分为三个子控制方案：①锅筒压力控制；②最优燃烧控制；③炉膛负压控制。

对于锅筒压力控制，简单地说就是系统检测锅筒压力的大小，与锅筒压力的设定值进行比较，其偏差进行 PID 运算，运算信号经过变频器控制鼓风电动机转速；同时手动调节炉排电动机的变频器，通过变频调速从而达到调节给煤量的目的；当鼓风量、给煤量达到最优配比，又完成了对最优燃烧控制。而最重要或最常用的是炉膛负压控制。

三、炉膛负压控制

（一）炉膛负压控制的目的

炉膛负压控制的主要目的之一是保证操作工人的安全，锅炉采用负压燃烧，如果炉膛内压力太大，炉火将从观察孔冒出，危害操作工人人身安全，同时造成环境污染。目的之二为保证系统的经济燃烧。负压太大，随引风流失的热能会增大，不利于经济燃烧。

（二）炉膛负压控制系统方案设计

负压控制系统的任务在于调节引风机的速度以改变引风量，维持炉膛负压恒定。炉膛负压控制系统的调节量为引风量，主要干扰量为送风量。负压调节系统的数学模型可简化为一个一阶惯性加滞后的对象，其传递函数为

$$G_f(s) = \frac{K_f}{1 + T_f s} e^{-\tau_f s} \tag{4-1}$$

式中　T_f——对象时间常数；

　　　K_f——过程增益；

　　　τ_f——纯滞后时间。

炉膛负压变化反映引风量与送风量相适应程度，采用炉膛负压单回路控制系统调节及送风量作为扰动补偿信号来调节引风，使炉膛负压保持在一定范围内。负压控制系统框图如图4-6 所示。

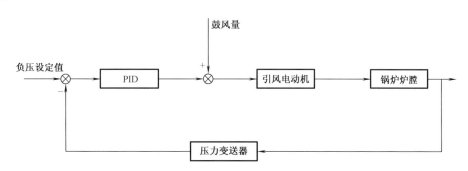

图 4-6　炉膛负压控制系统原理框图

一般情况下，炉膛负压的变化值已接近设定值，炉膛负压的误差已相当小。此时，时滞等对系统的影响较小，可以近似地认为 $\tau_f = 0$，可以把炉膛负压控制系统近似地看成是非时变线性系统。自动控制的目的是在原有系统基础上进行精确控制，通过调节引风量完全可以

使炉膛负压达到要求，不须再考虑鼓风量扰动的影响，所以可以把控制系统框图简化为如图4-7或图4-8所示。

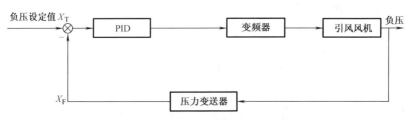

图 4-7 炉膛负压控制系统原理框图

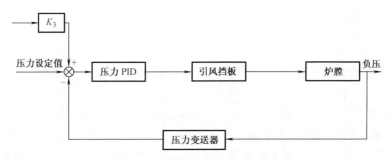

图 4-8 炉膛负压控制系统框图

1. PID 控制器的使用 由于近似认为 $\tau_f = 0$，该系统的数学模型为一阶惯性环节，所以可以采用 PID 控制器对系统进行控制，以利用 PID 控制器较好的静态特性获得炉膛负压的精确控制。该控制系统接受压力变送器检测到的炉膛负压信号 X_F，根据 X_F 与给定负压 X_T 的偏差，经 PID 运算给出变频器输入信号，此信号控制引风电动机，引风量随之发生变化，从而维持炉膛负压的稳定。例如若由于外因影响，炉膛负压升高，在炉膛负压比较器输入端产生偏差，使比较器输出增加，引风机速度升高，引风量增大，从而使炉膛负压回复到给定值上。当炉膛压力回复到给定值时，其比较器输入偏差为零，炉膛压力比较器的输出就不再变化，引风机的速度就稳定在新的值上，炉膛负压控制系统也经历了一个从平衡到不平衡到平衡的调节过程。若负压减小，那么控制系统同样经历一个从平衡到不平衡到平衡的调节过程。只不过调节过程中，相应的动作方向与负压增加时的情况相反。控制系统的负压控制一般可以精确到给定值的 ± 10Pa。

2. 变频器的应用 负压控制是通过调整引风机风门开度或风机速度完成的。现在一般采用变频器调节引风机转速来控制炉膛负压。一是由于变频起动是软起动，减少了起动过程对电网和风机系统的冲击，减少了起动过程的电耗。故具有效率高，调速范围大，特性硬，调节精度高，起制动方便灵活，能耗小，故障率低，操作简单等优点；二是取消了风门及其复杂的操作机构，使风道畅通无阻，降低了压差损耗，减少了风量损失，降低了风机的电耗，增加了改造系统的整体节能效果。应用变频调速器后，控制系统发生了变化。整个控制过程如图4-9所示。

与传统的控制系统相比，变频器取代了控制执行单元，其物理位置各不相同，控制方式也不相同。系统采样一次炉膛负压变送器送来的检测信号，测量值与给定的定值进行比较发出调节信号，控制执行单元根据调节信号调整引风量。

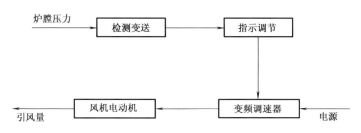

图 4-9　应用变频器的系统控制过程

可以看出，变频器严格来说是一个电气控制装置，由于它具有多种控制输入方式，能够很方便地与自动控制仪表相结合而组成电子控制系统，在传统的自动控制系统中引入变频器，改变了原有控制模式，使运行更加平稳、可靠，并能够提高系统的控制精度，因此在自动化领域的应用前景十分广阔。

3. 送风量控制比　使用煤气作燃料的锅炉燃烧控制系统还要保证热风跟上负荷的需要，要考虑燃烧的经济性，把煤气的流量测量信号乘以空燃比的值，再用测量烟道氧含量的氧化锆的输出加以修正后作为送风调节器的设定值，调节器的输出直接控制送风机挡板，如图4-10 所示。

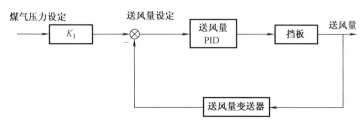

图 4-10　送风量调节系统框图

（三）锅炉燃烧的比值控制系统

燃烧过程的自动控制，其任务相当多，一是使锅炉出口蒸汽压力稳定，当负荷扰动使蒸汽压力变化时，通过调节燃烧量和送风量使之稳定；二是保证燃烧过程的经济性，在保证蒸汽压力稳定的条件下，要使燃烧消耗量最少，燃烧尽量完全，使热效率最高，燃烧量与空气量应保持一个合适的比例；三是使炉膛负压恒定，用调节引风量使炉膛负压保持微负压。如果炉膛负压太小，甚至为正，则炉膛内热烟气甚至火焰向外冒出，影响设备和操作人员安全；反之炉膛负压太大，会使大量冷空气漏进炉内，热量损失增加，降低燃烧效率。

燃烧控制目的，生产负荷变化时，燃烧量、送风量和引风量应同时协调动作，既适应负荷变化的需要，又使燃烧量和送风量成一定比例，炉膛负压为一定数值。当生产负荷稳定不变时，则应保持燃烧量、送风量和引风量都稳定下变，并迅速消除它们的扰动。控制方案是蒸汽压力对燃烧流量的串级控制，送风量随燃烧量变化而变化的比值调节，确保燃烧量与送风量的比例，其原理图如图 4-11 所示。该方案在负荷减少时，先减燃烧量，后减空气量；而负荷增加时，在增加燃烧量时前，先加大空气量，以使燃烧完全。

四、锅炉汽包水位自动控制

控制汽包水位的稳定，是保证锅炉安全运行的重要条件之下。汽包水位大范围的波动会

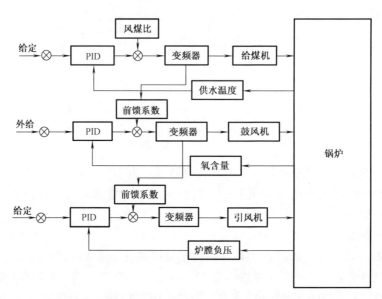

图 4-11　三输入三输出燃烧过程自动控制系统方案图

造成汽包内减水或水满并发生危险，影响生产。锅炉给水系统的自动调节锅炉汽包水位的高度，关系着汽水分离的速度和生产蒸汽的质量，也是确保安全生产的重要参数。因此，汽包水位是一个十分重要的被调参数，锅炉的自动控制都是从给水自动调节开始的。

随着科学技术的进步，现代的锅炉向着蒸发量大、汽包容积相对减小的方向发展。这就要求使锅炉的蒸发量能随时适应负荷设备的需要量的变化，汽包水位的变化速度必然很快，稍不注意就容易造成汽包满水，影响汽包的汽水分离效果，产生蒸汽带水的现象，轻者影响动力负荷的正常工作，重者造成干锅、烧坏锅壁或管壁，甚至发生爆炸事故。即使是在现代锅炉操作中，发生缺水事故，也是非常危险的，这是因为水位过低，就会影响自然循环的正常进行，严重时会使个别上水管形成自由水面，产生流动停滞，致使金属管壁局部过热而爆管。无论满水或缺水都会造成事故。因此，必须对汽包水位进行自动调节，使给水量跟踪锅炉的蒸发量并维持汽包水位在工艺允许的范围内。因此，维持汽包水位的稳定是极为关键的。影响汽包水位的主要因素有：主蒸汽流量（即蒸汽负荷）和给水流量。蒸汽流量的增加、减少，汽包水位就要减少、增加，给水流量也要相应地增加、减少，这样才能保证锅炉的正常运行。

工业锅炉房常用的给水自动调节有位式调节和连续调节两种方式。

位式调节是指调节系统对汽包水位的高水位和低水位两个位置进行控制，即低水位时，调节系统接通水泵电源，向锅炉上水，达到高水位时，调节系统切断水泵电源，停止上水。随着水的蒸发，汽包水位逐渐下降，当水位降至低水位时，重复上述工作。常用的位式调节有电极式和浮子式等，一般是随锅炉配套供应。位式调节仅应用在小型锅炉中。

连续调节是指调节系统连续调节锅炉的上水量，以保持汽包水位始终在正常水位的位置。调节装置动作的冲量（反馈信号）可以是汽包水位、蒸汽流量和给水流量，根据取用的冲量不同，可分为单冲量、双冲量和三冲量调节三种类型。简述如下：

1. 单冲量给水调节　单冲量给水调节原理图如图 4-12 所示，是以汽包水位为唯一的反馈信号。系统由汽包水位变送器（水位检测信号）、调节器和电动给水调节阀组成。当汽包

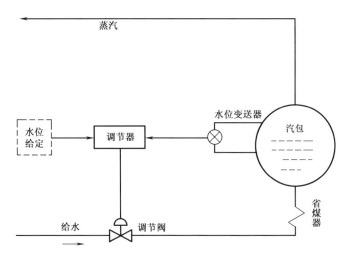

图 4-12　单冲量给水调节原理

水位发生变化时，水位变送器发出信号并输入给调节器，调节器根据水位信号与给定信号比较的偏差，经过放大后输出调节信号，去控制电动给水调节阀的开度，改变给水量来保持汽包水位在允许的范围内。

单冲量给水调节的优点：系统结构简单。常用在汽包容量相对较大，蒸汽负荷变化较小的锅炉中。

单冲量给水调节的缺点，一是不能克服"虚假水位"现象。"虚假水位"产生的原因主要是由于蒸汽流量增加，汽包内的汽压下降，炉水的沸点降低，使炉管和汽包内的汽水混合物中的汽容积增加，体积膨大，引起汽包水位上升。如果调节器仅根据这个水位信号作为调节依据，就去关小阀门，减少给水量，实际上将对锅炉流量平衡造成不利的影响，因它在调节过程一开始就扩大了蒸汽流量和给水流量的波动幅度，扩大了进出流量的不平衡。二是不能及时地反应给水母管方面的扰动。当给水母管压力变化大时，将影响给水量的变化，调节器要等到汽包水位变化后才开始动作，而在调节器动作后，又要经过一段滞后时间才能对汽包水位发生影响，将导致汽包水位波动幅度大，调节时间长。

2. 双冲量给水调节　双冲量给水自动调节原理图如图 4-13 所示。它的优点是，引入蒸汽流量作为前馈信号，可以消除因"虚假水位"现象引起的水位波动。例如，当蒸汽流量变化时，就有一个给水量与蒸汽量同方向变化的信号，可以减少或抵消由于"虚假水位"现象而使给水量向相反方向变化的错误动作，使调节阀一开始就向正确的方向动作，减小了水位的波动，缩短了过渡过程的时间。

它的缺点是不能及时反应给水母管方面的扰动。因此，当给水母管压力经常有波动，给水调节阀前后压差不能保持正常时，不宜采用双冲量调节系统。

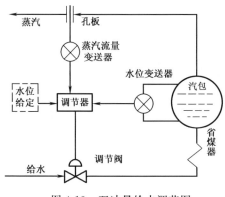

图 4-13　双冲量给水调节图

3. 三冲量给水调节　三冲量给水自动调节原理

图如图 4-14 所示。系统是以汽包水位为主反馈信号，蒸汽流量为调节器的前馈信号，给水流量为调节器的副反馈信号组成的调节系统，如图 4-15 所示。系统抗干扰能力强，改善了调节系统的调节品质，为此，组成了串级加前馈的控制系统。汽包水位作主调信号，保证水位的稳定，主调节器的输出与主蒸汽流量信号（前馈）相加后作为辅调节器的设定值，克服蒸汽对水位的扰动，即当蒸汽负荷突然发生变化时，能够保证蒸汽流量信号使给水阀一开始就

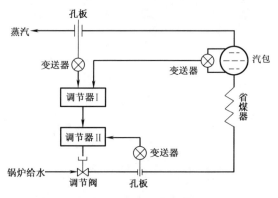

图 4-14　三冲量给水调节原理

向正确的方向移动，抵消由于"虚假水位"引起的反向动作，因而减少了水位和给水量的波动幅度。给水流量号作为辅调节器的输入信号，保证给水流量跟上水位的变化，能及时消除由于水压的扰动使给水量发生改变对控制系统的影响。水位过高或过低，系统会自动地从自动控制转换成手动操作，并有报警提示操作人员，水位严重过高或过低，在联锁的情况下自动停炉。

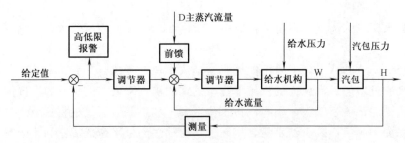

图 4-15　三冲量调节控制图

冲量控制的主反馈信号为水位差压变送器的输出，辅助反馈信号为蒸汽流量、给水流量。水位调节采用自整定变型 PID 控制算法，在大偏差时自动分离积分作用，并在水位越限前施行安全限控制。三冲量控制特点是：控制阀门阀位维持水位的恒定，水位平稳克服虚假水位的影响。

（1）PID 参数并非固定一组，而是随负荷大小、水位偏差大小和偏差变化情况而变，可称之为变 PID 三冲量控制。所以 PID 参数均可以在流程图上实时修改。

（2）异常情况下（水位偏差太大情况下）改为按常规控制。

（3）由于工艺原因会引起三冲量水位控制与主蒸汽温度控制发生矛盾，此时两者结合考虑，见表 4-2。水位偏差较大而主汽温度较稳定时，主要考虑水位控制；主汽温度偏差较大而水位在正常范围内时，主要考虑主汽温度控制。

正常限位的常规控制是模仿操作人员的控制手段，在水位偏差较大的情况下，调节给水阀使得给水量快速跟随主汽流量。方法是：每个控制周期比较给水量和主汽量大小，给水量小于主汽量时，"开"就是实现 1% 给水，反则是实现关水 1%。

由于不同负荷给水与主汽量平衡大小不一样，存在偏差，所以给主汽量加一个补偿，按负荷高中低，水位偏差超越高限、低限分几种情况。

表 4-2　　　　　　　　　　　**锅炉水位控制方案表**

水 位 偏 差	锅炉水位控制方案
正常限内（-20mm～20mm）	一组 PID 控制器控制一组 PID 参数（内外环各一组），其中积分作用相对较强
次正常限内（-20mm～-40mm，20mm～40mm）	一组 PID 控制器控制一组 PID 参数（内外环各一组），其中积分作用相对较弱
正常限外	规则控制，给水跟随主蒸汽流量变化

五、过热蒸汽温度控制

锅炉运行中对蒸汽温度的要求很严格，因此，维持蒸汽温度的稳定又是锅炉正常运行的另一重要参数。因为温度过高会影响过热器的安全，过低会影响循环的热效率。蒸汽过热系统自动调节的任务是维持过热器出口蒸汽温度在允许范围之内，并保护过热器，使过热器管壁温度不超过允许的工作温度。过热蒸汽的温度是按生产工艺确定的重要参数，蒸汽温度过高会烧坏过热器水管，对负荷设备的安全运行也是不利因素。例如，超温严重会使负荷设备膨胀过大而发生事故；蒸汽温度过低会直接影响负荷设备的使用，影响负荷设备的效率。因此要稳定蒸汽的温度，锅炉蒸汽过热系统的自动调节有：

（1）过热蒸汽温度调节主要有两种类型：一种是改变烟气量（或烟气温度）的调节；另一种是改变减温水量的调节。其中，改变减温水量的调节应用较多。

（2）过热器出口蒸汽温度的调节系统原理图如图 4-16 所示。减温器有表面式和喷水式两种，安装在过热器管道中。系统由温度变送器检测过热器出口蒸汽温度，将温度信号输入给温度调节器，调节器经与给定信号比较，去调节温水调节阀的开度，使减温水量改变，也就改变了过热蒸汽温度。由于设备简单，其应用较广泛。

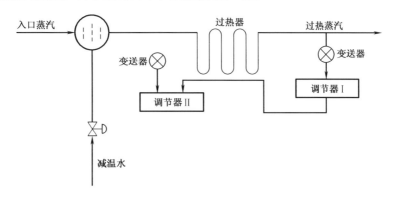

图 4-16　过热蒸汽温度调节原理图

（3）实现控制过热蒸汽温度稳定的系统是串级控制系统，即将过热蒸汽出口的温度信号作为主调信号，主调节器的输出信号作为辅调节器的设定值，减温器入口的温度信号作为辅调节信号，辅调节器的输出直接控制减温水的调节门。由于这个系统存在滞后现象，在 PID参数整定时，辅环为比例或比例微分调节。这个系统还设计了当过热器出口温度过高或过低时，系统会自动地从自动控制转换成手动操作，并有报警提示操作人员。

蒸汽温度调节系统框图如图 4-17 所示，蒸汽压力调节系统框图如图 4-18 所示。

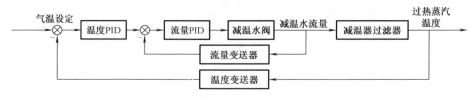

图 4-17　蒸汽温度调节系统框图

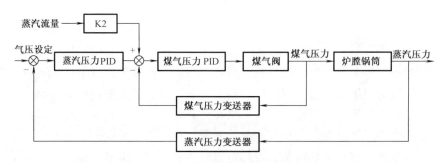

图 4-18　蒸汽压力调节系统框图

第三节　变频器在锅炉控制中的应用

锅炉风机一般按满足锅炉最大负荷设计选型，而正常工作却在额定电流的 70％ 左右。因此，风机驱动电机的裕量较大，节电潜力很大。锅炉风机的风量调节常用风门控制，即增加管路阻力，而驱动电动机全速运转。其效率低，能耗大，大量电能被白白浪费。

在供热系统中，为了解决锅炉效率低、能源消耗大等问题，锅炉自动控制系统应用已越来越多。考虑到总投资，这些自动控制系统在目前来说大多数是采用电动执行器带动阀门（或挡板），通过调整阀门（或挡板）开度来改变给水量（或风量），使其满足所要求的运行工况。调节原理是依靠增加系统的阻力，消耗泵（或风机）提供的多余的压头，来达到减小流量的目的，这样就不可避免地在调节阀门（或挡板）上造成了大量的能量损耗。另外，泵（或风机）的设计必须考虑压头、风量等因素，在设计时是按生产中可能出现的最大负荷条件进行参数选择的。

采用变频调速调节风量，不需要风门，管路阻力减少，系统所需风量减少，电动机转速可以降低。由于电动机

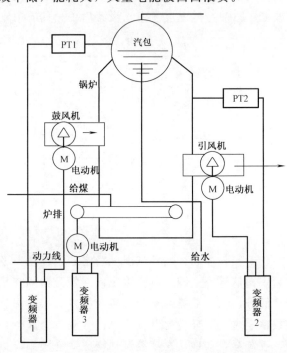

图 4-19　蒸汽锅炉燃烧控制过程系统原理图

的轴功率与转速的三次方成正比，因此耗电量大幅度下降，节能效果是十分显著的。我们以燃烧过程控制系统为例来介绍变频器的使用，暂不考虑系统间的耦合。对工业锅炉燃烧过程实现变频调速主要是通过变频器调节鼓风机的送风量、引风机的引风量和燃料进给。

图 4-19 是蒸汽锅炉燃烧控制过程系统原理图。在图中，PT 表示压力变送器，PT1 和变频器 1 组成鼓风机控制回路。维持蒸汽压力恒定，需要通过变频器 1 调节鼓风机转速实现。PT2 和变频器 2 组成引风机控制回路。炉膛负压的控制主要通过变频器 2 来完成。变频器 3 控制炉排给煤量。锅炉运行时，锅筒压力和蒸汽生产量直接反映了锅炉燃烧发热量，如果煤的进给量改变，在保持最佳燃烧工况的情况下，锅筒压力和蒸汽生产量也会相应改变。通过锅炉电位器的手动调节所送信号经过变频器 3 调节炉排转速，就可以调节煤的进给量，配合鼓风机转速的调节，从而达到控制锅筒压力和蒸汽生产量的目的。

一、阀门特性及变频调速节能原理

阀门的开启角度与管网压力，流量的关系如图 4-20 所示。

当电动机以额定速度 n_0 运行，阀门角度以 α_0（全开）、α、α_1 变化时，管道压力与流量只能是沿 A、B、C 点变化。即若想减小管道流量到 Q_1，则必须减小阀门开度到 α_1，这使得阀前压力由原来的 p_0 提高到 p_1，实现调速控制后，阀后的压力由原来的 p_0 降到 p_2。阀前阀后存在一个较大的压差 $\Delta p = p_前 - p_后$。

如果让阀门全开（开度为 α_0），采用变频调速，使风机转速至 n_1，且流量等于 Q_1，压力等于 p_2，那么在工艺上则与阀门调节一样，达到燃烧控制的要求。而在电机的功耗上则大不一样。风机、水泵

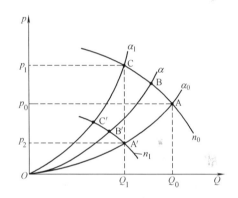

图 4-20　阀门位置与压力流量关系图

的轴功率与流量和扬程或压力的乘积成正比。在流量为 Q_1，用阀门节流时，令电动机功率为 N_j，则 $N_j = K p_1 Q_1$。

而在阀门全开变频调节时，同样流量下电动机的功率为 $N_f = K p_2 Q_1$。用变频调速比阀门节流节省的电能为 $N_j - N_f = K(p_1 - p_2)Q_1 = KQ_1 \Delta p$。

由图 4-20 可见，流量越低，阀门前后压力差越大，也就是说用变频调速在流量小，转速低时，节能效果更好。一般地，风机、水泵用变频调速与用阀门节流相比，在相同的流量下的节电率为

$$\gamma = \frac{N_j - N_f}{N_j} \qquad (4\text{-}2)$$

二、变频器在炉膛负压控制系统中的应用

由于风机的功率同风机转速的三次方成正比，所以当风机的转速变化时，风机的功率会有较大的变化。工业锅炉燃烧的稳定性和可靠性是实现锅炉安全经济运行的关键，炉膛负压是一个重要的控制参数。传统的炉膛负压控制方式是当电动机以恒速运行时通过一次仪表检测炉膛的负压，再同负压给定值比较，经 PI 运算后，由电动或气动执行器控制风机引风挡

板开度，即改变风阻调节引风量达到调整燃烧的效果。在实际应用中，引风挡板的开度一般在 70%～80%，相当一部分电能消耗在引风挡板的阻力降上，造成电能的浪费。另外，挡板的机械连接结构在挡板的调节过程中存在滞后，线性度差，调节性能不太好。

采用变频调速技术，将原有的风门挡板开至最大，应用负压闭环控制，通过调节引风电动机的转速即直接调节风量来实现锅炉负压自动调节控制，能够更好地满足生产要求，又达到了节电和节省燃料的目的。

所有调节器都采用比例积分作用，而且能多通道输入，否则要用加法器，但调节器的整定参数有所不同。主调节器根据蒸汽压力的变化，对锅炉发出增、减负荷的信号。燃料调节器接受"负荷要求"信号和燃煤量信号（用热量信号代替），其调节目标是使燃料量与"负荷要求"相适应；送风调节器接受"负荷要求"信号和送风量信号，其调节目标是使送风量与"负荷要求"相适应；引风调节器接受炉膛负压信号，它调节引风量使炉膛负压保持在一定范围之内。

所有调节器都是比例积分作用，因此，在静态平衡时，蒸汽压力等于给定值，炉膛负压等于给定值，燃料调节器的总输入信号等于零，送风调节器的总输入信号等于零，送风调节器单独保证燃料量与空气量的比例。在负荷发生变化时，蒸汽压力暂时偏离给定值，使主调节器输出的"负荷要求"信号发生变化，通过燃料调节器和送风调节器同时改变锅炉的燃料量和送风量，送风调节器的输出通过动态联系使引风调节器也立即跟着动作去改变引风量。调节过程结束（重新恢复静态平衡）时，蒸汽压力恢复到给定值，主调节器输出的"负荷要求"信号稳定在某一新的数值，炉膛负压恢复到给定值，而燃料量和送风量都与新的"负荷要求"信号相适应。

锅炉炉膛负压自动控制系统如图 4-21 所示，现场信号经负压变送器反馈给调节器（炉膛负压给定值根据实际工况设定），利用调节器的功能块，即 PID 调节，经与目标值比较，并经 P、I、D 调节以后，调节器输出一个 4～20mA 的电流信号，接至变频器频率给定端（电流输入），变频器根据这一频率给定信号，控制电源输入回路将三相交流电源信号进行整流，变成直流信号，电源输出回路再将整流后的直流电源信号调制成某种频率的交流电源信号输出给电动机，输出频率可在 0～50Hz 之间变化（根据实际工况设定的调频范围是 5～50Hz），这样便达到了自动控制风量的目的。当电源频率降低时，电源电压随之降低，使引风电动机瞬时功率下降，从而减少了电源消耗。变频器还具备软起动功能，这将减少电动机起动时对电网的冲击，这种设备方案既保证了风机变频调速运行，满足负压自动调节的稳定性和运行的经济性，又能保证运行的可靠性。

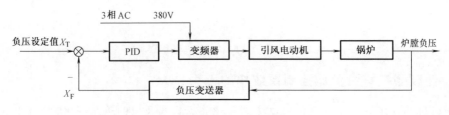

图 4-21　锅炉炉膛负压自动控制系统

对锅炉引风机采用变频调速实现炉膛负压闭环控制，具有节能降耗，调节特性好，能更好地满足生产要求。锅炉运行中，可以对锅炉鼓风机和炉排都实现变频调速控制，既能保证锅炉处于良好的运行状态，又能避免冒黑烟现象，达到环保的要求。

三、燃煤锅炉变频燃烧控制系统

燃煤锅炉变频燃烧控制系统包括燃料调节、送风调节和引风调节三个系统。

1. 燃料调节　燃料调节的目标是使燃煤量与"负荷要求"相适应。"负荷要求"信号可用蒸汽压力来反映，蒸汽压力是衡量蒸汽供求关系是否平衡的重要指标，是锅炉产汽的重要工艺参数。产汽压力过高或过低，对于导管和设备都是不利的。压力太高，会影响炉和设备的安全；压力太低，就不可能提供各种加热设备以足够的能量。同时蒸汽压力的突然波动会造成锅炉水位的急剧波动，出现"虚假水位"，影响操作。

锅炉在运行过程中，蒸汽压力降低，表明蒸汽的消耗量大于锅炉产汽量；反之，蒸汽压力升高，说明蒸汽的消耗量小于锅炉产汽量。因此，严格控制蒸汽压力，是确保安全生产的需要，也是维持正常生产负荷平衡的需要。

应用变频器改变给煤机的转速，可以改变燃煤量。目前，精确测量进入炉膛的燃煤量比较困难，一般都采用间接测量的方法。在各种间接测量方法中，以蒸汽流量（加上锅筒压力的变化速度）信号应用较多。在稳定时，如果汽压、汽温恒定，那么蒸汽流量是燃料发热量的正确度量。但是，在燃料量扰动后的动态过程中，有一部分热量储存在锅炉内部的汽水中，表现为锅筒压力的变化。因此，可以用蒸汽流量加锅筒压力的变化速度作为燃料量的测量信号，这个信号统称为热量信号，用这个信号代替燃料量的信号，就可以实现蒸汽压力的自动控制。

2. 送风调节　送风调节的目标是使送风量与"负荷要求"相适应。这里的"负荷要求"信号与上述相同，同样采用蒸汽压力。送风量采用送风机的出口流量或压力均可。使空气与燃料维持适当比例，是燃烧过程的重要操作条件，是提高锅炉效率和经济指标的关键措施。将过剩空气降低到近于理想水平又不出现一氧化碳和冒黑烟，这就需要对燃烧过程进行自动控制，实现最佳的空气、燃料比。如果离开最佳的空燃比，势必增加热量损失或者燃料的消耗，降低技术经济指标，并造成对周围环境的污染。合适的空燃比是由燃料调节和送风调节共同来保证的。当燃煤量和送风量均与"负荷要求"相适应时，则空燃比一定。

当空燃比一定时，如果煤的品质发生变化，仍然不能保证燃烧的最佳条件。而烟气中的氧含量是检查燃料量和送风量是否合适的一个指标，因而还不如用烟气中的含氧量来作为测量信号更为有效。在燃料量与送风量基本上成比例的基础上再以烟气中的含氧量校正送风量，以保证燃烧的经济性。在这种系统中，对测氧装置（氧量计）的快速性要求不高。因此在调节过程中还是以送风量随时与燃料量成一定比例为基础。含氧量的校正信号只要缓慢地改变送风量以校正这两个流量之间的比例即可。如果能快速测量出烟气中的含氧量，那么就可以直接根据含氧量来决定送风量（与燃料量适当配合）。目前采用氧化锆测量烟气中含氧量的迟延和惯性都比较小，这样燃烧自动控制系统可以简化，送风调节成为以烟气含氧量为被控变量的单回路调节系统。但从保证动态过程中送风量和燃料量的恰当比例（即燃烧经济性）来衡量，只以烟气含氧量为被控变量的单回路调节系统的调节质量是不高的。因为只有当燃料量一变化，送风量立即跟着作比例变化，才能保证在动态过程中的燃烧经济性。如果燃料量变化后要等到烟气含氧量发生变化后才去改变送风量，显然会造成烟气含氧量的过大变化。因此，即使采用了快速的含氧量信号，还应该根据锅炉运行的具体情况，使用可靠的前馈信号，使送风量随时与燃料量相适应。

　　3. 引风调节　　应用变频器改变引风机的转速而改变引风量，可以保持一定的炉膛负压。锅炉在正常运行中，炉膛压力必须保持在规定的范围之内。如果是负压操作，则负压过小，局部地区容易喷火，不利于安全生产；负压过大，漏风严重，总风量增加，烟气热损失增大，不利于经济燃烧。所以保持炉膛的压力也是必不可少的。

　　煤粉燃烧的物理过程容易造成炉膛负压的周期性强烈脉动，使调节器产生不必要的有害的来回动作。所以炉膛负压一般都经过滤波器之后引出，这就增加了测量信号的滞后，使引风调节器的动作落后于送风调节器的动作，致使炉膛负压产生较大的偏差。这个问题可以采用动态联系装置解决，在送风调节器和引风调节器之间安装动态联系装置，它只在动态过程中起作用。如送风调节器动作，通过动态联系使引风调节器也立即跟着动作。如送风调节器输出不变，动态联系装置就不起作用，二者之间不发生静态关系，所以在静态下，由引风调节器独立地保持炉膛负压。

四、燃烧控制系统方案

　　燃烧控制系统组成方案很多，为了便于变频器的应用，提出以下几种以供选择。

　　1. 燃料、送风、引风遥控　　该方案中的三个系统均为开环控制系统，变频器的开环应用比较容易，只要按要求将变频器与电源和驱动电动机相连接即可。平时变频器恒频运行。当负荷变化时，通过改变变频器的设定频率，改变给煤机、送风机和引风机的转速，调节燃煤量和风量，以适应"负荷要求"，并保持适当的空燃比和一定的炉膛负压，这种方案最简单，但控制精度较差，节能效果一般，适用于要求不高的中、小锅炉的控制。

　　2. 燃料遥控＋送风调节＋引风调节　　在该方案中，送风和引风调节系统采用闭环控制，变频器闭环应用的关键是合理选择测量信号，为了简化调节系统，送风调节系统设计成以烟气含氧量为被控变量的单回路调节系统，引风调节以炉膛负压为被控变量组成单回路调节系统。当烟气中的含氧量发生变化时，送风调节系统自动改变送风量，使氧含量逐渐调整到设定值，送风量的改变使炉膛负压发生变化，引风调节系统通过改变引风量，达到自动控制炉膛负压的目的。这种系统比较简单，节能效果较好，但调节质量不高，含氧量和炉膛负压波动较大。

　　3. 燃料调节＋送风调节＋引风调节　　该方案中的三个系统都是闭环控制系统，变频器均为闭环应用。在该方案中，燃煤量用热量信号代替，及早地反映燃煤量的变化，并及时消除，使它不至于对代表"负荷要求"信号的蒸汽压力产生影响，燃料调节器在静态时热量信号等于蒸汽压力，因此保证了主调节器给定的负荷量。对于送风调节器，在稳态时送风量与燃煤量成比例，达到静态条件下燃烧的经济性。在燃料和送风的调节过程中，为了避免炉膛负压产生较大的偏差，在送风调节器和引风调节器之间安装动态联系装置，使送风调节器与引风调节器协调动作。静态时，由引风调节器独立地保持炉膛负压。该方案控制精度较高，节能效果好，但比较复杂，且无含氧量校正。

　　4. 燃料、送风、引风调节与含氧量校正　　该方案引入了氧量校正，使系统更加完善。但系统的复杂性也最高。

　　以往使用引风机、鼓风机、补水泵都是在恒定转速下运行的，利用阀门来控制风量和流量的大小。使用变频器后，引风机、鼓风机、补水泵的转速可根据实际要求任意调节，节省电量 30%以上。通过对烟气含氧量的控制，使氧气燃料的供给处于最佳值，从而消减大量的燃料费用。

炉膛负压值由排烟量与送风量决定，如果负压太大，会使大量冷空气漏进炉内，增大引风机的负荷和排烟带走的损失。如果负压太小，甚至为正压，炉膛部分热烟将不经过烟道而从炉前冒出，影响设备和人员的安全。通过变频器对鼓风机和引风机转速的调节，使排烟量与送风量配合良好，达到炉膛负压不变的目的。

由于变频器调速装置的多种功能和较完善的设计，使其与计算机接口连接简单方便。计算机控制指令信号与变频器驱动电机的转速成完全线性关系，使控制对象较为精确。在整套系统运行调试时，变频调速与其他调速相比，具有调速性能好，节电效果高，可靠性指标高，保护功能齐全，对电网污染小，维护量小，省时省力等特点。

五、变频器的选型

（一）变频器的类别

1. 按变换环节分

（1）交—交变频器 把频率固定的交流电源直接变换成频率连续可调的交流电源。其主要优点是没有中间环节，故变换效率高，但其连续可调的频率范围窄，一般为额定频率的 1/2 以内，故它主要用于容量较大的低速拖动系统中。

（2）交—直—交变频器 由于把直流电逆变成交流电的环节较易控制，因此，在频率的调节范围以及改善变频后电动机的特性等方面，都具有明显的优势。

2. 按电压的调制方式分

（1）PAM（脉幅调制） 变频器输出电压的大小通过改变直流电压的大小来进行调制。在中小容量变频器中，这种方式几近绝迹。

（2）PWM（脉宽调制） 变频器输出电压的大小通过改变输出脉冲的占空比来进行调制。目前普遍应用的是占空比按正弦规律安排的正弦波脉宽调制（SPWM）方式。

3. 按直流环节的储能方式分

（1）电流型 直流环节的储能元件是电感线圈 L_f。

（2）电压型 直流环节的储能元件是电容器 C_f。

（二）变频器的选型

如选用的是西门子公司 MICROMASTER440 系列变频器（带内置 A 级滤波器）6SE6440-2AD35-5FA1，本变频器由微处理器控制，并采用具有现代技术水平的绝缘栅双极型晶体管（IGBT）作为功率输出器件。因此，它们具有很高的运行可靠性和功能多样性。全面而完善的保护功能为变频器和电动机提供了良好的保护。一般选用恒定转矩控制方式，开关频率采用脉冲宽度调制。

1. 技术参数

输入电压范围	3AC 380~480V，±10%
电动机的额定输出功率（kW）	55
输出功率（kVA）	83.8
最大输出电流（A）	110.0
输入电流（A）	103.6

2. 特点

（1）自动能量优化，实现了电动机定额的充分应用，对泵类和风机速度控制方便，能够对过程进行更好的调节。

（2）软起动功能，避免了起动过程对电网和风机系统的冲击。

（3）具有多个继电器输出，多个模拟量输出（0～20mA）。

（4）安装调试简单，操作简便，能耗低，运行和维护费用低廉。

（5）脉宽调制的频率高，因而电动机运行的噪声低。

（6）保护齐全，诸如：电机过载保护，电动机、变频器过热保护，接地错误保护，短路保护等。

（7）快速电流限制，防止运行中不应有的跳闸。

（8）基于比例-积分（PI）控制功能的闭环控制。

3. 变频器的功能预置　上限频率为50Hz；下限频率为5Hz。

4. 变频器的接线　变频器有电源输入和输出回路，使用时将变频器直接串接在电动机的输入回路中。

如图4-22所示，变频器的输入端（R、S、T）接至频率固定的三相交流电源，输出端

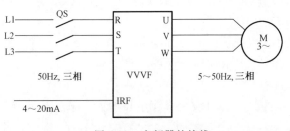

图 4-22　变频器的接线

（U、V、W）输出的是频率在一定范围内连续可调的三相交流电，接至电动机。调节器输出的4～20mA电信号接到变频器的频率给定端，通过对变频器输出频率的控制，实现交流电动机的调速。

锅炉控制应用变频调速，开环控制比较简单，但控制精度较差，无法满足锅炉的控制要求，节能效果也不理想。

这里以应用最多的燃煤锅炉为例，介绍锅炉控制中变频器的闭环控制：

（1）炉膛负压综合定值与压力变送器传来的炉膛负压信号经PID调节器比较放大后送出频率信号，再对变频器指令信号加以补正，控制引风机转速，使炉膛负压恒定。

（2）烟氧量设定值与氧气传感器信号经PID调节器比较放大后送出频率信号，再对变频器指令信号加以补正，控制鼓风机转速，使烟氧量恒定。

（3）热水压力设定值与回水压力信号经水压控制算法送出信号，再对变频器指令加以补正，控制补水泵转速，使热水压力恒定。

第四节　锅炉控制方案设计 *

对于锅炉，可将被监测控制对象分为燃烧系统和水系统两部分进行讨论。锅炉计算机控制系统是一种在线过程控制系统，具有自动快速数据采集、逻辑分析、精确的功能。长期以来锅炉控制采用的是老式仪表控制，操作不方便，无计算等功能。因此，锅炉计算机控制系统可根据锅炉运行过程所需的控制和运算要求，及时便捷地修改调节参数，以达到最佳控制效果。从而达到提高热效率、节约能耗、降低劳动强度的目的。为提高系统运行的可靠性，锅炉计算机控制系统采用手动、自动两种控制方式。即可通过手操柜上的手操器，由操作人

员直接依据显示仪表示值，进行经验手动控制；也可由 DDC 自动按设定的参数及控制模型进行控制运算，通过测试整合相关测试参数和设定值，给出控制调节量，经由手操器实施自动控制。

　　整个计算机监测控制管理系统可按图 4-23 形式由若干台现场控制机（DDC）和一台中央控制管理机构成。各 DDC 分别对燃烧系统、水系统进行监测控制，中央控制管理机则显示并记录这两个系统的在线状态参数，根据供热状态确定锅炉、循环泵的开启台数，设定供水温度及循环流量，协调各台 DDC 完成各监测控制管理功能。

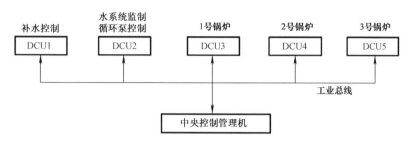

图 4-23　锅炉计算机的监控系统

一、锅炉计算机控制系统监测与控制的主要方案

　　对于链条式热水锅炉，燃烧过程的控制主要是根据对产热量的要求控制链条速度及进煤挡板高度，根据炉膛内燃烧状况及排烟的含氧量及炉膛内的负压值控制鼓风机、引风机的风量，从而既根据供暖的要求产生蒸汽，又获得较高的燃烧效率。

　　（一）链条式热水锅炉需要监测的参数

　　1. 排烟温度　一般使用铜电阻或热电偶来测量；再配之以相应的温度变送器，即可产生 4～20mA 或 0～10mA 的电流信号，通过 DDC 的模拟量输入通道 AI 接入计算机。

　　2. 排烟含氧量　目前较多采用氧化锆传感器，可以对 0.1%～21% 范围内的高温气体的含氧量实现较精确的测量，其输出通过变送器后亦可转换为 4～20mA 或 0～10mA 电流信号。

　　3. 空气预热器出口热风温度　同上述测温方法。

　　炉膛、对流受热面进出口、省煤器出口、空气预热器出口、除尘器出口烟气压力：测点可根据具体要求增减，一般采用膜盒式或波纹管式微压差传感器，再通过相应的变送器变为 4～20mA 或 0～10mA 电流信号，接入 DDC 的 AI 通道。

　　4. 一次风、二次风风压，空气预热器前后压差　测量方法同上。

　　5. 挡煤板高度测量　通过专门的机械装置将其转换为电阻信号，再变成标准电流信号，送入 DDC 的 AI 通道。

　　6. 供水温度及产气热量　由水系统的 DDC 测出后通过通信系统送来。

　　（二）燃烧系统需要控制调节的装置

　　1. 炉排速度　调异步电机转速。

　　2. 挡煤板高度　控制电动机正反转，通过机械装置带动挡板运动。

　　3. 鼓风机风量　调鼓风机各风室风阀或通过变频器调风机转速。

　　4. 引风机风量　调引风机风阀或通过变频器调风机转速。

为了监测上述调节装置是否正常动作，还应配置适当的手段测试上述调节装置的实际状态。炉排速度和挡煤板高度可通过适当的机械机构结合霍尔元件等位置探测传感器来实现，风机风量的调节则可以通过风阀的阀位反馈信号或变频器的频率输出信号得到。

（三）燃烧过程的控制调节

主要包括事故下的保护，起停过程控制，正常的燃烧过程调节三部分。

1. 事故保护 这主要是由于某种原因造成循环水停止或循环量过小，以及锅炉内水温太高，出现汽化。此时最重要的是恢复水的循环，同时制止炉膛内的燃烧。这就需要停止给煤，停止炉排运行；停止鼓风机和引风机运行。DDC 接收水温超高的信号后，就应立即进入事故处理程序，按照上述顺序停止锅炉运行，并响铃报警，通知运行管理人员，必要时还可通过手动补入冷水排除热水，进行锅炉降温。

2. 起停控制 起动点火一般都是人工手动进行，但对于间歇运行的锅炉，封火暂停机和再次起动的过程则可以由 DDC 控制自动进行。封火过程为逐渐停止炉排运动，停掉鼓风机，然后停止引风机。重新起动的过程则是开启引风机，慢慢开大鼓风机，随炉温升高慢慢加大炉排进行速度。

3. 正常运行调节 正常运行时的调节主要是使锅炉出口水温度维持在要求的设定值，同时达到高燃烧效率，低排烟温度，并使炉膛内保持负压。这时作为参照的测量参数有炉膛内的温度分布、压力分布、排烟含氧量等。锅炉的给煤量可以通过炉排速度和挡煤板高度（即煤层厚度）确定，鼓风机则可以根据空气预热器进出口空气的压差判断其相对的变化，此时可以调整控制量有炉排速度、煤层厚度（调整挡煤板高度）、鼓风机转速、各风室风阀、引风机转速或风阀。上述各调节手段与各可参照的测量参数都不是单一的对应关系，因此很难用如 PID 算法之类的简单控制调节算法。目前，控制调节效果较好的大都采用"模糊控制"方法或"专家控制系统"方法，都是根据大量的人工调节运行经验而总结出的调节运行方法。

二、锅炉计算机控制系统设计

综上所述现场的信号包括模拟量和开关量。模拟信号主要有锅炉出水温度、锅炉出水压力、锅炉出水流量、回水流量、炉膛温度、炉膛负压、锅炉排烟温度、室外温度、炉膛温度、锅炉回水温度、回水压力出水温度、送风温度、炉膛负压、烟气含氧量、煤层厚度、送风压力、炉排转速、鼓风机转速、引风机转速和各辅机的运行状态信号等；开关信号主要有各种连锁信号、手动和自动切换信号、手动和自动温度设定信号、消除报警信号、各个电动机的工作信号及其他需要采集的信号。

从输入计算机的信号来看，它包括如下几种类型：

（1）仪表配电器或变送器 0～5V 电压信号。

（2）霍尔压力变送器 4～20mV 电压信号。

（3）热电阻温度传感器的电阻信号。

（4）光电转速传感器的脉冲量信号。

（5）继电器或面板开头触点的开关量信号。

很显然，前三种类型的模拟信号不是都可直接输入 A/D 转换板的，0～20mV 电压信号需经前置缓冲放大板调理为 0～5V 电压信号，热电阻信号需经热电阻调理板调理为 1～5V

电压信号才能直接与 DDC 的 A/D 转换相接。以上数据进入计算机，经过运算处理，可以在显示器实时显示。同时将以上数据进行处理，还可以完成查询、检索、统计、报表、打印等功能。

锅炉 DCS 控制系统包括上位机、下位机、控制柜、变频器、传感器、变送器、仪表等。锅炉运行工艺参数经温度、压力、流量等传感器采集后，送入 DDC 和手操柜，经处理后以实际工程量显示，用以计算、分析、报表、存储、控制等。系统通过变频器控制炉排、鼓风、引风电动机的转数，实现对锅炉给煤量、输氧量等的控制，最终达到控制出水温度，保持炉膛相对负压，稳定锅筒液位等目的。

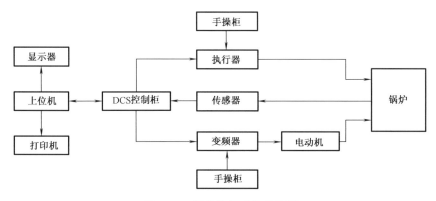

图 4-24　锅炉控制系统结构图

下位机主要完成数据的采集、回路计算、控制输出等任务，具体实施由 I/O 组态来实现；上位机主要完成实时显示、数据管理、控制参数设定等任务，具体实施由操作站组态来实现。为防止"假水位"的产生，锅筒液位采用三冲量控制，炉膛应在负压下燃烧，主要由鼓、引风压力及烟气含氧量来调节，蒸汽温度、压力、流量等参数由综合的调节参数来控制，如鼓风、引风、炉排、负荷等，其系统的结构图如图 4-24 所示。锅炉计算机控制系统也可以采用小模块的结构，如图4-25所示。

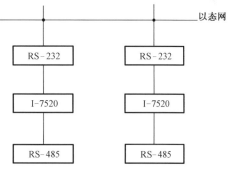

图 4-25　控制系统的架构图

（一）电动机变频驱动设计

在锅炉的鼓、引风及炉排电动机均采用了变频器驱动，可以控制电动机的起停、升降速，现场通过操作面板控制。电动机转速和变频器故障在计算机上给予显示，将变频器上的控制端子通过金属网屏蔽电缆与计算机控制系统的 AI、AO、DI、DO 板卡相连，实现变频器的计算机控制。

（二）传感器设计

传感器包括温度、压力、流量、液位等现场信号的采集和变送给计算机，并与计算机进行通信。实现自动或通过手操器进行手动控制。仪表指示系统主要包括手操器，完成变频器控制的手动/自动无扰转换和信号切换。炉膛负压和锅炉出水温度是非常重要的参数，仪表直接显示既直观又美观（计算机系统也同时显示）；很多参数的报警可以计算机报警同时又经过闪光报警器输出效果更好。

现场仪表主要监测参量见表 4-3、表 4-4。

表 4-3	热水锅炉
序号	名　称
1	给水流量
2	出水压力
3	鼓风压力
4	排烟压力
5	炉膛压力
6	省煤器进水温度
7	省煤器出水温度
8	省煤器出口烟气温度
9	预热空气温度
10	排烟压力
11	炉膛温度
12	氧含量分析
13	分水缸压力
14	回水缸压力
15	循环泵起停
16	循环泵调速
17	补水泵起停
18	补水泵调速

表 4-4	蒸汽锅炉
序号	名　称
1	给水流量
2	给水压力
3	蒸汽流量
4	蒸汽温度
5	蒸汽压力
6	汽包液位差压测量
7	汽包液位电结点测量
8	氧含量分析
9	排烟温度
10	排烟压力
11	预热空气温度
12	省煤器进水温度
13	省煤器出水温度
14	省煤器出口烟气温度
15	鼓风压力
16	炉膛温度
17	炉膛压力
18	给水调节阀调节

（三）锅炉供暖系统的自动/手动控制

锅炉供暖系统手动控制时主要起数据采集及实时显示作用，当采集的数据出现异常时，系统将发出声光报警，设备的运行由操纵者现场控制，适合于设备调试；自动运行时，系统除了具有与手动运行方式相同的数据采集及实时显示作用外，还具有自动控制功能，根据检测的反馈信号，控制锅炉在最佳工作状态下运行，实现节煤、节电、节水、减人、增效的目的。

手动控制优先级最高，当"手动/自动"转换开关处于"手动"时，控制器的控制被屏蔽，现场设备可就地在手操器实现开、停等人工操作；当"手动/自动"转换开关处于"自动"时，设备的全部控制过程由控制器来完成。手动/自动具有无扰动切换功能。

自动控制是利用控制器的逻辑控制功能，提供设备自动及关联设备的联动、连锁控制及闭环控制，锅炉房的附属设备以这种控制方式为主。操作员站控制是由操作员站通过人—机操作界面，对锅炉房的设备进行远程控制，实现宏观控制，处理局部的停机事故和紧急状态，维持系统的总协调。

（四）系统的通信功能

控制室计算机利用网络与远方计算机完成数据的自动交换和远方控制功能。还必须具有与其他控制系统通信能力和标准的对外通信接口，网络连接没有特殊要求。现场调节器通过网络连成一个完整的控制系统，调节器使用操作站的数据库并运行操作站中下装的软件，操作员站则从调节器中不断采集数据以实现数据库的更新。能够和所有控制站保持通信，数据扫描周期小于 1s。

（五）调节控制功能

供暖燃煤锅炉是一种多变量系统，被控量之间的关系耦合程度高，因此系统配以优化的控制软件，该套软件以供水温度、烟气氧量、炉膛负压等为控制指标，室外温度为补偿量，同时具有 PID 控制，通过配置风煤化，前馈系统，来加大或解除给煤调节，送风机调节和引风机调节输出间的前馈联锁，以求取给煤量、送风量和引风量的最佳控制参数，从而实现燃烧的最优控制。

（六）报警功能

系统具有故障报警（风机、水泵、上煤系统等的起、停故障等）和超限报警（高、低液位、压力、流量、温度报警及用户指定的其他参数报警）。

（七）分级报警显示

报警系统是将被检测对象的异常情况及时准确地检测出来，并提醒操作人员注意，以防异常情况的进一步恶化。在DCS中数据可分为普通与重要的级别，报警要采用分级制。报警方式一般采用声光报警或弹出报警提示窗口及报警自动打印。DCS提供事故记录、事故追忆工作，还提供事故的相关记录（事故时间、事故条件），便于事故分析。

1. 普通报警　提示操作人员对异常情况引起注意，主要包括普通参数的报警、重要参数的一级报警。

2. 次急报警　提示操作人员必须立即采取相应措施或系统联锁动作，否则可能引起故障，主要包括重要参数的二级报警。

3. 紧急报警　指示运行已处于十分危险的状态，要立即采取停止运行的保护措施，这类报警主要有主燃料跳闸等。

4. SOE　这是一类特殊的高分辨率报警，其作用是给操作人员提供联动设备动作的先后动作顺序，以便分析事故起源。此类还包括首次跳闸的记录功能。首次跳闸一般是指事故发生的直接原因。

5. 调节、控制报警处理及提示　因为运行工况参数的变化、运行设备状态的变化都可能使模拟量调节系统或开关量控制系统产生切换、联动等动作。当模拟量调节系统或开关量控制系统产生切换、联动等动作时，同时产生这类报警，提示操作人员进行相关报警、操作及可能产生后果。

对于较重要的报警要有闪光提示，且要有声响，只有通过操作人员确认后，声音消失，闪光变为平光；平光只有在报警信号消失后，才变为原来正常状态。目的是只有操作人员认可（知道）后，报警信息才消失，否则应一直提示操作人员。

（八）上煤联锁功能

系统可实现手动操作，计算机联动和自动控制。

（九）数据报表记录功能

可根据用户的要求，对锅炉的供、回水流量、温度、压力、炉膛负压等工艺参数及电机负载情况，报警记录形成报表汇总。

（十）数据查询

计划、打印功能，用户对记录的报表数据、报警数据进行查询、打印。

（十一）曲线功能

对用户关心的温度、流量等信号，系统以实时、历史趋势曲线的形式直观地表示出来。相关系统历史库（曲线）：由操作画面的重要参数、重要设备相关系统测点组成，以便于操作分析、事故分析及经济分析。锅炉起/停曲线：由设备起/停的重要参数组成：温度差、时间范围、升降温度（压力）范围、升降温度（压力）速率的显示、报警提示，同时要有不同起停状态的多组曲线选择。

（十二）压力棒图功能

操作参数成组：系统可根据采集到的数据显示整个热力管网的供水水压图、烟压力和风压图，相关操作参数的成组参数列表、相关棒图、成组参数实时趋势显示，为操作人员提供便利的操作依据，便于供热调度。

（十三）冗余功能

为保障系统运行的可靠，计算机测控通信网采用双冗余光纤环网，当一条网络线出现故障时，不会影响系统正常工作。两台上位机可同为服务器，测控数据存于控制器中，使两台上位机数据同步，两台位机为对等关系，当一台主机出现故障时，另一台照样运行，不受影响。下位机控制器也采用双冗余控制器，以保障系统不间断地进行数据的实时采集，对现场仪表和控制器外围供电电源也采用双冗余工业电源，从而实现系统持续，稳定可靠的运行。

（十四）密码功能

为防止非专业人员随意改动参数，造成对锅炉操作的误动作，系统可配制几个操作员密码，操作员可以键入唯一的标识符和口令进入较高级的系统修改参数。

三、软件系统设计

控制系统不仅需要有可靠的硬件设备，还应有功能强大、运行可靠、界面友好的系统软件、编程软件和应用软件。软件系统为根据具体情况专门编制，还包括工业控制组态软件包。对过程数据包括所有状态点、模拟变量和软件产生的变量的存取应能使用高级语言。所有的处理数据和操作数据用中文显示。能根据事实数据，观看在扩展期内的发展趋势。报警设有优先管理、任意管理均在屏幕上显示。完成报警记录，要显示报警总汇。控制软件流程图如图 4-26 所示。

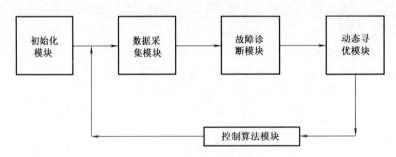

图 4-26　控制软件流程图

初始化模块：主要完成 AD，DA 模块，各数据区的初始化工作。

数据采集模块：主要完成模拟量采集、滤波及累积计算。

故障诊断模块：主要完成锅炉系统及变送器、执行器的故障诊断功能。

动态寻优模块：主要完成风煤比的动态寻优及存储数据的积累。

控制算法模块：主要完成水位控制、燃烧控制、负压控制，能根据系统诊断结果及寻优状态进行不同控制方式的切换。

（一）数据处理

数据采集是指完成一次数据（过程参数、设备状态）的获得，如温度、压力、流量、物位等模拟量信号和设备状态等开关量信号，从现场模件由信号电缆直接到控制系统内部端子。一次参数的模拟量要经过滤波、放大倍数设置、采样周期设置、报警设置、断线报警、线性变换、非线性变换、信号转换及热偶补偿等预处理。一次参数的开关量要经过防抖、报警设置等预处理。数据计算处理：对控制系统数据采集的一次数据进行加工处理，得到控制系统的二次数据。数据处理主要方法有：

1. **一次计算**　主要完成对现场测点的补偿，如流量补偿、锅筒水位补偿等，一般采用计算公式补偿的方法来实现，得到一次计算结果。

2. **二次计算**　主要对现场测点求和、求差、信号选择、累计、平均值、最大值等数据计算，得到二次计算结果。

3. **性能计算**　主要对锅炉热效率总效率、各个生产班组运行考核指标等计算，得到效率、效益计算结果。

（二）软件系统

软件系统分为主程序和中断服务程序。主程序完成系统的初始化和人机界面的管理。包括显示器管理、键盘管理、命令处理模块、时钟管理、改字处理模块等。中断服务程序完成与下位机的通信、工程量变换、自动报警处理、历史数据存储，其框图如图4-27所示。

系统软件具有标准化的、专业化的、成熟的、可靠适用的锅炉自动控制运算软件，并且已经广泛应用于同类锅炉的监控中。基于Windows系统，强大的图形画面显示功能，支持1280×1024分辨率是通用、开放、实时、多任务的操作系统。具有文件管理、文本编辑、网络通信、备份等功能。具有在线诊断功能，能够对硬件及软件故障进行完整诊断。支持数据中的中文打印。

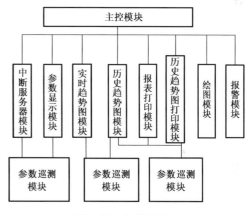

图 4-27　软件框图

在控制系统运行中，监视、操作画面非常重要，也是非常直观的。画面的好坏直接关系到项目的形象。控制系统监视、操作画面大致分为三大类：工艺系统图、局部窗口、设备状态图标，分别如图4-28～图4-30所示。

1. **工艺系统图工艺图**　汽水、燃烧、物料、风烟、点火、锅炉保护等子工艺系统图（最好以工艺过程顺序为依据）。

集控图：模拟量调节、开关量控制、报警光字牌。

测试图：MCS、CSC、通道测试，可加在工程师站，为测试依据。

2. **工艺系统图样板标准图**　工艺流程图名称、相应工艺图报警提示框，如汽水、燃烧、物料、风烟、点火、锅炉保护等工艺系统及其相应的报警提示框。主要参数显示框（重要参数简单说明、重要参数、单位）：温度、负压平均值、含氧量平均值、锅筒水位平均值、锅筒压力平均值、主汽流量、主汽温度、主汽压力等运行重要工艺参数。光字牌按钮（带报警提示框）：由此按钮进入光字牌底图。此底图包括重要热工信号报警提示（参数报警为红色；新来报警为报警色闪烁），在此底图确认后，变为平光；报警消失后，为浅灰色。报警提示框在来报警时给予提示功能。

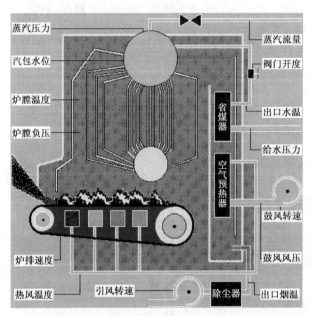

图 4-28　锅炉计算机控制系统工艺界面

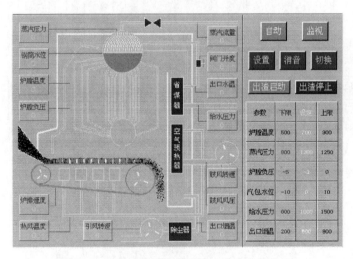

图 4-29　锅炉计算机控制系统工艺及参数界面

　　局部窗口图主要有参数列表窗口、参数棒图窗口、参数曲线窗口、报警提示窗口、操作窗口以及帮助指导窗口。

　　重要设备按钮（带报警提示框）：由此按钮进入主要设备底图。此底图包括重要设备状态、报警提示（设备报警为黄色；新来报警为报警色闪烁），在此底图确认后，变为平光，报警消失后，为浅灰色。

　　MCS 按钮（带报警提示框）：由此按钮进入软手操集控底图。此底图包括与相关调节回路有关的数据曲线、给定值、实现手动/自动切换的软手操、回路报警提示逻辑、软手操状态提示。可以按工艺系统分几幅图完成。

　　联锁按钮（带报警提示框）：由此按钮进入联锁集控底图。此底图包括所有联锁设备的

图 4-30　锅炉计算机控制系统仪表界面

投入/切除，投入/切除应有弹出对话框，防止误操作。如果条件明确可以加入 DCS 自动投入/切除联锁的逻辑，减少操作人员的劳动强度，但联锁投入/切除及因投入/切除造成的结果应有弹出窗口提示操作人员。

SCS 按钮（带报警提示框）：由此按钮进入软按钮集控底图。此底图包括相关设备起/停操作条件、程控、保护。可以按工艺系统分几幅图完成。曲线按钮：由此按钮进入相关历史数据、实时趋势底图。

思 考 题

1. 锅炉设备主要需要调节哪些参数？

2. 锅炉本体一般有几个部分组成，各部分的作用是什么？

3. 锅炉房的辅助设备，按其功能划分有哪几个系统？

4. 锅炉自动控制的任务及功能是什么？

5. 三冲量给水调节锅炉自动控制系统的构成是什么？

6. 燃烧过程控制系统主要任务有哪些？

7. 炉膛负压控制的目的。简述炉膛负压控制系统原理框图中各环节的作用。

8. 分别简述单冲量给水调节、双冲量给水调节、三冲量给水调节基本原理，各有什么优缺点？

9. 过热蒸汽温度调节类型主要有几种？简述过热器出口蒸汽温度的调节系统原理。

10. 燃煤锅炉变频燃烧控制系统包括哪几个系统并简述。

11. 根据燃烧控制系统组成方案的不同，变频器如何应用，请列举几例。

12. 变频器有哪些类别，变频器如何选型？

13. 链条式热水锅炉需要监测的参数有哪些？燃烧系统需要控制调节的装置有哪些？燃烧过程的控制调节有哪几个部分？

14. 锅炉计算机控制系统的设计需要考虑哪些？

第五章 给排水自动控制技术

知识点

本章以工程应用为背景主要介绍了给排水中常用的控制系统，保证给排水工程经济合理、安全可靠。主要内容如下：

（1）掌握高位水箱给水系统、气压给水系统、变频恒压供水系统基本原理，了解变频恒压供水装置整体设计方案。

（2）掌握空调水系统的基本概念，掌握开式和闭式系统、两管制、三管制及四管制系统、同程和异程系统、定水量和变水量系统、冷却水系统基本原理。

（3）掌握冷冻机组的单元控制、一次泵冷冻水系统控制、二次泵冷冻水系统控制基本原理，了解冷冻水系统的监控点与控制基本要求，了解冷却塔的控制、热水系统及冬夏转换控制的基本要求。

（4）了解中央空调调速节能原理、冷却水系统（包括一次系统及二次系统）的变频控制、冷冻水系统的变频控制的基本原理。

（5）了解机械循环热水采暖系统、高温水采暖系统、蒸汽采暖系统、热水制备系统的监控的基本原理。

（6）掌握建筑物排水监控系统。

在高层建筑物中，给水排水系统的特点有：

（1）标准较高、安全、可靠。保证在高层建筑物内使人们有良好的学习、工作和生活环境。

（2）给水系统、热水系统及消防给水系统需进行竖向分区，解决高层建筑物的高度高，造成给水管道内的静压力较大，过大的水压力问题。

（3）设置独立的消防供水系统，解决高层建筑物发生火灾时的自救能力。因高层建筑物

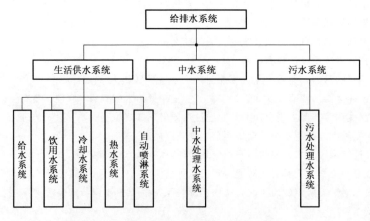

图 5-1 楼宇给排水系统组成原理框图

一旦着火，具有火势猛、蔓延快、扑救不易、人员疏散也极困难的特点。

（4）要求不渗不漏，有抗震、防噪声等措施。高层建筑物内设备复杂，各种管道交错，必须搞好综合布置。

鉴于以上情况，给排水系统是高层建筑物中不可缺少的组成部分，要求高层建筑物的给水排水工程的规划、设计、使用的材料和设备及施工等方面比一般建筑物都高，必须全面规划、相互协作，做到技术先进，经济合理，工程安全可靠。

给排水系统是由生活供水系统、中水系统、污水系统组成，如图 5-1 所示。

第一节　供水自动控制系统

高层建筑物的高度高，一般城市管网中的水压力不能满足用水要求，除了最下几层可由城市管网供水外，其余上部各层均需加压供水。由于供水的高度增大，直接供水时，下部低层的水压将过大，过高的水压对使用、材料设备、维修管理均将不利，为此必须进行合理竖向分区供水。分区的层数或高度，应根据建筑物的性质、使用要求、管道材料设备的性能、维修管理等条件，结合建筑物层数划分。在进行竖向分区时，还应考虑低处卫生器具及给水配件处的水压力，在住宅、旅馆、医院等居住性建筑物中，供水点水压力一般为 $300\sim 350\text{kPa}$；在办公楼等公共建筑物可以稍高些，可采用 $350\sim 400\text{kPa}$ 的压力限值。

为了节省能量，应充分利用室外管网的水压，在最低区可直接采用城市管网供水，并将大用水户如洗衣房、餐厅、理发室和浴室等布置在低区，以便由城市管网直接供水，充分利用室外管道压力，可以节省电能。

根据建筑物给水要求、高度和分区压力等情况，进行合理分区，然后布置给水系统。给水系统的形式有多种，各有其优缺点，但基本上可划分为两大类，即高位水箱给水系统和气压给水或水泵直接给水系统。

一、高位水箱供水系统

（一）高位水箱给水系统简介

这种系统的特点是以水泵将水提升到最高处水箱中，以重力向给水管网配水，如图 5-2 所示。高位水箱给水系统用水是由水箱直接供应的，供水压力比较稳定，且有水箱储水，供水较为安全。但水箱重量很大，增加了建筑物的负荷，占用楼层的建筑物面积。

（二）高位水箱系统的控制

水箱供水开关量自动控制如图 5-3 所示，通常的供水系统从原水池取水，通过水泵把水注入高位水箱，再从高位水箱靠其自然压力将水送到各用水点。

系统的控制要点如下：

1. 水泵的起/停控制　高位水箱设有 4 个水位，即溢流水位 HH、最低报警水位 LL、生活泵停泵水位 H 和生活泵起泵水位 L。DDC（Direct Digital Control）根据水位开关送入信号来控制生活泵的起/停。供水系统有两台水泵（一用一备），平时它们是处于停止状态，当高位水箱水位低到下限位水位 L 时，下限位水位开关发出信号送入楼宇自控系统的 DDC 控制器内，DDC 通过判断后发出开水泵信号，开起水泵，向高位水箱注水；当高位水箱水位达到上限水位 H 时，上限位水位开关发出信号送入楼宇自控系统的 DDC 控制器内，DDC

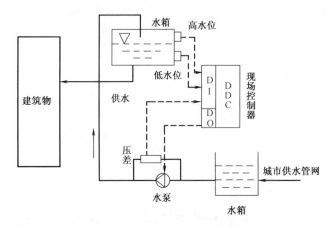

图 5-2 高位水箱给水系统框图

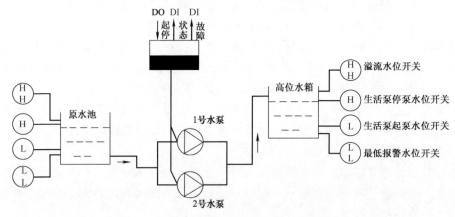

图 5-3 高位水箱给水系统控制原理图

通过判断后发出停水泵信号，停止水泵运行，停止向高位水箱注水。

2. **检测及报警** 楼宇自控系统对水泵的运行状态及故障状态信号实时监视，若水泵故障，系统将自动切换到备用水泵。

高位水箱还设有溢流及报警水位开关，当高位水箱水位到达溢流水位时，说明水泵在水箱水位到达上限时没有停止，此时溢流水位开关发出报警信号送到楼宇自控系统报警，提示值班人员注意，并做紧急处理。当高位水箱水位到达最低报警水位时，说明水泵在水箱水位到达下限时没有开起，此时最低报警水位开关发出报警信号送到楼宇自控系统报警，提示值班人员注意，并做紧急处理。水箱的最低报警水位并不意味着水箱无水，为了保障消防用水，水箱必须留有一定的消防用水量。发生火灾时，消防泵起动，如果水箱液面达到消防泵停泵水位，将发生报警，水泵发生故障自动报警。

3. **设备运行时间累计、用电量累计** 系统对水泵运行时间及累计运行时间进行记录，为维护人员提供数据，并根据每台泵的运行时间，自动确定作为运行泵或是备用泵，以方便对设备进行维护、维修。

原水池的水是由城市供水网提供的。原水池中设有水位计，楼宇自控系统实时监视水位的情况，若水位过低，则应避免开起水泵，防止水泵损坏。

对于超高层建筑物，由于水泵扬程限制，则需采用接力泵及转输水箱。

二、气压给水系统

考虑到重力给水系统的种种缺点，为此，可考虑气压供水系统。即不在楼层中或屋顶上设置水箱，仅在地下室或某些空余之处设置水泵机组、气压水箱（罐）等设备，利用气压来满足建筑物的供水需要。

水泵-气压水箱（罐）给水系统是以气压水箱（罐）代替高位水箱，而气压水箱可以集中于地下室水泵房内，这样可以避免楼层或屋顶设置水箱的缺点，如图 5-4 所示。气压水箱需用金属制造，投资较大，且运行效率较低，还需设置空气压缩机为水箱补气，因此，耗费动力较多。目前大多采用密封式弹性隔膜气压水箱（罐），可以不用空气压缩机补气，既可节省电能，又可防止空气污染水质，有利于优质供水。

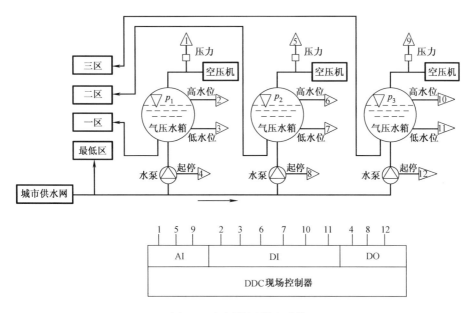

图 5-4　气压装置供水系统

三、变频恒压供水原理

以上所讨论的给水系统，无论是用高位水箱的，还是气压水箱的，均为设有水箱装置的系统。设水箱的优点是预储一定水量，供水直接可靠，尤其对消防系统是必要的。但存在着很多缺点，因此有必要研究无水箱的水泵直接供水系统。这种系统可以采用自动控制的多台水泵并联运行，根据用水量的变化，开停不同水泵来满足用水的要求，以利节能。

传统的高层建筑水箱储水供水，需投入高额建设费、水箱定期清洗保养费等一系列问题。这在一定程度上浪费了水资源和增加投资费用。而且小区住宅供水系统若无较准确的压力闭环控制，常因用水高峰产生顶楼水压不足或管压太大造成漏水、噪声和破裂等问题。

随着智能楼宇的迅速发展，各种恒压供水系统应用的越来越多。最初的恒压供水系统采用继电接触器控制电路，通过人工起动或停止水泵和调节泵出口阀开度来实现恒压供水。该系统线路复杂，操作麻烦，劳动强度大，维护困难，自动化程度低。后来增加了计算机加

PLC 监控系统，提高了自动化程度。但由于驱动电动机是恒速运转，水流量靠调节泵出口阀开度来实现，浪费大量能源。采用变频调速可通过变频改变驱动电动机速度来改变泵出口流量。

根据电机学理论，交流异步电动机的转速可由下式表示

$$n = 60f(1-s)/p \tag{5-1}$$

式中　n——电动机转速（r/min）；

　　　p——电动机磁极对数；

　　　f——电源频率（Hz）；

　　　s——转差率。

从式（5-1）可知，电动机定子绕组的磁极对数 p 一定，改变电源频率 f，即可改变电动机同步转速。如磁极对数为二极，当电源频率为 50Hz 时，电动机的同步转速为 1500r/min；当电源频率为 20Hz 时，电动机的同步转速也相应地变为 600r/min。连续地改变供电电源频率，就可以平滑地调节电动机的转速。异步电动机的实际转速总低于同步转速，而且随着同步转速而变化。电源频率增加，同步转速 n_0 也增加，实际转速也增加；电源频率下降，同步转速 n_0 也下降，电动机转速也降低，这种通过改变电源频率实现的速度调节过程称为变频调速。

根据流体力学原理知道，流量 Q、轴功率 P、转速 n 存在如下关系

$$\frac{Q_2}{Q_1} = \frac{n_2}{n_1}, \ \frac{P_1}{P_2} = \frac{n_2^3}{n_1^3} \tag{5-2}$$

因此当需水量降低时，电动机转速降低，泵出口流量减少，电动机的消耗功率大幅度下降，从而达到节约能源的目的。为此出现了节能型的由计算机控制系统和变频器组成的变频调速恒压供水系统。

变频恒压供水的基本原理是：采用电动机调速装置控制泵组调速运行，并自动调整泵组的运行台数，完成供水压力的闭环控制，在管网压力变化时达到稳定供水压力和节能的目的。变频恒压供水系统由压力传感器、可编程序控制器 PLC（Programmable Controller）、变频器、水泵机组等组成，其原理框图如图 5-5 所示。系统采用压力负反馈控制方式。压力传感器将供水管道中的水压变换成电信号，经放大器放大后与给定压力比较，其差值进行 PID 运算后去控制变频器的输出频率，再由 PLC 控制并联的若干台水泵在工频电网与变频器间进行切换，实现压力调节。

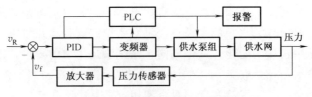

图 5-5　恒压供水系统原理框图

设备运行时，由压力传感器连续采集供水管网中的水压信号，并将其转换为电信号传送至变频控制系统，控制系统将反馈回来的信号与设定压力进行比较和运算，如果实际压力比设定压力低，则发出指令控制水泵加速运行；如果实际压力比设定压力高，则控制水泵减速

运行。当达到设定压力时，水泵就维持在该运行频率上。如果变频水泵达到了额定转速（频率），经过一定时间的判断后，管网压力仍低于设定压力，则控制系统会将该水泵切换至工频运行，并变频起动下一台水泵，直至管网压力达到设定压力；反之，如果系统用水量减少，则系统指令水泵减速运行，当降低到水泵的有效转速后，正在运行的水泵中最先起动的水泵停止运行，即减少水泵的运行台数，直至管网压力恒定在设定压力范围内。

一般并联水泵的台数视需求而定，如设计采用 3 台并联水泵，先由变频器带动水泵 1 进行供水运行。当需水量增加时，管道压力减小，通过系统调节，变频器输出频率增加，水泵的驱动电动机速度增加，泵出口流量亦增加。当变频器输出频率增至工频 50Hz 时，水压仍低于设定值，可编程序控制器发出指令，水泵 1 切换至工频电网运行，同时又使水泵 2 接入变频器并起动运行，直到管道水压达到设定值为止。若水泵 1 与水泵 2 仍不能满足供水需求，则将水泵 2 亦切换至工频电网运行，同时使水泵 3 接入变频器，并起动运行，若变频器输出到工频时，管道压力仍未达到设定时，PLC 发出报警。当需水量减少时，供水管道水压升高，通过系统调节，变频器输出频率减低，水泵的驱动电动机速度降低，泵出口流量减少。当变频器输出频率减至起动频率时，水压仍高于设定值，可编程序控制器发出指令，接在变频器上的水泵 3 被切除，水泵 2 由工频电网切换至变频器，依次类推，直至水压降至需求值为止。

变频调速供水装置，使水泵的工况点贴近该给水系统的管路特性曲线运行；另一种较简单的方式便是将压力传感器的安装位置挪至该给水系统的最不利点，这样做系统虽然是恒压运行，实际上已扣减在非额定流量条件下虚拟的水头损失，对水泵而言已实际变压变量供水，从而使节能效果向理论值大大靠近了一步。

由于水泵的轴功率与转速的三次方成正比，转速下降时，轴功率下降极大，故采用变速调节流量，在提高机械效率和减少能源消耗方面，是最为经济合理的。从理论上看，恒速泵与变频调速器控制的变速泵的轴功率 P、节能功率与流量 Q 的关系曲线如图 5-6 所示。

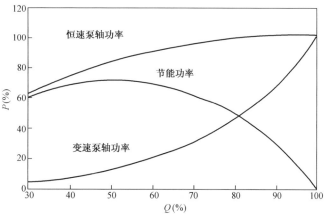

图 5-6　恒速与变速泵的轴功率变化比较

由图 5-6 可知，当水泵转速降低 10% 时，轴功率降低 27.1%；当水泵转速降低 20% 时，轴功率降低 48.8%；当水泵运行的平均流量为额定流量的 80% 左右时，变频调速泵节能可达 50%；平均流量为 50%～60% 时，节能可达 70%，效果特别显著。调速补水系统采用 PLC 控制变频调速装置，通过检测安装在水泵出口的压力传感器，把出口压力变成 0～5V

或 4～20mA 的模拟信号，进而控制变频器的输出频率，调节水泵电动机转速，使其自动适应水量变化，稳定其供水压力。这是一个既有逻辑控制，又有模拟控制的闭环控制系统。

该系统可控制 3 台（或多台）性能相同的水泵，其中总有 1 台（任意 1 台）处于变频调速状态，而其他为工频恒速或停机等待状态。

水泵切换程序是根据设定的压力与压力传感器测定的现场压力信号之差 Δp 来控制的（见图 5-7）。当 $\Delta p>0$ 时，增加输出电流，提高变频器的输出频率，从而使变频泵转换加快，实际水压得以提高。如果 $\Delta p<0$，则降低转速，使实际压力减小，Δp 减小，这种调速要经历多次，直到 $\Delta p=0$。这样，实际压力在设定压力附近波动，保证了压力恒定，其中控制参量的 PID 算法是工程中常用的比例、积分、微分算法，可消除环境控制参量的静差、突变、滞后等现象，减少控制误差和缩短系统稳定时间。

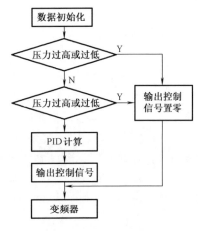

图 5-7　变频恒压供水自
动控制软件流程图

如果实际压力太小，本台调速泵调整到最大供水量仍不足以使 $\Delta p=0$，则将本台变频泵切换至工频，而增加下 1 台泵为变频工作；反之，如果实际压力过大，本台调速泵调整到最小供水量仍不足以使 $\Delta p=0$，则关闭上次转换成工频的水泵，再进行调整。这样，使每台泵在工频和变频之间切换，做到先开先停，后开后停，即所谓的循环调频，合理利用资源。

目前，变频恒压供水系统设计方案主要采用"一台变频器控制一台水泵"（即"一拖一"）的单泵控制系统和"一台变频器控制多台水泵"（即"一拖 N"）的多泵控制系统。随着经济的发展，现在也有采用"二拖三"、"二拖四"、"三拖五"的发展趋势。"一拖 N"方案虽然节能效果略差，但具有投资节省，运行效率高的优势；并具有变频供水系统起动平稳，对电网冲击小，降低水泵平均转速，消除"水锤效应"，延长水泵阀门，管道寿命，节约能源等优点，因此目前仍被普遍采用。

变频恒压供水代替传统恒压供水的优点：

（1）变频恒压供水能自动 24h 维持恒定压力，并根据压力信号自动起动备用泵，无级调整压力，供水质量好，与传统供水比较，不会造成管网破裂及开水龙头时的共振现象。

（2）用变频器实现了多台水泵的软起动，避免了泵的频繁起动及停止，而且起动平滑，减少电动机水泵的起动冲击，也避免了传统供水中的水锤现象。

（3）传统供水中设计有水箱，不但浪费了资金，占用了较大的空间，而且水压不稳定，水质有污染，不符全卫生标准，而采用变频恒压供水，此类问题也就迎刃而解了。可根据用户的需水要求自动供水，水资源的利用率高。

（4）采用变频恒压供水，系统可以根据用户实际用量自动进行检测，控制电动机转速，达到节能效果。避免了水塔供水无人值班时，总要开起一个泵运行的现象，节省了人力及物力。

（5）变频恒压供水可以自动实现多泵循环运行功能，延长了电动机、水泵的使用寿命。

（6）变频恒压供水系统保护功能齐全，运行可靠，具有欠电压、过电流、过载、过热、缺相、短路保护等功能。能对用户管网长时间低水压、电动机过载等进行声光报警，并进行适当处理。

（7）易实现系统的联网计算机自动控制。

四、变频恒压供水装置整体设计方案*

（一）系统设计方案

变频恒压供水系统可有多种方式实现，有基于 PLC 变频恒压供水系统，基于牛顿模块的变频恒压供水系统，基于模糊控制的变频恒压供水系统，基于单片机的智能变频恒压供水系统等等。

1. 单片机控制变频器恒压供水

（1）控制原理。该自动控制系统通过安装在水泵出水管上的压力传感器，把出口压力变成 $0 \sim 5V$ 模拟信号，经 A/D 变换成数字信号 p 送入单片机，经单片机运算并与给定参量 p_0 进行比较，得出一调节参量，经由 D/A 变换把这一调节参量送给变频器，控制其输出频率变化。本变频调速恒压供水系统采用两台同容量的水泵机组，每台水泵由变频器平滑起动，另再设一附属小泵，在无用水情况下系统压力降低或其他小流量时，自动开起附属小泵，从而避免因开大功率水泵而造成的浪费。系统根据管网压力变化，自动确定泵组的工作台数及状态（工频或变频供电），并由变频器实时调节一台水泵电动机的转速，保证实现恒压供水，并且根据用户用水量的

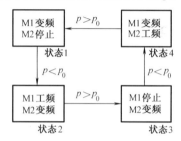

图 5-8　系统控制过程图

变化实现两台变频泵之间的循环切换。控制系统控制两台水泵按图 5-8 所示 1-2-3-4-1 的状态顺序运行，以保证正常供水。开始时，开起工频辅助泵，以克服供水管网漏水和渗水，运行一段时间后，投入 1 号泵，由变频器软起动，2 号泵处于停止状态，控制系统处于状态 1。当用水量增加，变频器输出频率增加，则 1 号泵的转速也增加，当变频器增加到输出最高频率时，表示只有 1 台水泵工作已不能满足系统用水的要求，此时，通过控制系统将 1 号泵从变频器电源转换到普通的交流电源，而变频器电源起动 2 号泵电动机，控制系统处于状态 2。若供水压力仍不能满足要求，则单片机继续控制变频器增加输出频率直至 2 台水泵电动机都工频运行。若用户需水量减少，单台水泵电动机变频运行已能满足供水要求，则单片机继续控制变频器使水泵电动机 2 降频运行，系统处于状态 3。当用户需水量增加时，只有一台水泵工作已不能满足系统用水要求，此时通过控制系统使 2 号水泵工频运行，1 号水泵变频运行，系统处于状态 4。当用户用水量减少时，一台水泵工作已能满足用水要求，则 2 号泵停止，1 号泵变频运行，系统又处于状态 1，如此循环运行下去。

（2）总体方案设计。如图 5-9 所示，变频恒压供水设备采用单片机（8051）控制变频调速装置，具有控制水泵恒压的功能。变频调速恒压供水部分由压力传感器、控制装置、水泵和电动机等组成，形成压力负反馈闭环控制系统。该自动控制系统通过安装在水泵出水管上的远传压力表，把出口压力变成 $0 \sim 5V$ 模拟信号，以前置放大、多路切换、A/D 变换成数字信号，送入单片机，经单片机运算并与给定参量进行比较，得出一调节参量，经由 D/A 变换把这一调节参量送给变频器，控制其输出频率变化。频率的变化与农业灌溉需水量有关，用水多时，变频器输出频率提高，水泵电动机转速加快；反之变频器频率降低，水泵处于低速状态，达到节能、自动维持恒压的目的。

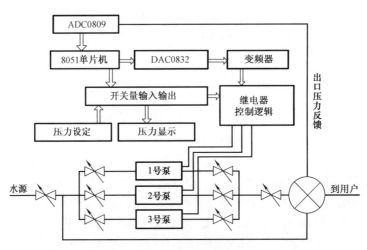

图 5-9 恒压供水系统总体框图

（3）水压数据采集、处理。为了提高系统抗干扰能力和加快数据处理和控制速度，在一次循环控制运行中，取采样次数 $n=4$。数据采样单元连续 4 次采集压力值，进行复合数字滤波，即将 4 次采样值去掉最大值和最小值，再把余下的部分求和并取其平均值作为本次滤波输出值，这种复合滤波算法简洁，防止脉冲干扰能力强。

为了增强采样数据长线传输抗干扰能力，采用输出电流为 4～20mA 的压力传感器。安装在水泵出水管上的压力传感器将采样得到的数据先通过 I/V 变换将 4～20mA 电流信号转换成 0～5V 的电压信号再送模数转换单元进行压力数据采样。模数转换采用 8 位 ADC0809，完全满足系统控制精度要求。

（4）控制部分。控制器是系统的核心部分，它完成对供水水压的检测、过程模拟、变频器输出频率的控制、电源电压的检测、驱动电动机及变频器的故障检测等。控制器有 8051 单片机构成，A/D0809 采样供水水压，D/A0832 将 PID 控制器输出的数字信号转换成模拟电压信号输出，控制变频器输出频率。为提高系统的抗干扰能力，从硬件和软件上都做了抗干扰设计，如硬件上采用电源滤波、装置屏蔽、光耦输出、看门狗电路；软件上设置软件陷阱、指令冗余、数字滤波等。

（5）水泵电动机切换控制。按变频器工作原理，在运行中的变频器不允许在其输出端进行切换，否则在切换过程中会使变频器中的某些电子器件受到大电流冲击而降低其寿命。在变频泵自动轮换过程中，要在变频器的输出端进行切换，为了保护变频器，在进行自动切换之前应使变频器停止运行。在变频器停止运行的条件下，在其输出端进行切换。在切换好后再重新起动变频器而恢复正常运行。水泵电动机的切换顺序如图 5-8 系统设计方案中所述，使每台主泵在工频和变频之间切换，主泵之间做到先开先停，后开后停，即所谓循环调频，合理利用资源，保证主泵均衡运行。

2. PLC 变频器恒压供水控制

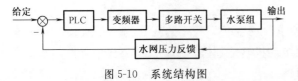

图 5-10 系统结构图

（1）PLC 变频器恒压供水工作原理。通过安装在出水管网上的压力传感器，把出口压力信号变成 4～20mA 的标准信号送入 PID 调节器，经运算与给定压力参数进行比较，得出一个调节参数，送给变频器，由变频器控制水泵的转速，调节系统供水量，使供水系统管网中的压力保持在给定压力上；当用水量超过一台泵的供水量时，通过 PLC 控制器加泵。根据用水量的大小由 PLC 控制工作泵数量的增减及变频器对水泵的调速，实现恒压供水。当供水负载变化时，输入电动机的电压和频率也随之变化，这样就构成了以设定压力为基准的闭环控制系统（见图 5-10）。

（2）PLC 变频器恒压供水方案设计。系统由 PLC、变频器、压力传感器、计算机、控制柜及 3 台水泵-电动机组等组成。采用变频调速方式自动调节水泵电动机转速或加、减泵。自动完成泵组软起动及无冲击切换，使水压平稳过渡。用户可以通过运用 Kingview 组态软件开发的计算机监控画面或控制柜面板上的指示灯和按钮、转换开关来了解和控制系统的运行。在图 5-11 中，M1～M3 为电动机，P1～P3 为水泵。压力传感器测出传给用户管道的水压压力，将压力传给 PLC 模拟量输入模块，PLC 模拟量输入模块将得到的模拟量转化成数字量经过相关指令传送到 PLC 控制模块，PLC 控制模块将得到的数据进行 PID 调节，然后根据得到的数据作出相应的内部处理，并把处理后的数据传送到 PLC 模拟量输出模块。PLC 模拟量输出模块将数字量转换成模拟量传给变频器，从而变频器将得到的数据对变频工作的水泵进行变频调速，以达到水泵的变频运行的目的，进而达到使水压保持恒定的目的，如此循环。

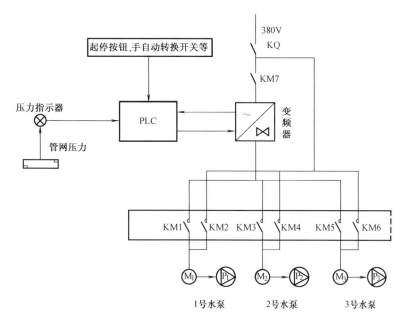

图 5-11　PLC 控制变频器恒压供水原理图

系统有手动和自动两种运行方式。

1）手动运行。按下按钮起动或停止水泵，可根据需要分别控制 1 号～3 号泵的起停。该方式主要供检修及变频器故障时用。

2）自动运行。合上自动开关后，1 号泵电动机通电，变频器输出频率从 0Hz 上升，同时 PID 调节器接收到来自压力传感器的标准信号，经运算与给定压力参数进行比较，将调节参数送给变频器，如压力不够，则频率上升到 50Hz，1 号泵由变频切换为工频，起动 2

号变频，变频器逐渐上升频率至给定值，加泵依次类推；若用水量减小，从先起的泵开始减，同时根据 PID 调节器给的调节参数使系统平稳运行。若有电源瞬时停电的情况，则系统停机；待电源恢复正常后，系统自动恢复运行，然后按自动运行方式起动 1 号泵变频，直至在给定水压值上稳定运行。变频自动功能是该系统最基本的功能，系统自动完成对多台泵软起动、停止、循环变频的全部操作过程。

具体工作过程如下：

合上开关 KQ，供水系统投入运行。将手动、自动开关打到自动位，KM7 合上，系统即刻进入全自动运行状态，PLC 中程序首先接通 KM1，并起动 VVVF。PID 调节器根据压力设定值（根据管网压力要求设定）与压力实际值（来自于压力传感器的反馈信号）进行 PID 调节，并输出频率给定信号给 VVVF 变频器。VVVF 根据频率给定信号 IRF（4～20mA）控制水泵的转速，以保证水压保持在压力设定值的上、下限范围之内，实现恒压控制。同时 VVVF 在运行频率到达上限（一般设定为工频 50Hz），会将频率到达信号送给 PLC 机，PLC 则根据管网压力的上、下限信号和 VVVF 的运行频率是否到达上限的信号，由程序判断是否要起动第 2 台泵（或第 3 台泵）。当 VVVF 运行频率达到频率上限值，并保持一段时间，则 PLC 会将当前变频运行泵切换为工频运行，并迅速起动下一台泵变频运行。此时 PID 会继续通过来自于压力传感器的反馈信号进行分析、计算、判断，进一步控制 VVVF 的运行频率，使管压保持在压力设定值的上、下限偏差范围之内。

系统的三套电动机-水泵组，分别为 1 号、2 号和 3 号，考虑到便于维修，而又不影响系统正常供水，分别配置了三只选择开关对应三套泵组。系统中采用变频调速运行方式，系统可根据实际设定水压自动调节水泵电动机的转速或加减泵，使供水系统管网中的压力保持在给定值，以求最大限度的节能、节水、节地、节资，并使系统处于可靠运行的状态，实现恒压供水；减泵时采用"先起先停"的切换方式，相对于"先起后停"方式，更能确保各泵使用平均以延长设备的使用寿命。在任何状态下任意投入或切出某一泵组，系统均能实现状态的平稳转移及泵组正常供水。

（3）主电路图的设计　主电路如图 5-12 所示。

（4）变频器接线图　变频器接线如图 5-13 所示。

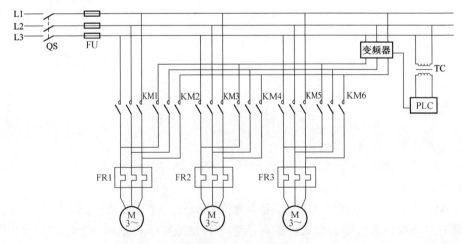

图 5-12　电气接线图

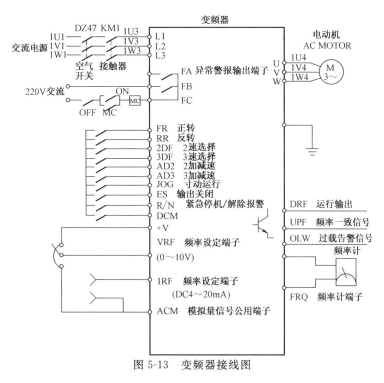

图 5-13 变频器接线图

当变频器由于某种原因出现故障时，实行手动控制水泵，使水泵能够在一定时间里达到基本满足用户要求。当工作人员将变频器维修好后，重新实行 PLC 控制，来达到水压的恒压变频控制。

（5）状态切换 系统供水采用变频泵循环方式，以"先开先关"的顺序关泵，工作泵与备用泵不固定死，这样，既保证供水系统有备用泵，又保证系统泵有相同的运行时间，有效地防止因为备用泵长期不用发生锈死现象，提高了设备的综合利用率，降低了维护费用。状态转换如图 5-14 所示。

如果转换开关在手动挡，则由 S0 进入 S1，3 手动运行状态；如果转换开关在自动挡，则由 S0 进入 S1，然后 PLC 会根据反馈的压力信号的情况来自动调节泵机的数目，是切除还是投入；而在程序用指令将 S1，4 一直处于通电状态，因为在这一状态中，压力将实时反馈到 PLC 中。系统上电投入运行时，首先用变频器

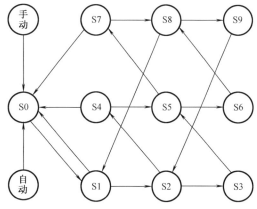

图 5-14 泵组状态转移图

起动 1 号泵组进行软起动，随着转速的增加，水压逐渐升高，若用水量大，变频工作在额定转速而水压达不到设定值，则将 1 号转为工频，2 号投入变频方式。若此时水压仍然达不到设定值，则将 1 号、2 号转为工频，3 号变频。若此时用水量减少，则水压升高，变频器相应降低转速，当变频器低于一定转速而水压仍高于设定值，则将 1 号泵组从工频上切出。2 号泵组工频运行，3 号泵组变频运行。若此时水压仍然高于设定值，则将 2 号泵组从工频上

切出，3 号泵组变频运行。若此时的用水量增加，3 号泵组工作在额定转速水压仍小于设定值，则将 3 号转为工频，1 号投入变频方式，当水压正常时，仍维持 3 号工作于工频，1 号工作于变频；当 1 号变频工作在额定转速而水压仍偏低时，则 1 号也切换成工频方式，2 号投入工频方式，此时三套泵组共同供水。其余类推，提高了设备的综合利用率，降低了维护费用。

　　（二）节能效果分析

　　变频调速给水的供水压力可调，可以方便地满足各种供水压力的需要。在设计阶段可以降低对供水压力计算准确度的要求，因为随时可以方便地改变供水压力。但在选泵时应注意，泵的扬程宜大一些，因为变频调速，其最大压力受水泵限制。最低使用压力也不应太小，因水泵不允许在低扬程大流量下长期超负荷工作，否则应加大变频器和水泵电动机的容量，以防止发生过载。目前，变频器技术已很成熟，在市场上有很多国内外品牌的变频器，这为变频调速供水提供了充分的技术和物质基础，变频器已在国民经济各部门广泛使用。任何品牌的变频器与变频供水控制器配合，即可实现多泵并联恒压供水。因为建筑供水的应用广泛，有些变频器设计生产厂家把变频供水控制器直接做在供水专用变频器中，这种变频器具有可靠性好，使用方便的优点。

　　由水泵-管道供水原理可知，调节供水流量，原则上有两种方法：一是节流调节，开大供水阀，流量上升；关小供水阀，流量下降。二是调速调节，水泵转速升高，供水流量增加；转速下降，流量降低，对于用水流量经常变化的场合（例如生活用水），采用调速调节流量，具有优良的节能效果。应当指出，变频恒压供水节能的效果主要取决于用水流量的变化情况及水泵的合理选配，为了使变频恒压供水具有优良的节能效果，变频恒压供水不宜采用多泵并联的供水模式。由多泵并联恒压变频供水理论可知，多泵并联恒压供水，只要其中一台泵是变频泵，其余全是工频泵，可以实现恒压变量供水。在变频恒压变量供水当，变频泵的流量是变化的，当变频泵是各并联泵中最大，即可保证恒压供水。多泵并联恒压供水，在设计上可做到在恒压条件下和工频泵的效率不变（因工况不变），并使之处于高效率区工作，变频泵的流量是变化的，其工作效率随着流量而改变。因为采用多泵并联恒压供水，变频泵的功率降低，从而可以降低多泵并联变频恒压供水系统的能耗，改善节能状况。当多泵并联恒压供水系统采用具有自动睡眠功能的变频器，当用水流量接近于零，变频泵能自动睡眠，从而可以做到不用水时自动停泵而没有能量损耗，具有最佳的节能效果。

　　多泵并联变频恒压变量供水的工作模式通常是这样的：当用水流量小于一台泵在工频恒条件下的流量，由一台变频泵调速恒压供水；当用水流量增大，变频泵的转速自动上升；当变频泵的转速上升到工频转速，为用水流量进一步增大，由变频供水控制器控制，自动起动一台工频泵投入，该工频泵提供的流量是恒定的（工频转速恒压下的流量），其余各并联工频泵按相同的原理投入。在多泵并联变频恒压变量的供水情况下，当用水流量下降时，变频调速泵的转速下降（变频器供电频率下降）；当频率下降到零流量时，变频供水控制器发出一个指令，自动关闭一台工频泵使之退出并联供水。为了减少工频泵自动投入工退出时的冲击（水力的或电流的冲击）。在投入时，变频泵的转速自动下降，然后慢慢上升以满足恒压供水的要求。上述频率自动上升、下降由供水变频控制器控制。

　　另一种变频供水模式通常叫做恒压变量循环起动并先开先停的工作模式。在这种供水模式中，当供水流量少于变频泵在恒压工频下流量时，由变频泵自动调速供水，当用水流量增大，变频泵的转速升高。当变频泵转速升高到工频转速时，由变频供水控制器控制多台水泵切换到由工频电网直接供电（不通过变频器供电）。变频泵则另外起动一台并联泵投入工作。随用水流量增大，其余和关联泵均按上述相同的方式软起动投入。这就是循环软起动投入方式。当用水流量减少，各并联工频泵按次序超出，并泵超出的顺序按先投入先关泵超出的原则由变频控制器单板计算机控制。

由上述可见，对于变频器恒压变量给水通常有两种工作模式：一是变频泵固定方式；二是变频循环软起动工作方式。在变频固定方式中，各并联水泵是按工频方式自动投入或退出的。因为变频泵固定不变，当用水量流量变化，变频泵始终处于运行状态，因此变频泵的运行时间最长。为了均衡各水泵的运行时间，对于变频泵固定运行方式，可以设计成变频泵定时轮换运行方式。即当某一台变频泵运行一定时间后，由变频控制器控制变频泵自动进行轮换。例如：开始时 1 泵变频，2-3 泵工频，当 1 泵变频运行 t 时间后（t 可按序设定）自动轮换为 2 泵变频，3-1 泵工频，在此状态下运行 t 时间后自动轮换为 3 泵变频，1-2 工频等，如此反复进行定时轮换。显然，具有变频泵自动轮换控制的变频恒压变量供水系统，变频泵是定时改变的，即任何一台并联泵都有可能成为变频泵。由变频恒压变量供水理论可知，为了保证恒压供水，变频泵必须是各并联泵中的最大者。为此，对于变频恒压供水并变频泵自动定时轮换的水交流，各并联水泵的大小应相同，以保证恒压供水。按变频器工作原理，在运行中的变频器不允许在其输出端进行切换，否则在切换过程中会使变频器中的某些电子器件受到大电流冲击而降低其寿命。为了保护变频器，自动切换之前，应使变频器停止运行，在其输出端进行切换。切换好后再重新起动变频器而恢复正常运行。因此，自动轮换控制的电路比较复杂，会增加变频控制柜的造价并降低其使用可靠性。

无水箱的水泵直接给水系统，最好用于水量变化不太大的建筑物中。因为水泵必须长时间不停地运行，即便在夜间，用水量很小时，也将消耗动力，且水泵机组投资较高，需要进行技术经济比较后确定之。

第二节　采暖系统的水、气控制

所谓采暖就是在寒冷季节，为维持人们日常生活、工作和生产活动所需要的环境温度，用一定的方式向室内补充由于室内外温差引起的室内热损失量。采暖系统主要由热源（如热水、蒸汽、热风等热媒）、输热管道系统（由室内管网组成的热媒输配系统）和散热设备等三个基本部分构成。

一、热水采暖系统

热水采暖系统的热媒是热水，是依靠热水在散热器中所放出的显热来采暖的。根据水温不通，可分为低温采暖系统和高温采暖系统。

（一）机械循环热水采暖系统

机械循环热水采暖系统可用于单栋建筑物中，也可用于多栋建筑，乃至发展为区域热水采暖系统。机械循环热水采暖系统成为应用最广泛的一种采暖系统。

图 5-15 是机械循环热水采暖系统的工作原理图，它的基本工作过程是：先对系统充满

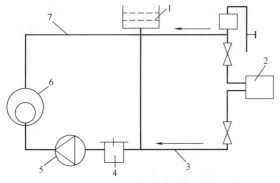

图 5-15　机械循环热水采暖系统

1—水箱；2—散热器；3—回水干管；4—除污器；

5—水泵；6—锅炉；7—供水干管

水，然后起动水泵，系统中的水即可在水泵的压力作用下，连续不断地沿着管网循环流动。水泵一般设置在锅炉进口前的回水干管上，这样可以使水泵处于系统水温较低的回水条件下工作。

在系统中设置了循环水泵是机械循环热水采暖系统与重力循环系统的主要差别，靠水泵的机械能，使水在系统中被强制循环。因为设置了水泵，增加了系统的采暖范围。另外，同其他采暖系统相比，机械循环热水采暖系统的形式很多，按照供、回水干管的敷设位置分，供水有上分

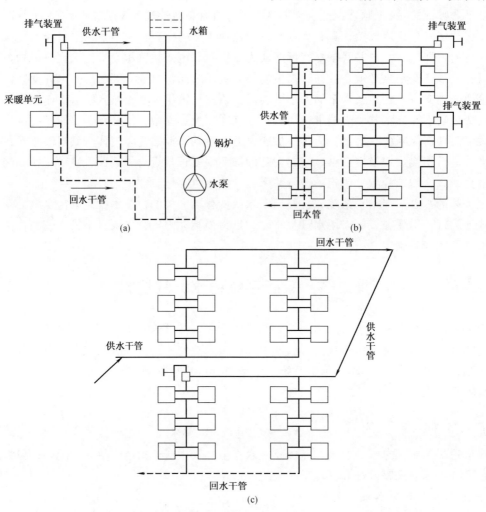

图 5-16　循环热水采暖系统

（a）上供下回式采暖系统；（b）中供式采暖系统；（c）复合式采暖系统

式、中分式和下分式，回水有下回式和上回式。实际的采暖系统往往是根据具体情况，对以上各种形式进行组合。例如上供下回式、中供式、复合式等，如图 5-16 所示。在该系统中，水流速度往往大于水中分离出来的空气起跑浮升速度。为了使气泡不被带入立管，供水干管应按水流方向设上升坡度，使气泡随水流方向汇聚到最高点，通过排气装置将空气排出。

　　（二）高温水采暖系统

　　高温水采暖系统是由热源（高温水锅炉和制热设备）、定压设施、管网、散热设备等四大基本部分组成的。与一般热水采暖系统比，增加了定压设施。图 5-17 为利用气压罐定压的高温水上供下回式采暖系统。气体定压装置是由气压罐、补给水泵、水箱、电控箱等部分组成。气压罐实际是封闭式的膨胀水箱，设置于循环水泵吸水口附近，可以容纳水受热膨胀后的体积，也可以向系统补水，起到定压作用。

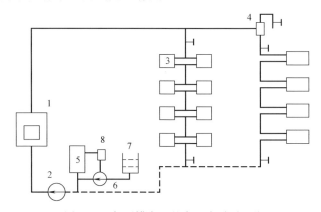

图 5-17　气压罐定压的高温水采暖系统

1—高温水锅炉；2—循环水泵；3—散热器；4—排气装置；5—气压罐；6—水泵；7—水箱；8—电控箱

二、蒸汽采暖系统

　　蒸汽作为采暖系统的热媒，在我国应用极为普遍。人们把以蒸汽作为热媒的采暖系统称为蒸汽采暖系统。其原理如图 5-18 所示，水被加热后形成具有一定压力和温度的水蒸气，在压力的作用下通过管道流入散热器，在散热器内放出热量，热量经过散热器壁面传给房间，蒸汽则由于放出热量而变成凝结水，经疏水器后返回热源的凝结水箱内，再次被加热成水蒸气，如此往返工作。

　　按照供汽压力的大小，蒸汽采暖系统可分为高压和低压两种方式，如图 5-19 和图 5-20 所示。在工厂中，生产工艺用热往往需要使用较高压力的蒸汽。高压与低压采暖系统相比，主要是流速不同，热损失也不同，对于同样的热负荷，所需管径大小不一样，所需散热面积也不一样。高压蒸汽系统的安全条件较差，容易产生二次蒸汽。

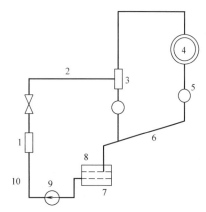

图 5-18　蒸汽采暖系统原理图

1—热源；2—蒸汽管；3—分水器；4—散热器；
5—疏水器；6—凝水管；7—凝水箱；8—空气管；
9—凝水泵；10—凝水管

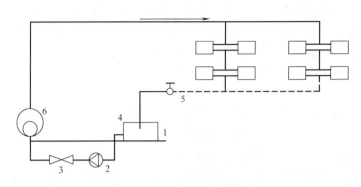

图 5-19　低压蒸汽采暖系统

1—凝水箱；2—凝水泵；3—止回阀；4—空气管；5—疏水器；6—锅炉

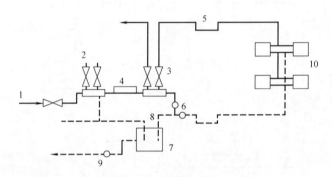

图 5-20　高压蒸汽采暖系统

1—蒸汽管；2—高压蒸汽供热管；3—采暖管；4—减压装置；5—补偿器；
6—疏水器；7—凝水箱；8—空气管；9—凝水泵；10—散热器

三、热水制备系统的监控

以蒸汽锅炉或高温水区域供热网为热源的建筑，要通过热交换器产生生活热水、空调和供暖用热水。计算机监测系统的主要任务是控制这一换热过程，以保证要求的供热水参数、监测管理水力工况、保证热水系统的正常循环。图 5-21 为以区域供热网的高温水为热源的热水制备系统的监控一例。它分别由生活热水系统、供暖系统及空调用热水系统组成。

流量计 1 与温度测点 1、10 构成热量计量系统，由计算机测量此 3 个参数的每个瞬间值，从而得到瞬间从供热网得到的热量 $Q=G_1(t_1-t_{10})$。计算机同时将 Q 不断累计，即可得到逐日总热量及冬季总的耗热量。有的计量系统仅统计累计流量及平均供回水温差，然后用累计流量与平均供回水温差之积作为累计热量，实际上 $\sum G_1(t_1-t_{10}) \neq (\sum G_1)^2 \times \dfrac{1}{2}\sum_{}^{n}(t_1-t_{10})$，尤其是当 t_1-t_{10} 变化较大时，这二者有很大的差别。这也是为什么转子式热水水量积算表不能简单地用来计量热量的原因。高温水侧还安装了压力传感器 P2、P3，用来监测外网压力状况，当外网压差不足时，可以从这两个压力的测量数据中及时发现问题。生活热水回路测量供水温度 t_q、流量 G_2 来控制高温水侧电动调节阀 V1。生活热水供水温度 t_q 应维持常数，而流量 G_2 随使用情况变化波动很大，因此，需经实测流量 G_2 作为前馈，t_q 作为反馈，共

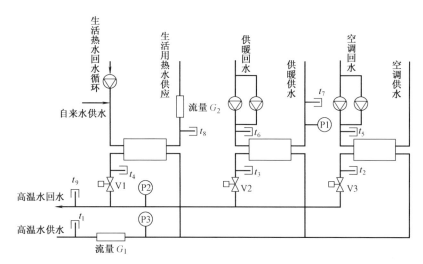

图 5-21 热水制备系统的监控

同调整电动阀 V1 的开度

$$V_1 = V_G G_2 / G_{2\max} \tag{5-3}$$

$$V_{G\tau} = V_{G\tau-1} + K \left(\Delta t_{q\tau} - \Delta t_{q\tau-1} + \frac{\Delta\tau}{T_I} \Delta t_{q\tau} \right) \tag{5-4}$$

式中，$G_{2\max}$ 为生活热水的最大设计流量；V_G 为由供水温度 t_q 与设定值之差确定的阀门开度系数。当采用式（5-4）给出的 PI 调节时，下标 τ 为现时输出值，$\tau-1$ 为上一时刻的输出值，Δt_q 为 t_q 与供水温度设计值之差，T_I 为积分时间，K 为比例系数，它的值应与测控时间步长成反比。积分时间 T_I 及比例系数 K 之值都需要在现场调试时最后确定。

生活热水回路中的水泵 P5 是用来维持管网中的水的循环，以维持共水管中各处水温为要求温度。此泵的流量仅为生活热水最大供水量的 5%～10%，它应长期运行，除了生活热水停止供应。

供暖系统是通过电动调节阀 V2 调节高温水侧流量，以保证建筑物的供暖要求，可以认为热交换器另一侧温度 t_7、t_8 的平均值与建筑物散热器内的水温平均值相同，因此，可以把 t_7、t_8 的平均值作为 V2 的调节依据，它们的设定值又应视室外温度而定。外温在一天内连续变化，但由于建筑物的热惯性，供暖负荷并不随着外温剧烈变化，而是由以往一段时间外温的平均状况决定，因此 t_7、t_8 的平均值之设定值 $t_{h,set}$ 要根据前 24h 内的外温平均值确定

$$t_{h,set} = t_{h0} - a \frac{1}{24} \sum_{i=1}^{24} (t_{w\tau-i} - t_{wo}) \tag{5-5}$$

式中 t_{h0}——室外温度为供暖设计外温时要求的散热器供回水平均温度；

  t_{wo}——供暖设计室外温度；

  a——系数，即

$$a = \frac{t_{h0} - t_r}{t_r - t_{wo}} \tag{5-6}$$

式中 t_r——供暖设计室温。

按照式（5-5）确定 t_7、t_8 平均值的设定值 $t_{h,set}$，通过调节 V2 来满足此设定值，由于

建筑物的热惯性很大及回水温度 t_8 时间延迟长，V2 可采用大时间步长的 PI 调节。时间步长可以为 0.5h 或更长。由于设定值由过去 24h 的平均外温确定，1h 内不会有太大变化，因此，时间步长加大后可以保证系统稳定地运行。

一般的供暖系统都采用定流量运行，因此循环水泵 P3、P4 不需要控制。有时为了节能采用变流量控制时，可以并联三台泵，在供暖初期、末期运行两台。由于系统是以供回水平均温度为依据进行调节的，因此与循环水量无关。循环水量增大或减小仅使 t_7、t_8 之温差减小或加大。

空调系统用热水的控制与供暖不同。尽管水系统看上去相同，但空调系统的末端用户是有自动控制调节的空调机组或风机盘管，而不是无自动调节机制的供暖散热器。这时换热量应以供水温度 t_5 为依据通过电动调节阀 V3 进行调节，t_5 的设定值应根据空调机及风机盘管的工作要求而定，一般控制为定常的设计值，不随外温变化。这样可将控制调节的权力交给空调机的风机盘管。由于末端有控制，水温升高后将自动减少流量，由此供水温度的高低并不会影响系统的热消耗。

第三节　排水监控系统

高层建筑物的排水系统必须通畅，保证水封不受破坏。有的建筑物采用粪便污水与生活废水分流，避免水流干扰，改善环境卫生条件。

建筑物一般都建有地下室，有的深入地面下 2～3 层或更深些，地下室的污水常不能以重力排除，在此情况下，污水集中于污水集水坑（池），然后用排水泵将污水提升至室外排水管中。污水泵应为自动控制，保证排水完全。

建筑物排水监控系统的监控对象为集水坑（池）和排水泵。排水监控系统的监控功能有：

（1）污水集水坑（池）和废水集水坑（池）水位监测及超限报警。

根据污水集水坑（池）与废水集水坑（池）的水位，控制排水泵的起停。当集水坑

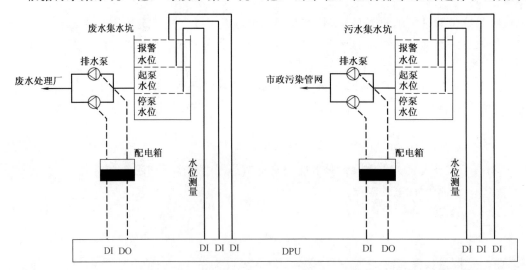

图 5-22　生活排水监控系统原理图

（池）的水位达到高限时，联锁起动相应的水泵；当水位高于报警水位时，联锁起动相应的备用泵，直到水位降至低限时联锁停泵。

（2）排水泵运行状态的检测以及发生故障时报警。

（3）累计运行时间，为定时维修提供依据，并根据每台泵的运行时间，自动确定作为工作泵或是备用泵。

建筑物排水监控系统通常由水位开关、直接数字控制器（DDC）组成，如图 5-22 所示。

思　考　题

1. 高层建筑物中，给水排水系统有哪些特点？
2. 高位水箱系统的控制有哪些要求？
3. 气压给水系统有什么优点？
4. 变频恒压供水代替传统恒压供水有哪些优点？
5. 单片机控制变频器恒压供水控制原理。
6. PLC 变频器恒压供水工作原理。
7. 空调水系统的形式是多种多样的，通常有哪几种划分方式？
8. 什么是开式系统，闭式系统？
9. 什么是两管制、三管制及四管制系统？
10. 什么是同程和异程系统？
11. 什么是定水量和变水量系统？
12. 冷冻水系统的监控任务是什么？
13. 分析冷水机组的测控原理图。
14. 简述一次泵冷冻水系统控制，二次泵冷冻水系统控制的基本原理。
15. 冷冻水系统的监控点与控制有哪些要求？
16. 简述机械循环热水采暖系统的工作原理。
17. 简述蒸汽采暖系统原理。
18. 排水监控系统的监控功能有哪些？

第六章　电梯自动控制技术

知识点

电梯是一种被广泛应用的建筑设备，它的电力拖动方式多种多样，控制方案也不尽相同。由于网络技术的进步，电梯的远程监控技术得以迅速发展。本章主要内容如下：

(1) 掌握电梯的结构、功能及控制方案。

(2) 掌握几种电梯的电力拖动方式，熟悉电梯信号控制系统。

(3) 了解电梯的远程监控系统。

第一节　电梯的结构、功能及控制方案

一、电梯的基本概念

(一) 电梯的分类

1. 按电梯的用途　可分为客梯、货梯、客货两用梯、住宅梯、医用梯、服务梯、观光梯、自动扶梯及其他类型的特种电梯。

2. 按电梯的运行速度　可分为低速电梯、快速电梯、高速电梯及超高速电梯。

3. 按电梯的操纵方式　可分为按钮控制电梯、信号控制电梯、集选控制电梯、并联控制电梯、程序控制电梯及智能控制群梯。

4. 按电梯曳引电机种类　可分为交流电梯和直流电梯。

(二) 电梯的组成

电梯的基本组成包括机械部分和电气部分，但从空间上考虑一般划分为以下几部分：

1. 机房部分　包括电源开关、曳引机、控制柜、选层器、向导轮、减速器、限速器、极限开关、制动抱闸装置、机座等。

2. 井道部分　包括导轨、导轨支架、对重装置、缓冲器、限速器张紧装置、补偿链、随行电缆、底坑及井道照明等。

3. 层站部分　包括厅门、呼梯装置、门锁装置、层站开关门装置、层楼显示装置等。

4. 轿厢部分　包括轿厢、轿厢门、安全钳装置、平层装置、安全窗、导靴、开门机、轿内操纵箱、指层灯、通信及报警装置。

(三) 电梯的主要性能指标

1. 安全性　电梯是运送乘客的，即使载货电梯通常也有人伴随，因此对电梯的第一要求便是安全。电梯必要的安全措施有：①超速保护装置；②轿厢超越上、下极限工作位置时，切断控制电路的装置；③撞底缓冲装置；④三相交流电源断相保护装置和相序保护装置；⑤厅门、轿门电气连锁装置；⑥电梯因中途停电或电气系统有故障不能运行时，应有轿厢慢速移动的措施。

2. 可靠性　电梯工作起来经常出现故障，就会影响人们正常的生产、生活，给人们造

成很大的不便；不可靠也是故障的隐患，是不安全的起因。电梯的故障主要表现在电力拖动控制系统中，因此要提高可靠性，应该从电力拖动控制系统下手。

3. 舒适感和快速性　必须考虑人们乘坐的舒适性；另外，快速也可以节约时间。

4. 停站的准确性　电梯轿厢的平层准确度与电梯的额定速度、电梯的负载情况有密切的关系。

5. 振动、噪声及电磁干扰　电梯是为乘客创造舒适的生活、工作环境的，因此要求电梯运行平稳、安静、没有电磁干扰。

6. 节能　电梯作为垂直交通工具，利用率很高，因此要考虑采用节能效果好的控制方式和电机。

7. 装潢　除了上述指标外，门厅和轿厢的装潢也十分重要。

二、电梯的控制功能

（一）单台电梯的控制功能

1. 司机操作　由司机关门起动电梯运行，由轿内指令按钮选向，厅外召唤只能顺向截梯，自动平层。

2. 集选控制　集选控制是将轿厢内指令与厅外召唤等各种信号集中进行综合分析处理的高度自动控制功能。它能对轿厢指令、厅外召唤登记，停站延时、自动关门、起动运行，同向逐一应答，自动平层、自动开门，顺向截梯，自动换向、反向应答，自动应召服务。

3. 下行集选　只在下行时具有集选功能，因此厅外只设下行召唤按钮，上行不能截梯。

4. 独立操作　只通过轿内指令驶往特定楼层，专为特定楼层乘客提供服务，不应答其他层站和厅外召唤。

5. 特别楼层优先控制　特别楼层有呼唤时，电梯以最短时间应答。应答前往时，不理会轿内指令和其他召唤。到达该特别楼层后，该功能自动取消。

6. 停梯操作　在夜间、周末或假日，通过停梯开关使用电梯停在指定楼层。停梯时，轿门关闭，照明、风扇断电，以利节电和安全。

7. 编码安全系统　本功能用于限制乘客进出某些楼层，只有当用户通过键盘输入事先规定的代码，电梯才能驶往限制楼层。

8. 满载控制　当轿内满载时，不响应厅外召唤。

9. 防止恶作剧功能　本功能防止因恶作剧而按下过多的轿内指令按钮。该功能是自动将轿厢载重量（乘客人数）与轿内指令数进行比较，若乘客数过少，而指令数过多，则自动取消错误的多余轿内指令。

10. 清除无效指令　清除所有与电梯运行方向不符的轿内指令。

11. 开门时间自动控制　根据厅外召唤、轿内指令的种类以及轿内情况，自动调整开门时间。

12. 按客流量控制开门时间　监视乘客的进出流量，使开门时间最短。

13. 开门时间延长按钮　用于延长开门时间，使乘客顺利进出轿厢。

14. 故障重开门　因故障使电梯门不能关闭时，使门重新打开再试关门。

15. 强迫关门　当门被阻挡超过一定时间时，发出报警信号，并以一定力量强行关门。

16. 光电装置　用来监视乘客或货物的进出情况。

17. 光幕感应装置　利用光幕效应，如关门时仍有乘客进出，则轿门未触及人体就能自动重新开门。

18. 副操纵箱　在轿厢内左边设置副操纵箱，上面设有各楼层轿内指令按钮，便于乘客较拥挤时使用。

19. 灯光和风扇自动控制　在电梯无厅外召唤信号，且在一段时间内也没有轿内指令预置时，自动切断照明、风扇电源，以利于节能。

20. 电子触钮　用手指轻触按钮便完成厅外召唤或轿内指令登记工作。

21. 灯光报站　电梯将到达时，厅外灯光闪动，并有双音报站钟报站。

22. 自动播音　利用大规模集成电路语音合成，播放温柔女声。有多种内容可供选择，包括报告楼层、问好等。

23. 低速自救　当电梯在层间停止时，自动以低速驶向最近楼层停梯开门。在具有主、副CPU控制的电梯，虽有两个CPU的功能不同，但都同时具有低速自救功能。

24. 停电时紧急操作　当市电电网停电时，用备用电源将电梯运行到指定楼层待机。

25. 火灾时紧急操作　发生火灾时，使电梯自动运行到指定楼层待机。

26. 消防操作　当消防开关闭合时，使电梯自动返回基站，此时只能由消防员进行轿内操作。

27. 地震时紧急操作　通过地震仪对地震的测试，使轿厢停在最近楼层，让乘客迅速离开，以防由于地震使大楼摆动，损坏导轨，使电梯无法运行，危及人身安全。

28. 初期微动地震紧急操作　检测出地震初期微动，即在主震动发生前就使轿厢停在最近楼层。

29. 故障检测　将故障记录在微机内存（一般可存入8～20个故障），并以数码显示故障性质。当故障超过一定数量时，电梯便停止运行。只有排除故障，清除内存记录后，电梯才能运行。大多数微机控制电梯都具有这种功能。

（二）群控电梯的控制功能

群控电梯是多台电梯集中排列，共有厅外召唤按钮，按规定程序集中调度和控制的电梯。群控电梯除了上述单梯控制功能外，还有下列功能。

1. 最大最小功能　系统指定一台电梯应召，使待梯时间最小；并预测可能的最大等候时间，可均衡待梯时间，防止长时间等候。

2. 优先调度　在待梯时间不超过规定值时，对某楼层的厅召唤，由已接受该层内指令的电梯应召。

3. 区域优先控制　当出现一连串召唤时，区域优先控制系统首先检出"长时间等候"的召唤信号，然后检查这些召唤附近是否有电梯。如果有，则由附近电梯应召；否则由"最大最小"原则控制。

4. 特别层楼集中控制　例如：①将餐厅、表演厅等存入系统；②根据轿厢负载情况和召唤频度确定是否拥挤；③拥挤时，调派另一台电梯专职为这些楼层服务；④拥挤时不取消这些层楼的召唤；⑤拥挤时自动延长开门时间；⑥拥挤恢复后，转由"最大最小"原则控制。

5. 满载报告　统计召唤情况和负载情况，用以预测满载，避免已派往某一层的电梯在中途又换派一台。本功能只对同向信号起作用。

6. 已起动电梯优先　本来对某一层的召唤，按应召时间最短原则应由停层待命的电梯负责。但此时系统先判断若不起动停层待命电梯，而由其他电梯应召时，乘客待梯时间是否过长，如果不过长，就由其他电梯应召，而不起动待命电梯。

7. "长时间等候"召唤控制　若按"最大最小"原则控制时出现了乘客长时间等候情况，则转入"长时间等候"召唤控制，另派一台电梯前往应召。

8. 特别楼层服务　当特别楼层有召唤时，将其中一台电梯解除群控，专为特别楼层服务。

9. 特别服务　电梯优先为指定楼层提供服务。

10. 高峰服务　当交通偏向上高峰或下高峰时，电梯自动加强需求较大一方的服务。

11. 独立运行　按下轿内独立运行开关，该电梯即从群控系统中脱离出来，此时只有轿内按钮指令起作用。

12. 分散备用控制　大楼内根据电梯数量，设低、中、高基站，供无用电梯停靠。

13. 主层停靠　在闲散时间，保证一台电梯停在主层。

14. 几种运行模式　①低峰模式：交通疏落时进入低峰模式。②常规模式：电梯按"心理性等候时间"或"最大最小"原则运行。③上行高峰：早上高峰时间，所有电梯均驶向主层，避免拥挤。④午间服务：加强餐厅层服务。⑤下行高峰：晚间高峰期间，加强拥挤层服务。

15. 节能运行　当交通需求量不大时，系统又查出候梯时间低于预定值时，即表明服务已超过需求，则将闲置电梯停止运行，关闭电灯和风扇；或实行限速运行，进入节能运行状态。如果需求量增大，则又陆续起动电梯。

16. 近距避让　当两轿厢在同一井道的一定距离内，以高速接近时会产生气流噪声，此时通过检测，使电梯彼此保持一定的最低限度距离。

17. 即时预报功能　按下厅召唤按钮，立即预报哪台电梯将先到达，到达时再报一次。

18. 监视面板　在控制室装上监视面板，可通过灯光指示监视多台电梯运行情况，还可以选择最优运行方式。

19. 群控备用电源运行　开启备用电源时，全部电梯依次返回指定层。然后使限定数量的电梯用备用电源继续运行。

20. 群控消防运行　按下消防开关，全部电梯驶向应急层，使乘客逃离大楼。

21. 不受控电梯处理　如果某一电梯失灵，则将原先的指定召唤转为其他电梯应召。

22. 故障备份　当群控管理系统发生故障时，可执行简单的群控功能。

三、电梯的运行原则

1. 自动定向原则　电梯首先按内选呼梯信号优先 10s 自动定向，超过 10s 后采集所有呼梯信号，按先来先到原则自动定向。

2. 顺向截车原则　电梯一旦按确定方向运行，只响应同向呼梯信号减速停车，记忆反向呼梯信号等换向后响应它。

3. 最远程反向截车原则　电梯如果向上运行时，对于有向下方向的呼梯信号，电梯先响应最远的，换向后再按顺向截车原则响应下方向其他信号。

4. 顺向消号，反向保号原则　电梯满足某层呼梯信号要求后，必须消掉同方向的呼梯信号，记忆反方向的呼梯信号。

5. **自动开关门原则**　电梯到达某层后自动开门延时 10s 后，自动关门。

6. **本层呼叫重开门原则**　电梯在关门过程中，如果本层有同方向呼梯信号，电梯重新将门打开，响应乘客要求。

四、电梯的控制方案

电梯的控制主要经历了继电器控制、微机控制及现场总线控制三个阶段。电梯电气控制系统各环节联系图如图 6-1 所示。

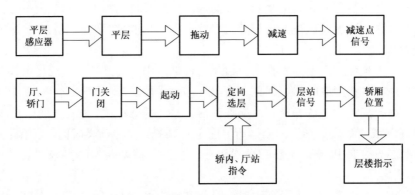

图 6-1　电梯电气控制系统各环节联系图

一般电梯的控制系统主要有继电器控制、PLC 控制和微机控制三种方式。每种控制方式的控制系统框图各不相同。电梯的继电器控制系统框图如图 6-2 所示；电梯的 PLC 控制系统框图如图 6-3 所示；电梯的微机控制系统框图如图 6-4 所示；电梯群控 PLC 控制方案如图 6-5 所示。

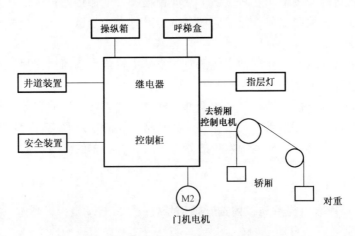

图 6-2　电梯的继电器控制系统框图

在电梯的自动控制系统中，逻辑判定起着主要作用。无论何种电梯，无论其运行速度多大，电梯的电气自动控制系统所要达到的目标是相类同的，就是要求电梯的电气自动控制系统根据轿厢内的指令信号和各层厅外召唤信号来自动地进行逻辑判断，决定电梯应该如何运行。

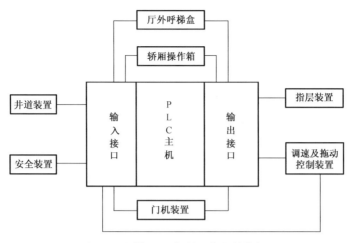

图 6-3　电梯 PLC 控制系统的结构框图

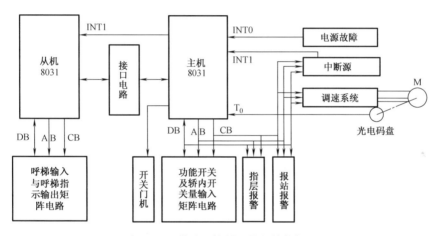

图 6-4　电梯微机控制系统的结构框图

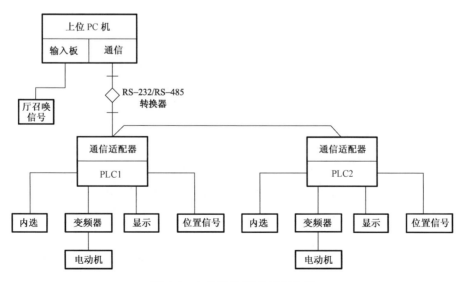

图 6-5　电梯群控 PLC 控制方案

第二节　电梯的电力拖动系统

一、常见的电梯电力拖动方式

（一）电梯的电力拖动系统

电力拖动系统是电梯的动力来源，它驱动电梯部件完成相应的运动。

在电梯中主要有如下两个运动：

（1）轿厢的升降运动。

（2）轿门及厅门的开关运动。

轿厢的运动由曳引电动机产生动力，经曳引传动系统进行减速、改变运动形式（将旋转运动改变为直线运动）来实现驱动，其功率在几千瓦到几十千瓦，是电梯的主驱动。为防止轿厢停止时由于重力而溜车，还必须装设制动器（俗称抱闸）。

轿门及厅门的开与关则由开门电动机产生动力，经开门机构进行减速、改变运动形式来实现驱动，其驱动功率较小（通常在200W以下），是电梯的辅助驱动。开门机一般安装在轿门上部，驱动轿门的开与关，而厅门则仅当轿厢停靠本层时由轿门的运动带动厅门实现开或关。由于轿厢只有在轿门及所有厅门都关好的情况下才可以运行，因此，没有轿厢停靠的楼层，其厅门应是关闭的。如果由于特殊原因使没有轿厢停靠楼层的厅门打开了，那么，在外力取消后，该厅门由自动关闭系统靠弹簧力或重锤的重力予以关闭。

（二）电梯的电力拖动系统的功能

电梯的电力拖动系统应具有如下功能：

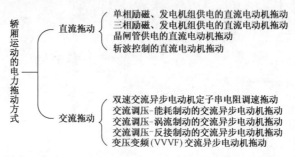

（1）有足够的驱动力和制动力，能够驱动轿厢、轿门及厅门完成必要的运动和可靠的静止。

（2）在运动中有正确的速度控制，有良好的舒适性和平层准确度。

（3）动作灵活、反应迅速，在特殊情况下能够迅速制动。

（4）系统工作效率高，节省能量。

（5）运行平稳、安静/噪声小于国标要求。

（6）对周围电磁环境无超标的污染。

（7）动作可靠，维修量小，寿命长。

（三）常见的电力拖动方式

目前，国内生产的电梯主要采用如下一些电力拖动方式。

1. 轿厢升降运动的电力拖动方式　　发电机组供电的直流电动机拖动方式由于能耗大、技术落后已不再生产，只有少量旧电梯还在运行。而 20 世纪 70～80 年代出现的变压变频（VVVF）交流异步电动机拖动方式，由于其优异的性能和逐步降低的价格而大受青睐，占据了新装电梯的大部分。永磁同步电动机拖动方式在近几年开始在快速、高速无齿电梯中应用，是最有发展前途的电梯拖动方式。

2. 轿门及厅门开关运动的电力拖动方式　　可以划分如下：

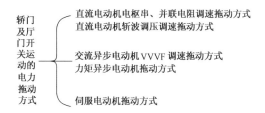

直流电动机电枢串、并联电阻调速拖动方式通过改变电枢电路所串、并联电阻的阻值来改变电动机的转速，实现开（关）门过程的"慢—快—慢"的要求。这种调速方式在早年的电梯中普遍采用，由于运行过程中需要不断地切换电枢回路的电阻，其切换用的开关容易出故障，造成维修工作量大，可靠性差，效率较低，目前已较少采用。

直流电动机斩波调压调速拖动方式采用大功率晶体管组成的无触点开关，通过改变导通占空比实现直流调压调速。这种方法可靠性好，效率高，可以平滑地调速，是直流电动机电枢串、并联电阻调速拖动方式的替代方法。

交流异步电动机 VVVF 调速拖动方式是近些年出现的新型调速方法，这种调速方法较直流电动机斩波调压调速拖动方式更好。由于采用交流异步电动机，其结构简单，没有电刷-换向器部件，可靠性进一步提高，采用 VVVF 调速控制，运行平稳，效率更高，是当前电梯开关门电路中较普遍采用的方法。

力矩异步电动机具有较大转矩，能够承受长时间的堵转而不会烧坏，由力矩异步电动机驱动的开关门方式适宜用于环境较差、容易出现堵卡门现象的电梯中。

伺服电动机拖动方式是近几年出现的电梯开关门方式，这种方法由于采用伺服电动机作为驱动电动机，其反应灵活，响应迅速，是一种有发展前途的开关门方式。

二、电梯的速度曲线

当轿厢静止或匀速升降时，轿厢的加速度、加加速度都是零，乘客不会感到不适；而在轿厢由静止起动到以额定速度匀速运动的加速过程中，或由匀速运动状态制动到静止状态的减速过程中，既要考虑快速性的要求，又要兼顾舒适性的要求。也就是说，在加、减速过程中，既不能过猛，也不能过慢：过猛时，快速性好了，舒适性变差；过慢时，舒适性变好，快速性却变差。因此有必要设计电梯运行的速度曲线，让轿厢按照这样的速度趋向运行，既能满足快速性的要求，也能满足舒适性的要求，科学、合理地解决快速性与舒适性的矛盾。图 6-6 中曲线 ABCD 就是这样的速度曲线。其中 AEFB 是有静止起动到匀速运行的加速段速度曲线；BC 段是匀速运行段，其梯速为额定梯速；CF'E'D 是由匀速运行制动到静止的减速段速度曲线，通常是一条与起动段对称的曲线。

图 6-7 是梯速较高的调速电梯的速度曲线，由于额定速度较高，在单层运行时，梯速尚

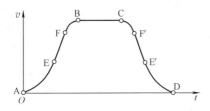

图 6-6　常用的电梯速度曲线（抛物线形）

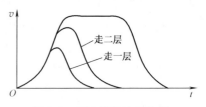

图 6-7　高速梯的速度曲线

未加速到额定速度便要减速停车了，这时的速度曲线没有额定恒速运行段。在高速电梯中，在运行距离较短（例如单层、二层、三层等）的情况下，都有尚未达到额定速度便要减速停车的问题，因此，这种电梯的速度曲线中有单层运行、双层运行、三层运行等多种速度曲线，其控制规律也就更为复杂些。

三、曳引电动机及其功率的确定

（一）电梯对曳引电动机的要求

曳引电动机是电梯的动力来源，是电梯的关键部件之一。能否正确地选用曳引电动机，关系到电梯能否安全、可靠地工作。因此为了能够正确地选用曳引电动机，首先要了解电梯的拖动特点和电梯对曳引电动机的要求：电梯是一个大惯量的拖动系统，要求电动机有较大过载能力；电动机能够承受频繁起停，能承受较高的每小时合闸次数；电梯的运行属于周期断续工作方式，要求选用周期断续工作制的电动机；对于交流电梯，要求曳引电动机有足够的起动转矩和尽量小的起动电流。

（二）曳引电动机额定功率的粗选

轿厢一次重载上升运行过程中负载转矩随时间变化曲线如图 6-8 所示。在选用电动机时，应根据工作区间（ABCD 段）的等小负载转矩来确定电动机的额定功率，从图中可以看出，起动加速阶段（AEFB 段）负载转矩增大，制动减速阶段（CF'E'D 段）负载转矩减小，工作区间的平均负载转矩等于匀速运行阶段（BC 段）的负载转矩，即静态负载转矩。因此在粗选电动机功率时，可以近似地用平均负载（静态负载）代替等效负载。根据曳引电动机的力学关系，不难导出曳引电动机的额定功率。

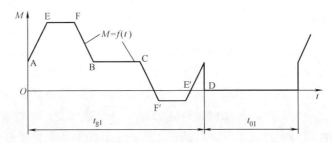

图 6-8　轿厢一次重载上升运行过程中负载转矩随时间变化曲线

（三）曳引电动机发热与过载、起动校验

按照上面介绍的方法粗选电动机只适合于电梯改造时的粗略估算，在设计开发新型号电梯时，需要更精确地校验电动机的耐热与过载、起动能力。具体步骤为：初选电动机；发热校验；对交流电动机进行过载校验和起动校验。

四、直流电梯电力拖动方式

直流电梯中，基本上都是采用调压的方法实现调速的。按照直流电源的获取方式可以将直流电梯分成两类：一类是由交流电动机-直流发电机机组供电的直流电梯，简记为 G-M 方式；另一类是由晶闸管整流器（逆变器）供电的直流电梯，简记为 SCR-M 方式。此处只介绍晶闸管整流器供电的直流电梯（SCR-M 拖动方式）。这种电梯的拖动方式主要有如下两种：

（一）电枢电路由单向整流桥供电、励磁电路由双向整流桥供电的 SCR-M 直流电梯

这种类型的电梯系统构成如图 6-9 所示。在该系统中采用一组三相全波可控整流器 UC 替代 G-M 拖动方式中的发电机组，为直流电动机 M 供电。由于这样只能产生单方向的电枢电流 I_a，而要想适应电梯负载的要求，电动机必须能灵活地改变电磁转矩的方向，因此，电动机的励磁绕组 WM 则由两个反并联的整流桥供电。当正组励磁整流桥 UCR 供电时，给励磁绕组 WM 提供正向励磁。当反组励磁整流桥 UCR 供电时，则为励磁绕组 WM 提供反向励磁电流。由于转矩与电枢电流、转矩与励磁电流均是线性关系，因此，控制规律比较简单，控制精度容易保证。

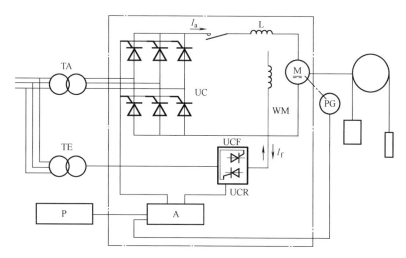

图 6-9　电枢单向供电、励磁双向供电的 SCR-M 直流电梯

（二）电枢电路由两组反并联的三相全波可控整流器供电的 SCR-M 直流电梯

这种拖动方式的结构图如图 6-10 所示。这种拖动方式的特点是在电动机电枢回路中设置了两组晶闸管整流器，它们彼此反向并联，为电枢提供正、反向电流。而励磁回路则只是一个恒定大小、恒定方向的恒流控制，即控制电动机的磁通保持额定值。这是电动机四个象限运行的控制就靠对正、反两个整流桥的控制来实现。这个电路与工业上通常采用的直流电动机可逆运转控制相似，可以做成有环流的，也可以做成逻辑无环流的。

五、交流双速电梯拖动方式

交流双速电梯采用变极调速电动机作为曳引电动机，其变极比通常为 6/24 极，也有 4/6/24 极和 4/6/18 极的。从电动机结构看，有采用单绕组改变接线方式的，也有采用两组

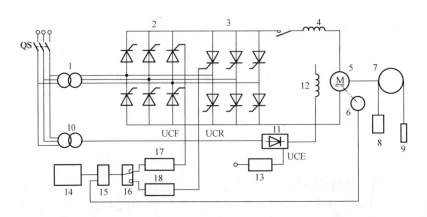

图 6-10　采用两组反并联晶闸管整流器为电枢供电的直流电梯

1—主变压器；2—正组晶闸管；3—反组晶闸管；4—平波电抗器；5—直流电动机；6—测速发电机；

7—曳引机；8—轿厢；9—对重；10—励磁变压器；11—励磁晶闸管整流器；12—励磁绕组；

13—励磁指令及励磁控制器；14—速度指令；15—比较器；16—控制切换开关；

17—正组晶闸管触发器；18—反组晶闸管触发器

绕组的，它们各自具有不同的极数，通过接通不同的绕组来实现不同的转速。

（一）双绕组 6/24 极变极电动机用作电梯曳引电动机的主电路

图 6-11 给出了采用双绕组实现 6/24 极变极的双速电梯主电路。图中电动机 M 有两套绕组，快速（6 极）绕组的引出端为 XK1、XK2、XK3，在内部三相接成 Y 形接法；慢速（24 极）绕组的引出端为 XM1、XM2、XM3，在内部三相也是 Y 形接法。接触器 KS 是用于接通快速绕组实现快速起动、运行用的，接触器 KM1 则是用于接通慢速绕组实现减速、慢速运行用的。显然快速接触器 KS 与慢速接触器 KM1 不能同时吸合，应该互锁。上升接触器 KM 和下降接触器 KMR 是用来改变电动机相序实现正反转运行的接触器，当 KM 接通时电动机正转，拖动轿厢向上运动；当 KMR 接通时，电动机反转，拖动轿厢向下运动。显然 KM 与 KMR 也应互锁，以防止电源被短路，FR1 和 FR2 分别为快速运行热继电器和

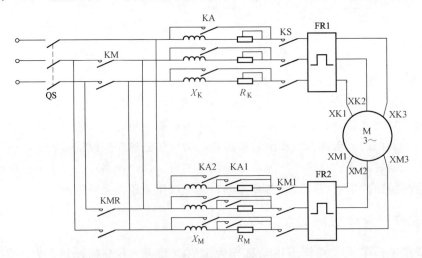

图 6-11　采用双绕组变极电动机的双速电梯主电路

慢速运行热继电器,是用来保护快速绕组和慢速绕组,防止由于电动机过载造成电机绕组过热而损坏的事故。

（二）单绕组 6/24 极变速电动机用作电梯曳引电动机的主电路

图 6-12 是采用单绕组变极电动机作为电梯曳引电动机的双速电梯主电路图。图中采用一个快速接触器 KS1,当快速（6 极）运行时,通过 KS1 的常开点将电动机端子 1、2、3 短接到一起构成另一个星形点,使电动机接成双星形接法。KS 是快速接触器,当 KS、KS1 吸合时,电动机以 6 极双星形接法快速运转。KM1 是慢速接触器,当 KS1、KS 断开,而 KM1 接通时,电动机被接成 Y 形接法形成 24 极,同步转速为 250r/min。KM 是上升接触器,KMR 是下降接触器。当 KM 接通时,电动机正转,带动轿厢上升;当 KMR 接通时,电源相序被改变,电动机反转,拖动轿厢下降,电动机在固有特性上转入稳速运行。KA1、KA2、KA3 是慢速运行接触器,KA1,KA2 是逐段切除慢速电阻用的,而 KA3 则使 R_M 被全部切除掉,使电动机进入慢速固有特性并转入稳定低速运行。

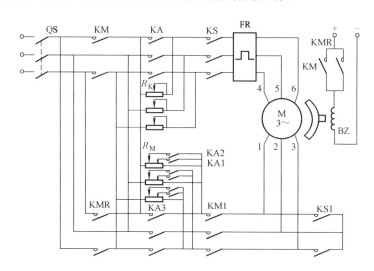

图 6-12　采用单绕组变极电动机的双速电梯主电路

六、交流调压调速电梯拖动方式

在交流调速电梯中采用调压方法的目的是为了实现电梯运行的速度曲线,获得良好的运行舒适感,提高平层准确度。主要包含如下两个方面:

（1）对电梯稳速运行时实行闭环控制,通过闭环调压,使电梯不论负载轻重、不论运行方向均在额定梯速下运行。这样做一方面可以克服摩擦阻力的波动造成的速度不均和振动,提高稳速运行阶段的舒适感;另一方面可以保证任何运行工况下减速停车前的初始速度都是同一个确定的值（即额定速度）,从而提高减速阶段的控制精度,最终提高平层准确度。

（2）对电梯加、减速过程实行闭环控制,通过调压或辅以其他制动手段,使电梯按预定的速度曲线升速或减速,从而获取加减速阶段的良好舒适感,并提高轿厢平层准确度。

（一）调压-能耗制动方式的主电路

采用双速电动机作电梯曳引电动机,对高速绕组实行调压控制,对低速绕组实施能耗制动控制的电梯是目前调压调速电梯的主要拖动方式。

图 6-13 中电动机的高速绕组接成星形调压方式，每一相接有一对反并联的晶闸管，接触器 KM 和 KMR 是改变电动机转向的上行和下行接触器。在这种形式下，还可以利用接触器的辅助触点实现互锁、传递信号，KM、KMR 在不运行时可以断开电路，起到保护晶闸管的作用，还可以避免由于晶闸管的误触发或短路造成电梯误动作的事故。

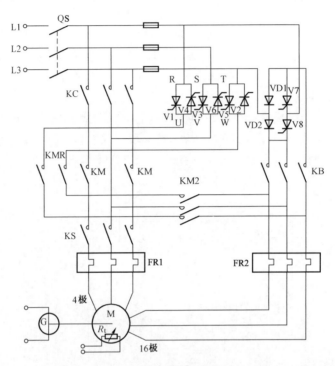

图 6-13　调压-能耗制动拖动方式的主电路

还有一种类型的电梯，它在减速停车阶段，采用能耗制动实现速度闭环控制；而在起动、稳速运行阶段，则采用开环控制。

图 6-14 便是这种电梯的主电路。它采用一台 6/24 极单绕组变极电动机作为曳引电动机，该电动机共有 9 个引出端。电梯的起动及稳速运行控制过程是开环的，与双速电梯相似；起动时 KS2、KS、KM（或 KMR）、KS1 吸合，将电动机接成双星形接法（六极的接线方式），并串入电阻 R_K 起动，转速升上来后，吸合 KA 将 R_K 短路，电梯以快速稳速运行。减速停车时采用能耗制动闭环控制，按预定速度曲线减速。

（二）调压-涡流制动器拖动方式的主电路

在调压-能耗制动拖动方式下，电梯减速过程中将很大一部分能量消耗在电动机绕组中，引起电动机发热，为了克服这个缺点，采用涡流制动器来实现能耗制动，这时损耗的能量在涡流制动器中引起发热，而曳引电动机的发热则大大减小，因而可以改善电动机的工作条件，但是这样做需要增加一个涡流制动器，增大了设备投资。

调压-涡流制动器拖动方式的主电路如图 6-15 所示。由于涡流制动器的工作原理、机械特性均与电动机能耗制动工作状态相似，因此这种拖动方式的控制与调压-能耗制动拖动方式下的控制相似，只需将送到电动机低速绕组的励磁电流改送到涡流制动器的励磁绕组中去即可。

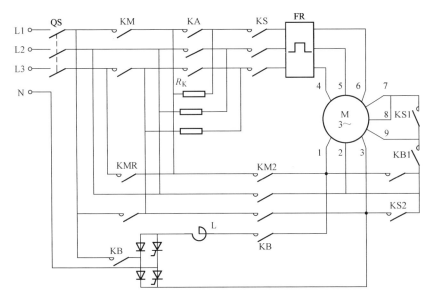

图 6-14　开环起动-能耗制动电梯主电路

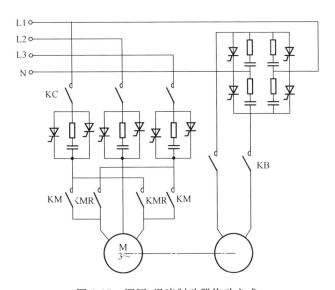

图 6-15　调压-涡流制动器拖动方式

七、变频调速电梯拖动方式

根据交流异步电动机转速公式

$$n=（1-s）\frac{60f_1}{p}$$

可知，改变电动机交流电源的频率 f_1，就可以实现对异步电动机的调速。

在变频调速中，对电动机的回馈能量处理基本上有两种方法：一是在直流侧设置能耗电路，当直流侧电压上升到某一数值以上时，接通能耗电路，将回馈的多余能量消耗掉；另一种方法是在电源与直流侧之间设置逆变电路，当电动机回馈能量时，起动该逆变电路，将回馈的能量送给电网。两种方法相比较，显然后者节能效果好，运行效率提高。

在梯速低于 2m/s 的变频调速电梯中，由于可回馈的能量相对较少，因此多采用上述第一种方法，在直流侧设置了由晶体管 VT 与能耗电阻 R 构成的能耗电路，当轿厢轻载上升或重载下降时以及减速过程中，由于电动机的转速高于同步转速，电动机的感应电动势高于电压，该电动势经二极管 VD1～VD6 整流向直流侧电容 C 充电，当电容上的电压上升到一定程度时，令晶体管 VT 导通向电阻 R 放电，当电容上的电压降低到某一数值时，则关断晶体管 VT，停止放电，电梯的主电路如图 6-16 所示。

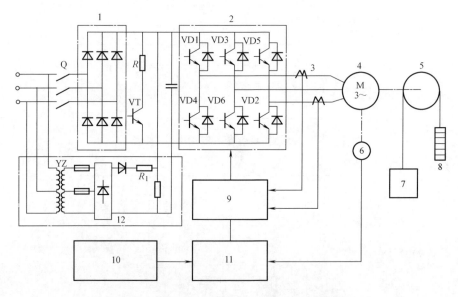

图 6-16　采用直流侧能耗方式的变频调速电梯

1—整流桥；2—逆变桥；3—电流检测；4—电动机；5—曳引轮；6—速度检测；7—轿厢；8—对重；
9—PWM 控制电路；10—主控微机（运行控制）；11—辅助微机（矢量控制）；12—预充电电路

八、永磁同步电动机拖动方式*

永磁同步电动机没有励磁绕组，因此，节省了励磁供电回路，省去了同步电动机的电刷-集电环装置，使电动机结构紧凑，体积减小，效率提高。

永磁同步电动机的主电路就是对定子三相绕组供电的电路，其电路主要由如图 6-17 所示的两种形式。

图 6-17（a）是一个采用大功率晶体管或 IGBT（Insulated Gate Bipolar Transistor）组成变频器给同步电动机供电的主电路，为提高系统性能，通常采用矢量控制方式进行控制。图 6-17（b）是一个采用晶闸管组成变频器给同步电动机供电的主电路，在这种供电方式下，通常采用自控式变频方式进行控制。在这种控制方式下，控制系统不断地检测转子位置，在自然换流点之前 γ 角（γ 被称作换流超前角）触发需要导通的晶闸管，利用电动机的反电动势来关断应退出的晶闸管，实现晶闸管之间的换流。这样就不需要设置晶闸管的关断电路，控制电路结构简单。在自控式方式下，同步电动机不会失步，工作比较可靠。由于这种方式相当于直流电动机的供电，因此把这样的系统称作无换向器（直流）电动机。无换向

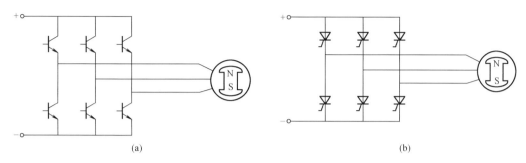

图 6-17　永磁同步电动机的主电路

(a) 矢量控制变频电源供电；(b) 自控式变频供电

器电动机多用于大功率场合。

第三节　电梯信号控制系统

作为电梯应该满足以下条件：必须把电梯的轿厢门和各个楼层的电梯层门全部关闭好，这是电梯安全运行的关键，是保障乘客和司机等人员的人身安全的重要保证之一；必须要有确定的电梯运行方向（上行或下行），这是电梯的最基本的任务，即把乘客（或货物）送上或送下到需要的楼层；电梯系统的所有机械及电气机械安全保护系统有效而可靠，这是确保电梯设备和乘客人身安全的基本保证。

电梯是一种乘客自己操作的或有时也可由专职司机操作的自动电梯。电梯在底层和顶层分别设有一个向上或向下召唤按钮（或触钮），而在其他层站各设有上、下召唤按钮（或触钮）两个（集选控制）或一个向下召唤按钮（触钮）（向下集合控制）。轿厢操纵屏上则设有与停站数相等的相应指令按钮（或触钮）。当进入轿厢的乘客按下指令按钮（或触钮）时，指令信号被登记。当等待在厅外的乘客按下召唤按钮（或触钮）时，召唤信号被登记。电梯在向上行程中按登记的指令信号和向上召唤信号逐一给予停靠，直至这些信号登记的最高层站；然后又反向向下按指令及向下召唤信号逐一停靠。每次停靠时电梯自动进行减速、平层、开门。当乘客进出轿厢完毕后，又自行关门起动。直至完成最后一个工作命令为止。如果再有信号出现，则电梯根据命令位置选择方向自行起动运行。假如无工作命令，轿厢则停留在最后停靠的层楼。

一、电梯的方向控制

（1）轿内指令信号优先于各层楼厅外召唤信号而定向，即当空轿厢电梯被某层厅外乘客召唤到到达该层后，某层的乘客即可进入电梯轿厢内，而撤按指令按钮令电梯定上行方向（或下行方向）；若该乘客虽进入轿厢内且电梯门未关闭而尚未撤按指令按钮钱（即电梯上未定出方向），出现其他层楼的厅外召唤信号时，如此召唤信号指令电梯的运行方向有别于已进入轿厢内的乘客要求指令电梯的运行方向，则电梯的运行方向应由一进入轿厢内的乘客要求而定向，而不是根据其他层楼厅外乘客的要求而定向。这就是所谓的"轿内优先于厅外"。

只有当电梯门延时关闭后，而轿内又无指令定向的情况下，才能按各层楼的召唤信号的要求而定出电梯运行方向，但一旦定出电梯运行方向后，再有其他层楼的召唤信号，就不能更改已定的运行方向了。

（2）要保持最远层楼召唤信号所要求的电梯运行方向，而不能轻易地更改，这样以保证最高层楼（或最低层楼）乘客的乘用电梯，而只有在电梯完成最远层楼乘客的要求后，方能改变电梯运行方向。

（3）在有司机操纵电梯时，当电梯尚未起动运行的情况下，应让司机有强行改变电梯运行方向的可能性。这种在我国电梯尚未广泛普及，又以"有司机"操纵为主的使用情况下，这一"强行换向"也是必要的。

（4）在电梯检修状况下，电梯的方向控制应由检修人员直接揿按轿厢内操纵箱上或轿厢顶的检修箱上的方向按钮即令电梯向上（或向下）运行；而当松开方向按钮即令电梯消失运行方向并使电梯立即停车。

电梯控制系统各环节的功能由不同控制回路完成，这些控制回路主要有：运行控制、自动开关门控制、轿厢内指令信号的登记与消除、厅外召唤信号的登记记忆与消除、指层电路、定向选层电路、位置信号显示、特种状态控制（检修运行控制电路、电梯的消防控制）及安全保护电路。

二、电梯信号控制的分析

图 6-18 是交流集选控制乘客电梯的电气控制原理图。

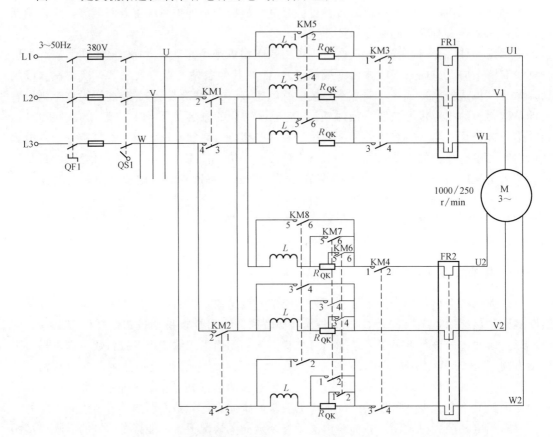

图 6-18　乘客电梯电气控制原理图

在图 6-18 中，在电源的引出端安装了一个电源总开关 QF1，用来给电梯送电。接下来各相均安装一只熔断器，用来做主电路和控制电路的短路保护用。随后便是极限开关 QS1，用来防止电梯运行超出运行界限。电梯的电气控制分为上行和下行两部分。

上行部分有上行接触器 KM1，当电梯需要上行时，上行接触器 KM1 线圈得电，在图 6-18 中上行接触器 KM1 常开触点闭合，接通上行回路。回路中串有电感 L 及起动电阻 R_{QK}，用于电梯的减压起动。在上行快车接触器 KM3 线圈通电后，它的常开触点闭合，且快车加速接触器 KM5 线圈随后得电，则 KM5 常开触点闭合，短路 L 和 R_{QL}，则电梯加速运动。

下行部分有接触器 KM2，与上行部分类似，当电梯需下行时，KM2 的常开触点闭合，接通下行回路。在下行过程中，慢行接触器线圈 KM4 得电后，它的常开触点 KM4 闭合。因为在此之前运行继电器 KA911 常开触点闭合，所以慢车第一、二、三减速延时继电器 KA62、KA63、KA64 得电，则它们的失电延时闭合常闭开关则断开。慢车第一、二、三减速接触器失电，即下行回路通过 L 和 R_{QK} 连起来。而此时 KM4 常开触点打开，KA62 失电，它的失电延时闭合常闭触点延时闭合，则 KM6 经一定时间后得电，短接 R_{QK} 的部分电阻继续运行。同时，KM6 的常闭触点断开，断开第二减速继电器失电延时开关闭合，KM7 经一定时间后得电，短接 R_{QK} 的全部电阻继续运行，同时慢车第二减速器 KM7 的常开触点断开，慢车第三减速延时继电器 KA64 失电，则它的失电延时常闭触点闭合，经一定时间慢车第三减速接触器 KM8 得电，短接 L 和 R_{QK} 的全部电阻。则 M 与电源直接相通，进入慢速稳态运行中。图中还有快车热继电器 FR1、慢车热继电器 FR2，用作电动机的过载保护用。

三、常用的自动开关门系统的电气控制线路原理

现今国内外仍有电梯厂家用小型直流伺服电动机作为自动门系统的驱动力。其电气控制线路原理图如图 6-19 所示。

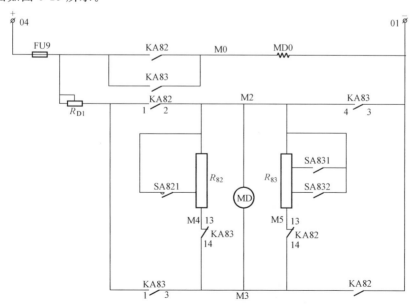

图 6-19　常用的自动开关门系统的电气控制线路原理图

其工作原理如下（以关门为例）：

当关门继电器 KA83 吸合后，直流 110V 电源的"＋"极（04 号线）经熔断器 FU9，首先供电给直流伺服电动机（MD）的励磁绕组 MD0，同时经可调电阻 R_{D1}→KA83 的（1、2）常开触点→MD 的电枢绕组→KA83 的（3、4）常开触点至电源的"－"极（01 号线）。另一方面，电源还经开门继电器 KA82 的（13、14）常闭触点和 R_{83} 电阻进行"电枢分流"而使门电机 MD 向关门方向转动，电梯开始关门。

当关门至门宽的三分之二时，SA831 限位开关动作，使电阻 R_{83} 被短接一部分，使流经电阻 R_{83} 中的电流增大，则总电流增大，从而使限流电阻上 R_{D1} 的压降增大，也就是使电动机 MD 的电枢端电压下降，此时 MD 的转速随其端电压的降低而降低，也就是关门速度自动减慢。当门继续关闭至尚有 100～150mm 的距离时，SA832 限位开关动作，又短接了电阻 R_{83} 的很大一部分，使分流增加，R_{D1} 上的电压降更大，电动机 MD 电枢端的电压更低，电动机转速更慢，关门速度更慢，直至轻轻地平稳地完全关闭为止。此时关门限位开关动作，使 KA83 失电复位，至此关门过程结束。对于开门情况完全与上述的关门过程一样。当开关门继电器（KA82，KA83）失电后，则电动机 MD 所具有的动能将全部消耗在 R_{83} 和 R_{82} 电阻上了，也即进入强烈能耗（因 R_{83} 电阻由于 SA832 开关仍处于被接通状态，其阻值很小）制动状态，很快地使电动机 MD 停车，这样直流伺服电动机的开关门系统中就无需机械制动器（刹车）来迫使电动机停车。

四、两种典型召唤指令信号登记记忆线路

（一）串联式登记记忆及其消除线路

串联式的登记记忆线路的电气原理图如图 6-20 所示。

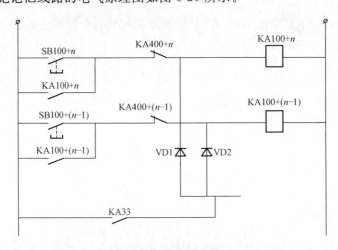

图 6-20　串联式的登记记忆线路的电气原理图

从图 6-20 中可知，所谓串联式指令（包括各层层外的召唤）信号的记忆与消除是串联在一起的。即某层的指令，召唤信号的登记与记忆是通过某层的层楼继电器的常闭触点与之串联而工作的。当电梯应某层的指令信号（或厅外的顺向召唤信号）而减速停层时，则该层的指令信号（或厅外的顺向召唤信号）就因该层层楼继电器的吸合而消除记忆（层楼继电器——KA400＋n 的常闭触点断开了 KA100＋n 的吸合电路）。

图 6-20 中的二极管电路部分是当某些具有超前装置的层楼继电器动作过早，另一条维持指令信号继电器（或厅外召唤信号继电器）继续吸合的通路，这样保证在该层发出减速信号后（图中 KA33 继电器常开接点断开，使二极管部分不起作用），才能将该层的指令信号（或厅外召唤信号）消除。

（二）并联式登记记忆及其消除线路

并联式的登记记忆线路的电气原理如图 6-21 所示。

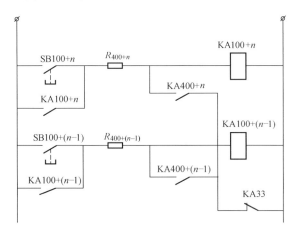

图 6-21　并联式的登记记忆线路的电气原理图

从图中可以看出，这种并联式电路的消除记忆是当电梯到达指令信号层楼时，依靠该层的层楼继电器常开触点并联于指令信号继电器（或厅外召唤信号继电器）线圈的两端，即经限流电阻把指令信号（或厅外召唤信号）继电器线圈短接，从而使信号继电器释放消除记忆。但这一消除记忆必须在电梯将到达该层而发出减速信号后（即快速运行继电器 KA33 释放，其常闭触点复位），方可消除记忆。

（三）串联式和并联式登记记忆与消除记忆线路的比较

由上分析可知，无论是串联式或是并联式的登记记忆消除记忆线路，其目的均是：

（1）能登记、记忆各层的指令信号（或厅外召唤信号）。

（2）电梯到达该层后，能将登记的信号予以消除。

但是串联式是利用层楼继电器的常闭触点串接于指令继电器（或厅外召唤继电器）的线圈回路中的，当该常闭触点接触不好（这是常见的）时，则就会影响该层指令信号（或厅外召唤信号）的登记和记忆。这样就要影响到达该层或在该层乘客使用电梯的要求。而并联式电路恰与上述相反。若该层的层楼继电器常开触点接触不好，则仅仅影响信号的消除，而不影响该层信号的登记与记忆，也即不影响乘客到达该层和该层乘客的使用。

综上所述，为保证乘客可靠地到达指定层楼或某层厅外乘客乘坐电梯的要求，故现在一般电梯控制线路常用并联式的电路。当然并联式的也有不足之处，即每层要有一个限流电阻，而且使指令继电器（或厅外召唤继电器）的线圈工作电压与电源电压不一致，增加了继电器的电压品种，而串联式的就无上述不足了。

（四）层外召唤信号的登记记忆及其消除记忆线路原理

图 6-22 为层外召唤信号的登记记忆及其消除记忆线路原理图，电气线路结构采用并联式结构。在图 6-22 中，SB302～SB305 为向下召唤按钮，KA302～KA305 为向下召唤继电

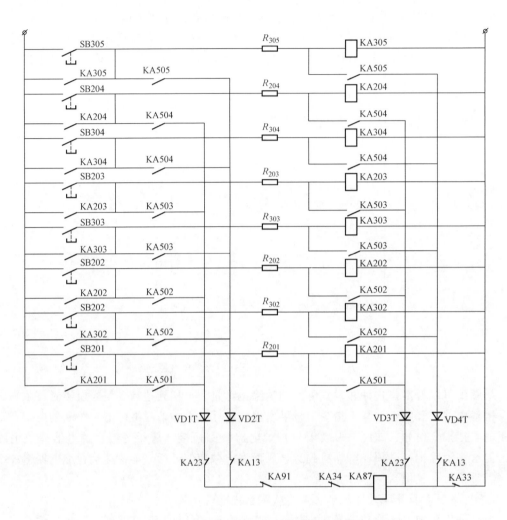

图 6-22 层外召唤信号的登记记忆及其消除记忆线路原理图

器，$R_{302} \sim R_{305}$ 为向下召唤固定线绕电阻管；SB201～SB204 为向上召唤按钮，KA201～KA204 为向上召唤继电器，$R_{201} \sim R_{204}$ 为向上召唤固定线绕电阻管，KA501～KA505 为层楼控制继电器，KA13 为向上辅助继电器，KA23 为向下辅助继电器，KA87 为层外开门继电器，KA33 为起动继电器常闭触头，KA34 为司机操纵继电器常闭触头，VD1T～VD4T 为硅二极管。

假设三楼有向上召唤信号，设此时电梯由一楼向上（KA13 常闭触头断开），按下 SB203，向上召唤继电器 KA203 闭合，当电梯到达三楼时，KA503 闭合，KA87 得电闭合，电梯三楼的门打开，当电梯离开三楼时 KA503 断开。如果电梯是由五楼向下（KA23 常闭触头断开），三楼有向下召唤信号，按下 SB303，向下召唤继电器 KA303 闭合，当电梯到达三楼时 KA503 闭合，KA87 得电闭合，电梯开门。

五、选层器层楼指示灯接线原理

图 6-23 所示为选层器层楼指示灯接线原理图。图 6-23 中 HL501～HL505 为层外指示

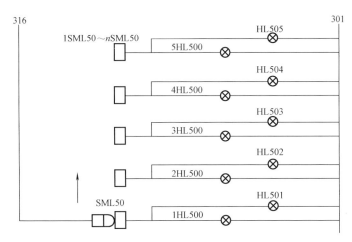

图 6-23　选层器层楼指示灯接线原理图

灯，1HL500～5HL500 为轿厢内指示灯，表示电梯运行的轿厢所在层楼。SML50 为门外指示灯电刷，1SML50～nSML50 为门外指示灯触点。当电梯运行到四楼时，门外指示灯电刷 SML50 与门外指示灯触点 4SML50 接触，则四楼的层楼指示灯亮。

层楼指示灯也可以用井道开关控制，图 6-24 为用井道开关的指示灯接线原理图。图 6-24 中 SAB1～SAB4 为 1～4 楼的磁开关或限位开关，从图中可以看出，当隔磁铁板和碰铁接触上，某层的磁开关或限位开关即可使某层的信号灯点亮。还可以看出，隔磁铁板或碰铁的长度应以最长的一个层楼距离作

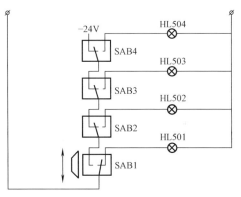

图 6-24　用井道开关的指示灯接线原理图

为其长度较为合适；而在某些短楼层时，虽有可能两个层楼的开关同时接通，但也只能点亮一个层楼信号灯。

六、层楼上的预报方向灯和到站钟线路原理

电梯的预报方向灯和到站钟线路原理如图 6-25 所示，它包括以下三个部分：

1. 运行方向灯　在电梯确定了运行方向后，其方向指示灯即被点亮，方向指示灯一般与层楼位置指示灯放在一起。这一方向灯是表明电梯向上（或向下）运行。只有在消失运行方向后，此灯才熄灭。

2. 预报运行方向指示灯　随着电梯的无司机状态使用状态增多，预报电梯下一次准备运行的方向灯也将得到日益推广使用。而这种预报运行方向灯通常与电梯到站钟一起使用，当电梯按轿厢内指令或层楼的召唤信号而制动减速停车前，可使预报方向灯点亮，并同时发出到站钟声，以告诉乘客：电梯即将到达，告知下一次电梯即将运行的方向。因此电梯在某一层不准备停车时，该层的预报方向灯不点亮，到站钟也不响。只有电梯在该层准备停车，发出减速信号，即将到达该层时，才点亮该层的准备下一次运行方向灯，同时发出到站钟声

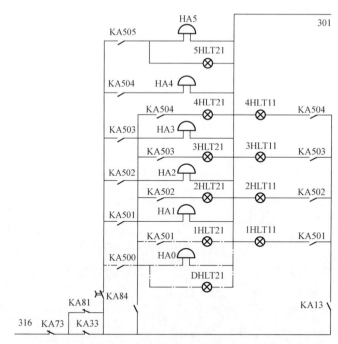

图 6-25　层楼上的预报方向灯和到站钟线路原理图

以引起乘客注意。

3. 轿内指令记忆灯及层楼厅外召唤信号记忆灯　这种信号灯通常装于指令按钮内和厅外召唤按钮内,它们是由掀按按钮后使继电器吸合的一对触点接通而点亮的。当该继电器被消除记忆释放后,该记忆灯也熄灭。

七、微机电梯控制系统

20 世纪 80 年代电梯步入微机化阶段,使得电梯自动控制系统结构紧凑,体积缩小,噪声、功耗大大减小,设计可以标准化、模块化、软件化,从而提高电梯的可靠性与技术性能。

微机电梯控制系统具有较大的灵活性,对于运行功能的改变,只需要改变软件,而不必增减继电器。系统中位置信号和减速点信号可由微机选层器产生,轿内指令、厅门招唤等信号经过接口板送到微机,由微机完成复杂的控制任务。如群控电梯系统中的等候时间分析、自学习功能、节能运行等。

微机控制电梯使电梯实现自动化,完成各种功能,主要是通过软件和硬件两部分完成。

此系统是电梯的主要控制部分,它包括三相对称反并联晶闸管组成的电动组和由两个晶闸管、二极管接成的单相半控桥式整流电路组成的制动组。制动时使电梯电动机的低速绕组实现能耗制动,如图 6-26 所示。

（一）电梯计算机控制原理

电梯计算机控制系统包括计算机控制器、调节器、触发电路。微机控制器是按理想速度曲线计算出起动及制动时的给定电压,通过接口电路把输入、输出信号送入微机进行计算或处理,实时计算电动机速度及电梯运行行程,实现对系统的控制。其方法有查表法、计算法等。其原理如图 6-27 所示。

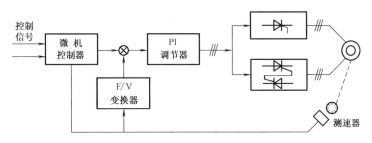

图 6-26　微机电梯控制系统主电路

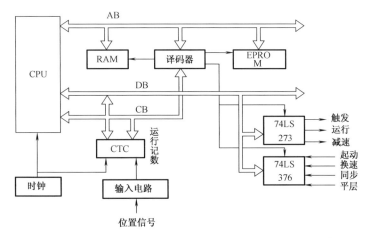

图 6-27　电梯计算机控制原理图

AB—地址总线；DB—数据总线；CB—控制总线

调节器是将微机控制器产生的给定电压与测速器的反馈电压相比较后，输出相同信号的电压以控制触发电路，使晶闸管导电角变化（移相），从而达到改变交流电压的目的。此调节器采用比例积分调节器，即 PI 调节器。

1. 电梯运行控制要求

（1）满足起动条件后，电梯能自动迅速可靠起动，起动时间越短越好。但起动时间过短，会使冲击力太大，造成部件损坏，而且乘客会感到不适应。一般靠降压缓解冲击。

（2）无论有级加速还是无级加速，都必须满足加速度要求，应不超过 $1.5 \mathrm{m/s^2}$。

（3）电梯在正常运行过程中，应保持方向的连续性和换速点的稳定性。

（4）在接近停车层时应有合适的换速点，减速过程应有合适的减速度，使减速过程平稳、乘坐舒适。换速点是按距离确定的。

（5）电梯的平层准确度越高，电梯性能越好。平层方法有两种：一是利用平层感应器平层；二是把换速点确定后按距离直接停靠。

2. 控制过程　此系统采用起、制动闭环，稳速时开环控制，起动加速过程，当系统接收到起动信号后，微机控制器给出一定的给定电压，此时电梯抱闸已打开，调节器输出电压为正，使电动组晶闸管触发电路移相，输出电压，电动机高速绕组得电开始转动。此时制动组晶闸管触发电路被封锁。

当电动机转动后，电动机轴上的测速装置（光电装置）发出脉冲输出反馈电压与微机按理想速度曲线计算的给定电压进行比较，产生一个差值，使调节器的输出为正值，这样电动组晶闸管的导通角不断加大，电动机转速逐渐加快。当输出电压接近 380V 时，起动过程结束，见图 6-28 的 $t_1 \sim t_3$ 段。稳速过程，见图中的 $t_3 \sim t_4$ 段，当电动组晶闸管全导通，整个系统处于开环状态，此时，微机的任务是测速和查减速点以及监控。

制动减速过程，见图 6-28 的 $t_4 \sim t_7$ 段，当电梯运行至减速点时，微机开始计算行程和确定电梯的运行速度。此时，微机将实际速度按距离计算出制动时的给定电压作为系统调节器的输入值。由于制动时给定电压小于反馈电压，所以调节器输出为负值，电动组晶闸管被封锁。而制动组晶闸管触发电路移相输入为正，该组晶闸管导通，电动机的速度按理想速度曲线变化。当转速等于零或很低时，电梯在相应的平层停靠。

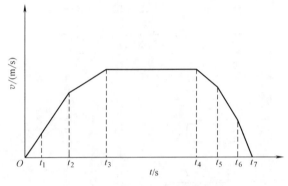

图 6-28　电梯运行曲线图

3. 调速的主要环节及原理　给定电源是一个典型的稳压电源，一般稳压精度较高，输出电压值根据不同要求有所不同，形成一个电梯的运行曲线。就要求稳压电源输出不同等级的电压值，以便输出不同的阶跃信号。主要方法是将稳压电源的输出电压经过电阻分压，根据现场需要定出高速、中速、低速等运行的给定电压值。

调节器的组成有许多种。在电梯调速系统中，一般都采用比例积分调节器，利用 P 调节器的快速性和 I 调节器的稳定性。在电梯的调速系统中，为得到理想的调速，大都采用闭环调速系统。

在闭环调速系统中又分为单闭环、双闭环、三闭环。在三闭环控制系统中又分带电流变化率调节器的三闭环；带电压调节器的三闭环，以及电流、速度、位置三闭环控制系统。采用最后一种居多。

在调速系统中，如果采用数字式调节方式，脉冲数可直接输入。而如果采用模拟量调节方式，则脉冲数要通过数模转换输入调节器。在脉冲记数选层方法中，为了避免钢丝绳打滑等其他原因造成的误差，在电梯井道顶层或基站设置了校正装置，即感应器或者开关，它起到了对微机计数脉冲进行清零的作用，保证平层精度或换速点的准确。微机控制的电梯开关门系统可以实现多功能化。此部分可以有速度给定、调节、反馈、减速、安全检查、重开等功能，使电梯门的控制系统达到理想状态。

目前有单片机、PLC 和现场总线控制器构成的电梯控制系统。现就单片机电梯控制进行介绍其原理。

（二）单片机电梯控制原理

一般的单片机电梯监控系统主要由计算机监控中心和现场实时采集装置两部分组成。现场采集部分主要负责对数据的采集和做一些简单的分析处理，监控中心则主要负责对采集来的数据进行综合处理并发出控制指令。其中信号采集部件主要负责采集电梯井道信号，乘客请求以及控制部件的执行情况。

一般的单片机电梯监控系，主要指的是图 6-29 中的信号采集部件和主控制器部分。

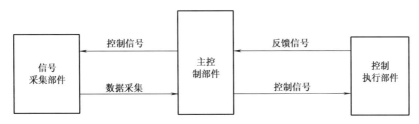

图 6-29　单片机控制电梯系统的一般逻辑结构

1. 单片机电梯控制系统　电梯单片机控制系统如图 6-30 所示。其主要有三个以 MCS-51 系列单片机为核心的控制模块，它们分别是主控制器，轿厢控制器和门厅控制器。主控制器是电梯控制系统的核心，负责几乎所有的控制信号判断，并发出控制命令，控制执行部件和信号采集部件。门厅控制器和轿厢控制器都担负着采集信号的任务，采集的信号包括井道信号和乘客的选梯、召唤信号。轿厢控制器同时也是电梯的执行控制部件，它与开门电机直接相连，当主控制器有开关电梯门的控制要求时，轿厢控制器将起动开关门程序响应主控制器的要求。

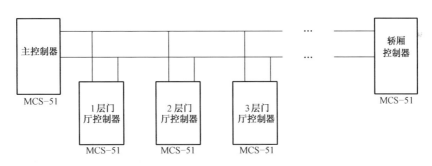

图 6-30　单片机电梯控制系统结构框图

由于使用半双工方式，RS-485 接口芯片采用的是 MAX485 集成电路。这是具有瞬变高压抑制功能的芯片，能抗雷击、静电放电，避免因交流电故障引起的非正常高压脉冲冲击。A、B 为 RS-485 总线接口，DI 是发送端，RO 为接收端，分别与单片机串行口的 TXD、RXD 连接，RE、DE 为收发使能端，由单片机的一个单独的输出端口作为收发控制。

2. 电梯主控制器的电路　主控制器是整个电梯的核心，主要实施对驱动系统的控制，包括参数设定、起动、速度曲线的设定及停车；接收厅门控制器送来的外呼信号；接收轿厢控制器送来的内选信号；执行内选外呼指令，准确平层；向轿厢控制器、厅门控制器发送楼层批示信号；向轿厢控制器发送轿门控制信号；实施安全保护等。其原理框图如图 6-31 所示。

为了实现电梯控制的需要，主控制器还应增加响应和监控功能。主控制器担负着向厅门控制器、轿厢控制器提供控制信号。当电梯运行出现异常或串口通信出现异常，电梯主控制器都会发出报警信号，并同时点亮相应的报警指示信号灯，及时通知工作人员，以便快速的

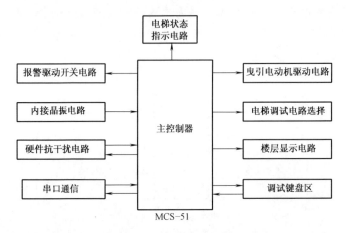

图 6-31 主控制器结构框图

查找和排除。当主控制器收到轿厢控制器的求救信号时，主控制器应该循环点亮三盏指示灯，并同时发出报警信号，等待工作人员解决。

3. 厅门控制器 厅门控制器负责大厅上下呼梯信号的采集、楼层指示、运行方向指示等。CPU 采用 Intel 8051 系列单片机，原理框图如图 6-32 所示。主要有以下几部分组成：电梯状态监视和楼层显示主要包含电梯一些指示信号的显示和电梯轿厢所在楼层显示；井道信号采样区主要包含减速点和停机点两部分，当电梯需要维修或停止使用时可以通过锁梯开关来停止电梯运行；内接晶振电路和硬件抗干扰电路是单片机自身所不可少的部分，可以提高电梯的稳定和可靠性；由于门厅控制器在每层楼都有，所以在楼层的是设计上采用拨码开关，在门厅控制器的初始化时将该门厅的地址信号读入。

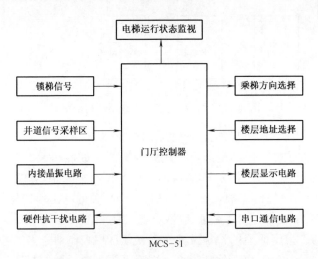

图 6-32 门厅控制器结构框图设计

厅门控制器通过 RS-485 通信将厅门召唤信号传送给主控制器，并且通过 RS-485 通信接收主控制器送来的楼层显示信号、运行方向信号或其他命令。因为厅门控制器将会被安放在不同的楼层中，根据其所在的楼层不同其通信地址也应该有所不同。但是由于楼层的关系不可能单独对每一层楼设计一个门厅控制器，通过软件设定每层楼的通信地址一则不方便、再者可靠性也相对较低,所以在门厅控制器的设计上最好通过硬件来实现。

4.**电梯轿厢控制器** 轿厢控制器负责轿厢内所选信号的输入确认及取消、楼层指示、运行方向指示、轿门控制以及检测关门传感器、超重传感器等。轿厢控制器通过独立的 RS-485 通信将内选信号传送给对应的主控制器,并且通过 RS-485 通信接收主控制器送来的楼层显示信号、轿门控制信号、运行方向信号或其他命令。在执行主控制器的要求的同时还负责对部分采样信号分析和作出响应,具体的任务可见软件方面的设计分析。其原理框图如图 6-33 所示。轿厢控制器的多机通信地址固定,不需要拨盘开关设置通信地址。

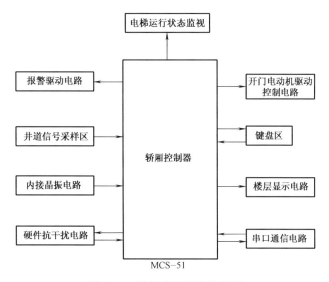

图 6-33 轿厢控制器结构框图

在轿厢控制器的设计上,对指示电路的设计主要包含下面几部分,其中 D4 到 D7 主要是用来指示电梯的选层信号是否被单片机采进,当有乘客按下选层按钮,单片机将信号采进,则相应的按钮指示灯就会点亮。如果乘客的选层信号没有被采进则相应的指示灯将不会点亮。这时需要乘客再次按下按钮,当指示灯点亮乘客便可以安心的等待电梯运行。当电梯在运行时为了方便乘客判断电梯是否按要求运行,还设置了上、下行指示灯,当电梯向顶层

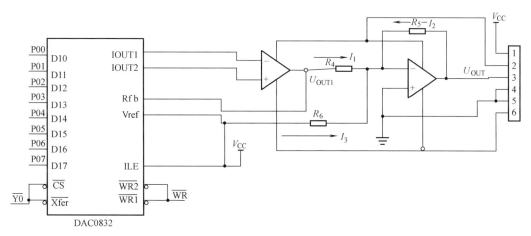

图 6-34 轿厢控制器开门电动机控制电路

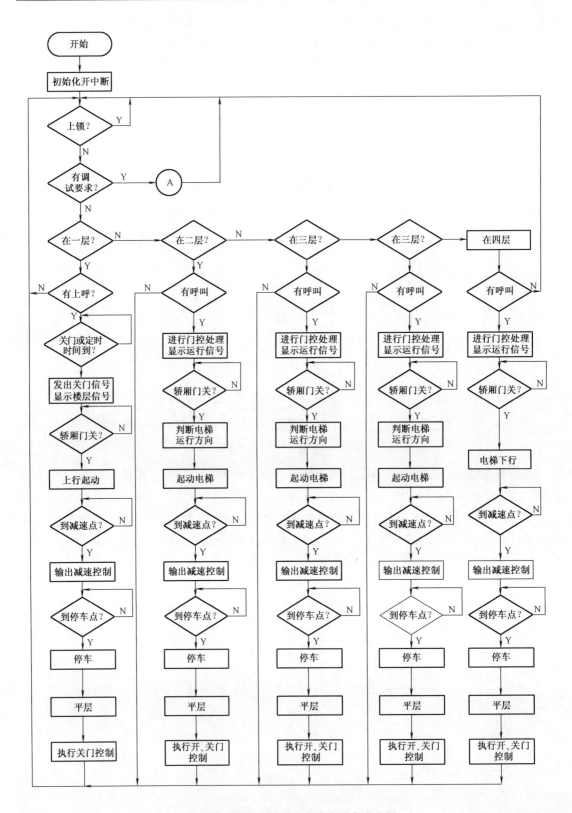

图 6-35　四层电梯控制系统主程序流程图

方向运行时上行指示灯点亮，当电梯向底层运行时，下行指示灯点亮。对 LED 的控制是通过总线来控制实现的，因为 LED 管比较多，不可能采用单独的位操作点亮。因为所需要的端口很多，如果采用位操作单片机的端口是不可能够用的。所以采用总线地址译码方式就可以很好的解决这些冲突问题，在有需要点亮的信号时可以通过总线地址译码来实现。

轿厢控制器主要是用来采集一些乘客的控制信号，同时轿厢控制器还要负责控制开门电机。在有开关门要求的情况下，根据控制要求来实现电梯轿厢门的开和关。由控制的需要可知，需要控制信号来实现开门电动机的正反转控制，这里可以采用与主控制器相同的控制原理。通过 DAC0832 的数模转换电路，通过软件设计得到所需要的控制信号，其具体的电路原理图，如图 6-34 所示。

一个四层电梯监控系统软件系统流程图如图 6-35 所示。

第四节　电梯远程监控系统 *

电梯远程监控系统是当今电梯控制领域的先进技术，是继 PLC 系统硬件结构控制系统和 VVVF 调速系统之后又一次大的技术进步。PLC 控制成功地解决了困扰电梯行业的可靠性问题，而 VVVF 调速系统则成功地解决了电梯运行舒适感的问题。采用电梯远程监控系统意味着可以为用户提供高层次的服务。

远程监控系统是维保单位提高服务质量的重要工具，一个维修保养单位如果安装了远程监控系统，维修保养工作将会变被动保养为主动保养，可使用户故障停梯时间大大缩短，从而提高一个服务档次，维保单位可使用户感到其技术实力十分雄厚，将电梯委托其维修保养很放心，拥有远程监控系统，对承接电梯保养业务，洽谈电梯改造工程以及代理销售电梯都有很大帮助。

远程监控的主要目的是对在用电梯进行远程数据维护、远程故障诊断及处理故障的早期预告及排除以及对电梯运行状态（群控效果、使用频率、故障次数及故障类型）进行统计与分析等。由于各个远程监控系统的生产厂家的不同以及用户要求的差异，具体到每一种远程监控产品的功能也有所不同。归纳起来，远程监控的目的不外乎以下几条：

（1）进行故障的早期预告，变被动保养为主动保养，使用户的停梯时间减到最少。

（2）协助现场人员进行远程的故障分析及处理。

（3）通过远程操作，控制电梯的部分功能，如锁梯、特定楼层呼梯、改变群控原则等。

（4）进行电梯的远程调试，修改电梯的部分控制参数等。

（5）进行故障记录与统计，有利于产品性能的改进，同时可对电梯的保养情况进行监督。

一、电梯远程监控的定义与功能

远程监控是指电梯服务中心的有关人员通过设在电梯维修服务中心的计算机通过电话线路或专用线路，可在任何时间、任意地点对其管辖范围内的电梯进行实时运行状态的远程监控、故障诊断及远程参数设置。电梯远程监控系统为电梯维修保养单位和电梯使用单位对在用电梯进行集中管理提供了一种强有力的手段。该系统可以在第一时间得到电梯的故障信息，并进行及时处理，变被动保养为主动保养，极大地减少故障停梯时间。通过该系统，还可以在服务中心进行远程的故障诊断与故障分析，协助现场维修人员排除电梯故障，为电梯的集中管理提供了有效的手段。

系统特点：

（1）实时显示所有电梯的内选外呼、楼层、方向、井道信息、功能输入及输出等信号。

（2）分级监控界面，电梯故障自动报警。

（3）提供电梯故障数据库，实时记录每一台电梯的故障发生时间、故障类型及故障排除时间，并自动备份。利用该数据库对电梯的故障情况进行统计和分析，为电梯的科学管理提供了可靠的手段。

（4）提供电梯运行数据库，实时记录每一台电梯的运行时间、运行次数等与运行有关的数据，并自动备份，便于用户了解每一台电梯的运行情况。

（一）电梯远程监控系统的功能

1. 监视与控制　远程监控系统包括远程监视与远程操作控制，完成下述功能。

（1）数据采集程序　完成电梯状态信号的采集工作，此程序又包括两个子程序：通信程序，数据采集、存储程序。通信子程序完成主监测计算机与数据采集模块的通信任务，包括设置模块地址、波特率、校验状态等；数据采集、存储子程序则主要用于采集并存储数据。

（2）监测子程序完成电梯运行状态的监测，包括电梯运行方式：自动、司机、检修、消防、电梯运行状态；开梯、安全、急停、门锁、开门、关门、关门到位（门区）、超载、呼梯、运行、定向、层楼指示、上下行指示，并对数据库中提供的实时数据进行异常判断。

（3）提供实时的图形界面监控窗口。服务器可同时提供显示多台电梯的全中文、图形化、动态的监控界面，操作员可直观观察到该电梯的输入输出端口、电梯位置、门状态以及呼梯状态等，如果电梯正在运行，则可动态观测到电梯的运行状态。操作员通过该监控窗口，可进行远程的故障诊断。

2. 图像监视　在电梯轿厢内安装摄像头，通过一定的传输网络，服务中心可直观地看到轿厢内的图像。其主要目的是防止恶意的操作与犯罪，而且其传输距离受到传输网络的影响（一般为同轴电缆）不会太远，常用于智能楼宇的自动保安系统的联网。只能算作是真正意义上的远程监控系统的补充。

3. 故障处理

（1）提供故障信息记录库。主动侦测电梯有无异常，并将故障信息传送回监视中心，得以指挥服务人员迅速前往检修，往往在客户还没有发觉电梯故障之前，网点服务员就已经修复完成。服务器将前端机发来的故障信息包展开后，存储在故障信息数据库中，供操作员随时查看。该数据库包括故障类型、故障时间、故障楼层等内容，即使计算机关机，故障记录也不会丢失，操作员可以删除任何过时的故障记录。

（2）提供用户档案信息库。服务器中设置了一个电梯用户档案数据库，并提供了针对该数据库的高级数据库操作功能。操作员可随时更新数据库内容，并可根据前端机发来的信息，从该数据库中查找出有关这台电梯的详细资料。

（3）及时安抚处理、防止意外。万一乘客被困在轿厢内时，轿厢内会自动播放安抚语音，经由对讲机告知已出动救援，缓和乘客焦躁的情绪，并提醒乘客勿贸然自行脱困，以免发生意外，防止危险事故的发生。被困在轿厢内的乘客还可以通过引导语音和监视中心直接通话，让乘客能更加安心地等待救援。

4. 其他功能

(1) 支持高级电源管理功能。当服务中心无人值守时，服务器可进入休眠（低功耗）状态，此时，来自 MODEM 远程呼叫信号可将服务器自动唤醒。

(2) 支持信息自动转发。当服务中心无人值守时，可以通过设定，将前端机传来的信息自动转发到用户指定的计算机、电话机上，利用此功能可实现不需要 24h 专人值守的招修热线。

(3) 支持对前端机进行远程拨号设置。服务器可以远程设置前端机拨号的号码，即如果服务中心的电话号码发生变更，操作员无须到现场，在服务中心就可以远程设置前端机的向服务中心拨号的电话号码。在服务中心还可以远程设置前端机自动呼叫维修人员 BP 机的号码，维修人员收到前端机打来的电话后，根据电话号码就可知道是哪台电梯出了故障，以便及时进行处理。

(二) 电梯远程监控系统功能设计

1. 实时监测　对电梯进行实时监测，使管理人员随时掌握各电梯的运行状况，计算机通过数据采集模块检测各部电梯的运行方式和状况、层楼位置，并累计运行次数。

2. 故障报警　计算机根据检测信号判断故障，当电梯出现故障时，立即发出声光报警，及时通知管理人员。

3. 故障诊断　对各故障现象给出专家诊断意见，包括故障现象、故障原因、解决办法，指导维护人员完成电梯修复工作，同时记录故障时间和类型。

4. 数据管理　数据库中存放有各部电梯的运行数据，包括电梯运行次数、故障时间、故障现象、故障原因、故障次数等数据，供管理人员查询，以随时掌握电梯运行情况。

5. 报表输出　系统设有单台电梯运行数据的日报表和月报表，以及各部电梯的运行数据和故障数据的日报表，便于管理人员向上一级管理单位汇报电梯工作情况，并使运行数据规范化、标准化。

(三) 远程监控系统分类

根据监控信号传输方法的不同，远程监控大致可分为两类，即专线传输方式和电话网络传输方式。

(1) 所谓专线方式监控，是指通过专用的线缆（一般为同轴电缆或双绞线）及特定的接口电路（一般为 RS485 或增强 RS232 口），监控中心计算机与电梯微机控制系统组成一个小的局域网，按照一定的通信协议进行信号传输及监控。一般而言，这种专线网的通信距离不长，一般不超过 1km，仅适用于一座大厦内或一个住宅小区有多台电梯或扶梯的情况。

(2) 所谓电话线传输方式，指利用现有的电话网络，通过调制解调器（MODEM）作为中介，采取拨号接通的方式进行信号传输与监控。由于利用了电话网络，因而不存在通信距离的问题和干扰的问题。

就目前的情况来看，采用电话线传输方式的监控系统已成为电梯远程监控系统的主流，专线传输方式一般只应用在特定的建筑物中，而且要进行专有设计。

远程监控系统，包括了远程监视与远程操控两个内容。国外的远程监控产品很重视远程操控的功能，这与他们当地的人工成本较高、电信网络质量好有着直接的关系。在中国，情况则截然不同。一方面，中国电信网络通信质量较差，如果是单纯的监视，并不影响电梯系统的运行功能，即使是出现传输误码，也不会对电梯的运行造成任何影响；如果是在这种情况下进行操控，情况就截然不同了：一旦出现信号传输错误，将会严重影响电梯的运行，给用户造成不可预料的损失。另一方面，电梯用户也不会同意自己的电梯可以被远在千里之外的人或单位所接管控制权。所以，中国的远程监控将重在监视而不是操控。

二、电梯远程监控系统的结构

电梯远程监控系统由位于控制柜中的信号采集处理计算机（前端机）、负责信号传输的电话网络与调制解调器（MODEM）和向维保人员（操作员）提供监控界面的服务中心计算机（服务器）这 3 部分组成。其基本工作过程是：由前端机随时采集电梯的运行状态和有关信息，在电梯发生故障时，通过电话网络将故障信息传送给位于服务中心的服务器；维护人员可以在服务器上随时拨号接通前端机，通过监控窗口可以直观地观察到任意电梯的动态运行信息，并可以进行远程的故障查找或操作，如图 6-36 所示。

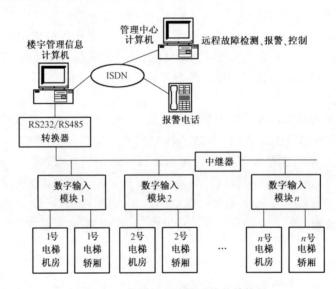

图 6-36　电梯远程监控系统的结构图

1. 前端机　前端机即现场监控计算机，能实现现场信号的实时采集并与中心的计算机通信，故障时拨号接通主机，并支持主机主动呼叫等功能。

前端机主要完成两大功能：

第一，前端机负责进行采集、处理电梯的运行状态和有关数据，并进行数据打包。当电梯发生故障时，前端机接收故障的状态信号并进行锁定，同时发控制信号，通过网络于中心计算机连接，接通后将故障包传送给中心计算机，其中包括本机编号、故障类型和故障楼层等短信息。中心计算机受到这个信息包后，将其展开，并存储在一个数据库中提供给操作员。操作员可以根据前端机发来的信息，从数据库中找出有关这台电梯的详细资料，还可以再次拨通该前端机，进一步了解故障情况，以便及时作出反应。当操作员向前端机拨号时，前端机向中心计算机发送实时的信息包，中心计算机可以动态观测该电梯的状态。

第二，电梯正常运行时，前端机采集的信号一般部主动上传给中心计算机。但前端机在接到中心计算机主动查询的呼叫后，会将电梯的运行状态实时连续地传送给中心计算机，直到中心计算机挂机。

（1）信号采集。当电梯故障信号采集点的多寡与所选用的单片机 CPU 型号及其电路结构有关，采集信号的多少和质量，直接决定了服务中心操作员判断故障原因的准确性和快速性，以及减少维修人员排除故障的时间。通常采集电梯的状态信号有：控制电源、安全回路、司机/自动、检修运行/正常运行、向上强换速、向下强换速、平层、门区、上限位、下限位、内选指令、外呼召唤、上行、下行、加速、减速、开门/关门、开门限位、关门限位、门锁、关门保护、抱闸、向上慢行、向下慢行、超载、电梯位置等。前端机采集的信号都可以看作时开关信号，各自加光电隔离后输出给 8255 并行接口，从 8255 输出给 8051，完成信号采集工作。光电隔离的主要作用是电平转换。开关量输入一侧接至电梯控制系统以接受信号，一般电梯控制电压是 24V，而 8051 的电平是 5V。所以加入光电隔离，保护芯片。

（2）故障中断及撤除。当电梯发生明显故障时，如门锁、开关保护、安全回路（轿顶、机房）、平层错误、无脉冲、冲顶、墩底等。外部中断信号接至 8051 的外部中断管脚（INT1），前端机响应中断后，锁存当前的电梯状态，并且通过 8051 的 P1 口接受这些故障信号。

（3）故障预测。当电梯无明显故障时，前端机不断采集电梯的状态信号，并根据这些信号对电梯进行故障预估判别，当发现电梯运行异常时，如门锁触点应该在防关门指令后延时接通，如果超过设定时间后才接通或者一直没有接通；电梯起动加速时间延长；呼梯按钮卡住不能消号；平层超差等，前端机发控制信号给中心计算机，连通后将电梯运行异常信息包传给中心计算机，并通知维修及时处理，实现故障的早期预告及排除。

2. 服务器　将安装在监控中心"电梯远程监控系统软件"的计算机称作"服务器"，服务器负责向操作员提供了一个全中文的监控界面。

3. 电话网络　由于远程监控系统是依赖于电话线的，所以电话网络的质量对监控系统的影响是相当大的。由于中国电话网络的通话质量不高是客观事实，所以，我们在系统设计时就充分考虑到设计时就充分考虑到了这些情况，尽可能保证在线路传输质量不高的前提下做到不掉线、不误码。

三、电梯远程监控系统的软件

系统软件由三部分构成：数据采集程序、监测程序、专家系统诊断程序。

1. 数据采集程序　数据采集程序完成电梯状态信号的采集工作，此程序又包括两个子程序、通信程序、数据采集、存储程序。通信子程序完成主监测计算机与数据采集模块的通信任务，包括设置模块地址、波特率、校验状态等；数据采集、存储子程序则主要用于采集并存储数据。

2. 监测程序　监测子程序完成电梯运行状态的监测，包括电梯运行方式：自动、司机、检修、消防、电梯运行状态；开梯、安全、急停、门锁、开门、关门、关门到位（门区）、超载、呼梯、运行、定向、层楼指示、上下行指示，并对数据库中提供的实时数据进行异常判断。

3. 专家系统诊断程序　当监测程序发现有故障时，发出故障报警，管理人员便可起动

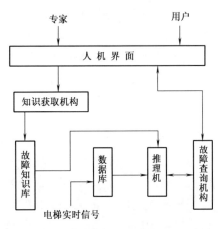

图 6-37　电梯故障诊断专家系统结构

专家系统程序，专家系统诊断程序的结构如图 6-37 所示。

（1）知识库是专家系统的核心之一，其主要功能是存储和管理专家系统中的知识，适当的知识表示是建立知识库系统的关键，常见的知识表示方法有：产生式规则表示法、语义网表示法、框架表示法、概念图表示法，等等，如图 6-38 所示。

（2）推理机是专家系统的另一核心，推理机实质上是一组计算机程序，其主要功能是协调控制整个系统，决定如何选用知识库中的有关知识，对电梯故障进行判断推理。系统采用深度优先搜索策略，以电梯的所有故障集作为一个状态空间，在此状态空间中所有故障由一棵倒置的故障树表示，如图 6-39 所示。

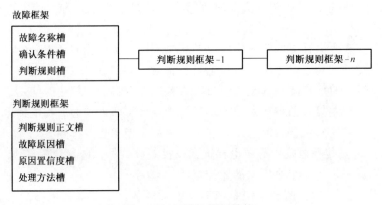

图 6-38　知识的框架结构

（3）数据库是专家系统中用于存放反映系统当前状态事实数据的"场所"。系统数据库分为动态数据库和静态数据库两种，诊断数据主要来源于实时检测数据，系统在工作时定时检测各采样点的数据，并存入动态数据库。每进行一次采样，将新的一组数据存入，旧的一组数据删除，因此在数据中一直保存实时检测数据源，提供故障诊断用。通过对实时数据的处理，对故障状态进行判决。静态数据库则用来存放一些参数，如报警上、下限值，某元件故障次数，电梯运行次数，电梯故障次数等。

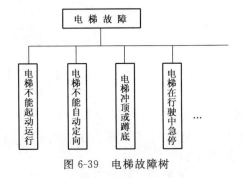

图 6-39　电梯故障树

（4）故障查询机构为用户提供了电梯的常见故障、故障原因及处理办法，方便用户了解有关电梯的知识。

（5）知识获取机构负责管理知识库中的知识，包括知识的修改、删除、更新，并对知识的完整性和一致性进行维护，系统中知识的获取通过两个途径：直接输入知识，利用自学习能力。根据每次诊断后的结果，更新数据，如原因置信度等。

（6）人机界面实现用户与系统的交互，系统采用符合 WINDOWS 标准的界面形式，使用户可以通过菜单选择和屏幕提示，方便地进行电梯运行监测、电梯故障诊断等操作，专家也可通过人机界面补充给专家系统新的知识、经验。

思　考　题

1. 简述电梯的组成和主要性能指标。

2. 电梯控制功能中，集选控制的内容是什么？

3. 地震时如何控制电梯？

4. 群控电梯有几种运行模式？说明电梯运行原则。

5. 简述电梯的控制系统有哪些？

6. 试说明电梯的电力拖动系统应具有哪些功能？

7. 简述交流异步电动机 VVVF 调速拖动方式当前被普遍采用的原因？

8. 交流调速电梯中采用调压方法的目的是什么？试比较实现该方法的两种具体措施的优、缺点。

9. 在变频调速中，如何处理电动机的回馈能量？

10. 召唤指令信号登记记忆及其消除的方法有哪些？并比较之。

11. 简述电梯计算机控制原理。

12. 讨论电梯的分类，分析电梯自动控制系统是如何工作的。

13. 电梯远程监控系统的特点和组成。

第七章　其他建筑自动化技术

知识点

现代建筑在融合了电气设备控制技术后，智能建筑、绿色建筑应运而后。目前，典型的应用有变电所自动化、照明自动化、网络自动化和建筑安全监控自动化。本章主要内容如下：

（1）掌握变电所自动化和照明自动控制，熟悉智能型应急照明系统，了解城市照明集中监控系统。

（2）掌握熟悉网络互联设备，综合布线系统和工程。

（3）熟悉视频监控系统，了解视频压缩标准。

（4）熟悉防火控制、停车场管理与控制和防盗、出入口控制。

第一节　变电所自动化和照明自动控制

一、变电所自动化

（一）楼宇供配电系统的特点

楼宇变电站（所）单一的用电性质及特殊的地理环境决定其供电有自身的特点。

（1）供电区域化，供电半径小。

（2）电压等级低，属配电系统。

（3）结构、功能和控制系统简单。

（4）供电可靠性要求较高。

（5）供电设备无人值守。

（6）具有时控功能，要根据季节的变化自动调节时控设备的起停时间。

（7）负荷峰谷差异大。

（二）高、低压侧检测项目

（1）高压侧检测项目有：高压进线主开关的分合状态及故障状态检测；高压进线三相电流检测；高压进线 AB、BC 和 CA 线电压检测；频率检测；功率因数检测；电量检测；变压器温度检测。

（2）低压侧检测项目：变压器二次侧主开关的分合状态及故障状态检测；变压器二次侧 AB、BC 和 CA 线电压检测；母联开关的分合状态及故障状态检测；母联的三相电流检测；各低压配电开关的分合状态及故障状态检测。

（3）应急发电部分和直流供电部分的相关检测。

（三）楼宇变电站综合自动化系统的组成与功能

变电站的主要一次设备包括：主变压器，站用变压器，进线开关柜，出线开关柜，补偿电容器，直流电源系统和消防系统等。常见的楼宇变电站（所）一次系统如图 7-1 所示。变

电站微机综合自动化系统的主要任务是对上述设备进行保
护和远程监控。主要内容是：

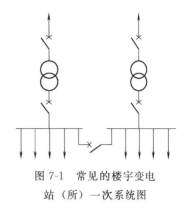

　　保护：从电网中迅速切除故障设备和线路。

　　遥测：模拟量，测量各设备的电压、电流、功率、有
功和无功电度等参数。

　　遥信：开关量输入，各断路器和刀闸位置，设备状态，
保护动作信息等。

　　遥控：开关量输出，断路器的闭合和断开等。

　　遥调：变压器分接头调整，系统功率因数调整等。

　　站监控和管理：包括：CRT（Cathode Ray Tube）显

图 7-1　常见的楼宇变电
站（所）一次系统图

示，异常和事故报警，历史数据记录，报表打印，顺序故障记录（SOE），故障录波等，与
调度中心计算机的通信。

　　（四）变电站综合自动化系统的基本结构

　　变电站综合自动化系统的结构在物理上可分为两类，即智能化的一次设备和数字化的二
次设备。在逻辑结构上分为三个层次，根据 IEC6185a 通信协议草案定义，这三个层次分别
称为"过程层"、"间隔层"、"站控层"。各层次内部及层次之间采用高速网络通信，三个层
次的关系如图 7-2 所示。

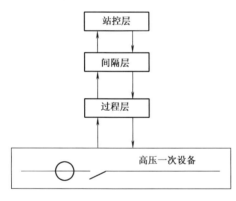

图 7-2　变电站综合自动化系统的三个
层次的关系图

　　1. 过程层　过程层是一次设备与二次设备
的结合面，或者说过程层是指电气设备的智能
化部分。过程层的主要功能分三类：

　　（1）电力运行的实时电气量检测。主要是
电流、电压、相位以及谐波分量的检测，其他
电气量如有功、无功、电能量可通过间隔层的
设备运算得出。

　　（2）运行设备的状态参数检测。检测的设
备主要有变压器、断路器开关、刀闸、母线、
电容器、电抗器以及直流电源系统。在线检测
的内容主要有温度、压力、密度、绝缘、机械
特性以及工作状态等数据。

　　（3）操作控制执行与驱动。操作控制的执行与驱动包括变压器分接头调节控制，电容、
电抗器投切控制，断路器刀闸合分控制，直流电源充放电控制。

　　过程层的控制执行与驱动大部分是被动的，即按上层控制指令而动作，比如接到间隔层
保护装置的跳闸指令、电压无功控制的投切命令、对断路开关的遥控开合命令等。在执行控
制命令时具有智能性，能判别命令的真伪及其合理性，还能对即将进行的动作精度进行控
制，能使断路器定相合闸，选相分闸，在选定的相角下实现断路器的关合和开断，要求操作
时间限制在规定的参数内。

　　2. 间隔层　间隔层设备的主要功能是：①汇总本间隔过程层实时数据信息；②实施对
一次设备保护控制功能；③实施本间隔操作闭锁功能；④对数据采集、统计运算及控制命令
的发出具有优先级别的控制；⑤承上启下的通信功能即同时高速完成与过程层及站控层的网

络通信功能。必要时，上下网络接口具备双口全双工方式以提高信息通道的冗余度，保证网络通信的可靠性。

3. **站控层**　站控层的主要任务是：①通过两级高速网络汇总全站的实时数据信息，不断刷新实时数据库，按时登录历史数据库；②按既定协约将有关数据信息送往调度或控制中心；③接收调度或控制中心有关控制命令并转间隔层、过程层执行；④具有在线可编程的全站操作闭锁控制功能；⑤具有（或备有）站内当地监控、人机联系功能，如显示、操作、打印、报警，甚至图像、声音等多媒体功能；⑥具有对间隔层、过程层诸设备的在线维护、在线组态、在线修改参数的功能；⑦具有（或备有）变电站故障自动分析和操作培训功能。

（五）楼宇变电站综合自动化系统形式

楼宇变电站综合自动化系统分成两种形式：分层分布式系统和集中式系统。

设计思想上，分层分布式系统与集中式系统有着很大的区别。集中系统中保护和监控彼此独立，各自有着一套数据采样、计算系统，它们之间通过通信网络连接。监控部分按功能分为遥测、遥信、遥控、遥调及通信单元，统一管理，彼此相互关联。其主要特征是不以一次、二次设备作为分割的依据，而是综合这个变电站作为一个单元。保护部分一般将不同的一次单元共用某些二次设备，比如有些保护装置，一块屏上有四路出线保护，但共用一套电源系统、通信系统和一个管理单元等。相对而言，主变单元由于其重要性，具有一定的分布思想，其独立性比较强，但有时仍与高压侧备用电源、自投等单元混于一处。集中式系统由监控和保护两部分组成，构成一个完整的楼宇变电站综合自动化系统，其典型系统框图如图7-3所示。

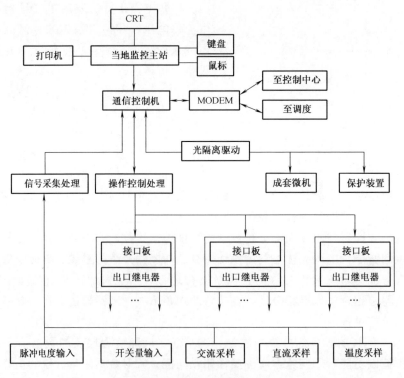

图 7-3　集中式系统框图

分层分布系统在设计时就考虑将变电站分为站控层和间隔层。间隔层在横向上按站内一次设备（例如一台主变、一路出线）等分布式配置，35kV及以下采用开关柜形式的楼宇变电站（所），可将间隔层设备安装在开关柜上。各间隔的设备相对独立，仅通过站内光缆互联并同站控层的设备用光缆连通。

分层分布式系统是按回路设计保护、监控、数采等功能，各回路之间用网络连接并与主机联系。分层分布式系统将每一单元的部分监控功能下放至间隔层，站控层主要负责通信及网络管理功能，其典型系统框图如图7-4所示，主站可以是当地监控主站，也可以是远方监控中心。

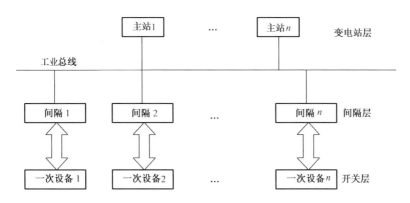

图7-4　分层分布式系统框图

（六）变电站远程视频监控系统

变电站远程视频监控系统是基于嵌入式网络视频服务器平台，采用先进的互联网技术和标准开发的性能卓越、功能完备的新一代远程视频监控系统。系统采用标准的互联网协议，能架构在局域网、广域网和无线网络之上，可以与各种类型的以太网设备无缝连接。系统无须铺设专用的视频和控制电缆，授权用户可在网络的任何计算机上对监控现场实时监控，同时能与本地MIS系统紧密结合，真正做到一网多用。

系统采用Browser/Server结构建立整个视频监控网络，支持多人同时访问及控制的需求；系统具有良好的用户界面，使用者可利用IE浏览器和客户端控件，实现对远程现场的实时监控和对镜头、云台进行控制；管理员可远程对用户和地点管理维护，并提供在线用户日志。

系统提供对多达数十路视频图像同时存储的功能，并提供三种录像策略（计划、手工和报警录像），授权用户可对所有镜头记录进行检索、回放，录像记录保存在应用程序服务器中。系统组网结构清晰，扩展性强，为用户提供一套完整的远程视频监控解决方案。

变电站设备主要由前端视频服务器、固定或可控摄像机、报警输入输出设备等主要设备组成。主要完成图像、声音的采集、编码和传输、摄像机的控制和报警联动的输入输出工作。

一般可以考虑在每个变电站室外场地安装2个或数个室外可控彩色摄像机，它可以清楚地监视变电站场地内的人员活动情况、清楚地看见主变或其他室外设备的具体运行状况；在主控室一般可以考虑安装一个或两个室内可控摄像机，带变焦镜头，可以清楚地看见人员设备情况，甚至可以清楚地看见仪表盘上的读数；另外，可以在高压室、设备间等地安装固定摄像机或可控摄像机。在主控室、设备间、高压室等可以安装红外报警器、烟雾探测器、门磁开关等报警器，预防监控各种意外情况。

智能楼宇监控中心主要由监控服务器、监控客户终端等组成。主要完成变电站等现场图像接收与显示，用户登录管理，优先权的分配，控制信号的协调，图像的实时监控，录像的存储、检索、回放、备份、恢复等。

在网络上配置一台监控服务器，安装中心服务器监控软件，中心服务器前端对各变电站的摄像机、视频服务器进行管理，后端对所有的上网用户进行管理，同时担负录像报警等众多功能。在值班室安装一到数台监控客户机，监控用户首先登陆监控服务器，输入用户名密码，获得相应的授权后，即能访问到前端的摄像机，同时也可以安装一台大屏幕显示器（或背部投影机、等离子显示器等），利用系统软件的强大功能，可以在大屏幕上同时显示出9～16个摄像机的画面。系统也可以采用常规的电视墙显示方式。

监控中心能够对变电站有关数据、参量、图像进行监控和监视，以便能够实时、直接地了解和掌握变电站的情况，并及时对发生的情况作出反应。

监控服务器功能强大，可以同时管理数十个甚至是上百个在线用户，在以后变电站扩容时，中心无须增加硬件设备投入；系统能够对数十个活动视频图像同时接收、满足所有在线客户的转发申请；系统具有完善的录像服务：人工录像、计划录像和报警录像，可存储、检索、备份和恢复大量的图像数据库文件；具有强大的录像回放能力，可以根据用户网上提交的申请独立地为用户提供录像的检索和回放，可以同时响应大量的用户申请；系统也具有完善的用户认证机制（用户名、密码、前端系统密码、优先级）机制，强大的中心协调机制（并发申请、图像转发、录制申请，并发控制协调等），整个系统基于先进的软件平台，符合标准和未来发展方向。

二、数字化智能照明控制系统

（一）照明自动化系统的主要特点

（1）采用分散控制方式，确保系统的稳定性。

（2）各控制盘内装有处理器（CPU），可维持稳定的系统运营。

（3）通过自检功能，易于保养和管理，且所有机件为插入式模组，发生故障时可轻易地换装。

（4）具有20A自锁继电器，具有自锁功能。该继电器在动作时才消耗电能，其余时间不消耗电能，对突然停电可继续保持原来的状态，确保系统的稳定性。

（5）可在中央监控中心与现场控制盘之间上载或下载程序，且必要时，亦可通过网络电脑在现场直接修改程序。

（6）以其极佳的兼容性，可组合系统的多种网络。

（7）具有独立操作功能并适合于多种用途的DDC功能，实现与其他系统的联动控制。

（8）采用了可与IBS（Interactive Business Systems）网络直接联动的Windows软件。

（二）采用智能照明控制系统可获得以下优点

（1）良好的节能效果。

（2）延长光源的寿命。

（3）改善工作环境，提高工作效率。

（4）照度一致性。

（5）实现多种照明效果。

（6）实现照明控制智能化。

（7）智能控制，管理维护方便。

（三）照明控制系统的控制范围和控制内容

照明控制系统控制的范围主要包括以下几类：工艺办公大厅、计算机中心等重要机房、报告厅等多功能厅、展厅、会议中心、门厅和中庭、走道和电梯厅等公用部位；大楼的总体和立面照明也由照明控制系统提供开关信号进行控制，如图 7-5 所示。

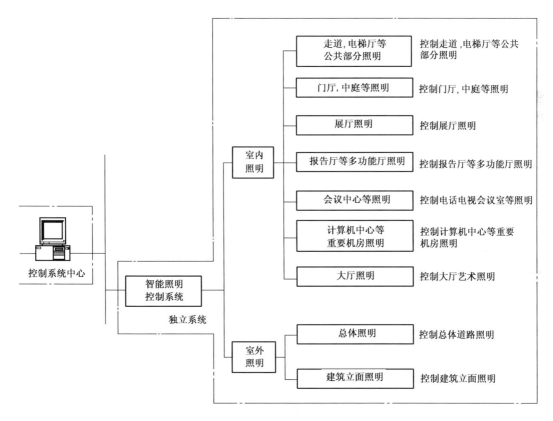

图 7-5　智能照明系统结构框图

（四）智能照明控制系统的基本结构

照明控制系统是为了适应各种建筑的结构布局以及不同灯具的选配，从而实现照明的多样化控制。现有的照明控制系统主要分为分布式照明控制系统以及多重网络照明控制系统两种。这两种控制系统的结构框图如图 7-6 和图 7-7 所示。

（五）照明控制系统设备

1. 照明控制器　每个照明控制器内装 CPU，即可以单独进行控制，也可进行控制器之间的联动控制。由于各控制器是对各控制单元单独进行控制，当主控中心的 CPU 故障时，控制仍旧正常。当各控制器的主板出现故障时，可通过继电器进行控制。

2. 现场控制器　现场控制器由可编程开关、照度感应器和室内感应器组成的。在中央监控中心任意设定的程序控制下，各现场控制器可按用途对单个灯单元分别进行监控。

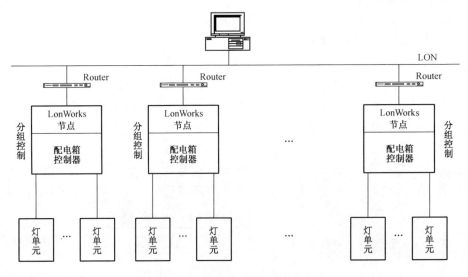

图 7-6　分布式照明控制系统框图

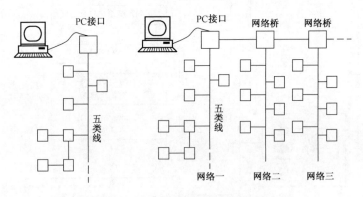

图 7-7　多重网络照明控制系统图

三、智能型应急照明

应急照明系统是大型民用建筑电气设计中的一个非常重要的环节。由于应急照明设备具有分散性，星罗棋布于楼宇内的各个角落，这就给应急照明设备的光源、线路和电池设备的监测和维护带来许多困难和巨大的工作量。即使是拥有自动化系统的智能楼宇，也不能不为此大伤脑筋。中央监测应急照明系统的产生为智能楼宇提供了一个比较完善的应急照明系统的解决方案，如图 7-8 所示。

应急照明系统主要由中央监测型应急灯、信号转换装置和中央监测仪组成。该系统应用微处理器和总线技术把在楼宇内各自分散独立运行的应急照明灯具组成了一个实时、高效、分布式控制的网络系统。

四、城市照明集中监控系统

城市照明集中监控系统适用于城市照明的自动化监控管理，具有适应生产组织机制的重组改革，适应专业化、统一化集中管理的特点。使用城市照明集中监控系统可以通过节能，

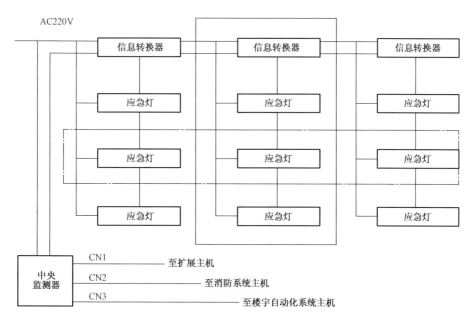

图 7-8　中央监测型应急照明系统

延长灯具使用寿命，防止窃电和强化维护管理，提供及时、准确的照明监控，改善照明环境等。

城市照明集中监控系统实现了"三遥"监控、信息管理一体化，为照明行业提供了智能化、科学化的管理手段，提高了照明行业的管理水平，促进了整个照明行业的发展。

城市照明集中监控系统界面友好，操作简单，适用于大中城市的照明管理部门使用，其对于城市照明的监控，提高管理部门的管理水平，起着重要作用。

城市照明集中监控系统由照明监控终端 LTU（Lighting Terminal Unit）、通信网络和后台主站系统 3 层结构构成。

第二节　综　合　布　线

一、基本概念

综合布线系统又称为结构化布线系统，是目前国际上新型的布线技术，它的出现完全是为了满足信息通道的要求，是信息时代的必然产物。综合布线系统可以支持电话语音系统、计算机通信、建筑自动控制等。

二、综合布线系统的基本构成

综合布线系统是由六部分组成的，分别是工作区子系统、水平干线子系统、设备间子系统、垂直干线子系统、建筑群子系统和管理间子系统组成。

综合布线部件。综合布线部件指在综合布线施工中采用和可能采用到的功能部件，有以下几种：

（1）建筑群配线架（CD）。

（2）建筑群干线电缆、建筑群干线光缆。

（3）建筑物配线架（DD）。

（4）建筑物干线电缆、建筑物干线光缆。

（5）楼层配线架（FD）。

（6）水平电缆、水平光缆。

（7）转接点（TP）（选用）。

（8）信息插座（IO）。

（9）通信引出端（TO）。

三、综合布线的拓扑结构

综合布线是一种分层的星形拓扑结构。对一个具体的综合布线，其子系统的种类和数量由建筑群或建筑物的相对位置、区域大小及信息插座密度而定。例如，一个综合布线区域只有一个建筑物，其主配线点就在建筑物配线架上，这时就不需要建筑群干线布线子系统。反之，一座大型建筑物可能被看作是一个建筑群，可以具有一个建筑群干线子系统和多个建筑物干线子系统。

电缆、光缆安装在两个相邻层次的配线架间，这样就可以组成分层星形拓扑。这种拓扑结构具有很高的灵活性，能适应多种应用系统的要求。这些拓扑结构是在配线架上对电缆、光缆及应用设备进行适当连接构成的。

必要时，为了提高综合布线的可靠性和灵活性，允许在楼层配线架间或建筑物配线架间增加直通连接电缆。建筑物干线电缆、干线光缆也可以用于两个楼层配线架间的互联。

四、网络互联设备

（一）中继器

中继器又称重发器。由于网络节点间存在一定的传输距离，网络中携带信息的信号在通过一个固定长度的距离后，会因衰减或噪声干扰而影响数据的完整件，影响接收节点正确的接收，因而经常需要运用中继器。中继器接成一个线路中的报文信号，将其进行整形放大、重新复制，并将新生成的复制信号转发至下一网段或转发到其他介质段。这个新生成的信号将具有良好的波形。

（二）交换机

交换机的英文名称为"switch"，它是集线器的升级换代产品。交换机是按照通信两端传输信息的需要，用人工或设备自动完成的方法把要传输的信息送到符合要求的相应路由上的技术统称。

交换机的特点：拥有一条很高带宽的背部总线和内部交换矩阵、每一端口是独享交换机的一部分总带宽，而集线器每个端口则共享带宽。

交换机是一种基于MAC（网卡的硬件地址）识别，能完成封装转发数据包功能的网络设备。交换机可以"学习"MAC地址，并把其存放在内部地址表中，通过在数据帧的始发者和目标接收者之间建立临时的交换路径，使数据帧直接由源地址到达目的地址。

（三）路由器

路由器是一种连接多个网络或网段的网络设备，它能将不同网络或网段之间的数据信息进行"翻译"，以使它们能够相互"读"懂对方的数据，从而构成一个更大的网络。

所谓路由就是指通过相互连接的网络把信息从源地点移动到目标地点的活动。一般来说，在路由过程中，信息至少会经过一个或多个中间节点。通常，人们会把路由和交换进行对比，这主要是因为在普通用户看来两者所实现的功能是完全一样的。其实，路由和交换之间的主要区别就是交换发生在 OSI 参考模型的第二层（数据链路层），而路由发生在第三层，即网络层。

（四）网关

网关（Gateway）又称网间连接器、协议转换器，是一种复杂的网络连接设备，在传输层上以实现网络互联，可以支持不同协议之间的转换，实现不同协议网络之间的互联。网关具有对不兼容的高层协议进行转换的能力，为了实现异构设备之间的通信，网关需要对不同的链路层、专用会话层、表示层和应用层协议进行翻译和转换。所以说，网关是一个智能超群的路由器、一个智能超群的网桥、一个智能超群的中继器。

网关不能完全归为一种网络硬件。用概括性的术语来讲，它们应该是能够连接不同网络的软件和硬件的结合产品。特别地，它们可以使用不同的格式、通信协议或结构连接起两个系统。网关实际上通过重新封装信息以使它们能被另一个系统读取。

常见的网关有 IBM 主机网关、LAN 网关、电子邮件网关、因特网网关。

第三节　视频监控系统

在安全防范领域里，视频监控系统的地位举足轻重，它可以适时地传送活动图像信息，值班人员通过遥控装置，可控制前端摄像机，从而实现对现场大范围的观察和近距离的特写，并通过录像设备进行记录取证。

视频监控系统采用现代传感技术、控制技术、计算机多媒体技术等对远端现场图像进行摄取、传输、处理、记录，从而达到监视与控制目的。系统由摄像机、监视器、切换器、录像机、联动器以远程监控设备等组成。视频监控系统广泛应用于宾馆，小区、商场、银行、写字楼、工厂、医院、学校等场所的安全防范和管理。

一、视频监控系统发展历程

早期的视频监控可以称其为闭路监视系统，是以一个摄像机对一台监视器（电视机）的监视为主，主要用于范围很小的视频监视；继而出现了视频切换设备，改变了摄像机和监视器（电视机）的一对一方式；随着微处理器技术出现，闭路监视系统加入了部分控制功能，但还没有跨出本地监视；到了 20 世纪 90 年代，计算机多媒体技术、通信技术有了较快的发展，先后出现了数字控制的模拟视频监控和数字视频监控，人们开发出了视频捕捉卡，并将其与 PC 机结合，可以称其为多媒体视频监控系统了；90 年代末期，数字视频技术发展较快，计算机多媒体硬盘监控录像系统出现了，也就有了数字多媒体视频监控系统；到了 21 世纪，出现了嵌入式视频编码器，同时结合通信、计算机、网络、图像编码和自动化技术，基本满足了人们对视频监控的要求，这时可以称为远程智能数字视频监控系统。

前端一体化、视频数字化、监控网络化、系统集成化、管理智能化是视频监控系统公认的发展方向，而数字化是网络化的前提，网络化又是系统集成化的基础，所以，视频监控发展的最大特点就是数字化、网络化、智能化。

视频监控系统的数字化是系统中信息流（包括视频、音频、控制等）从模拟状态转为数字状态，改变了"传统闭路电视系统是以摄像机成像技术为中心"的结构，根本上改变视频监控系统从信息采集、数据处理、传输、系统控制等的方式和结构形式。信息流的数字化、编码压缩、开放式的协议，使视频监控系统与安防系统中其他各子系统间实现无缝连接，并在统一的操作平台上实现管理和控制，这也是系统集成化的含义。

视频监控系统的网络化意味着系统的结构将由集总式向集散式系统过渡，集散式系统采用多层分级的结构形式，具有微内核技术的实时多任务、多用户、分布式操作系统以实现抢先任务调度算法的快速响应。组成集散式监控系统的硬件和软件采用标准化、模块化和系列化的设计，系统设备的配置具有通用性强、开放性好、系统组态灵活、控制功能完善、数据处理方便、人机界面友好以及系统安装、调试和维修简单化，系统运行互为热备份，容错可靠等功能。

系统的网络化在某种程度上打破了布控区域和设备扩展的地域和数量界限。系统网络化将使整个网络系统硬件和软件资源的共享以及任务和负载的共享，这也是系统集成的一个重要概念。

采用计算机为控制中心，通过系统软件实现控制界面的可视化，控制环境的多媒体化，可以方便地实现对视频切换、音频切换、镜头控制、云台控制、报警输入、行动输出录像的智能化控制，进而达到对事件的分析、统计、处理，实现视频监控的智能管理。

二、视频监控系统的功能

多画面处理技术，实现多画面高速显示，实时日志存储，详细记录用户的每一个操作，简洁的用户菜单；16 路输入信号自动增益，提高了画面效果，增加画面色彩；16 路视频输入信号均带缓冲环节，输出画面显示自由切换；高分辨率 858×525 像素 （720×512 像素）；密码功能，提高系统的安全性，常开、常闭报警使系统更为安全。

三、模拟视频监控系统

模拟监控系统发展较早，目前常称为第一代监控系统，系统特点：①视频、音频信号的采集、传输、存储均为模拟形式，质量最高；②经过几十年的发展，技术成熟，系统功能强大、完善。

模拟视频系统存在的问题：①只适用于较小的地理范围；②与信息系统无法交换数据；③监控仅限于监控中心，应用的灵活性较差；④不易扩展。

目前常用的监控系统是以摄像机、视频矩阵、分割器、录像机为核心，辅以其他传感器的模拟系列，视频传输使用模拟信号，需要为其提供专门的传输线路。模拟视频线将来自摄像机的视频连接到监视器上，摄像机拍摄监控现场，通过模拟视频信号线路传输到监控端，监控端通过视频矩阵和分割器对各监控点的图像进行分割或者切换，观看各个监控现场，并通过录像机，将视频记录到存储媒介。录像采用使用磁带的长时间录像机；远距离图像传输采用模拟光纤，利用光端机进行视频的传输。一般而言，传统的模拟监控系统只能使用专用机械式录像机和磁质录像带，这些设备都需要专业维修及保养，同时磁带消耗量也很大，查询不方便，长期使用下去，给客户带来沉重负担。

传统的模拟闭路电视监控系统有很多局限性：首先，有线模拟视频信号的传输对距离十分敏感；其次，有线模拟视频监控无法联网，只能以点对点的方式监视现场，并且使得布线工程量极大；另外，有线模拟视频信号数据的存储会耗费大量的存储介质（如录像带），查询取证时十分烦琐。

（一）视频监控系统结构

视频监视系统依功能可以分为摄像、传输、控制和显示与记录四个部分，各个部分之间的关系如图 7-9 所示。

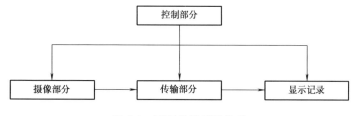

图 7-9　视频监控系统结构

摄像部分是安装在现场的，它包括摄像机、镜头、防护罩、支架和电动云台，它的任务是对被摄体进行摄像并将其转换成电信号。

传输部分的任务是把现场摄像机发出的电信号传送到控制中心，它一般包括线缆、调制与解调设备、线路驱动设备等。

显示与记录部分把从现场传来的电信号转换成图像在监视设备上显示，如果有必要，就用录像机录下来，所以它包含的主要设备是监视器和录像机。

控制部分则负责所有设备的控制与图像信号的处理，视频监控系统控制的种类如图 7-10 所示。

视频监控系统的规模可根据监视范围的大小，监视目标的多少来确定，监视系统的大小一般由摄像机的数量来划分。

（1）小型视频监控系统。一般摄像机数量小于 10 个。

（2）中型视频监控系统。一般摄像机数量在 10～100 个范围内。监控系统可根据管理需要设置若干级管理的控制键盘及相应的监视器。

（3）大型视频监控系统。一般摄像机数量大于 100 个，它是将中型监控系统联网组合而成的，系统设总控制器和分控制器进行监控管理。

（二）视频监控系统设备

1. 摄像机

（1）摄像机的分类。根据摄像机的性能、功能、使用环境、结构颜色等有以下分类。

1）按性能分类。①普通摄像机；②暗光摄像机；③微光摄像机；④红外摄像机。

2）按功能分类。①视频报警摄像机：在监视范围内如有目标在移动时，就能向控制器发出报警信号；②广角摄像机：用于监视大范围的场所；③针孔振摄像机：用于隐蔽监视局部范围。

3）按使用环境分类。①室内摄像机；②室外摄像机。

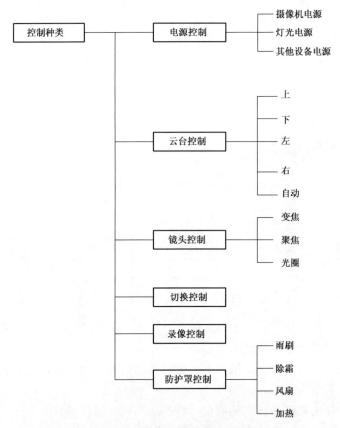

图 7-10　视频监控系统控制的种类

　　4）按结构组成分类。①固定式摄像机：监视固定目标；②可旋转式：带旋转云台摄像机，可做上、下、左、右旋转；③球形摄像机：可做 360°水平旋转，90°垂直旋转，预置旋转位置；④半球形摄像机：吸顶安装，可做上、下、左、右旋转。

　　5）按图像颜色分类。①黑白摄像机；②彩色摄像机。

　　（2）摄像机的性能及其安装方式。摄像部分的主体是摄像机，其功能是观察、收集信息。摄像机的性能及其安装方式是决定系统质量的重要因素。

　　1）色彩。摄像机有黑白和彩色两种，通常黑白摄像机的水平清晰度比彩色摄像机高，且黑白摄像机比彩色摄像机灵敏。

　　2）清晰度。有水平清晰度和垂直清晰度两种。

　　3）照度。单位被照面积上接受到的光通量称为照度。

　　4）同步。要求摄像机具有电源同步、外同步信号接口。

　　5）电源。摄像机电源一般有交流 220V、交流 24V、直流 12V，可根据现场情况选择摄像机电源，但推荐采用安全低电压。

　　6）自动增益控制（Automatic Gain Control，AGC）。在低亮度的情况下，自动增益功能可以提高图像信号的强度以获得清晰的图像。

　　7）自动白平衡。当彩色摄像机的白平衡正常时，才能真实地还原被摄物体的色彩。彩色摄像机的自动白平衡就是实现其自动调整。

8）电子亮度控制。有些 CCD（Charge Coupled Device）摄像机可以根据射入光线的亮度，利用电子快门来调节 CCD 图像传感器的曝光时间，从而在光线变化较大时可以不用自动光圈镜头。

9）光补偿。在只能逆光安装的情况下，采用普通摄像机时，被摄物体的图像会发黑，应选用具有逆光补偿的摄像机才能获得较为清晰的图像。

（3）CCD 摄像机。CCD 摄像机就是利用 CCD 这种耦合器件由光—电—光的这种转换原理，通过半导体集成电路制造工艺制成的固体摄像器件。CCD 摄像机是通过光强照射在加有外加驱动时钟脉冲电压驱动下的 CCD 光敏面上完成电荷注入、电荷转移、电荷输出，实现视觉信息的获取、保留、传输的仪器。借助它可把外面世界五彩缤纷的真实的景色和画面传输并呈现在人们面前的电视机屏幕上。甚至可以由装在卫星上的 CCD 摄像机并借助无线电传播方式看到遥远的外层宇宙空间天体和外星球表面的情况。

CCD 器件是由整齐紧密排列的若干个小的光敏元（通常称为像素）组成的阵列，总约有几十万甚至上百万个。它们的作用就相当于人的视网膜上的感光细胞，用以感受照射在它们上面的光的强弱与色彩。每个像素的尺寸仅约有 0.008mm×0.008mm，相当于人头发丝端面的 1/10 那么大。而且每个像素都是相对独立的光电转换单元。在对 CCD 外加工作电压（常称为驱动脉冲电压）驱动下，当有光图像输入时光敏元件经光电转换过程，对应每个像素位置上就有相对应光图像位置不同光强弱的电荷产生。

（4）摄像机镜头。镜头按功能和操作分为：

根据民用建筑的应用场合，镜头的种类大致可分为：

1）广角镜头。视角在 90°以上，一般用于电梯轿箱内、大厅等小视距大视角场所。

2）标准镜头。视角在 30°左右，一般用于走道及小区周界等场所。

3）长焦镜头。视角在 20°以内，焦距的范围从几十毫米到上百毫米，用于远距离监视。

4）变焦镜头。镜头的焦距范围可变，可从广角变到长焦，用于景深大、视角范围广的区域。

5）针孔镜头。用于隐蔽监控。

（5）手动光圈及自动光圈。镜头光圈分手动和自动两种，以往由于摄像机的使用在室外或其他特殊场合等缘故，所以较多选用自动光圈镜头。自动光圈镜头对监控点的光线变化适应性较强，但其价格也明显高于相同焦距的手动光圈镜头。而现在大多数的摄像机都有电子快门，室内的光源也较为稳定。自动光圈镜头分为两大类：①电源驱动自动光圈镜头；②视频驱动自动光圈镜头。

电源驱动自动光圈镜头是通过四根线控制镜头的，其中两根为 DC12V 或 DC24V 电源来驱动镜头中的电动机，另两根控制线通过镜头内的光感应点感应外部光源的照度来控制光圈的大小；视频驱动自动光圈镜头则是通过三根线来控制镜头的，其中一根为视频触发信号来起动光圈，并控制光圈大小，另两根为 DC12V 或 DC24V 电源线驱动电动机。

当工程中的监控点在室外时，采用带自动光圈的镜头是必要的，因为室外的光线的动态范围变化较大，夏日阳光下环境照度达 50000～100000lx；夜间路灯时仅为 10lx，变化幅度相当大。在这种情况下，摄像机无论是否具有自动调整灵敏度功能，即通过摄像机本身的电子快门已不可能适应这么宽的照度范围，也就无法达到控制图像效果的作用。

（6）云台控制器。摄像机能够以支撑点为中心，在垂直和水平两个方向的一定角度之内自由活动，这个在支撑点上能够固定摄像机并带动它做自由转动的机械结构就称为云台。根据构成原理的不同，云台可以分为手动式及电动式两类。

随着遥控设备的发展，电动式云台得到了广泛的应用。电动云台的机械转动部分受到两个伺服电动机及传动机械的推动，当伺服电动机转动时，通过传动机械驱动云台在一定角度范围内转动，安装在云台上的电视摄像机也随之作上下左右的转动。云台的转动速度取决于伺服电动机的转速及传动机械的传动比。而云台的转动方向及转动角度可由不同控制信号加以控制。

对于电动云台的遥控，可以采用电缆传输的有线控制方式，也可以用无线控制方式，必要时也可以使用自动跟踪云台。

根据其回转的特点，云台可分为只能左右旋转的水平旋转云台和既能左右旋转又能上下旋转的全方位云台。一般来说，水平旋转角度为 $0°～350°$，垂直旋转角度为 $+90°$。恒速云台的水平旋转速度一般在 $3°～10°/s$，垂直速度为 $4°/s$ 左右。变速云台的水平旋转速度一般在 $0°～32°/s$，垂直旋转速度在 $0°～16°/s$ 左右。在一些高速摄像系统中，云台的水平旋转速度高达 $480°/s$ 以上，垂直旋转速度在 $120°/s$ 以上。

2. 解码器　在以视频矩阵切换与控制为核心的系统中，每台摄像机图像需经过单独的同轴电缆传送到切换与控制主机中，以达到对镜头和云台的控制。除近距离和小系统采用多芯电缆作直接控制外，一般由主机通过总线方式（通常是双绞线）先送到称之为解码器的装置，由解码器先对总线信号进行译码，即确定对哪台摄像单元执行何种控制动作，再经电子电路功率放大，驱动指定云台和镜头作相应动作。解码器一般可以完成下述动作。

（1）前端摄像机的电源开关控制。

（2）云台左右、上下旋转运动控制。

（3）云台快速定位。

（4）镜头光圈变焦变倍、焦距调准。

（5）摄像机防护装置（雨刷、除霜、加热）控制。

3. 传输电缆

（1）同轴电缆。用于传输短距离的视频信号，当传输黑白视频信号时，在 5.5MHz 点不平坦度大于 6dB 时，需加均衡放大器。

同轴电缆由内部导体环绕绝缘层以及绝缘层外的金属屏蔽网和最外层的护套组成，内导线和圆柱导体及外界之间用绝缘材料隔开。这种结构的金属屏蔽网可防止中心导体向外辐射电磁场，也可用来防止外界电磁场干扰中心导体的信号。

根据传输频带的不同，同轴电缆可分为基带同轴电缆和宽带同轴电缆两种类型。按直径的不同，同轴电缆可分为粗缆和细缆两种。粗缆适用于布线距离较长，可靠性较好，安装时采用特殊的装置，不需切断电缆，两端头装有终端器。用粗缆时在硬件的设置上必须注意以下几点：若要直接与网卡相连，网卡必须带有 AUI（Attachment Unit Interface）接口（一种 15 针 D 型接口）；用户采用外部收发器与网络干线连接；用 AUI 电缆连接工作站和外部收发器。

（2）光缆。当需要长距离传输视频及控制信号时，采用光缆传输。传输距离在几十公里内无需加中继器。

光缆是由一组光纤组成的用来传播光束的、细小而柔韧的传输介质。光缆不仅是目前可用的媒体，而且是今后若干年后将会继续使用的媒体，其主要原因是这种媒体具有很大的带宽。光纤与电导体构成的传输媒体最基本的差别是，它的传输信息是光束，而非电气信号，因此，光纤传输的信号不受电磁的干扰。

与传统电缆相比，光纤具有损耗小、传输距离长的优点。目前使用的石英光纤在 0.8～1.8pm 波长范围内的损耗比所有传统的电传输线低。由于光纤传输损耗低，所以其中继距离达到几十公里至上百公里，而传统的电传输线中继距离仅为几公里。

光纤具有抗干扰性好、保密性强、使用安全等特点。光纤是非金属介质材料，具有很强的抗电磁干扰能力，这是传统的电通信所无法比拟的。光信号束缚在光纤芯子中传输，在芯子外很快衰减，这样不会产生光纤间的串光现象，所以其保密性好且能保证同一光缆中不同光纤间光信号的传输质量。光纤具有抗高温和耐腐蚀的性能，因而可以抵御恶劣的工作环境。

4. 控制设备

（1）视频切换器。具有画面切换输出、固定画面输出等功能。

（2）多画面分割控制器。具有顺序切换、画中画、多画面输出显示回放影像，互联的摄像机报警显示，点触式暂停画面，报警记录回放，时间、日期、标题显示等功能。

（3）矩阵切换系统。

1）分区控制功能。对键盘、监视器、摄像机进行授权。

2）分组同步切换。将系统中全部或部分摄像机分成若干组，每一组摄像机可以同步地切换到一组监视器上。

3）任意切换。是指摄像机的任意组合，而且任一台摄像机画面的显示时间独立可调，同一台摄像机的画面可以多次出现在同一组切换中，随时将任意一组切换调到任意一台监视器上。

4）任意切换定时自动起动。任意一组万能切换可编程在任意一台监视器上定时自动执行。

5）报警自动切换。具有报警信号输入接口和输出接口，当系统收到报警信号时将自动切换到报警画面及起动录像机设备，并将报警状态输出到指定的监视器上。

5. 显示终端及录像机

（1）显示终端（监视器）。前端摄像机传送到终端的视频信号由监视器再现为图像。按功能的不同可分为图像监视器和电视监视器。

1）图像监视器。它与电视接收机相比不含高频调谐、中频放大、检波、音频放大等电路。其特点是：视频带宽可达 7～8MHz，水平清晰度达 500～600 线以上。显像管框内的画面在水平和垂直方向的大小可以自由调整，以便于对图像的全部画面进行检查。

2）电视监视器。这种监视器兼有图像监视器和电视接收机的功能。其特点是：可作为录像机的监视接收机，将广播电视信号转换为视频信号，在屏幕显示的同时送往录像机进行录像。作为录像机的录像信号重放时的图像显示设备，可以输入摄像机直接传送来的视频信号和音频信号，进行监视和监听，并同时送往记录设备录音、录像。

（2）录像机。录像机的工作原理是通过磁头与涂有强磁性材料的磁带之间的作用，把视频和音频信号用磁信息方式记录在磁带上，并可将磁带上的磁信息还原为音视频电信号。

电视监视系统中一般都采用长时间录像机，它除了以标准速度进行记录和重放之外，还具有下述功能：

1）以标准速度记录的图像可以用慢速度或静像方式进行重放。

2）以长时间记录的图像可以用快速或静像方式重放。

（3）数字录像。可选内置数字硬盘录像，多画面分割器，分辨率比传统录像机高。用硬盘录像，用数据盒带、光盘备份，录像后任意检索。多路摄像机同时硬盘录像，可支持 16 路同时录音录像。实时录像每路从 75MB～450MB/h，硬盘录像的回放视频达到 PAL 制的标准 25 帧/s。显示和录像全双工。采用 MPEG-4 的算法标准，并能调节压缩比率。每个硬盘分区存储满时会自动换区存储，当所有磁盘存储满时会自动清理磁盘，并继续录像。

（三）信号传输

传输系统将电视监控系统的前端设备和终端设备联系起来。它将前端设备产生的图像视频信号、音频监听信号和各种报警信号送至中心控制室的终端设备，并把控制中心的控制指令送到前端设备。

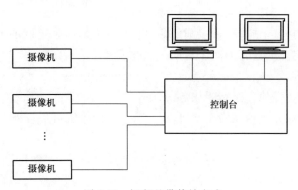

图 7-11　视频基带传输方式

1. 视频基带传输方式　视频基带传输方式，是指从摄像机至控制台间直接传送图像信号，这种传输方式的优点是传输系统简单，在一定距离范围内失真小、信噪比高，不必增加调制器、解调器等附加装置，如图 7-11 所示。

2. 视频平衡传输方式　视频平衡传输是解决远距离传输的一种比较好的方式。传输方式的原理是：由于把摄像机输出的全电视信号由发送机变为一正一反的差分信号，因而在传输过程中产生的幅频和相频失真，经远距离传输后再合成就会把失真抵消掉，在传输中产生的其他噪声和干扰也因一正一反的原因，在合成时被抵消掉。也正因如此，传输线采用普通双绞线即可满足要求，减少了传输系统造价，如图 7-12 所示。

3. 图像信号射频传输方式　在电视监控系统中，当传输距离很远又同时传送多路图像信号时，有时也采用射频传输方式，也就是将视频图像信号经调制器调制到某一频道上传送。射频传输的优点是：传输距离远；失真小，适合远距离传送彩色图像信号；一条传输线（特性阻抗：75Ω 同轴电缆）可以传送多路射频图像信号，如图 7-13 所示。

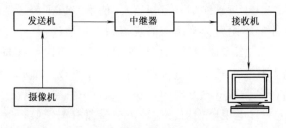

图 7-12　视频平衡传输方式

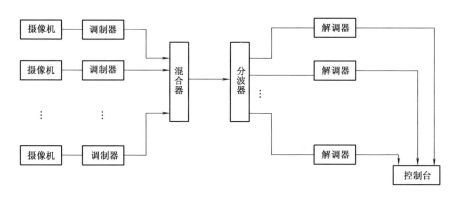

图 7-13 图像信号射频传输方式

4. 光缆传输系统 用光缆代替同轴电缆进行电视信号传输,给电视监控系统增加了高质量、远距离传输的有利条件,其传输特性优越和多功能特性是同轴电缆所无法比拟的。光缆传输的主要优点有:传输距离长、容量大、质量高、保密性能好、敷设方便。如图 7-14 所示。

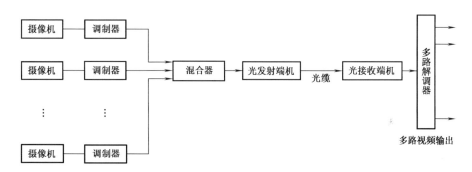

图 7-14 光缆传输系统

(四)闭路电视监控系统

闭路电视监控系统的终端能完成整个系统的控制与操作功能,即控制、显示与记录三部分控制,如图 7-15 所示。

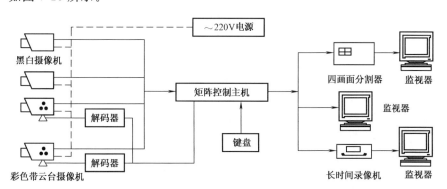

图 7-15 闭路电视监控系统

控制部分是实现整个系统的指挥中心。控制部分主要由总控制台(有些系统还没有副控制台)组成。总控制台主要的功能有:视频信号放大与分配、图像信号的处理与补偿、图像信号的切换、图像信号（或包括声音信号）的记录、摄像机及其辅助部件（如镜头、云台、防护罩等）的控制（遥控）等。

1. 显示　显示部分一般由多台监视器（或带视频输入的普通电视机）组成。它的功能是将传输过来的图像显示出来。通常使用的是黑白或彩色专用监视器，一般要求黑白监视器的水平清晰度应大于 600 线，彩色监视器的清晰度应大于 350 线。

2. 记录　总控制台上设有录像机，可以随时把发生情况的被监视场所的图像记录下来，以便备查或作为取证的重要依据。

3. 系统控制

（1）电源控制。摄像机应由安保控制室引专线统一供电，并由安保控制室操作通、断。

（2）输出各种遥控信号。包括：云台控制：上、下、左、右；镜头控制：变焦、聚集、光圈；录像控制：定点录像、时序录像；防护罩控制：雨刷、除霜、风扇、加热。

（3）对视频信号进行时序、定点切换、编程。

（4）察看和记录图像，应有字符区分并作时间年月日的显示。

（5）接收电梯层楼叠加信号。

（6）实现同步切换：电源同步或外同步。

（7）接收安全防范系统中各子系统信号，根据需要实现控制联动或系统集成。

（8）内外通信联系。

（9）安保电视系统与安全报警系统联动时，应能自动切换、显示、记录报警部位的图像信号及报警时间。

（五）系统配置的基本要求

（1）对智能楼宇主要出入口、主要公共场所、通道、电梯及重点部位和场所安装摄像机，通过摄像、传输、显示监视、图像记录、控制，对重要部位和重点区域的图像进行长时间录像。

（2）确定摄像机布局和数量，选定敷线路由和安保控制室地点、面积、制定系统图设计，提出拟选用的主要设备和器材型号、性能、数量与产地。

（3）使用系统主机——视频矩阵切换器，确保其输入、输出容量应有扩展余地，根据需要可设置安保分控中心键盘，系统主机对输入的图像进行任意编程，自动或手动切换，在画面上应有摄像机编号、部位或地址和时间、日期显示。

（4）组成网络系统独立运行，并与防范入侵报警系统、出入口控制系统联动。

（5）实现中央监控室对安保电视系统的集中管理和集中监控，甲、乙、丙三类智能楼宇具有不同要求。

（6）系统应具有实时控制、同步切换、电梯层楼叠加显示、双工多画面视频处理及图像长时间录像等功能。

四、网络化数字视频监控系统

（一）网络化数字视频监控系统的优点

1. 成本低　到目前为止，普通网络图像解决方案通常都需要复杂的系统，涉及 PC，附加软件和硬件，工作站，有时还有视频电缆系统。有了网络摄像机，宽带网络立刻成了监控图像的线路，不需要一些不必要的其他设备和安装的投入。

2. 即插即看的解决方案　网络摄像机具备了所有需要用来建立远程监控系统的构件。它采用标准的，内置软件以及需要的任何平台。只需要接入以太网，分配一个地址，您就可以随时用浏览器观察远程传输过来的图像。

3. 良好的高性能　网络摄像机令人称道的是它的视频监控能力和其独特的高性能的处理芯片，能够在 10M 网络上以每秒 30 帧的速度传送高质量的动态图像，并支持多用户同时访问。当触发报警时，它可以自动存储报警前后一定时间段内的活动图像。

4. 免维护　网络摄像机本身独立工作，处在远端机房无人值守的网络摄像机无须维护，这将大大提高整个系统的可靠性。

5. 外围设备灵活的接入方式　网络摄像机可以方便地接入其他安全防范设备，如温度、湿度、烟感、入侵等报警器；同时可以连动灯光、警号、锁具等动作设备，这使得它可以方便地组成一套功能强大的安全防范系统。

(二) 网络化数字视频监控系统

系统与传统的视频监控有着本质的区别，实现了真正的数字化网络传输图像和声音，具有强大的可扩展性，在网络可以到达的任意地点，都可以安装前端设备以达到视频传输的目的。与模拟监控系统相比，大大减少了扩容系统所需费用。高性能的硬件产品和功能强大的管理软件共同组成了网络视频监控系统。网络化数字视频监控系统如图 7-16 所示。

数字视频监控系统将四画面分割、多画面混合、远程访问、视频图像的记录全部集成在一个产品中，这个产品就是装备了微计算机和电子设备的"数字视频服务器"。有了它，视频摄像机只需要直接连到数字视频服务器的接口即可，比模拟系统要容易许多。

数字视频监控系统提供远程访问能力，这意味着从世界上任何有通信线路的地方，用户能够通过一个网络连接到他们的数字视频服务器，从而能在他们选择的 PC 计算机上观看到所需的视频图像，连接的网络既可是局

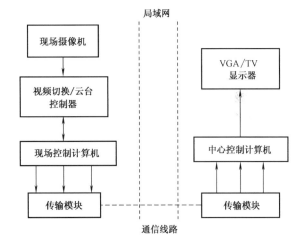

图 7-16　网络化数字视频监控系统

域网也可是广域网，也可以是一个通过电话线的拨号网络（一个 Moden 连接到单台计算机或连接到 Internet）。而模拟系统则是不可能远程观看到视频图像的。

数字视频监控系统的另一个优点是取消了视频录像带。与记录在视频录像带上不同，数字视频监控系统是将视频图像记录在视频服务器中的计算机硬磁盘上，其最大优点是既能够提高存储图像的清晰度又能够快速检索到所存储的图像。

网络化数字视频监控系统要解决的两大技术：

一是视频数据的压缩和解压缩，视频图像的信息量是巨大的。例如，1 幅 640×480 中分辨率的彩色图像（24bit/像素），其数据量为 0.92MB，如果以每秒 30 帧的速度播放，则视频信号的数码率高达 27.6Mbit/s。显然，视频压缩技术数字化是压缩技术的关键。

二是视频数据的实时传输技术。数字视频远程监控系统的数据通信有以下特点：

实时性：视频数据属于实时数据必须实时处理，例如，实时压缩、解压缩、传输、同步。

分布性：现场图像采集和发送主机和图像接收显示主机位于不同地点，通过计算机局域网或广域网连接。

同步性：尽管视频信息具有分布性，但在用户终端显示时必须保持同步，另外，声音与视频也必须保持同步。

集成了先进的数字视频流媒体技术、网络通信技术和软件工程技术，在数字视频压缩算法、数据流控的多进程管理、多介质远程传输等技术方面，都代表着国际先进水平。

五、几种视频压缩标准简介

数字视频监控录像系统是摄像机拍摄现场，通过视频服务器的专用转换芯片将模拟信号转化成数字信号，由于采样率高，这个过程画面基本是无损的。未经压缩前的图像（按最小分辨率 352×288 为例）单帧大约 300kB，再按每秒 25 帧计算，进行网络传输需要 60Mbit/s，进行 1h 存盘将占用 27GB 硬盘空间。而经过 MPEG-4 压缩编码后，单帧图像约为 2～4kB，网络传输带宽要求仅为 400～800kbit/s，如果采用 H.263 编码方式压缩，数据量将更小，而且还可以根据实际传输能力进行更进一步的压缩，进行 1h 存盘也仅需要 180～720MB（取决于图像的动静程度）。因此如果需要网络传输和存储，对图像进行压缩编码是十分必要的。

（一）静止图像压缩技术

JPEG、M-JPEG、小波变换 wavelet 等运用帧内处理技术，所以静止图像较清晰。小波变换是基于结构的压缩方法，处理较容易，可获得比 JPEG 更大的压缩。但对连续运动图像，文件占用的带宽和硬盘都很大。

（二）运动图像压缩技术

MPEG-1，MPEG-2，H.263，MPEG-4 颁布于 1993 年的 MPEG-1 和 1994 年的 MPEG-2 是 ISO 的运动图像专家组 MPEG（Moving pictures Experts Group）的第一阶段解决方案，除了沿用帧内技术，首次采用了 PB 帧的帧间技术，从而获得了比静止图像压缩技术更大的压缩。但由于是基于结构的压缩技术，算法固定，采用专用硬件，随着软硬件技术的发展，不能扩展更多基于内容的算法。另外其网络传输码率要求较高，否则需要缓存，不能适应传输速率不等的各种网络的一致访问，容错性差。

1. MJPEG　MJPEG 是指 Motion JPEG，即动态 JPEG（Join Photographic Experts Group），按照 25 帧/s 速度使用 JPEG 算法压缩视频信号，完成动态视频的压缩。是由 JPEG 专家组制订的，其图像格式是对每一帧进行压缩，通常可达到 6：1 的压缩率，但这个比率相对来说仍然不足，就像每一帧都是独立的图像一样。MJPEG 图像流的单元是一帧一帧的 JPEG 画片，因为每帧都可任意存取，所以 MJPEG 常被用于视频编辑系统。动态 JPEG 能产生高质量、全屏、全运动的视频，但是，它需要依赖附加的硬件。而且，由于 MJPEG 不是一个标准化的格式，各厂家都有自己版本的 MJPEG，双方的文件无法互相识别。

MJPEG 的优点是画质还比较清晰，缺点是压缩率低，占用带宽很大。一般单路占用带宽 2M 左右。

2. H.263　H.263 视频编码标准是专为中高质量运动图像压缩所设计的低码率图像压缩标准。H.263 采用运动视频编码中常见的编码方法，将编码过程分为帧内编码和帧间编码两个部分。在帧内用改进的 DCT（Discrete Cosine Trans form）变换并量化，在帧间采用 1/2 像素运动矢量预测补偿技术，使运动补偿更加精确，量化后适用改进的变长编码表的量化数据进行熵编码，得到最终的编码系数。

H.263 标准压缩率较高，CIF 格式全实时模式下单路占用带宽一般在几百左右，具体占用带宽视画面运动量多少而不同。缺点是画质相对差一些，占用带宽随画面运动的复杂度而大幅变化。

3. MPEG-1　VCD（Video Compact Disc）标准制定于 1992 年，为工业级标准而设计，可适用于不同带宽的设备，如 CD-ROM，Video-CD、CD-i。它用于传输 1.5Mbit/s 数据传输率的数字存储媒体运动图像及其伴音的编码，经过 MPEG-1 标准压缩后，视频数据压缩率为 1/100～1/200，影视图像的分辨率为 $360 \times 240 \times 30$（NTSC 制）或 $360 \times 288 \times 25$（PAL 制），它的质量要比家用录像系统（VHS-Video Home System）的质量略高。

音频压缩率为 1/6.5，声音接近于 CD-DA 的质量。MPEG-1 允许超过 70min 的高质量的视频和音频存储在一张 CD-ROM 盘上。VCD 采用的就是 MPEG-1 的标准，该标准是一个面向家庭电视质量级的视频、音频压缩标准。MPEG-1 的编码速率最高可达 4～5Mbit/s，但随着速率的提高，其解码后的图像质量有所降低。MPEG-1 也被用于数字电话网络上的视频传输，如非对称数字用户线路（ADSL），视频点播（VOD），以及教育网络等。同时，MPEG-1 也可被用作记录媒体或是在 INTERNET 上传输音频。MPEG1 标准占用的网络带宽在 1.5M 左右。

4. MPEG-2　DVD 标准制定于 1994 年，设计目标是高级工业标准的图像质量以及更高的传输率，主要针对高清晰度电视（HDTV）的需要，传输速率在 3～10Mbits/s 间，与 MPEG-1 兼容，适用于 1.5～60Mbit/s 甚至更高的编码范围。分辨率为 $720 \times 480 \times 30$（NTSC 制）或 $720 \times 576 \times 25$（PAL 制）。影视图像的质量是广播级的质量，声音也是接近于 CD-DA 的质量。MPEG-2 是家用视频制式（VHS）录像带分辨率的 2 倍。

MPEG-2 的音频编码可提供左右中及两个环绕声道，以及一个加重低音声道，和多达 7 个伴音声道（DVD 可有 8 种语言配音的原因）。由于 MPEG-2 在设计时的巧妙处理，使得大多数 MPEG-2 解码器也可播放 MPEG-1 格式的数据，如 VCD。除了作为 DVD 的指定标准外，MPEG-2 还可用于为广播、有线电视网、电缆网络以及多级多点的直播（Direct Broadcast Satellite）提供广播级的数字视频。MPEG-2 的另一特点是，可提供一个较广的范围改变压缩比，以适应不同画面质量、存储容量以及带宽的要求。对于最终用户来说，由于现存电视机分辨率限制，MPEG-2 所带来的高清晰度画面质量（如 DVD 画面）在电视上效果并不明显，倒是其音频特性（如加重低音、多伴音声道等）更引人注目。

MPEG-2 的画质最好，但同时占用带宽也非常大，在 4～15MB 之间，不太适于远程传输。

5. MPEG-4　如果说，MPEG-1"文件小，但质量差"，而 MPEG-2 则"质量好，但更占空间"的话，那么 MPEG-4 则很好的结合了前两者的优点。它于 1998 年 10 月定案，在 1999 年 1 月成为一个国际性标准，随后为扩展用途又进行了第二版的开发，于 1999 年底结束。MPEG-4 是超低码率运动图像和语言的压缩标准，它不仅是针对一定比特率下的视频、音频编码，更加注重多媒体系统的交互性和灵活性。

MPEG-4 标准主要应用于视像电话（Video Phone），视像电子邮件（Video Email）和电子新闻（Electronic News）等，其传输速率要求较低，在 4800-64kbits/s 之间，分辨率为 176×144。MPEG-4 利用很窄的带宽，通过帧重建技术，压缩和传输数据，以求以最少的数据获得最佳的图像质量。与 MPEG-1 和 MPEG-2 相比，MPEG-4 为多媒体数据压缩提供了一个更为广阔的平台。它更多定义的是一种格式、一种架构，而不是具体的算法。

它可以将各种各样的多媒体技术充分用进来，包括压缩本身的一些工具、算法，也包括图像合成、语音合成等技术。MPEG-4 的特点是其更适于交互 AV 服务以及远程监控。MPEG-4 是第一个使你由被动变为主动（不再只是观看，允许你加入其中，即有交互性）的动态图像标准；它的另一个特点是其综合性，从根源上说，MPEG-4 试图将自然物体与人造物体相溶合（视觉效果意义上的）。MPEG-4 的设计目标还有更广的适应性和可扩展性，MPEG4 标准的占用带宽可调，占用带宽与图像的清晰度成正比。以目前的技术，一般占用带宽大致在零点几兆左右。

第四节　防盗、出入口控制

一、防盗报警控制系统（周界防侵入系统）

防盗报警系统就是用探测装置对建筑内外重要地点和区域进行布防，它可以探测非法侵入；并且在探测到有非法侵入时，及时向有关人员示警；另外，人为的报警装置，如电梯内的报警按钮、人员受到威胁时使用的紧急按钮、脚跳开关等也属于此系统。在上述 3 个防护层次中，都有防盗报警系统的任务。比如安装在墙上的振动探测器、玻璃破碎报警器及门磁开关等可有效探测罪犯从外部的侵入，运动探测器和红外探测器可感知人员在楼内的活动，接近探测器可以用来保护财物、文物等珍贵物品。

周边设计使用主动红外探测器，它能把被防区域封闭成一个无形的网，一旦有人非法翻墙入内，保安中心会自动报警，借助电视监控系统会把非法进入防区者录下来。防区一般只允许走防区的总入口，红外线周界防侵入系统会 24h 不间断地守护着。

采用红外、微波等探测技术，在无人值守的部位，将入侵信号通过无线或有线方式传送到报警主机，进行声光报警、起动联动设备，并可以自动拨号将报警信息报告给报警中心或个人，以便迅速响应。系统主要由前端探测器、用户主机、报警中心以及联动设备等组成。在报警确认后，会在系统记录中记录操作人的响应。视频照相功能，是通过报警时自动抓拍视频图像，储存在硬盘的指定目录中，以便日后调看。

（一）防盗报警控制（周界防侵入）系统的作用

1. 威慑感　周界报警系统，即"有型"报警系统，实实在在地给人一种威慑感觉，使入侵者增加一种心理负担，从而把报警系统和警戒系统有机地结合起来，达到"以防为主，防报结合"的目的。

2. 误报率低和环境适应性强　由于系统体制上的不同，电子围栏周界报警系统的误报率低，而不像其他设备受环境（如植被、树木、小动物等）和气候（如雾、雨、风和雪等）的影响；也不像红外线、微波墙等系统一样，仅局限于视距和直线以及平坦区域的周界环境中使用，应考虑系统可适应于各种不平坦和周界不规则的场合。

3. 绝对安全 电子围栏周边安防系统和交流电围栏具有本质的不同，它采用了低高压（6000～10000V）及低电流（小于5J）脉冲的体制，因而对人身不会构成危害，同时又能感知入侵者，并发出报警信号。

（二）防盗报警控制（周界防侵入）系统的特性

（1）有防水、抗寒、防晒性能，可保证全天候室外工作的需要。

（2）误报率低，不受气候干扰。

（3）24h监视，监视脉冲每分钟60次扫描整个系统。

（4）可根据安全要求和使用时的地形、安全等级进行设计和安装。

（5）附加开关信号输出口，可与其他安全设备联动。

（6）三重安全保障体系（控制器＋数字显示＋报警）。

（7）低电流输出终端＋自我判断系统。

（三）防盗报警控制系统的组成

防盗报警控制系统由以下几部分组成，如图7-17所示。

1. 各种类型的探测器 按各种使用目的和防范要求，在报警系统的前端安装一定数量的各种类型探测器，负责监视保护区域现场的任何入侵活动。

2. 信号传输系统 将探测器所感应到的入侵信息传送至监控中心。

3. 监控中心 负责监视从各种保护区域送来的探测信息，并经终端设备处理后，以声、光形式报警或在报警屏显示、打印。

4. 报警验证 在较复杂的报警系统中要求对报警信号进行复核，以检验报警的准确性。

5. 出击队伍 根据监控中心的指示，保安人员迅速前往报警地点，抓获入侵者，中断其入侵行为。

防盗报警控制系统分三个层次。

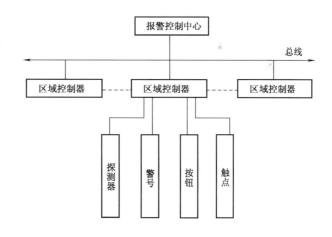

图7-17 防盗报警系统的组成

最底层是探测和执行设备，它们负责探测人员的非法入侵，有异常情况时发出声光报警，同时向控制器发送信息。控制器负责下层设备的管理，同时向控制中心传送自己所负责区域内的报警情况。一个控制器和一些探测器、声光报警设备等组成一个简单的报警系统。

（四）防盗报警控制系统的基本要求

（1）实现对设防区域的非法入侵进行实时监控，可靠和正确无误的报警和复核。漏报警是绝对不允许的，误报警应降低到可以接受的极低限度。

（2）为预防抢劫或人员受到威胁，系统应设置紧急报警装置和留有与110公安报警中心联网的接口。

（3）系统应能按时间、按部位、区域任意编程、设防或撤防。

（4）系统能显示报警部位、区域、时间，能打印记录、存档备查，并能提供与报警联动的监控电视、灯光照明等控制接口信号，最好能通过多媒体实时显示现场报警及有关联动报警的位置图形。

（5）防盗报警系统主要用于对重要出入口的入侵警戒、周界防护及建筑物内区域、空间防护和对贵重实物目标的防护。

（五）防盗报警控制系统结构与设备

防盗报警系统有简单系统和复杂系统之分，由多个入侵探测器加上一个报警主机构成最基本的系统。若干个基本系统通过计算机通信网构成区域性报警网络，区域性报警网络又可互联成城市综合监控系统。防盗报警系统不论简单还是复杂，就其系统本身来说，基本组成主要有各类探测器、报警开关和按钮、报警主机和处警装置等。

1. **防盗报警控制主机**　一般的报警控制主机具有以下几方面的功能。

（1）布防与撤防。在正常工作时，工作人员频繁出入探测器所在区域，报警控制主机即使接到探测器发来的报警信号也不能发出报警，这时就需要撤防。下班后，需要布防，如果再有探测器的报警信号进来，就要报警了。报警控制器一般都带有键盘来完成上述设定。

（2）布防后的延时。如果布防时，操作人员正好在探测区域之内，那么布防就不能马上生效，这需要报警控制主机能够延时一段时间，等操作人员离开后再生效。这是报警控制器的延时功能。

（3）防破坏。如果有人对线路和设备进行破坏，报警控制主机也应当发出报警。常见的破坏是线路短路或断路。报警控制主机在连接探测器的线路上加上一定的电流，如果断线，则线路上的电流为零；有短路则电流大大超过正常值。这两种情况中任何一种发生，都会引起控制主机报警，从而达到防止破坏的目的。

（4）微机联网功能。目前市场上许多报警控制主机不带微机联网功能，作为智能保安设备，需要有通信联网功能，这样才能把本区域的报警信号送到控制中心，由控制中心的计算机来进行数据分析处理，提高系统的自动化程度。

2. **防盗报警系统探测器**　防盗、防入侵报警器主要有以下几种：开关式报警器、主动与被动红外报警器、微波报警器、超声波报警器、声控报警器、玻璃破碎报警器、周界报警器、双技术报警器、视频报警器、激光报警器、无线报警器、震动及感应式报警器等，它们的警戒范围各不相同，有点控制型、线控制型、面控制型、空间控制型之分，见表7-1。

表7-1　　　　　　　　　　报警器的警戒范围分类

警戒范围	报警器种类
点控制型	开关式报警器
线控制型	主动式红外报警器，激光报警器
面控制型	玻璃破碎报警器，振动式报警器
空间控制型	微波报警器，超声波报警器，被动红外报警器
空间控制型	声控报警器、视频报警器、周界报警器

（1）开关报警器。开关报警器是一种可以把防范现场传感器的位置或工作状态的变化转换为控制电路通断的变化，并以此来触发报警电路。由于这类报警器的传感器工作状态类似于电路开关，因此称为"开关报警器"。它作为点控型报警器，可分为几种类型。

1）磁控开关型。磁控开关由带金属触点的两个簧片封装在充有惰性气体的玻璃管（也称干簧管）和一块磁铁组成。当磁铁靠近干簧管时，管中带金属触点的两个簧片在磁场作用下被吸合。a、b 两点接通，当磁铁远离干簧管时，管中带金属触点的两个簧片保持一定距离，干簧管附近磁场消失或减弱，簧片靠自身弹性作用恢复到原位置，则 a、b 两点断开。如图 7-18 所示。

2）微动开关型。微动开关是一种依靠外部机械力的推动实现电路通断的电路开关，其结构如图 7-19 所示。工作过程为外力通过按钮作用于动簧片上，使其产生瞬时动作，簧片末端的动触点 a 与静触点 b 快速接通，同时断开 c 点。当外力移去后，动簧片在压簧的作用下，迅速弹回原位，电路又恢复 a、c 两点接通，a、b 两点断开。

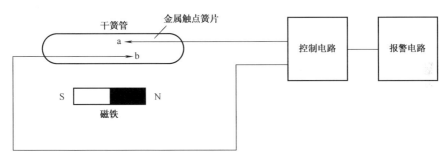

图 7-18　磁控开关型报警电路

在使用微动开关作为开关报警传感器时，需要将它固定在被保护物之下。一旦被保护物品被意外移动或抬起时，按钮弹出，控制电路发生通断变化，引起报警装置发出声光报警信号。

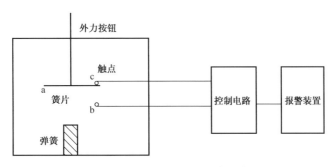

图 7-19　微动开关型报警电路

3）压力开关型。压力垫也可以作为开关报警器的一种传感器。压力垫由两条平行的长条型金属带分别固定在地毯背面，两条金属带之间用绝缘材料支撑。当入侵者踏上地毯时，两条金属带导通，相当于开关点闭合发生报警信号。

（2）玻璃破碎报警器。一般是粘附在玻璃上，利用振动传感器（开关触点形式）在玻璃破碎时产生的 2kHz 特殊频率，感应出报警信号。而对一般行驶车辆或风吹门、窗时产生的振动信号没有响应。

（3）周界报警器的传感器可以固定安装在围墙或栅栏上及地层下，当入侵者接近或超过周界时产生报警信号。周界报警器有以下几种类型：

1）泄漏电缆传感器。这种传感器是同轴电缆结构，但屏蔽层处留有空隙，当电缆传输电场时就会向周围泄漏电场。把平行安装的两根泄漏电缆分别接到高频信号发生器和接收器上就组成了泄漏电缆报警器。当将泄漏电缆埋入地下后，有入侵者进入探测区时，使空间电磁场的分布状态发生变化、引起接收机收到的电磁能量产生变化，此能量的变化就作为报警信号，触发报警器工作。

2）平行线周界传感器。这种周界传感器由多条平行导线构成。在多条平行导线中有部分导线与振荡频率为 1~40kHz 的信号发生器连接，称为场线，工作时场线向周围空间辐射电磁场。另一部分平行导线与报警信号处理器连接，称为感应线，场线辐射的电磁场在感应线中产生感应电流。当入侵者靠近或穿越平行导线时，就会改变周围电磁场的分布状态，相应地使感应线中的感应电流发生变化，报警信号处理器检测出此电流变化量后作为报警信号发出。

3）光纤传感器。随着光纤技术的发展，传输损耗不断降低，传输距离不断加长。把光纤传感器固定在长距离的围栏上，当入侵者跨越光纤时压迫光缆，使光纤中的光传输模式发生变化，探测出入侵者的侵入，报警器发出报警信号。

（4）声控报警器用微音器做传感器，用来监测入侵者在防范区域内走动或作案活动时发出的声响（如启、闭门窗，拆卸、搬运物品及撬锁时的声响），并将此声响转换为电信号经传输线送入报警主控制器。此类报警电信号即可供值班人员对防范区进行直接监听或录音，也可同时送入报警电路，在现场声响强度达到一定时起动报警装置发出声光报警。

声控报警器通常与其他类型的报警装置配合使用，作为报警复合装置，可以大大降低误报及漏报率。

（5）微波报警器是利用超高频的无线电波来进行探测的。探测器发出无线电波，同时接收反射波，当有物体在探测区域移动时，反射波的频率与发射波的频率有差异，两者频率差称为多普勒频率。探测器就是根据多普勒频率来判定探测区域中是否有物体移动的。由于微波的辐射可以穿透水泥墙和玻璃，在使用时需考虑安放的位置与方向，通常适合于开放的空间或广场。

（6）超声波报警器与微波报警器一样，都是采用多普勒效应的原理实现的，不同的是它们所采用的波长不一样。通常将 20kHz 以上频率的声波称为超声波。超声波探测器由于其采用频率的特点，容易受到振动和气流的影响，在使用时，不要放在松动的物体上，同时也要注意是否有其他超声波源存在，防止干扰。

（7）红外线报警器利用红外线能量的辐射及接收技术组成的报警装置称为红外线报警器。按工作原理上区分，它们可分为主动式和被动式两种类型。

1）主动式红外报警器（光束遮断式探测器）是由收、发装置两部分组成。红外发射装置向红外接收装置发射一束红外光束，此光束如被遮挡时，接收装置就发出报警信号。为防止非法入侵者可能利用另一个红外光束来瞒过探测器，所以探测器的红外线必须先调制到指定的频率再发送出去，而接收器也必须配有频率与相位鉴别电路来判别光束的真伪或防止日光等光源的干扰。一般较多被用于周界防护探测器。该探测器是用来警戒院落周边最基本的探测器。

2）被动式红外报警器（热感式红外探测器）的特点是不需要附加红外辐射光源，本身不向空间辐射任何形式的能量，而是采用热释电探测器作为红外探测器件。探测监视活动目标在防范区引起的红外辐射能量的变化，起动报警装置。被动式红外探测器采用了多项新技术和新工艺，其中包括：温度补偿技术、使用双元红外传感器（部分为四源）、交替极性脉冲记数技术、改进的菲涅尔透镜和表面贴片工艺（提高抗射频干扰能力）以及智能化的模糊逻辑分析真实移动识别等专利技术，有效地防止了因为环境温度改变、射频干扰和气流等各种因素造成的误报。

（8）双鉴报警器诞生的起因是由于单一类型的探测器误报率较高，多次误报将会引起人们的思想麻痹，产生了对防范设备的不信任感。

为了解决误报率高的问题，人们提出互补探测技术方法，即把两种不同探测原理的探头组合起来，进行混合报警，见表7-2。这种互补双技术方法要按下列条件组合，即组合中的两个探测器有不同的误报机理而且两个探头对目标的探测灵敏度又必须相同。

表 7-2　　　　　　　　　　　　探测器误报率比较

类别	报警器类型	误报率	可信度
单技术探测器	超声波报警器 微波报警器 声音报警器 红外报警器	4.21%	低
双鉴式探测器	超声波/被动红外 被动红外/被动红外 微波/超声波 微波/被动红外	2.70%	中
	微波/被动红外	1%	高

1）微波与超声波、被动红外与被动红外组合双鉴报警器。
2）超声波和被动红外探测器组成的双鉴报警器。
3）微波和被动红外探测器组合的双鉴报警器。

（六）防盗报警控制系统布防模式

1. 周界防护模式　采用各种探测报警手段对整个防范场所的周界进行封锁，如对大型建筑物，采用室外周界布防，选用主动红外、遮挡式微波、电缆泄漏式微波等报警器。

对大型建筑物也可采用室内周界布防，使用探测器封锁出入口、门、窗等可能受到入侵的部位。对于面积不大的门窗可以用磁控开关，对于大型玻璃门窗可采用玻璃破碎报警器。

2. 空间防护模式　空间防护时的探测器所防范的范围是一个特定的空间，当探测到防范空间内有入侵者的侵入时就发出报警信号。

在室内封锁主入口及入侵者可能活动的部位，对于小房间仅用一个探测器。若较大的空间需要采用几个探测器交叉布防，以减少探测盲区。

3. 复合防护模式　它是在防范区域采用不同类型的探测器进行布防，使用多种探测器或对重点部位作综合性警戒，当防范区内有入侵者的进入或活动，就会引起两个以上的探测器陆续报警。

复合防护有如下特点：

当在防范区有入侵者进入或活动时，就会使临近的探测器先后报警，这样在控制台上即可显示到入侵的地点，也可显示入侵者的路径及行踪。

在防范区多种探测器先后产生报警信号时，它们互相之间起到报警复合作用，提高了报警系统的可靠性和安全性。

（七）防盗报警控制系统的功能调试

防盗报警系统的功能调试通常包括以下内容：

（1）检查探测器的安装角度、探测范围，并进行步行测试，检查周界报警探测装置形成的警戒范围有无盲区。

（2）检查探测器独立防拆保护功能。

（3）检查防盗报警控制器的自检功能、编程功能、布防和旁路功能。

（4）检查防盗报警控制器发生报警后的声光显示和记录功能。

（5）当有报警联动要求时，检查相应的灯光、摄像、录像设备联动功能。

（6）对区域型公共安全防范网络系统，检查其联网与响应功能。

（7）检查系统与计算机集成系统的联网接口，以及该系统对防盗报警的集中控制与管理能力。

二、出入口控制系统（门禁管制系统）

出入口控制就是对建筑内外正常的出入通道进行管理。

（一）出入口控制系统特点

（1）每个用户持有一个独立的卡或密码，这些卡和密码的特点是它们可以随时从系统中取消。

（2）可以用程序预先设置任何一个人进入的优先权，一部分人可以进入某个部门的一些门，而另一些人只可以进入另一组门。

（3）系统所有的活动都可以用打印机或计算机记录下来，为管理人员提供系统所有运转的详细记载，以备事后分析。

（4）使用这样的系统，很少的人在控制中心就可以控制整个大楼内外所有的出入口，节省了人员，提高了效率，也提高了保安效果。

（二）出入口控制系统的概念

出入口控制系统也叫门禁管制系统，它一般具有如图 7-20 的结构。它包括 3 个层次的设备。底层是直接与人员打交道的设备，有读卡机、电子门锁、出口按钮、报警传感器和报警喇叭等。它们用来接收人员输入的信息，再转换成电信号送到控制器中，同时根据来自控制器的信号完成开锁、闭锁等工作。控制器接收底层设备发来的有关人员的信息，同自己存储的信息相比较以作出判断，然后再发出处理的信息。单个控制器就可以组成一个简单的门禁系统，用来管理一个或几个门。多个控制器通过通信网络同计算机连接起来就组成了整个建筑的门禁系统。计算机装有门禁系统的管理软件，它管理着系统中所有的控制器，向它们发送控制命令，对它们进行设置，接受其发来的信息，完成系统中所有信息的分析与处理。

出入口控制系统属公共安全管理系统范畴，目前在国内得到广泛的普及。在注重商业情报和安全的今天，对进出一些重要机关、科研实验室、档案馆、银行、金融贸易楼以及关系到国计民生的公用事业单位的控制中心、民航机场等场所的内的主要管理区、出入口、电梯厅、主要设备控制中心机房、贵重物品的库房等重要部位的通道口，安装门磁开关、电控锁或读卡机等控制装置，由中心控制室监控。系统采用计算机多重任务的处理，能够对各通道口的位置、通行对象及通行时间等实时进行控制或设定程序控制。

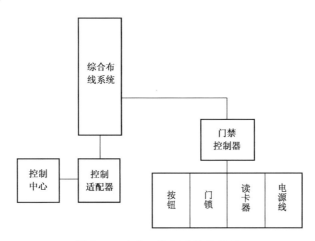

图 7-20 出入口控制系统示意图

出入口控制系统，一般在门边安装的键盘控制器或磁卡读卡器，出入者为了获得进入权必须先刷卡。目前应用于出入口控制系统的技术有：条形码、图形 ID、磁条形码、感应式等。随着识别技术的不断成熟，以及计算机技术的飞速发展，门禁技术发展迅猛，正从传统的键盘、磁卡式向感应卡、智能卡及多功能卡的方向发展。

（三）出入口控制系统的功能

（1）设定卡片权限。

（2）设定每个电动锁的开启时间。

（3）能实时收到所有读卡的记录。

（4）通过设置磁簧开关检测门的状况。

（5）当接到消防报警信号时，系统能自动开启电动锁，保障人员疏散。

其他功能还有：

（1）保安管理功能。可以设置使用人的权限和进出时间，可以将使用人的姓名、年龄、职务、相片等多种内容的数据输入计算机中，便于查询统计及验证身份；根据实际情况将人员编组分类，针对各种节假日，工作日进行考勤记录。

（2）巡更功能。可以记录保安员巡更的路线，时间以及巡更点发生的事件如房门损坏、电梯故障等。

（3）应急及统计功能。本系统可以在电脑上显示出指定持卡人所处的物理位置，便于及时联系。发生火灾等紧急情况时，防火门会自动打开，便于逃生，出入口也可以自动打开；当发生非法进出时，会自动报警；系统还可以根据客户的需要，打印出各种统计报表。

（四）出入口控制系统使用的各种卡

卡片由于轻便、易于携带而且不易被复制，使用起来安全方便，是传统钥匙理想的替代品。读卡机到控制器的连接，近距离一般用 RS-232 通信，远距离（1000m 以上）用 RS-422 或 RS-485 等方式。卡片目前已发展到免刷卡接近式感应型读卡技术，还可以结合指纹辨识机来进行更安全的管制。随着卡片的材料、技术的不断更新，刷卡的读卡机由早期的光学卡发展到最新的生物辨识系统。常用卡片的种类和特性如下：

1. 磁码卡　就是人们常说的磁卡，它是把磁性物质贴在塑料卡片上制成的。磁卡可以容易地改写，可使用户随时更改密码，应用方便。其缺点是易被消磁、磨损。磁卡价格便宜，是目前使用较普遍的产品。

2. 条码卡　在塑料片上印上黑白相间的条纹组成条码，就像商品上贴的条码一样。这种卡片在出入口系统中已渐渐被淘汰，因为它可以用复印机等设备轻易复制。

3. 红外线卡　用特殊的方式在卡片上设定密码，用红外线光线读卡机阅读。这种卡易被复制，也容易破损。

4. 铁码卡　这种卡片中间用特殊的细金属线排列编码，采用金属磁扰的原理制成。卡片如果遭到破坏，卡内的金属线排列就遭到破坏，所以很难复制。读卡机不用磁的方式阅读卡片，卡片内的特殊金属丝也不会被磁化，所以它可以有效地防磁、防水、防尘，可以长期使用在恶劣环境下，是目前安全性较高的一种卡片。

5. 感应式卡　卡片采用电子回路及感应线圈，利用读卡机本身产生的特殊振荡频率，当卡片进入读卡机能量范围时产生共振，感应电流使电子回路发射信号到读卡机，经读卡机将接受的信号转换成卡片资料，送到控制器对比。接近式感应卡不用在刷卡槽上刷卡，迅速方便。由于卡是由感应式电子电路做成，所以不易被仿制。同时它具有防水功能且不用换电池，是非常理想的卡片。感应卡有厚薄两种之分，卡片较薄的，厚度约 0.8mm，可维持长久的寿命，称为被动式卡片。因为在信号的传输过程中，感应卡是被动地接收卡片阅读机所传送出来的频率，通常被动式感应卡所能感应的距离较短，若要将感应距离拉长，就得使用主动式的卡片。

主动式的卡片含有电池（卡片较厚，非 ISO 规范，厚度约为 1.9mm），主动发送识别码给卡片阅读机，感应距离甚至可达 10cm。卡片阅读机若采电子式读取卡片，其使用寿命为 10 年左右。此外，薄卡可用彩色印卡机印制美观的图案，厚卡则不行。

三、巡更系统

安保工作人员在建筑物相关区域建立的巡更点，按所规定的路线进行巡逻检查，以防止异常事态的发生，便于及时了解情况，加以处理。巡视管理系统网络如图 7-21 所示。

电子巡更系统是采用碰触式存储技术、自动控制技术、计算机通信技术，结合巡检工作的实际情况，最新推出的数码巡检管理系统。它是将特制的地址巡检器安装于指定的巡检路线上，工作人员巡检时，只需用手持的数码巡更棒依次碰触巡检器，巡检时间、地点等数据便存储到数码巡更棒中。管理人员通过计算机解读数码巡更棒中的信息，即可全面掌握巡检情况。巡更系统充分考虑了"使用简便、坚固耐用、可靠性高"的客户需求，借助科学方法和科技手段，实现了对常规巡检工作的有效监督和管理，极大地提高了工作效率和管理水平。电子巡更系统可以准确、客观地展示巡检的结果和问题，为管理决策提供依据；同时消除各种隐患，最大限度地减少了事故的发生，有着显著的经济效益。

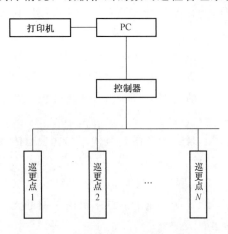

图 7-21　巡视管理系统网络示意图

（一）电子巡更系统的组成

电子巡更系统是利用先进的碰触卡技术开发的管理系统，可有效管理巡更员巡视活动，加强保安防范措施。系统由巡检钮扣、手持式巡更棒、巡更管理软件等组成。

在确定的巡更线路设定合理数量的检测点，并安装巡检钮扣，不锈钢封装巡检钮扣无须连线，防水、防磁、防震，数据存储安全，适合各种环境安装；以手持式巡更棒作为巡更签到牌，不锈钢巡更棒坚固耐用，抗冲击，同时巡更棒中可存储巡更签到信息，便于打印历史记录；软件用于设定巡更的时间、次数要求以及线路走向等。

（二）实现电子巡更的方法

巡更员手持不锈钢"警棒"，巡检时只需轻轻一碰钉在墙上的巡检钮扣，即把巡检时间、地点等数据自动记录在"警棒"上。巡逻人员完成巡检，将"警棒"插入传输器，所有巡逻情况自动下载至打印机或电脑，按照不同要求生成巡检报告。

（三）在线巡更

巡逻人员持巡更棒至每一巡点，用巡更棒前端与信息钮接触。巡更棒的蜂鸣器和指示灯会发出蜂鸣声及闪烁一次，从而确认巡更棒已存入巡更信息。整个巡逻过程实现动态实时监控。详细记录各种事件，严格监督巡逻人员的工作，保护巡逻人员的人身安全。管理严谨，操作简单。

（四）离线巡更

当巡逻人员巡检完毕，至工作室，将巡更棒尾端插入计算机传输器，用识读器读取信息钮内的数据，传输器将数据传送至计算机，即可从计算机中查看巡更报告。查询方式可依巡更棒编号、巡逻人员姓名、日期及时间等单一条件进行查询及打印。

第五节　防　火　控　制

现代消防装备已经大大改观，许多高层建筑都安装了智能火灾报警控制器。智能火灾报警控制器是超大容量控制器，最大容量可达两万余点。配有一个硬接线直接控制盘和一个总线联动控制盘（可扩充），采用全中文菜单显示，操作简便。三种编程方式：远程（通过电话线）编程、红外接口编程和键盘编程（现场编程）。开放式内总线技术便于实现系统扩容。在智能系统中，智能管理迈出了卓越的一步。

我国研制的第一代灭火机器人日前亮相武汉。该机器人在消防人员的遥控下，6个轮子在场地上可不停变换角度，自如地奔跑。机器人喷出的泡沫可达5层楼高；射出的水柱高达60m。它的"自我保护意识"极强，一旦进入温度超过55℃，就会喷出水雾，在自身周围形成一个"水帘式保护伞"。据介绍，这类消防机器人适用于石油化工、油罐区、大型仓库等高温、强热辐射、易坍塌的危险场所，可避免人员伤亡。

一、火灾报警

火灾报警其实质也是一种信息发布与传播。在古代社会，火灾报警使用烽火台烧狼烟、快马加急等人工传播的方法。当城镇发生火灾时，担任夜间巡逻的官兵一般都使用敲梆子、大声呼喊的方式向人们报警。以后发展到用敲锣、摇铃等方式，至今，在我国一些偏僻的集镇、山区农村仍使用这种方法报警。

当人类进入现代社会后，电话的发明使火灾报警有了便捷的工具。随着电话自动化控制技术的发展，火灾报警电话也从人工转接发展到自动拨号报警。火灾报警电话也由专线电话报警发展到网络程控电话报警。火灾报警电话号码也从区域各自为政逐步走向全国统一。我国国家电信部门统一的火灾报警电话号码也从过去的"09"，改为目前的"119"。

（一）火灾自动报警系统概述

火灾自动报警系统能够在火灾初期，将燃烧产生的烟雾、热量和光辐射等物理量，通过感温、感烟和感光等火灾探测器变成电信号，传输到火灾报警控制器，并同时显示出火灾发生的部位，记录火灾发生的时间。一般火灾自动报警系统和自动喷水灭火系统、室内消火栓系统、防排烟系统、通风系统、空调系统、防火门、防火卷帘、挡烟垂壁等相关设备联动，自动或手动发出指令，起动相应的防火灭火装置。

火灾自动报警系统通常由火灾探测器、区域报警制器和集中报警控制器，以及联动模块与控制装置等组成。

《火灾自动报警系统设计规范》规定的火灾自动报警系统基本形式有3种：区域报警系统、集中报警系统和控制中心报警系统。

区域报警系统由火灾探测器、手动报警器、区域控制器或通用控制器、火灾警报装置等构成。报警区域内最多不得超过3台区域控制器；若多于3台，应考虑使用集中报警系统。

集中报警系统由火灾探测器、区域控制器或通用控制器和集中控制器等组成。集中报警系统适于高层的宾馆、写字楼等情况。

控制中心报警系统是由设置在消防控制室的消防控制设备、集中控制器、区域控制器和火灾探测器等组成，或由消防控制设备、环状布置的多台通用控制器和火灾探测器等组成。

火灾自动报警系统按照其火灾探测器和各种功能模块与火灾报警控制器的连接方式，结合火灾探测器本身的结构和电子线路设计，分为多线制和总线制两种系统形式。适用于高层建筑的控制中心报警系统，具备对室内消火栓系统、自动喷水灭火系统、防排烟系统、卤代烷灭火系统，以及防火卷帘门和警铃等的联动控制功能。

智能防火系统可向上级管理系统报警和传递信息；同时向远端城市消防中心、防灾管理中心实施远程报警和传递信息。

（二）火灾自动报警系统构成

火灾自动报警系统的发展可分为三个阶段：

（1）多线制开关量式火灾探测报警系统是第一代产品，目前基本上已处于被淘汰状态。

（2）总线制可寻址开关量式火灾探测报警系统是第二代产品，尤其是二总线制开关量式探测报警系统目前正被大量采用。

（3）模拟量传输式智能火灾报警系统这是第三代产品。目前我国已开始从传统的开关量式的火灾探测报警技术、跨入具有先进水平的模拟量式智能火灾探测报警技术的新阶段，它使系统的误报率降低到最低限度，并大幅度地提高了报警的准确度和可靠性。

在结构上，一个火灾自动报警系统通常由火灾探测器、区域报警器、集中报警器等三部分组成，如图7-22所示。

1. 控制中心报警系统　它是由火灾探测器手动火灾报警按钮、区域火灾报警控制器、集中火灾报警控制器以及消防控制设备等组成。一般情况下，在控制中心报警系统中，集中火灾报警控制器是设在消防控制设备内，组成消防控制装置，如图7-23所示。

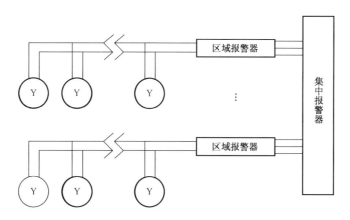

图 7-22　火灾自动报警系统示意图

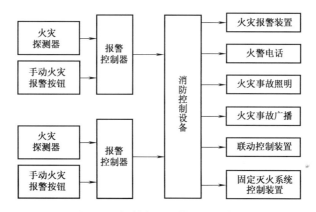

图 7-23　控制中心报警系统示意图

2. **触发器件**　在火灾自动报警系统中，自动或手动产生火灾报警信号的器件称为触发器件，主要包括火灾探测器和手动报警按钮。火灾探测器是能对火灾参数（如烟、温、光、火焰辐射、气体浓度等）响应、并自动产生火灾报警信号的器件。按照响应火灾参数的不同，火灾探测器分成感温火灾探测器、感烟火灾探测器、感光火灾探测器、可燃气体探测器和复合火灾探测器五种基本类型。不同类型的火灾探测器适用于不同类型的火灾和不同的场所。

3. **火灾报警系统原理图**　如图 7-24 所示。

二、灭火系统

常用灭火剂有水、二氧化碳（CO_2）、烟烙尽（INERGEN）、卤代烷，以及泡沫、干粉灭火剂等。

灭火剂灭火的方法一般有以下三种：① 冷却法；② 窒息法；③ 化学抑制法。

（一）室内消火栓灭火系统

室内消火栓灭火系统由高位水箱（蓄水池）、消防水泵（加压泵）、管网、室内消火栓设备、室外露天消火栓以及水泵接合器等组成。

室内消火栓设备由水枪、水带和消火栓（消防用水出水阀）组成，如图 7-25 所示。

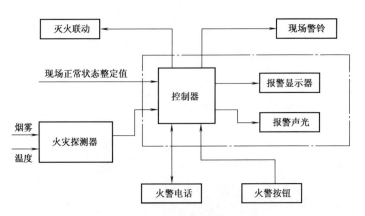

图 7-24　火灾报警系统原理图

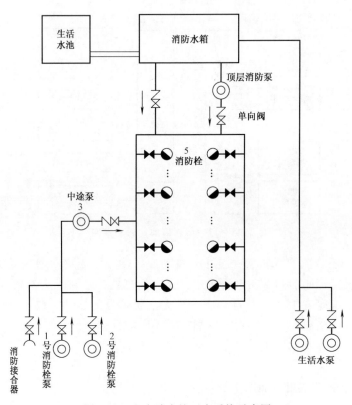

图 7-25　室内消火栓灭火系统示意图

（二）气体灭火系统

气体自动灭火系统适用于不能采用水或泡沫灭火的场所。根据使用的气体灭火剂类型，固定式气体自动灭火系统可分为二氧化碳、卤代烷及烟烙尽等气体灭火系统等。

全充满系统也称全淹没系统，是由固定在某一特定地点的二氧化碳钢瓶、容器阀、管道、喷嘴、控制系统及辅助装置等组成。此系统在火灾发生后的规定时间内，使被保护封闭空间的二氧化碳浓度达到灭火浓度，并使其均匀充满整个被保护区的空间，将燃烧物体完全淹没在二氧化碳中，如图 7-26 所示。

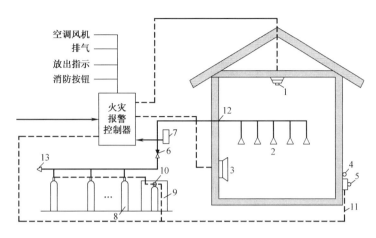

图 7-26　二氧化碳灭火系统

1—火灾探测器；2—喷头；3—警报器；4—放气指示灯；5—手动起动按钮；6—止回阀；7—压力开关；
8—二氧化碳钢瓶；9—起动气瓶；10—电磁阀；11—控制电缆；12—二氧化碳管线；13—安全阀

第六节　停车场管理与控制

停车场管理系统是对停车库（场）的车辆进行出入控制、停车位与计时收费管理等，是为加强安全管理而设置的。

停车场管理系统是为既有内部车辆又有临时收费车辆的综合停车场而设计，系统的设计具有模块化功能，这样，对于具体工程的项目而言，方案选择可根据停车场的档次、车辆的多少、车库出入口的数量、车库的性质、固定车辆与临时车辆的比例、费用支出的多少等因素，综合考虑各子系统的增减，灵活方便。

高效合理，真正实现停车场内车流的畅通无阻。是停车场管理系统的一贯追求。将计算机与各个停车场设备连成网络，使所有车辆的进出场流程实现全自动化控制，人力资源的消耗达到最低限度，停车场的利用率大大提高。由于采用集中式管理的方法，各种统计报表一目了然。

停车场收费管理系统利用了高度自动化的机电和微机设备对停车场进行安全、有效的管理，包括收费、保安、监控、防盗等。

停车场收费管理系统采用的方法分别为：感应式 IC 卡、长距离（10m 左右）及短距离（10cm 左右）两类 ID 卡、10～40cm 中距离感应式 IC 卡、10m 长距离微波识别卡、车牌自识别、手持机控制和采用不停车收费系统。系统结构如图 7-27 所示。

一、停车场管理系统主要功能

（1）系统将用户分为两种，一种为固定用户，一种为临时用户。固定用户采取提前缴费方式（一个月、三个月、六个月或一年），每次出场时不再收费。临时用户出场时根据本次停车时间及当前费率缴费一次。

（2）所有车辆凭卡进入，读卡时间、地点及车辆等各项资料均自动在计算机上显示并记录。

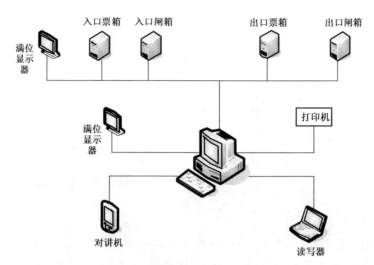

图 7-27　停车场管理系统结构图

（3）所有车辆刷卡后经收费员收费（临时用户）或确认（固定用户）后，方能出场。

（4）可任意设置通行时间及报警时间，如遇特殊情况还可定时设定编程。

（5）系统具有分级管理功能，且人员操作该系统均有记录。

（6）卡片管理功能详尽。

（7）上述功能计算机均自动记录，出入报告、卡片报告、报警报告均可打印。

（8）系统采用最先进的地感线圈技术控制挡车臂的落下。在电动挡车臂臂处安装地感线圈，当车辆进入读卡范围时由司机读卡，系统自行判定其为有效或无效，有效时电动挡车臂抬起，车辆进入地感线圈感应范围时，由地感线圈自行判定车辆是否行驶过去（有效范围内），若车辆未通过则电动挡车臂不落下，车辆通过后（有效范围内）则电动挡车臂落下，完成本次任务。如有车辆尾随进入则由地感线圈输出信号使电动挡车臂不落下。只有当车辆通过出入口，并且驶过预定的安全距离，挡车臂才会落下，从而确保了车辆的安全通过。

二、停车场管理系统过程管理

（一）车辆入场

入场时：月卡、储值卡持有者将车驶至入口票箱前取出 IC 卡在读写器感应区域晃动（约 10mm）；值班室电脑自动核对、记录，并显示车牌；感应过程完毕，发出"嘀"的一声，过程结束；挡车臂自动升起，汉字显示屏显示礼貌用语："欢迎入场"，同时发出语音，如读卡有误汉字显示屏亦会显示原因，如："金额不足"、"此卡已作废"等。司机开车入场，进场后挡车臂自动关闭。

（二）车辆出场

出场时：月卡、储值卡持有者将车驶至车场出口票箱旁，取出 IC 卡在读写器感应区晃动，读写器接受信息，电脑自动记录、扣费，并在显示屏显示车牌，供值班人员与实车牌对照，以确保"一卡一车"制及车辆安全；感应过程完毕，读写器发出"嘀"的一声，读写器盘面上设的滚动式 LED 汉字显示屏显示字幕"一路顺风"同时发出语音（如不能出场，会显示原因）；挡车臂自动升起，司机开车离场，出场后挡车臂自动关闭。

（三）临时泊车

临时泊车者将车驶至入口票箱前，司机按动位于读写器盘面的出卡按钮取卡（自动完成读卡）；感应过程完毕，发出"嘀"的一声，读写器盘面的汉字显示屏显示礼貌语言，并同步发出语音；挡车臂开启，司机开车入场，进场后挡车臂自动关闭，如图7-28所示。

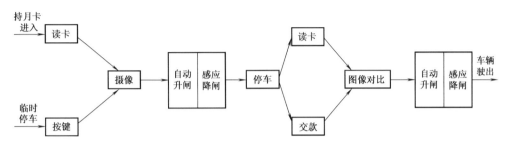

图 7-28　停车场管理系统管理流程图

三、停车场收费管理系统配置

（一）读感器

读感器不断发出信号，接受从非接触式智能卡上返回的识别编码信号，然后将编码信息转换成数字信号，通过电缆线传递到系统控制器。它自有的电子系统可在 20cm 内，对持卡驾驶员提供遥测接近控制，其发出的超低功率满足 FCC 要求，可方便地安装于门岗上方等位置，能广泛应用于各种停车场的不同气候与环境。

（二）非接触式智能卡

采用非接触式 CPU 卡兼容 MIFARE 卡。

（三）管理终端

具有管理用户（卡）、收费人员等基本信息，实现收费、打印报表、车辆信息查询、数据统计等功能。

1. 用户管理　对所有用户姓名、车号等信息进行管理。

2. 收费人员管理　收费人员信息的增加、删除、修改、统计。

3. 收费信息管理　各用户类别的费率、计费单位等。

4. 停车信息查询　各停车卡持卡人姓名、起用时间等信息查询。

5. 保安监控　在停车场的主要位置（如入口、出口、车位附近等）安装摄像机，通过设置在管理中心内的显示屏监控整个停车场的情况。

（四）控制器

控制器含有信号处理单元，可控制管理读感器，它接收来自读感器所读到的卡内信息，利用内部数据库对其进行判断处理，产生所需的控制信号，并将结果信息传递给后台计算机作进一步处理。控制器与读感器用屏蔽五类双绞线连接，距离可达 150m。

思　考　题

1. 楼宇供配电系统的特点有哪些？

2. 简述楼宇变电站综合自动化系统的组成与功能。

3. 试说明变电站综合自动化系统的基本结构，有哪些形式？

4. 照明自动化系统的主要特点是什么？

5. 简述智能照明控制系统的基本结构。

6. 照明控制系统的控制范围和控制内容是什么？

7. 简述应急照明系统的特征和组成。

8. 简述综合型综合布线系统的基本配置。

9. 综合布线系统由哪几部分组成？综合布线的功能部件有哪些？

10. 网络互联设备分为几个层次？各自特点如何？

11. 图示视频监控系统结构。对于图中各个部分，你能说出几种与之对应的设备？

12. 谈谈你对防盗报警控制系统的认识。

13. 简述火灾自动报警系统的构成以及工作原理。

参 考 文 献

[1] 程鹏，等．现代控制理论基础．北京：北京航空航天大学出版社，2010.

[2] 陈虹．楼宇自动化技术与应用．北京：机械工业出版社，2011.

[3] 于海生，等．微型计算机控制技术．北京：清华大学出版社，2009.

[4] 许琢玉，等．建筑设备技术细节与要点．北京：化学工业出版社，2011.

[5] 何耀东．中央空调实用技术．北京：冶金工业出版社，2006.

[6] Donald E. Rose．超高层商用建筑暖通空调设计指导．北京：中国建筑工业出版社，2010.

[7] 魏龙．制冷空调机器设备．北京：电子工业出版社，2007.

[8] 吴辰文．现代计算机网络．北京：清华大学出版社，2011.

[9] 谢希仁．计算机网络，5 版．北京：电子工业出版社，2008.

[10] 杨卫华．工业控制网络技术．北京：机械工业出版社，2008.

[11] 徐科军．传感器与检测技术．北京：电子工业出版社，2008.

[12] 吴建平．传感器原理及应用．北京：机械工业出版社，2009.

[13] 程文义．建筑给水排水工程．北京：中国电力出版社，2009.

[14] 李秧耕．电梯基本原理及安装维修全书．北京：机械工业出版社，2009.

[15] 王增长．建筑给水排水工程，5 版．北京：中国建筑工业出版社，2007.

[16] 马金．建筑给水排水工程，5 版．北京：清华大学出版社，2009.

[17] 卜城，等．建筑设备．北京：中国建筑工业出版社，2011.

[18] 张爱民．自动控制原理．北京：清华大学出版社，2011.

[19] 郝成．计算机控制技术—工业控制工程应用理论与实践．北京：电子工业出版社，2011.

[20] 李京．过程控制与计算机控制系统．北京：化学工业出版社，2009.

[21] 邓则名，等．电器与可编程控制器应用技术，3 版．北京：机械工业出版社，2011.

[22] 李正军．现场总线与工业以太网及其应用技术．北京：机械工业出版社，2011.

[23] 常建平．SCADA 系统在中央空调系统制冷机房的应用．科技向导，2010，26.

[24] 金文，郝莹，张惠群．中央空调实验设备装置的计算机控制系统开发．实验技术与管理，2009，26
（5）.

[25] 郭向阳．定风量空调系统的监测与自动控制．制冷，2001，（20），（3）.

[26] 高丽华．楼宇安全防范技术探讨．中国勘察技术，2006（07）.

[27] 蔡敬琅．变风量空调设计．北京：中国建筑工业出版社，1997.

[28] 盛建．火灾自动报警消防系统．天津：天津大学出版社，1999.

[29] 龙维定，程大章．智能大楼的建筑设备．北京：中国建筑工业出版社，1997.

[30] 程大章，姜跃智．对讲安全系统的发展与应用．电世界，1996，6.